"十二五"普通高等教育本科国家级规划教材

电动车辆动力电池系统及应用技术

第 3 版

王震坡　孙逢春　刘　鹏　林　倪　编著

动力电池教学实验
（请扫二维码观看）

机械工业出版社

本书是"十二五"普通高等教育本科国家级规划教材。

本书以动力电池在电动车辆上应用的外特性介绍为基础,重点介绍了动力电池及其驱动的电动车辆、动力电池的基本概念、锂离子动力电池、其他电池、车辆对动力电池的要求、动力电池测试、动力电池应用理论与技术、动力电池管理系统、动力电池系统设计及使用、动力电池的回收利用、动力电池充电方法与基础设施等内容。

本书突出电动汽车电池成组理论、动力电池管理技术方面的科研成果和理论,主要用于指导车辆工程专业学生学习、了解动力电池及其应用技术,同时也可供从事车用电池研究、开发、生产、销售和使用人员以及相关领域如新能源汽车、电动汽车行业人员参考。

本书配有PPT课件,可免费赠送给采用本书作为教材的教师,可登录 www.cmpedu.com 下载。本书配有动力电池教学实验相关视频,读者可扫内封上的二维码进行观看。

图书在版编目(CIP)数据

电动车辆动力电池系统及应用技术/王震坡等编著. —3 版. —北京:机械工业出版社,2023.12(2024.8 重印)

"十二五"普通高等教育本科国家级规划教材

ISBN 978-7-111-74634-8

Ⅰ.①电… Ⅱ.①王… Ⅲ.①电动汽车-蓄电池-高等学校-教材 Ⅳ.①T469.72

中国国家版本馆 CIP 数据核字(2024)第 008118 号

机械工业出版社(北京市百万庄大街 22 号 邮政编码 100037)

策划编辑:宋学敏　　　　　责任编辑:宋学敏　王　良
责任校对:杜丹丹　李小宝　　封面设计:张　静
责任印制:单爱军

保定市中画美凯印刷有限公司印刷

2024 年 8 月第 3 版第 2 次印刷

184mm×260mm · 20 印张 · 490 千字

标准书号:ISBN 978-7-111-74634-8

定价:65.00 元

电话服务　　　　　　　　　　网络服务

客服电话:010-88361066　　机 工 官 网:www.cmpbook.com
　　　　　010-88379833　　机 工 官 博:weibo.com/cmp1952
　　　　　010-68326294　　金 书 网:www.golden-book.com

封底无防伪标均为盗版　　机工教育服务网:www.cmpedu.com

第 3 版前言

新能源汽车是我国国家战略和国际竞争热点，是交通领域实现双碳战略的引擎，亦是"中国制造 2025"十大重点推动领域之一。随着新能源汽车的市场占比不断提高，相关新兴技术得到长足进步与推广应用。同时，动力电池热失控、退役回收与梯次利用等问题的凸显，促进了动力电池理论与电池管理技术的深入研究。

本次修订以党的二十大精神为引领，深入落实立德树人根本任务，将匠心传承、工匠精神与课程建设、人才培养相结合，并融入教材相关内容。本次修订主要优化了教材结构，精简和更新了几乎全部章节的内容，将原有的第 12 章进行了拆分，有针对性地调整了章节结构，以发展历程、基本概念、测试方法、管理技术、系统设计、基础设施为主线，着重介绍了新技术和新发展，突出了重点和应用性。主要修订内容如下：

1. 第 3 章，增加了锂离子动力电池的具体描述，包括工作原理、正负极材料、失效机理、性能评价方法等；

2. 第 4 章，整合了第 2 版中 5~8 章的内容，并增加了对其他类型电池的介绍内容，包括铅酸电池、碱性电池、金属空气电池、燃料电池等；

3. 第 6 章，增加了动力电池测试方法、设备，以及评价体系等方面内容；

4. 第 7 章，增加了动力电池热失控机理分析相关内容；

5. 第 8 章，增加了动力电池管理系统典型设计流程的具体描述，并指出了未来电池管理系统可能的发展方向；

6. 第 10 章为新添加章节，着重描述了动力电池回收利用体系架构，以及相应的退役电池预处理、残值评估与再生技术；

7. 第 11 章为新增加章节，详细讲述了动力电池充换电方法、设备、运营规划等相关内容。

8. 本书增加了动力电池教学实验的相关视频，以二维码的形式呈现。

    本书由王震坡、孙逢春、刘鹏、林倪共同编著，以刘鹏、林倪为主完成了主要内容的增补与修订。北京理工大学电动车辆国家工程实验室的学生山彤欣、周立涛、黄胜旭、严祝、孙志伟、姜凌波、刘成等协助进行了书稿资料的整理，在此对他们辛勤的工作表示感谢。

    由于作者水平所限，书中若有不妥之处，恳切希望各位读者批评指正。

编著者

第 2 版前言

2015 年，以电动汽车为主的新能源汽车被确定为"中国制造 2025"十大重点推动领域之一，并掀起了电动汽车产业化和商业化应用的热潮。随着新能源汽车技术的发展和规模化应用，新型动力电池陆续开发并应用，同时，动力电池的安全性问题凸显，促进了动力电池热失控理论和动力电池系统设计技术的深入研究。

本次修订主要优化了教材结构，精简和更新了第 1 章、第 5 章、第 6 章、第 12 章等章节的部分内容，调整了第 9 章和第 10 章的顺序和结构，在部分章节补充了新技术和新进展，突出了重点和应用性。主要修订内容如下：

1. 第 2 章，增加了动力电池的相关概念、动力电池放电方法及常见故障；

2. 第 3 章，增加了动力电池评价方法；

3. 第 4 章，增加了动力电池基本测试评价；

4. 第 7 章，增加了三元材料锂离子电池内容，并更新了部分内容；

5. 第 8 章，增加了一些新型动力电池内容，如铝空气电池等；

6. 第 9 章即第 1 版中的第 10 章，更新了动力电池一致性的部分内容，增加了动力电池状态估计的相关理论；

7. 第 10 章即第 1 版中的第 9 章，增加了电池热失控与热安全管理、BMS 系统控制策略及可靠性设计等内容；

8. 第 11 章，增加了动力电池系统的布置、动力电池系统设计的发展趋势等内容。

本修订版由王震坡、孙逢春、刘鹏共同编著，以刘鹏为主完成了主要内容的补充和修订。北京理工大学电动车辆国家工程实验室的博士生曲昌辉、张文亮、洪吉超，硕士生朱敬娜、刘旭泽、樊文韬等协助进行了书稿资料的整理，在此对他们辛勤的工作表示感谢。

由于作者水平所限，书中若有不妥之处，恳切希望各位读者批评指正。

编著者

第 1 版前言

在能源和环保问题日益受到国内外各界人士关注的今天，电动汽车已经成为汽车工业发展的重要方向之一。自 2000 年以来，在全球范围内掀起了电动汽车研发的热潮。由科学技术部、国家发展和改革委员会、财政部、工业和信息化部四部委联合，已经在25 个城市开展了电动汽车示范运行，并在 6 个城市开展了私人购买新能源汽车的试点工作。虽然各国发展电动汽车的技术路线各不相同，但动力电池作为电动汽车的关键部件和关键技术，长期以来一直受到研究者的重视。动力电池的能量密度低、使用寿命短、成本高是制约电动汽车产业化和商业化发展的瓶颈技术之一。

近 10 年来，动力电池技术飞速发展并逐步成熟，锂离子电池已经成为电动汽车用动力电池的主体，新型材料体系的动力电池也层出不穷。可以相信，在不久的将来，动力电池的能量密度、使用寿命将有质的飞跃。

在动力电池技术飞速发展的同时，人们在长期的科研工作过程中逐步发现，单体电池技术的进步并不代表成组应用的动力电池组整体寿命的提高，串、并联后的电池组性能并非单体电池性能的线性叠加。一致性控制、成组技术、电池监控和管理、热场控制、电池组性能与整车的匹配技术等逐步成为电动车辆用动力电池应用技术的关键和核心。

在现有关于动力电池的大量书籍中，多是对它的电化学原理和电池性能的介绍，而鲜有对动力电池成组应用技术的介绍，针对电动车辆的动力电池应用技术的介绍就更少了。

在多年的电动车辆开发过程中，北京理工大学电动车辆国家工程实验室形成了动力电池成组应用技术的技术优势，开发了北京奥运、上海世博和广州亚运用电动客车动力电池系统，与同级别车型动力电池系统相比，具有比能量高、监控完善、安全性好、使用寿命长等优势，为电动客车的成功应用奠定了基础。作者在总结多年电动车辆动力电

池系统开发所形成的电池成组应用理论、经验和设计方法的基础上，结合电动车辆对动力电池的技术要求，以电动车辆应用为出发点，编著本书。希望将自己的理解和经验进行总结，能够对电动车辆动力电池系统的设计、匹配和应用提供一些技术方面的指导，为我国的电动汽车事业发展做些贡献。

本书由孙逢春教授构建了编写的框架并执笔完成了电池系统与整车匹配相关的第3章、第11章以及与动力电池充电基础设施相关的第12章，其他章节由王震坡执笔完成。国家科技部863计划电动汽车动力电池测试中心的王子冬主任审阅了全稿，北京理工大学汽车系陈慧岩教授对本书的出版提供了大量建设性的意见，北京理工大学电动车辆国家工程实验室的何洪文教授、李军求副教授为本书提供了大量的资料，博士生刘鹏、张雷，硕士生陆春、韩海滨、孙晓辉、王越、张蕊、王朔等协助进行了书稿资料的整理，在此对他们辛勤的工作表示感谢。

受个人水平所限，在书稿的组织和编写过程中难免有不当之处，敬请各位读者谅解。希望以此书为交流的平台，与各位读者建立联系，促进技术的进步。

编著者

目 录

第1章 动力电池及其驱动的
电动车辆

动力电池是电动车辆的主要能量来源，其材料体系历经了多次技术的变迁，每一次动力电池材料体系的变化都会带来电动车辆的一次发展高潮。最早的铅酸电池技术的发展带来了20世纪初第一次电动汽车研发和应用的高潮，20世纪80年代镍氢电池技术的突破带来了混合动力电动汽车的产业化，20世纪90年代才出现的锂离子动力电池开启了现在以纯电驱动为主的电动汽车研发和示范应用的新纪元。

本章将重点介绍动力电池及电动车辆的发展历程、现状和发展趋势以及不同种类电动车辆上动力电池的应用概况。

1.1 动力电池及电动车辆发展简史

早在1830年，苏格兰发明家罗伯特·安德森（Robert Anderson）便成功地将电动机装在一部马车上，随后在1834年与托马斯·达文波特（Thomas Davenport）合作，采用不可充电的玻璃封装蓄电池打造出世界上第一辆以电池为动力的电动汽车。1873年，英国人罗伯特·戴维森（Robert Davidson）采用不可充电的一次性电池制作了世界上最初的可供实用的电动汽车，比德国人戈特利布·戴姆勒（Gottlieb Daimler）和卡尔·本茨（Karl Benz）发明的汽油发动机汽车早了10年以上，但未被列入国际确认范围。1881年，法国工程师古斯塔夫·特鲁韦（Gustave Trouve）装配了世界上第一辆铅酸电池动力三轮车。该车首次使用了可充电的蓄电池，而且符合当代汽车的雏形，在电动汽车的发展史上具有重要的意义，被认为是世界上第一辆电动汽车。

电池是早期电动汽车唯一的能量存储装置。19世纪，动力电池在能量密度、功率密度以及使用寿命方面远不能满足人类对高速行驶的交通工具的需要。1860年3月26日，法国科学家加斯顿·普兰特（Gaston Planté）最早发明了铅酸电池，经历了20多年的持续改进后，铅酸电池在系统设计和制造工艺方面有了长足进步，并逐渐具有了商业价值。随后，可充电碱性电池——镍镉电池和镍铁电池也进入了市场。19世纪末，由于多种可充电电池的大量生产和应用，电动车辆在一些工业化国家流行起来。1899年，法国人考门·吉纳（Carmen Gina）驾驶一辆44kW双电动机为动力的后轮驱动的子弹头形电动汽车（见图1-1），创造了时速106km的纪录，并且续驶里程达到了约290km。1900年，在美国制造

的汽车中，电动汽车为 15755 辆，蒸汽机汽车为 1684 辆，而汽油机汽车只有 936 辆。到了 1912 年，已经有几十万辆电动汽车遍及全世界，被广泛使用于出租车、送货车、公共汽车等领域，如图 1-2 所示。

然而电动汽车的黄金时代仅仅维持了 20 多年。1890—1920 年，全世界的石油生产量增长了 10 倍。1911 年，查尔斯·凯特林（Charles Kettering）发明了内燃机自动起动技术；1913 年，福特（Ford）建立了内燃机汽车生产线，由此内燃机汽车进入了标准化、大批量生产阶段，其应用方便、价格低廉的优点逐步显现。虽然同一时期电动汽车用的动力电池技术也在飞速发展，1910—1925 年，电池存储的能量提高了 35%，寿命增长了 300%，电动汽车的行驶里程增长了 230%，且价格降低了 63%。但汽油的质量能量密度是电池的 100 倍，体积能量密度是电池的 40 倍，且能量补充时间较短，使得电动车辆性能长期无法与内燃机汽车相抗衡。

图 1-1　法国的子弹头形电动汽车　　　　图 1-2　19 世纪末的电动出租汽车

第一次世界大战后，电力牵引技术应用的重点转移到了公共交通领域，如火车、有轨电车和无轨电车。但由于电动汽车技术发展速度慢、使用区域受限以及电力供应网络限制和建设维护费用偏高等因素的影响，有轨电车和无轨电车在很多地区逐步被柴油驱动的内燃机汽车取代。

第二次世界大战后，由于欧洲和日本的石油供给紧张，电动汽车在局部地区出现了复苏迹象。进入 20 世纪六七十年代，内燃机汽车大批量使用导致的严重空气污染，以及对石油过分依赖导致的地缘政治和国家安全问题，使电动汽车重新获得社会各界的重视。1976 年，美国国会通过了《纯电动汽车和混合动力电动汽车的研究开发和样车试用法令》（*The Electric and Hybrid Vehicle Research Development and Demonstration Act*），拨款 1.6 亿美元资助电动汽车的开发。1977 年，第一次国际电动汽车会议在美国举行，公开展出了 100 多辆电动汽车。1978 年，美国通过《第 95—238 公法》（*Federal Nonnuclear Act*），增加对电动汽车研发的拨款，责成能源部电力研究所与电力公司加快研制电动汽车的技术；同时加大资金投入，责成国家阿贡实验室与电池公司合作研制供电动汽车用的高性能蓄电池。从此，国际上开始了第二轮的电动汽车研发高潮。

1988 年，在美国洛杉矶地区的市议会上曾有人提出，引入国际竞争机制，进行年产 10000 辆电动车辆，包括 5000 辆货车和 5000 辆两座乘用车并推向市场的计划。继洛杉矶倡议之后，1989 年 12 月 13 日，加利福尼亚州空气资源委员会（CARB）对汽车排放制定了规

划，要求到 20 世纪 90 年代末，在加利福尼亚州销售的所有车辆中，有 2% 要符合零排放标准（Zero-emission-vehicles）。随后，美国纽约、马萨诸塞等州也颁布了类似的法律。

同一时期，美国先进电池联合会（USABC）成立，以美国的三大汽车公司——通用、福特和克莱斯勒为主，提供巨额资金着重支持动力电池发展，并制定了近期、中期、长期的电池技术发展规划和技术要求，详见表 1-1。欧洲主要发达国家如法国、德国、意大利以及亚洲的日本也都成立了相应的机构或团体，协调电动汽车及电池技术的研发和产业化。

表 1-1　美国先进电池联合会中长期开发指标

性 能 指 标	单位	中期	过渡期	远期
质量能量密度（3h 率）	W·h/kg	80~100	150	200
体积能量密度（3h 率）	W·h/L	135	230	300
质量功率密度（80%DOD[①]/30s）	W/kg	150~200	300	400
体积功率密度（80%DOD/30s）	W/L	250	460	600
循环次数（80%DOD）	次	600	1000	1000
寿命	年	5	10	10
正常充电时间	h	6	6	4
充电效率	%	40	50	60
快速充电时间	min	<5	<20	<20
充电效率	%	75	80	80
工作温度	℃	-30~60	-30~65	-40~85
连续放电 1h 率	额定容量%	70	75	75

① DOD，Depth Of Discharge，放电深度。

1991 年，可充电的锂离子蓄电池问世。1995 年，日本索尼公司首先研制出 100A·h 锂离子动力电池并在电动汽车上应用，展示了锂离子电池作为电动汽车用动力电池的优越性能，引起了广泛关注。到目前为止，锂离子动力电池被认为是最有希望的电动汽车用动力蓄电池之一，并在多种电动汽车上推广应用。近年推出的电动汽车产品绝大多数都采用锂离子动力电池，形成了以钴酸锂、锰酸锂、磷酸铁锂、三元锂为主的电动汽车锂离子动力电池应用体系。

其他电池如锌空气电池、钠硫电池等，在过去的 100 年中在电动汽车上也有所应用，但由于其电池的特性、价格、制备工艺等问题，均未成为电动汽车应用电池的主流。

2003 年，以色列巴伊兰（Bar-Ilan）大学的 D. Aurbach 团队研究出极具潜力的充电镁电池，其具有能量密度高、价格低廉、操作安全、无环境污染等优点。但充电镁电池的发展一直受到两个主要因素的制约：①可供镁离子嵌入的基质材料很少，这使得对正极材料的选择受到一定限制；②镁电极表面的电化学行为十分复杂，需要寻找合适的电解液体系以解决钝化膜问题。如何解决镁在电解质溶液中的电化学溶解和沉积平衡，并提高电池的工作电压和能量密度是今后必须解决的问题，相信随着研究的不断深入，充电镁电池最终有望在新能源技术中发挥重要作用。

铝空气电池作为非充电电池，早在 20 世纪 60 年代便已问世，它具有非常高的能量密

度。然而，铝空气电池在放电过程中阳极腐蚀会产生氢，会导致阳极材料的过度消耗，增加电池内部的电化学损耗，这严重阻碍了铝空气电池的商业化进程。2014 年 2 月，在亚特兰大世界先进汽车电池能源会议上，美国铝业公司（Alcoa）和以色列飞纳齐（Phinergy）公司展示的质量为 100kg 的铝空气电池能储存足可行驶 3000km 超级续航能力的电量。研发公司通过在高纯度金属铝中掺杂微量的特定合金元素以提高金属铝阳极耐蚀性，并在电解液中用添加腐蚀抑制剂的方法来解决铝电池存在的阳极材料和电化学能量的损耗。除此之外，该种铝空气电池颠覆了传统电池一次一次充放电的方法，改为更换极板来更新电池，这些特性标志着电动车辆电源革命性的进展。

2011 年，我国的宁德时代成立，其前身是消费电池巨头 ATL。2012 年 10 月 16 日，财政部、工信部、科技部等三部门公布《关于组织申报 2012 年度新能源汽车产业技术创新工程项目的通知》，提出 2015 年电池单体的能量密度达到 180W·h/kg 以上的技术创新目标（模块能量密度达到 150W·h/kg 以上）。宁德时代响应创新目标的要求，凭借优异的产品和研发技术逐渐发展壮大，成为世界级的龙头企业，经过不断技术迭代，推出了第三代 CTP（Cell To Pack）技术，又称"麒麟电池"，并于 2022 年 4 月正式发布。通过 CTP 技术减少甚至取消模组，直接由电芯组成电池，在不改变材料的基础上，通过减小体积来增加能量密度，并降低电池的成本。宁德时代方面曾称，CTP 技术可提高 20% 的能量密度、降低 10% 的成本。

2014 年北京国际车展上，丰田、本田、现代以及上汽等企业竞相展示了最新研制的氢燃料电池车型。2014 年 11 月 18 日，丰田发布全球首款商业化燃料电池汽车 Mirai（未来），其单次加满氢气只需 3min，续驶里程可达 650km。氢燃料电池汽车具有零排放或近似零排放、燃油经济性高、运行平稳、无噪声等诸多优点。此外，氢气的能源密度是车载锂离子电池的 10 倍，充一次氢气可以行驶更长的距离，燃料电池的能量转换效率比内燃机要高 2~3 倍。

随着动力电池技术的突破性发展，电动汽车行业又进入了蓬勃发展的时期。我国也全力跟上世界的步伐，于"十五"开始对电动汽车技术进行大规模有组织的研究开发，通过国家"863"计划"电动汽车"重大科技专项确立了以混合动力汽车、纯电动汽车、燃料电池汽车为"三纵"，以多能源动力总成控制系统、驱动电机和动力电池为"三横"的电动汽车"三纵三横"研发布局，全面组织启动大规模电动汽车技术研发。我国在一开始就将电动汽车项目作为国家重要战略项目之一，首先"863"先进能源技术项目网罗了我国当下最优秀的一批人才，许多当年项目的参与者如今已成为我国电池领域领军人才，也为今后我国动力电池及电动车辆领域的快速发展打下了坚实的基础。2003 年，国内电动车企业比亚迪成立并于 2008 年推出第一款发动机和电机双驱动的混动车型-F3DM 双模车型。此后在 2011 年开始推出纯电动车型，并且从电动大巴、电动出租车切入，逐渐扩展到私人电动汽车产品。2012 年，比亚迪推出第二代 DM 混合动力总成插电式混动车型"秦"，从此开启了比亚迪的王朝系列，分为"秦""唐""宋""元""汉"5 个车系，共推出 15 个车型，涵盖了燃油车、新能源车、混合动力车三个领域，成长为全球第一大电动汽车生产商，业务覆盖汽车和动力电池的生产，在应用层面走在世界前列。2022 年 4 月 3 日，比亚迪汽车正式宣布：根据其战略发展需要，于 2022 年 3 月起停止燃油汽车的整车生产，专注于纯电动和插电式混合动力汽车业务。2003 年，特斯拉公司在美国成立，并于 2012 年发布其第二款汽车产品

Model S，Model S 是一款四门纯电动豪华轿跑车，一时成为当时全球瞩目的焦点。随后发布的 Model 3、Model X、Model Y 等车型也受到整个电动车辆市场的关注。在政策与市场的双重推动下，众多造车新势力于近几年应运而生，新兴新能源车企见表1-2。

表 1-2　新兴新能源车企

名称	建立时间	主要车型
理想	2015 年	理想 ONE
小鹏	2014 年	小鹏汽车 BETA 版、小鹏 P5
哪吒	2014 年	哪吒 N01、哪吒 U、哪吒 V 等
蔚来	2014 年	蔚来 EC6、蔚来 ES8、蔚来 ES6、蔚来 EP9、蔚来 EVE 等
零跑	2015 年	零跑 S01、零跑 T03 等

纵观动力电池与电动车辆的发展历程，安全和能量密度始终是决定电池行业发展的主要因素。电池性能是电动汽车续驶里程的保障，电动汽车的需求推动着电池产业的产量扩大与性能提升。如今各种新型高能动力电池不断见诸报道。可以想象，随着技术的进步，动力电池必将向高比能量、高比功率、长寿命、低价格、安全可靠的方向发展。

1.2　国内外动力电池技术现状

长期以来，电池的寿命和成本问题一直是制约电动汽车发展的技术瓶颈。经过不断的技术创新与技术改进，电池技术得到了飞速的发展，已从传统的铅酸电池演化到包含镍氢动力电池、钴酸锂、锰酸锂、聚合物、三元锂、磷酸铁锂等先进绿色动力电池的技术体系，在比能量、比功率、安全性、可靠性、循环寿命、成本等方面取得了长足进步。

表 1-3 列出了现阶段在电动汽车上使用的主流电池类型及其基本特性。其中铅酸电池由于技术成熟、成本低，在电动汽车尤其是纯电动汽车上应用广泛。锂离子动力电池具有容量高、比能量高、循环寿命长、无记忆效应等优点，因而成为当前电动汽车用动力电池技术研究开发的主要方向，尤其是插电混合动力概念的推出，为锂离子动力电池的应用拓展了广阔的市场空间。

表 1-3　电动汽车用电池类型及其基本特性

电池类型	铅酸电池	镍镉电池	镍氢电池	钠硫电池	锂电池
比能量/（W·h/kg）	50~70	40~60	60~80	100	200~260
比功率/（W/kg）	200~300	150~300	550~1350	200	250~450
循环寿命/次	400~600	600~1200	1000 以上	800	800~2000
优点	技术成熟、廉价、可靠性高	比能量较高、寿命长、耐过充电、过放电性好	比能量高、寿命长	比能量高	比能量高、寿命长
缺点	比能量低、耐过充电、过放电性差	镉有毒、价高、高温充电性差	价高、高温充电性差	高温工作稳定	价高、存在一定安全性问题

当前，国际上各大电池公司纷纷投入巨资研制开发锂离子动力电池，在技术上取得了一系列重大突破。美国 Vaknce 公司研制的 U-charge 磷酸铁锂电池，除了能量密度高、安全性好等优势外，可在 −20~60℃ 的宽温度范围内放电及储存，其重量比铅酸电池轻了 56%，一次充电后的运行时间是铅酸电池的 2 倍，循环寿命是铅酸电池的 6~7 倍。韩国 SK innovation 动力锂电池正极采用镍钴锰（NCM）三元材料，电池单体能量密度达到 180W·h/kg，电池组能量密度为 110W·h/kg。

在我国，权威部门对动力电池的测试结果表明，我国研制的动力蓄电池的功率密度和能量密度实测数据达到了同类型电池的国际先进水平，电池安全性能也有了很大提高。镍氢动力蓄电池荷电保持能力大幅度提升，常温搁置 28 天，荷电保持能力可达 95% 以上。锂离子电池在系统集成技术及能力方面取得较大进展和突破，采用磷酸铁锂材料的动力电池系统的能量密度达 90W·h/kg，采用三元材料（18650 圆柱形动力电池）的动力电池系统的能量密度达 110W·h/kg，循环寿命超过 5 年/10 万 km 的质保要求。

在电池技术发展规划方面，世界主要发达国家均制定了国家层面的动力电池研究发展规划，大力支持动力电池技术和产业的发展。美国能效和可再生能源局（Office of Energy Efficiency and Renewable Energy，EERE）发布了"电动汽车无处不在大挑战蓝图"（EV everyWhere grand challenge blueprint），设置的 2022 年动力电池系统技术指标包括电池系统质量能量密度 250W·h/kg，体积能量密度 400W·h/L，功率密度 2000W/kg，成本 125\$/kW·h 的目标。长期目标（截至 2027 年）则主要支持后锂离子电池技术的开发，如锂硫、锂空气、镁离子及锌空气电池等，在寿命、能量效率、功率密度以及其他重要性能参数等方面开展深入的研究工作，以实现其商业化应用。美国能源部的研究着重于电池材料革新、电芯电化学优化、增强可持续性和降低成本，实现方法主要为降低或者摆脱电池对重要材料的依赖（如钴），以及回收利用动力电池材料。从目前的石墨/高压镍钴锰，到硅/高压镍钴锰，最后过渡到锂金属电池或者锂硫电池，在 2030 年前后，期望将电池包成本降到 80\$/kW·h（2022 年是 150\$/kW·h）。

日本经济产业省下属的新能源产业技术综合开发机构（New Energy and Industrial Technology Development Organization，NEDO）牵头制定了较为详细的动力电池研发路线图和行动计划，重点对锂离子电池单体、模块、标准及评价技术进行研发项目的设置，开展技术攻关。根据 NEDO 的技术路线图，在 2025 年之前日本动力电池将是现在的锂电池体系；2025 年之后电解质将进入全固态电池阶段，同时锂硫电池也会成为主流；再之后也会有其他电池出现，比如锂空气电池。在具体的动力电池研究目标上，日本提出，到 2030 年，电池包密度达到 500W·h/kg，成本降到 10000 日元/kW·h 以下，循环次数 1000~1500 次。

德国政府为推动电动汽车的发展，制定了国家电驱动平台计划（NPE），通过电池灯塔研发项目推动在动力电池领域建立单体电池及电池系统的生产能力，从材料开发及电池技术、创新性电池设计技术、安全性评估及测试流程、电池寿命的建模与分析、大规模生产的工艺技术五方面开展研发工作。在电芯方面，德国的目标是，2030 年实现能量密度 400W·h/kg，循环次数 2000 次，成本 75 欧元/kW·h。与此同时，德国还发起了电池研发的资助计划，通过简化研究成果向产业应用转化实现电池"德国制造"（Made in German）。具体执行方面，这一计划将价值链上下游的参与者都串联起来，从上游的材料，到正极、负极、隔膜、电解质、电池制造商、电池包制造和主机厂。

韩国知识经济部大力支持电动汽车用锂离子电池的研发工作，着重对锂离子动力蓄电池单体、模块、系统及关键原材料等进行攻关研究。支持的"世界首要材料"项目（World Premier Material，WPM），涉及纯电动汽车和储能两大应用领域。纯电动汽车侧重于能量密度，储能侧重于成本，从高功率、高容量、低成本、高安全性四方面开展相关技术研究。其中引导绿色社会的二次电池技术研发项目，下设锂离子电池关键材料、应用技术研究（针对储能及纯电动汽车领域）、评价与测试基础设施三个子项目，涵盖基础研究、关键原材料、测试评价及标准、动力电池应用，以期在韩国打造完善的动力电池产业链。

中华人民共和国科学技术部（简称科技部）发布的"十二五""十三五"规划电动汽车重大项目中，对混合动力用高功率动力电池、纯电驱动用高能量型锂离子动力电池以及下一代纯电驱动用新型锂离子电池和新体系电池进行了技术研发支持。国务院印发的节能与新能源汽车产业发展规划（2012—2020年），对动力电池路线图进行了大致规划，重点支持动力电池的产业化和电池模块的标准化。在国家"十三五"规划中设立了新能源汽车重点研发专项（2016—2020年），在动力电池方面，从动力电池新材料新体系、高比能锂离子电池、高功率长寿命电池、动力电池系统、高比能二次电池、测试评估六方面进行支持，提升锂离子电池的技术水平。我国动力电池2025年能量密度目标为400W·h/kg，材料体系是富锂锰基正极+高比能硅碳负极；2030年，能量密度目标是500W·h/kg，材料体系方面，正负极仍是富锂锰基正极+高比能硅碳负极，但是电解液将演变为固态电解液。目前，我国在高镍正极材料及动力锂电池单体开发方面取得重要进展，三元高比能量动力锂离子电池，能量密度超过300W·h/kg。而在磷酸铁锂电池方面，能量密度可实现≥180W·h/kg。

企业研发方面，各个车企与电池厂商做出了积极的响应。除了大力发展锂离子电池，宁德时代在钠离子电池领域也积极开拓。钠离子电池的工作机理和电池结构与锂离子电池类似，均是通过金属离子在正负极之间迁移实现充放电功能。二者主要区别在于电池材料，钠离子电池正极一般由钠离子层状氧化物等构成，负极则以硬碳代替锂电池使用的石墨。由于钠元素储备更加丰富，因此钠离子电池比起锂离子电池来说，不仅其本身价格低廉，节约成本，且其制造过程同样更节省成本。钠离子电池的投入使用，将会使得车辆在定价上更具有优势，也更有助于新能源电动汽车的普及。2021年7月29日，宁德时代发布第一代钠离子电池，其电芯能量密度为160W·h/kg，略低于磷酸铁锂电池，但是低温性能和快充明显优势，常温充电15min可以达到80%电量，在−20℃环境下能保持90%以上的系统放电率。宁德时代表示，下一代钠离子电池电芯能量密度将突破200W·h/kg，2023年将形成基本产业链。

2020年3月29日，比亚迪正式推出刀片电池。在模拟车祸碰撞的针刺试验中，刀片电池可以保证无烟、无明火，电池表面温度仅30~60℃左右，与传统电池会发生热失控相比，短路时产热更少、散热更快，具有良好的安全性能。除了具有"超级安全"的优势，刀片电池还具有超级强度、超级续航、超级低温、超级寿命、超级功率的超级性能及"6S"的技术理念。长96cm、宽9cm、高1.35cm的单体电池，通过阵列的方式排布在一起，就像"刀片"一样插入到电池包里面，在成组时跳过模组和梁，减少了冗余零部件后，形成类似蜂窝铝板的结构等——刀片电池通过一系列的结构创新，实现了电池的超级强度的同时，电池包的安全性能大幅提升，体积利用率也提升了50%以上。因为刀片电池能够大大减少三元锂电池因电池安全和强度不够而增加的结构件，从而减小了车辆的重量，所以单体能量密

度虽然没有比三元锂电池高，但是能够达到主流三元锂电池同等的续驶能力。同时，刀片电池电量可于 33min 内实现 10% 到 80% 的快充、支持车型"汉"3.9s 百公里加速、循环充放电 3000 次以上并累计行驶 120 万 km，以及优越的低温性能等数据表现，也奠定了其全方位"碾压"三元锂电池的超级优势。

除了比亚迪的刀片电池，蜂巢能源也推出了短刀片电池。蜂巢能源 L600 短刀磷酸铁类电芯第一代型号为 184A·h，采用叠片技术，在能量密度、循环寿命、快充、安全等方面均较目前主流铁锂电池有明显提升。同时支持切换 590 标准模组，实现串并联方案灵活变化，以高标准化、灵活性的特点可最大化降低电池包的设计难度，灵活高兼容，可广泛适配不同纯电动平台车型。2021 年 7 月 16 日，蜂巢能源宣布其研发的全球首款无钴电池量产下线，能量密度为 240W·h/kg。

固态电池，即采用固态电解质的锂离子电池，因其在技术指标和成本上对于三元锂电池的领先，被公认为未来锂电池的发展方向。在新能源汽车应用中，固态电池拥有不可取代的优势，其一是固态电解质具有不易燃、无腐蚀、无挥发等特性，因此无论在性能还是安全性方面都优于液态电池；其二是能量密度更高，理论上固态电池的能量密度可以达到 400~500W·h/kg，进而提升电动车辆的续驶能力；其三是用固态电解质取代正负极之间的隔膜电解液，使得电池更薄、体积更小，因此可实现动力电池小型化、薄膜化。2021 年 1 月，蔚来发布了 150kW·h 固态电池包，可实现 360W·h/kg 的能量密度，并定于 2022 年第四季度对外交付；国轩高科已开发出能量密度大于 360W·h/kg 的固态电池产品，并获车企认可和项目定点；北汽蓝谷表示目前完成了第二代固态电芯的开发，完成了电池系统台架测试验证及整车搭载验证；2021 年 2 月，奇瑞汽车与安瓦新能源合作的能量密度为 300~340W·h/kg 的半固态动力电池产业化项目签约落地；2021 年 3 月，广汽埃安发布新一代动力电池安全技术"弹匣电池"，并号称该技术首次实现了三元锂电池整包针刺不起火。

1.3 动力电池驱动的车辆类型

1.3.1 厂内车辆

在厂区或生产现场的产品或材料运输中，电动车辆已有很长的应用历史。1910 年前后电动车辆就被应用于货物运输，1922 年出现了电动举升式叉车，随后以电动叉车为主的电动车辆被广泛应用于工厂的货物举升、移动和码放。

当前，叉车种类繁多，从结构上分类，叉车主要包括三支点和四支点平衡重式叉车、前移式叉车、拣选车、三向堆垛机和托盘搬运车等。但不论哪种类型的叉车，基本上都由动力部分、底盘、工作部分和电气设备四大部分构成。电动叉车如图 1-3 所示。

现阶段，电动叉车主要应用的蓄电池还是以铅酸电池为主，锂离子电池等先进电池的应用并不广泛。电动叉车具有运转平稳、检修容易、操纵简单、营运费用低的优点，尤其在封闭环境中作业，无噪声、不排废气，可以保证良好的工作环境；电动叉车应用的主要缺点是需要充电设备，初期投资高，充电时间较长（一般充电 7~8h，快速充电 2~3h），一次充电后的连续工作时间短。由于蓄电池容量和比功率的限制，一般电动叉车驱动电机功率相对内燃机要小，车速低，爬坡能力差。因此电动叉车主要用于通道较窄、搬运距离不长、路面

图 1-3　电动叉车

好、起重量较小、车速要求低的仓库和车间中。在一些特殊工况下，电动叉车成为货物运输最佳的选择，如在易燃品仓库或食品、制药、微电子及仪器仪表等对环境条件要求较高的行业，只能使用电动叉车；在冷冻仓库中，内燃机起动困难，也主要采用电动叉车。

其他由蓄电池作为动力源的厂内车辆还包括：电动拖车（用于无动力货箱或车厢的牵引）、移动式升降平台等。

1.3.2　电力机车

早在 20 世纪初，德国已经采用以蓄电池为动力源的电力机车（电力火车）用于长途工作的人员和货物运输。到 1979 年，大约 20% 的德国长途轨道车辆为电力机车拖动，这些车辆工作时由沿途的 100 个充电站提供能源。车上使用的是 VARTA AG 公司制造的铅酸蓄电池。每列机车的电池系统由 220 块电池单体组成，重 21t，存储能量 650kW·h，单日运行 250~400km，动力电池的平均寿命为 4 年。根据德国的实践经验，电力机车的优点包括可靠性高、噪声低、无污染、使用成本低、便于操作和维修。

随着铁路运输的发展，现阶段各国应用的轨道运输工具已经以电力机车为主，正在建设的高速列车均为电力拖动车辆。电力机车一般配备 750V 或 900V 动力蓄电池系统，供驱动以及机车附件系统应用。图 1-4 和图 1-5 所示为我国广泛应用的电力货运机车和已经开始应用的和谐号动车组列车。

图 1-4　电力货运机车

图 1-5　和谐号动车组列车

以蓄电池为动力源的电力机车多年来也广泛应用于采矿业中的矿石运输（见图1-6）。由于采矿环境的潜在危险比较大，可能存在各种易燃、易爆的气体，同时在封闭矿井或作业空间内应用，内燃机机车容易造成严重的空气污染，不利于作业。为了保证矿用机车的安全性，各国都制定了严格的法规甚至法律，以保证电力机车蓄电池以及电气辅助设备（如充电器）能够达到防爆、防火要求。

图1-6　架线式矿用电力机车

1.3.3　娱乐及运动场地车辆

作为该类车辆的典型应用，高尔夫球车主要用于高尔夫球场运送设备，以及为球员服务。使用高尔夫球车的目的是加速娱乐和运动的进程，保护场地的安全，帮助残疾人以及老年人参与其中等。现阶段应用的高尔夫球车（见图1-7）主要以铅酸电池为主，电池系统电压一般为48V或72V，容量在200A·h左右。

由于电动车辆具有无污染、低噪声等优点，类似高尔夫球车的电动旅游景点用车（见图1-8）在环境要求高的旅游景点被广泛用于游客运输。

图1-7　电动高尔夫球车　　　　　　　　　　图1-8　电动旅游景点用车

1.3.4　残疾人或医疗服务用车

由于蓄电池驱动的车辆具有起步平稳、低噪声等优点，在医疗机构中应用电动车辆运输

药品、作为重症监护车辆以及救护车（见图1-9）。另外，电动轮椅（见图1-10）已经广泛应用，使许多残疾人能够行动自如。还有为行动不便的老人代步的电动代步车（见图1-11），近年来也在该领域蓬勃发展并广泛应用。

图1-9　电动救护车

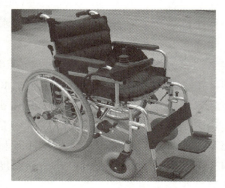

图1-10　电动轮椅

图1-11　电动代步车

1.3.5　低速电动汽车

低速电动车广泛的定义可以涵盖电动自行车、电动摩托车、电动三轮车、低速电动汽车等。低速电动汽车（见图1-12）是指速度低于70km/h的简易四轮纯电动汽车。一般最高速度为70km/h，而外形、结构、性能与燃油汽车类似。2018年11月8日，工业和信息化部、国家发展改革委、科技部、公安部、交通运输部、市场监管总局联合印发《关于加强低速电动车管理的通知》，要求各省、自治区、直辖市地方人民政府组织开展低速电动车清理整顿工作，严禁新增低速电动车产能，加强低速电动车规范管理。

图1-12　低速电动汽车

1.3.6 机场地面保障车辆

航空机场飞机地面保障车辆和设备包含了机场跑道、机坪、应急救援等应用的各种特种车辆和专用设备，共计30多类。这些车辆主要包括：电源车、空调车、气源车、升降平台车、行李传送车、食品车、客梯车、清水车、污水车、垃圾车、牵引车、行李拖头车、加油车、除冰车、摆渡车等。

电动旅客摆渡车（见图1-13）以纯电能为动力，主要用于向机场旅客提供往返于候机口和航空器之间的交通。该设备主要由底盘总成、车身总成、控制系统及附件组成。

随着电动车技术的推广，机场开始扩大电动车辆在机场货物运输及人员输送方面的应用，这个领域内电动车辆的类型主要包括：用于客舱服务的客梯车、摆渡车（见图1-13）、空调车、食品车、上水车、厕所清洁车和垃圾清理车；用于货物和行李装运的货物升降平台车和行李牵引车；用于维护、补给和调度的加油车、管线加油车、润滑油加注车、除冰车、机身清洗车和牵引车等。

图 1-13　电动旅客摆渡车

电动旅客登机梯（见图1-14）的主要用途是接送旅客上下飞机，是以纯电能为动力的自行式机场地面专用设备，适用于舱门高度范围在 2400～5800mm 之内的所有飞机。

图 1-14　电动旅客登机梯

飞机牵引车（见图1-15）以纯电能为动力，是牵引和顶推飞机离开机场停机廊桥的地面保障设备，同时还可因飞机故障及维护需要，用于救援、牵引和移动飞机至维修机库。该设备主要由底盘、电动机、电池、变速器、传动轴、前后桥、轮胎总成、制动系统、转向系统、驾驶室、控制系统等组成。

图 1-15　飞机牵引车

散装货物装载机（见图1-16）以纯电能为动力，主要用于保障各类机型的航班行李、货物和邮件进出飞机底舱，或用于不同高度之间传送货物的专用设备，主要由车架、驾驶室、前/后桥、制动系统、转向系统、传送带及支架、起升系统、电气系统、液压系统及传动轴等组成。

图 1-16　散装货物装载机

1.3.7　电动滑板车、电动平衡车、摩托车和自行车

19世纪80年代，英国人艾尔顿（Elton）、佩里（Perry）和法国人古斯塔夫·特鲁韦研究成功了电动三轮车，这是铅酸电池在私人道路车辆上的第一次应用。随后，大量以电池为

动力的滑板车、摩托车、自行车相继被推入市场。20 世纪 70 年代，Solo Kleinmotoren GmbH 公司生产了上万辆以两块容量为 50A·h 的汽车用铅酸电池为动力的电动滑板车。20 世纪 80 年代，澳大利亚邮递公司成功地将电动滑板车应用于邮件的传递工作。电动平衡车（Segway），如图 1-17 所示，是一种电力驱动、具有自我平衡能力的个人用运输载具，是都市用交通工具的一种，由美国发明家狄恩·卡门与他的 DEKA 研发公司（DEKA Research and Development Corp.）团队发明设计。电动平衡车的运作原理主要是建立在一种被称为"动态稳定"（Dynamic Stabilization）的基本原理上，也就是车辆本身的自动平衡能力。以内置的精密固态陀螺仪（Solid-State Gyroscopes）来判断车身所处的姿势状态，通过储存在内部的算法，再经过精密且高速的中央微处理器计算，发出算法所计算出的指令后，驱动电机来做到平衡的效果。

图 1-17　电动平衡车

　　1983 年，英国通过一项法律，规定 14 岁以上的任何人都可以使用电动自行车，无须驾照、公路税或者保险费。随后，英国兴起了一阵电动自行车风。2000 年前后，以电动自行车为主的电动轻型车产业在我国蓬勃发展。截至 2019 年末电动自行车社会保有量已经超过 3 亿辆。近年来，环境污染越来越严重，政府加大力度提高空气质量，各个相关单位相应推出电动摩托车等电动轻型车来响应政府的号召。现在电动自行车（见图 1-18）、电动轻型摩托车（见图 1-19）遍布大街小巷，已经成为大家公认的便捷、快速、无污染、无噪声的交通工具。

图 1-18　电动自行车

图 1-19　电动轻型摩托车

1.3.8　电动汽车

　　随着节能环保日益受到社会各界的重视，交通领域节能减排、低碳出行的重任再次落到了电动汽车的身上。随着研发的逐步深入，各种形式的电动汽车示范运行和商业化推广已经在国际上广泛开展。德国通过的著名的《可再生能源法》（EEG2014）中增加了 2025 年和 2035 年可再生能源电量发展目标，将可再生能源电量的比例分别定为 40% ~ 45% 和 55% ~ 60%。澳大利亚能源巨头 AGL 和金融集团 Macquarie Capital 与国际集团公司 Better Place 签

署协议，计划在墨尔本、悉尼和布里斯班打造电动汽车网络。日本政府制定长远规则，计划到 2025 年有 880 万辆电动汽车投入使用。在国家政策的大力扶持和新能源领域技术不断变革下，新能源汽车行业迅速发展。当前，全球主要经济体国家均制定了碳达峰、碳中和目标，汽车产业电动化转型步伐明显加快。

自我国提出"力争 2030 年前实现碳达峰，2060 年前实现碳中和"的战略目标后，发展新能源汽车成为我国实现"双碳"目标的重要路径。在 2021 年正式发布的《节能与新能源汽车技术路线图 2.0》中提出，以 2035 年为节点，新能源汽车将逐渐成为主流产品，汽车产业基本实现电动化转型。国务院办公厅印发的《新能源汽车产业发展规划（2021—2035)》中，提出了深化"三纵三横"的研发布局，将 2025 年新能源汽车的销量占比提高到 25%；到 2035 年，纯电动汽车成为新销售车辆的主流，公共领域用车全面电动化。根据中国汽车工业协会统计数据显示，2022 年 1—12 月，我国新能源汽车产销累计分别完成705.8 万辆和 688.7 万辆，同比均增长 1 倍，市场占有率达 25.6%，成为全球汽车产业电动化转型的重要力量。截至 2022 年 12 月底，全国新能源汽车保有量达 1310 万辆，占汽车总保有量的 4.10%。其中，纯电动汽车保有量 1045 万辆，占新能源汽车总量的 79.78%，说明纯电动汽车是新能源汽车的销量主力。

1.3.9 特种车辆——电驱动装甲车

自 20 世纪 80 年代起，人们开始探索采用电驱动、电传动、电磁炮和电磁装甲等技术的全电坦克装甲车辆。随着技术的进步，以及交流和稀土永磁发电机的出现，使得发动机和发电机的功率密度、效率和耐久性都大大提高，实现了使用"交流-直流-交流"控制方式后，电传动装置体积和效率达到与机械传动系统相同的水平。大量应用了新技术的电传动装甲车和混动装甲车就应运而生，比如美国曾经在 M113 装甲车和 AAV7 两栖装甲车上试验过新型电传动装置，德国也在"黄鼠狼"步兵战车的基础上搞过柴电混动试验车。进入 21 世纪以后，电传动装甲车的发展又达到了一个新的高度，美国研制了 20 吨级履带和轮式混合动力试验车，并准备将 FCS 未来战斗系统打造成全电战车，而德国伦克公司的一系列机电复合传动系统也已经成熟，比利时、英国、瑞典、法国、日本等国都开始研究坦克装甲车辆的油电混动技术。混合动力作战车辆可以为武装部队提供很多好处，车辆在速度、加速、转向和隐身性能方面都优于传统战车的性能。混合驱动系统比传统车辆还具有更好的燃油经济性，储能装置的技术进步还为定向能激光武器、电磁炮、电磁装甲等未来全电坦克装甲车辆上的"用电大户"提供电力保障。

"创世纪"轮式步兵战车就是德国 FFG 公司在这种大背景下研发的一款油电混动战车（见图 1-20）。"创世纪"轮式步兵战车的全称是"8×8 装甲车技术演示与柴油电力全混合动力驱动系统"，研制该车的 FFG 公司并非德国主力的坦克装甲车生产企业，其主要产品是装甲维修车、装甲救援车等后勤车辆。

我国也积极研发电驱动装甲车辆。解放军推出了一款搭载油电混合动力单元+轮毂电机+动力电池全新 8 轮驱动装甲样车（见图 1-21）。这款油电混动装甲车样车，采用解放军现役"大八轮"装甲车成熟的车身结构，匹配全新的 6 缸增压柴油机（与"大八轮"同型号）+X20kW 主电动机（发电机功能）+8 套风冷散热轮毂驱动电机+可快拆的液态主动散热的 4 组磷酸铁锂动力电池构成。

图 1-20　"创世纪"轮式步兵战车

图 1-21　解放军电驱动车辆

1.3.10　电驱动非道路车辆——矿用车

　　电驱动矿用车采用混合动力与纯电动两种驱动模式，拥有高效的制动能量回收系统，兼具"大功率"与"低油耗"双重优势，具有极高的市场推广价值。2022 年 5 月份，徐工 XDR80TE 纯电动矿车（见图 1-22）的批量交付，彻底打开了该产品的全球市场。它货箱容积大、承载力强，载重量超过 72t，采用双电机驱动系统，动力强劲，配备自动变速器，换档平顺。满载最大爬坡能力达 30%，完全可以满足矿区运行的复杂工况需求。按照矿用车市场发展趋势，未来几年，240 吨级电动轮矿用车将成为最大的一块细分市场。2023 年 2 月 13 日，北方股份表示，截至目前，公司 100 吨以下矿用车电驱动已经形成产业化，100 吨以

上的矿用车电驱动正在做新产品研发。

图 1-22　徐工 XDR80TE 纯电动矿车

1.4　动力电池及电动汽车发展趋势

随着锂离子电池材料的研究和发展，尤其是磷酸铁锂、钛酸锂等电极材料的出现，大大提高了锂离子电池的循环寿命，降低了电池的材料成本或使用成本，使锂离子电池成为近期内最有发展前途和推广应用前景的动力电池。未来以能量型动力电池、能量功率兼顾型动力电池和功率型动力电池等重点产品的比能量、能量密度、比功率、成本、安全性能等得到全面提升为核心目标，发展高比容量和热稳定性好的正负极材料、耐高温隔膜材料、耐高压阻燃电解液等关键材料技术，系统集成技术、智能制造技术及装备、测试评价技术、梯次利用与回收技术，并布局全固态锂离子和锂硫电池等新体系电池研发。

1. 降低成本

政府对新能源汽车财政补贴力度和政策逐步减弱，而新能源汽车动力电池占整车成本的40%，那么新能源汽车与传统燃油汽车在价格上的差距会更加明显。所以，降低电池成本将会是未来动力电池发展的总基调，在电池原材料价格不断上涨的环境下，开发新的电极材料和优化制造工艺是一个好的方向。

2. 更优异的电池性能

进一步提升电池的能量密度、功率密度、充电效率、安全性、可靠性、循环寿命、轻量化，以及宽的工作温度范围等性能。

3. 完善的电池各项参数检测技术

进一步完善电池 SOC、SOH、SOP 等参数检测技术，同时，优化各类参数的检测方法，建立准确的电池模型，以提高动力电池监测的有效性。

4. 更加有效的故障诊断与预警技术

动力电池在使用过程中难免会出现故障，由于电池故障进而引发的起火事故时有发生，严重打击了新能源汽车消费者的信心。未来更加有效的故障诊断与预警技术是动力电池进一步推广的重要基础。动力电池的故障诊断与预警是及时处理动力电池故障，发现潜在安全问

题的有效方法。

5. 健全的动力电池回收体系

随着新能源汽车产业的快速发展，动力电池使用量快速增长，进入报废期的动力电池量也正高速增长。要突破动力电池回收再利用的技术难关，降低动力电池回收的成本，确立合理评估废旧电池剩余价值的方法，形成完备的动力电池回收产业链，大大提高资源的利用率。如建立规范有序的回收利用市场，提供科学的行为准则，对回收服务网点建设、集中贮存、收集、标识、包装、运输，以及指定移交、定点拆解等，出台一系列管理办法和监管方式。

在整个新能源汽车发展中，纯电动汽车产品的开发理念由以往单纯重视性能、一味追求动力性和续驶里程，转为以提高整车性价比为中心，综合考虑动力性、续驶里程和成本的设计理念，产品更加接近消费者需求。近两年我国和欧洲电动汽车销量增速均大幅度提高，2020 年欧洲的碳排放新规加速电动汽车的销量的提高，2022 年欧洲电动汽车销量创下新纪录，纯电动汽车销量达 156 万辆，同比增长 29%。2022 年，我国新能源汽车产销量分别达到 705.8 万辆和 688.7 万辆，同比增长 96.9%和 93.4%，市场占有率达 25.6%，新能源汽车产销量已连续 8 年位居全球第一。未来，电动汽车将朝着更长的续驶里程、更短的充电时间、更便捷的换电方式、更安全的驾驶保障以及更低的成本方向发展。

 习题 ．．．．．．．．．．．．．．．．．．．．．．．．．．．．．．．．．．．．．

1. 简述电动车辆及动力电池发展的简史。
2. 简述动力电池驱动车辆的类型。
3. 简述纯电动汽车的特点。
4. 简述电驱动娱乐及运动场地车辆的特点。
5. 简述电驱动矿用车的特点。
6. 纯电动汽车产品的开发设计理念是什么？
7. 简述动力电池的技术现状和发展趋势。
8. 简述电动汽车的技术现状和发展趋势。

第2章　动力电池的基本概念

电池应用的过程是电能输入转变为化学能存储，再以电能形式输出的能量转换过程，不论其正负极材料如何变化，但基本概念和电化学原理相同。在对不同电池特性的比较中，也需要采用可比较参数进行比较研究。本章重点介绍电池储能的基本原理以及与动力电池和动力电池组相关的基本概念。

2.1　蓄电池分类

根据正负极材料特性、电化学成分不同，电池常有三种分类方法。

2.1.1　按电解液种类分类

（1）**碱性电池**　碱性电池的电解质主要是以氢氧化钾水溶液为主，如碱性锌锰电池（俗称碱锰电池或碱性电池）、镍镉电池、氢镍电池等。

（2）**酸性电池**　酸性电池主要是以硫酸水溶液为介质，如铅酸电池。

（3）**中性电池**　中性电池是以盐溶液为介质，如锌锰干电池、海水激活电池等。

（4）**有机电解液电池**　有机电解液电池主要是以有机溶液为介质，如锂离子电池等。

2.1.2　按工作性质和储存方式分类

（1）**一次电池**　一次电池又称原电池，即不能再充电使用的电池，如锌锰干电池、锂原电池等。

（2）**二次电池**　二次电池即可充电电池，如铅酸电池、镍镉电池、镍氢电池、锂离子电池等。

（3）**燃料电池**　燃料电池中，活性材料在电池工作时才连续不断地从外部加入电池，如氢氧燃料电池、金属燃料电池等。

（4）**储备电池**　储备电池储存时电极板不直接接触电解液，直到电池使用时，才加入电解液，如镁-氯化银电池，又称海水激活电池。

2.1.3　按电池所用正、负极材料分类

（1）**锌系列电池**　如锌锰电池、锌银电池等。

（2）**镍系列电池** 如镍镉电池、镍氢电池等。

（3）**铅系列电池** 如铅酸电池。

（4）**锂系列电池** 如锂离子电池、锂聚合物电池和锂硫电池。

（5）**二氧化锰系列电池** 如锌锰电池、碱锰电池等。

（6）**空气（氧气）系列电池** 如锌空气电池、铝空气电池等。

2.2　化学能电能转换基本原理

为了理解电池是怎样把化学能转化为电能的，以经典的丹尼尔电池单体化学反应为例进行介绍。

$$Cu^{2+}+Zn \longrightarrow Cu+Zn^{2+} \tag{2-1}$$

在按上式进行的化学反应中，Cu^{2+} 和 Zn^{2+} 在 25℃ 的标准吉布斯自由能 ΔG_0 是 $-212kJ/mol$。根据热力学的知识，化学反应总是沿着自发的方向进行，因此当锌加入 Cu^{2+} 溶液中，铜会沉淀析出，能量以热能的形式被消耗掉。反应式（2-1）可以分解为两个电化学反应步骤完成：

$$Cu^{2+}+2e^- \longrightarrow Cu \tag{2-2}$$
$$Zn \longrightarrow Zn^{2+}+2e^- \tag{2-3}$$

在式（2-1）从电解液中提取铜的反应过程中，两个反应在锌表面同时发生。然而，如果锌和铜处于独立的两个元件中，那么反应式（2-2）和反应式（2-3）就必须在两个不同的位置（电极）发生，而且只有在有电流连接两个电极的情况下反应才能持续进行。在这种情况下，电子的流动是可以利用的。这就是著名的丹尼尔电池单体反应，如图 2-1 所示。该反应可以通过控制正、负极的连接状态实现有效控制，使化学能按需转化为有用的电能。

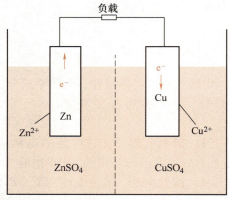

图 2-1　丹尼尔电池单体反应示意图

2.3　电池的基本构成

究其本质，电池是一种把化学反应所释放的能量转变成电能的装置。要实现化学能向电能的转化，必须满足如下条件：

1）必须把化学反应中失去电子的氧化过程（在负极进行），得到电子的还原过程（在正极进行），分别在两个区域进行，这与一般的氧化还原反应存在区别。

2）两电极间必须具有离子导电性的物质。

3）化学变化过程中电子的传递必须经过外线路。

为了满足构成电池的条件，电池需包含以下基本组成部分：

（1）**正极活性物质** 具有较高的电极电位，电池工作即放电时进行还原反应或阴极过程。为了与电解槽的阳极、阴极区别开，在电池中称为正极。

（2）**负极活性物质** 具有较低的电极电位，电池工作时进行氧化反应或阳极过程。为了与电解槽的阳极、阴极区别开，在电池中称为负极。

（3）**电解质** 需拥有很高的、选择性的离子电导率，提供电池内部离子导电的介质。大多数电解质为无机电解质水溶液，少部分电解质也有固体电解质、熔融盐电解质、非水溶液电解质和有机电解质。有的电解质也参加电极反应而被消耗。电解质对于电子来说必须是非导体，否则将会产生电池单体的自放电现象。

（4）**隔膜** 需保证正、负极活性物质绝对不直接接触而短路，同时要保持正、负极之间尽可能小的距离，以使电池具有较小的内阻，因此在正、负极之间必须设置隔膜。隔膜材料本身都是绝缘良好的材料，如橡胶、玻璃丝、聚丙烯、聚乙烯、聚氯乙烯等，以防止正、负极间的电子传递和接触。同时隔膜材料要求能耐电解质的腐蚀和正极活性物质的氧化作用，并且隔膜还要有足够的孔隙率和吸收电解质溶液的能力，以保证离子运动。

（5）**外壳** 作为电池的容器，电池的外壳材料必须能经受电解质的腐蚀，而且应该具有一定的机械强度。铅酸电池一般采用硬橡胶作为外壳。碱性蓄电池一般采用镀镍钢材作为外壳。近年来由于塑料工业的发展，各种工程塑料诸如尼龙、ABS、聚丙烯、聚苯乙烯等已成为电池壳体常用的材料。

除了上述主要组成部分外，电池还常常需要导电栅、汇流体、端子、安全阀等零件。电池的基本构成如图2-2所示。电池本身可以制成各种形状和结构，如圆柱形、纽扣式、扁平和方形，不同形状的电池如图2-3所示。

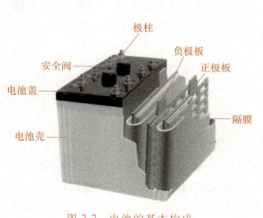

图2-2 电池的基本构成

图2-3 不同形状的电池
a）方形铝壳电池 b）软包电池 c）圆柱形电池 d）纽扣电池

2.4 电池及电池组

电池及电池组的构成逻辑关系在应用中容易出现概念的混淆，在此主要针对现在普遍提及的几个概念进行介绍。

（1）**电池单体**（Cell） 电池单体是指直接将化学能转化为电能的基本装置和基本单元，是构成电池的基本元件，包括电极、隔膜、电解质和外壳等。

（2）**电池**（Battery） 电池是指由一个以上的电池单体并联或串联而成，封装在一个物理上独立的电池壳体内，具有独立的正极和负极输出。例如内燃机汽车上常用的12V或24V

起动电池，通常就是由 6 片或 12 片 2V 的铅酸电池单体串联而成。

（3）**动力蓄电池箱**（Power Battery Box）　能够承装蓄电池组、蓄电池管理模块以及相应的辅助元器件的机械结构。

（4）**动力蓄电池包**（Power Battery Pack）　蓄电池组、蓄电池管理模块、蓄电池箱以及相应附件有机组合构成的具有从外部获得电能并可对外输出电能的单元，简称蓄电池包。

（5）**快换动力蓄电池包**（Swapping Power Battery Pack）　能够通过专用装置，必要时可人工协助，在短时间内完成更换并可以在非车载情况下进行充电的蓄电池包，简称快换蓄电池包。

（6）**动力蓄电池系统**（Power Battery System）　一个或一个以上蓄电池包及相应附件（蓄电池管理系统、高压电路、低压电路、热管理设备以及机械总成）构成的为电动汽车整车提供电能的系统。

2.5　电池的基本参数

2.5.1　电池的基本参数介绍

1. 电动势

电动势是电池在理论上输出能量大小的度量之一。在其他条件相同的情况下，电动势越高，理论上能输出的能量越多。电化学中，电池的电动势是热力学的两极平衡电极电位之差，即

$$E = \varphi_+ - \varphi_- \tag{2-4}$$

式中　E——电池的电动势；

　　　φ_+——正极的平衡电位；

　　　φ_-——负极的平衡电位。

实际上，电池中两个电极并非处于热力学的可逆状态，因此电池在开路状态下的端电压理论上并不等于电池的电动势，但由于正极活性物质一般氧的过电位大，因此稳定电位接近正极活性物质的平衡电位。同理，负极材料氢的过电位大，因此稳定电位接近负极活性物质的平衡电位。结果在表征上电池的开路电压在数值上接近电池的电动势，所以在工程应用中，常常认为电池在开路条件下，正、负极间的平衡电动势之差，即为电池的电动势。

对于某些气体电极，电池的开路电压数值受催化剂的影响很大，与电动势在数值上不一定很接近。如燃料电池，其开路电压常常偏离电动势较大，而且随使用催化剂的品种和数量而变化。

2. 开路电压

开路电压是指在开路状态下（几乎没有电流通过时），电池两极之间的电动势差，一般用 C_{open} 表示。电池的开路电压取决于电池正负极材料的活性、电解质和温度条件等，而与电池的几何结构和尺寸大小无关。例如，无论铅酸电池的大小尺寸如何，其单体开路电压都是一致的。一般情况下，电池的开路电压均小于它的电动势。

3. 额定电压

额定电压也称为公称电压或标称电压，指的是在规定条件下电池工作的标准电压。采用额定电压可以区分电池的化学体系。表 2-1 为常用不同电化学体系电池的单体额定电压值。

表 2-1　常用不同电化学体系电池的单体额定电压值

电池类型	单体额定电压/V	电池类型	单体额定电压/V
铅酸电池（VRLA）	2	铝空气电池（Al/Air）	1.4
镍镉电池（Ni-Cd）	1.2	钠氯化镍电池（Na/NiCl$_2$）	2.5
镍锌电池（Ni-Zn）	1.6	钠硫电池（Na/S）	2.0
镍氢电池（Ni-MH）	1.2	锰酸锂电池（LiMn$_2$O$_4$）	3.7
锌空气电池（Zn/Air）	1.2	磷酸铁锂电池（LiFePO$_4$）	3.2

4. 工作电压

工作电压是指电池接通负载后在放电过程中显示的电压，又称负荷（载）电压或放电电压。在电池放电初始时刻的（开始有工作电流）电压称为初始电压。电池在接通负载后，由于欧姆内阻和极化内阻的存在，电池的工作电压低于开路电压，当然也必然低于电动势。

$$V = E - IR_i = E - I(R_\Omega + R_f) \tag{2-5}$$

式中　I——电池的工作电流；

　　　R_i——总电阻，包括极化内阻 R_f 和欧姆内阻 R_Ω。

5. 放电终止电压

对于所有二次电池，放电终止电压都是必须严格规定的重要指标。放电终止电压也称为放电截止电压，是指电池放电时，电压下降到不宜再继续放电的最低工作电压值。根据电池的不同类型和不同的放电条件，放电终止电压也不同。一般而言，在低温或大电流放电时，终止电压规定得低些；小电流长时间或间歇放电时，终止电压规定得高些。

6. 充电终止电压

充电终止电压是指在规定的恒流充电期间，电池达到完全充电时的电压。到达充电终止电压后若仍继续充电，即为过充电，一般对电池性能和寿命有损害。

7. 平均电压

平均电压是指在规定的充放电过程中，用瓦时数除以安时数所得到的值，它不是某一段时间内的平均电压（除了在定电流情况下）。

2.5.2　容量

电池在一定的放电条件下所能放出的电量称为电池容量，以符号 C 表示。其单位常用 A·h 或 mA·h 表示。

1. 理论容量（C_0）

理论容量是假定活性物质全部参加电池的成流反应所能提供的电量。理论容量可根据电池反应式中电极活性物质的用量，按法拉第定律计算的活性物质的电化学当量精确求出。

法拉第定律指出：电流通过电解质溶液时，在电极上发生化学反应的物质的量与通过的电量成正比。数学式表达为

$$Q = zmF/M \qquad (2-6)$$

式中　Q——电极反应中通过的电量（A·h）；

　　　z——在电极反应式中的电子计量系数；

　　　m——发生反应的活性物质的质量（g）；

　　　M——活性物质的摩尔质量（g/mol）；

　　　F——法拉第常数，约 96500C/mol 或 26.8A·h/mol。

式（2-6）也可以理解为，质量为 m 的活性物质完全反应后能释放出电量 Q。电量 Q 即为电极活性物质的理论容量（C_0），表示质量为 m 的活性物质完全参与反应能放出的电量，所以式（2-6）也可以写成

$$C_0 = 26.8z \frac{m}{M} = \frac{1}{K}m \qquad (2-7)$$

式中　K——活性物质的电化当量，$K = \dfrac{M}{26.8z}$ [g/(A·h)]，是指获得 1A·h 电量所需活性物质的质量。式（2-7）即为电极活性材料理论容量的计算公式。常用电极活性物质的电化当量见表 2-2，由电化当量可以比较电极材料的理论容量的大小。

表 2-2　常用电极活性物质的电化当量

活 性 物 质	摩尔质量/(g/mol)	成流反应中电子的计量系数	电化当量/[g/(A·h)]
H_2	2.01	2	0.038
Li	6.94	1	0.259
Zn	65.4	2	1.220
Cd	112.4	2	2.097
Pb	207.2	2	3.866
MnO_2	86.9	1	3.243
$Ni(OH)_2$	92.7	1	3.459
PbO_2	239.2	2	4.463

2. 额定容量（C_g）

额定容量是按国家或有关部门规定的标准，保证电池在一定的放电条件（如温度、放电率、终止电压等）下应该放出的最低限度的容量。

3. 实际容量（C）

实际容量是指在实际应用工作情况下放电，电池实际放出的电量。它等于放电电流与放电时间的积分，实际放电容量受放电率的影响较大，所以常在字母 C 的右下角以阿拉伯数字标明放电率，如 $C_{20} = 50$A·h，表明在 20 小时率下的容量为 50A·h。实际容量的计算方法如下：

恒电流放电时

$$C = IT \tag{2-8}$$

变电流放电时

$$C = \int_0^T I(t)\,\mathrm{d}t \tag{2-9}$$

式中　I——放电电流，是放电时间 t 的函数；

　　　T——放电至终止电压的时间。

由于内阻的存在，以及其他各种原因，活性物质不可能完全被利用，即活性物质的利用率总是小于1，因此化学电源的实际容量、额定容量总是低于理论容量。活性物质的利用率定义为

$$\eta = \frac{m_1}{m} \times 100\% \quad \text{或} \quad \eta = \frac{C}{C_0} \times 100\% \tag{2-10}$$

式中　m——活性物质的质量；

　　　m_1——放出实际容量时所应消耗的活性物质的质量。

电池的实际容量与放电电流密切相关，大电流放电时，电极的极化增强，内阻增大，放电电压下降很快，电池的能量效率降低，因此实际放出的容量较低。相应地，在低倍率放电条件下，放电电压下降缓慢，电池实际放出的容量常常高于额定容量。

4. 剩余容量

剩余容量是指在一定放电倍率下放电后，电池剩余的可用容量。剩余容量的估计和计算受到电池前期应用的放电率、放电时间等因素以及电池老化程度、应用环境等的影响，所以在准确估算上存在一定的困难。

5. n 小时率容量

n 小时率容量是指完全充电的蓄电池以 n 小时率放电电流放电，达到规定终止电压时所释放的电量。

6. 可用容量

可用容量是指在规定条件下，从完全充电的蓄电池中释放的电量。

2.5.3　内阻

电流通过电池内部时受到阻力，使电池的工作电压降低，该阻力称为电池内阻。由于电池内阻的作用，电池放电时端电压低于电动势和开路电压。充电时充电的端电压高于电动势和开路电压。电池内阻是化学电源的一个极为重要的参数。它直接影响电池的工作电压、工作电流、输出能量与功率等，对于一个实用的化学电源，其内阻越小越好。

电池内阻不是常数，它在放电过程中根据活性物质的组成、电解液浓度和电池温度以及放电时间而变化。电池内阻包括欧姆内阻（R_Ω）和电极在电化学反应时所表现出的极化内阻（R_f），两者之和称为电池的全内阻（R_w），即

$$R_w = R_\Omega + R_f \tag{2-11}$$

欧姆内阻主要是由电极材料、电解液、隔膜的内阻及各部分零件的接触电阻组成。它与电池的尺寸、结构、电极的成形方式（如铅酸蓄电池的涂膏式电极与管式电极，碱性蓄电

池的有极盒式电极和烧结式电极）以及装配的松紧度有关。欧姆内阻遵守欧姆定律。

极化内阻是指化学电源的正极与负极在电化学反应进行时由于极化所引起的内阻。它是电化学极化和浓差极化所引起的电阻之和。极化内阻与活性物质的本性、电极的结构、电池的制造工艺有关，尤其是与电池的工作条件密切相关，放电电流和温度对其影响很大。在大电流密度下放电时，电化学极化和浓差极化均增加，甚至可能引起负极的钝化，极化内阻增加。低温对电化学极化、离子的扩散均有不利影响，故在低温条件下电池的极化内阻也增加。因此极化内阻并非是一个常数，而是随放电率、温度等条件的改变而改变。

蓄电池内阻的解析表达式如下：

$$R_{\mathrm{w}}(i_{\mathrm{a}},\tau,C)=R_{\mathrm{el}}(\tau,C)+R_{\mathrm{e}}(C)+bE(i_{\mathrm{a}},\tau,C)I_{\mathrm{a}}^{-1} \tag{2-12}$$

式中　$bE(i_{\mathrm{a}},\tau,C)I_{\mathrm{a}}^{-1}$——电池极化内阻；

b——电池以电流 I_{a} 充、放电时，电池端电压相对于在额定容量条件下电池端电压 E 的变化系数；

$R_{\mathrm{el}}(\tau,C)$——电解液的阻值；

$R_{\mathrm{e}}(C)$——电极阻值，电解液阻值 R_{el} 和电极阻值 R_{e} 反比于蓄电池的瞬时容量；

i_{a}、τ、C——电池充放电电流、温度和此时的容量状态。

电池内阻较小，在许多工况下常常忽略不计，但电动汽车用动力电池常常处于大电流、深放电工作状态，内阻引起的压降较大，此时内阻对整个电路的影响不能忽略。

2.5.4　能量与能量密度

电池的能量是指电池在一定放电制度下，电池所能释放出的能量，通常用 W·h 或 kW·h 表示。电池的能量主要分为以下几种：

（1）**理论能量**　假设电池在放电过程中始终处于平衡状态，其放电电压保持电动势（E）的数值，而且活性物质的利用率为 100%，即放电容量为理论容量，则在此条件下电池所输出的能量为理论能量 W_0，即

$$W_0=C_0E \tag{2-13}$$

（2）**实际能量**　实际能量是指电池放电时实际输出的能量。它在数值上等于电池实际放电电压、放电电流与放电时间的积分，即

$$W=\int V(t)I(t)\,\mathrm{d}t \tag{2-14}$$

在实际工程应用中，作为实际能量的估算，也常采用电池组额定容量与电池放电平均电压乘积进行电池实际能量的计算，即

$$W=CV_{\mathrm{a}} \tag{2-15}$$

由于活性物质不可能完全被利用，电池的工作电压总是小于电动势，所以电池的实际能量总是小于理论能量。

（3）**总能量**　总能量是指电池在其寿命周期内电能输出的总和，单位为 W·h。

（4）**充电能量**　充电能量是指通过充电器输入电池的电能，单位为 W·h。

（5）**放电能量**　放电能量是指电池放电时输出的电能，单位为 W·h。

电池的能量密度是指单位质量或单位体积的电池所能输出的能量，相应地称为质量能量

密度（W·h/kg）、体积能量密度（W·h/L），也称为质量比能量或体积比能量。在电动汽车应用方面，蓄电池质量比能量影响电动汽车的整车质量和续驶里程，而体积比能量影响蓄电池的布置空间，因而比能量是评价动力电池能否满足电动汽车应用需要的重要指标。同时，比能量也是比较不同种类和类型电池性能的一项重要指标。比能量也分为理论比能量（W'_0）和实际比能量（W'）。

理论比能量对应于理论能量，是指单位质量或单位体积电池反应物质完全放电时理论上所能输出的能量。实际比能量对应于实际能量，是单位质量或单位体积电池反应物质所能输出的实际能量，由电池实际输出能量与电池质量（或体积）之比来表征：

$$W' = \frac{W}{G} \tag{2-16}$$

或

$$W' = \frac{W}{V} \tag{2-17}$$

式中　G——电池的质量；

$\quad\quad V$——电池的体积。

由于各种因素的影响，电池的实际比能量远小于理论比能量。实际比能量与理论比能量的关系可以表示如下：

$$W' = W'_0 K_E K_R K_m \tag{2-18}$$

式中　K_E——电压效率；

$\quad\quad K_R$——反应效率；

$\quad\quad K_m$——质量效率。

动力电池在电动汽车的应用过程中，由于电池组安装需要相应的电池箱、连接线、电流电压保护装置等元器件，因此，实际的电池组比能量小于电池比能量。电池组比能量是在电动汽车应用中更加重要的参数之一。电池比能量与电池组比能量之间的差距越小，电池的成组设计水平越高，电池组的集成度越高。因此，电池组的质量比能量常常成为电池组性能的重要衡量指标。一般而言，电池组的质量比能量比电池比能量低20%以上。

2.5.5　功率与功率密度

1. 功率

电池的功率是指电池在一定的放电制度下，单位时间内电池输出的能量，单位为 W 或 kW。

理论上电池的功率可以表示为

$$P_0 = \frac{W_0}{t} = \frac{C_0 E}{t} = IE \tag{2-19}$$

式中　t——放电时间；

$\quad\quad C_0$——电池的理论容量；

$\quad\quad I$——恒定的放电电流。

此时，电池的实际功率应当为

$$P_0 = IV = I(E - IR_w) = IE - I^2 R_w \tag{2-20}$$

式中 $I^2 R_w$——消耗于电池内阻上的功率，这部分功率对负载是无用的。

2. 功率密度

单位质量或单位体积电池输出的功率称为功率密度，又称为比功率，单位为 W/kg 或 W/L。比功率的大小，表征电池所能承受的工作电流的大小，电池比功率大，表示它可以承受大电流放电。比功率是评价电池及电池组是否满足电动汽车加速和爬坡能力的重要指标。

对电化学蓄电池，功率和比功率与蓄电池的放电深度（DOD）密切相关。因此，在表示蓄电池功率和比功率时还应该指出蓄电池的放电深度。

2.5.6 荷电状态

电池荷电状态（State of Charge，SOC）描述了电池的剩余电量，是电池使用过程中的重要参数，此参数与电池的充放电历史和充放电电流大小有关。

荷电状态值是个相对量，一般用百分比的方式来表示，SOC 的取值为 $0 \leqslant SOC \leqslant 100\%$。目前较统一的是从电量角度定义 SOC，如美国先进电池联合会（USABC）在其《电动汽车电池实验手册》中定义 SOC 为：电池在一定放电倍率下，剩余电量与相同条件下额定容量的比值，即

$$SOC = \frac{C_\mu}{C_e} \tag{2-21}$$

式中 C_e——额定容量；

C_μ——电池剩余的按额定电流放电的可用容量。

由于 SOC 受充放电倍率、温度、自放电、老化等因素的影响，实际应用中要对 SOC 的定义进行调整。例如，日本本田公司电动汽车 EV Plus 定义 SOC 为

$$SOC = \frac{剩余容量}{额定容量 \times 容量衰减因子}$$

$$剩余容量 = 额定容量 - 净放电量 - 自放电量 - 温度补偿容量 \tag{2-22}$$

动力电池的充放电过程是个复杂的电化学变化过程，从式（2-22）也可以看出电池剩余电量受到动力电池的基本特征参数（端电压、工作电流、温度、容量、内部压强、内阻和充放电循环次数）和动力电池使用特性因素的影响，使得对电池组的荷电状态 SOC 的测定变得很困难。目前关于电池组电量的研究，较简单的方法是将电池组等效为一个电池单体，通过测量电池组的电流、电压、内阻等外界参数，找出 SOC 与这些参数的关系，以间接地测试电池的 SOC 值。在应用过程中，为确保电池组的使用安全和使用寿命，也常使用电池组中性能最差电池单体的 SOC 来定义电池组的 SOC。目前常用的 SOC 估算法有开路电压法、安时累积法、电化学测试法、电池模型法、神经网络法、阻抗频谱法以及卡尔曼滤波器等。关于 SOC 的估计计算方法在第 7 章中将进行详细介绍。

2.5.7 电池健康状态

电池健康状态（State of Health，SOH）表征当前电池相对于新电池存储电能的能力，以百分比的形式表示电池从寿命开始到寿命结束期间所处的状态，用来定量描述当前电池的性

能状态。由于电池的性能指标较多，国内外对 SOH 有多种含义，概念上缺乏统一，目前
SOH 的含义主要体现在容量、电量、内阻、循环次数和峰值功率等几个方面。

1. 容量定义 SOH

采用电池容量衰减定义 SOH 的应用较为广泛，定义如下：

$$SOH = \frac{C_{aged}}{C_{rated}} \times 100\% \tag{2-23}$$

式中　C_{aged}——电池当前容量；

C_{rated}——电池额定容量。

2. 电量定义 SOH

电量定义 SOH 与容量定义相似，因为电池的额定容量有实际有效容量和最大容量，电
池的实际容量与标称额定容量有些差异，所以有文献从电池放电电量的角度定义 SOH，有

$$SOH = \frac{Q_{aged-max}}{Q_{new-max}} \times 100\% \tag{2-24}$$

式中　$Q_{aged-max}$——当前电池最大放电电量；

$Q_{new-max}$——新电池最大放电电量。

3. 内阻定义 SOH

电池的内阻增大是电池老化的重要表现，也是电池进一步老化的原因，不少文献采用内
阻定义 SOH，有

$$SOH = \frac{R_{EOL} - R_C}{R_{new} - R_C} \times 100\% \tag{2-25}$$

式中　R_{EOL}——电池寿命结束时的内阻；

R_C——当前电池的内阻；

R_{new}——新电池的内阻。

4. 剩余循环次数定义 SOH

除了采用容量和内阻等电池性能指标定义 SOH 外，也有文献用电池剩余的循环次数定
义电池的 SOH，有

$$SOH = \frac{Cnt_{remain}}{Cnt_{total}} \times 100\% \tag{2-26}$$

式中　Cnt_{remain}——电池剩余循环次数；

Cnt_{total}——电池的总循环次数。

以上 4 种电池的 SOH 定义在文献中较为常见。容量和电量定义 SOH 可操作性强，但容
量为电池的外在表现，而内阻和剩余循环次数定义 SOH 的可操作性不强，内阻与 SOC、温
度有关，不易测量，剩余循环次数和总循环次数无法准确预测。

2.5.8　电池功率状态

电池功率状态（State of Power，SOP）是基于不同 SOC、不同温度等条件下电池组能够
支撑的最大放电功率或者充电功率。锂电池在工作的时候要通过进行化学反应完成电能和化

学能的互相转化，化学反应对于温度是比较敏感的，因此在不同温度下，锂电池的活跃程度是不同的。在不同 SOC 下，因为单体电池上下限电压的存在，会对当前允许的充放电电流有限制的阈值，即锂电池的允许充放电电流值在不同 SOC、不同温度下是不同的，因此产生了电池功率状态 SOP 的概念（具体计算方法在第 7 章详细介绍）。

2.5.9　温度性能

与动力电池温度性能相关的名词术语含义表述如下：

（1）温度特性　表示动力电池性能因温度的变化而变化的性能称为温度特性。

（2）温度换算　将不同温度下的动力电池容量、电解质比重等参数换算成标准温度下的值的过程，称为温度换算。

（3）温度系数　由于动力电池温度的改变，可用的容量相对于标准温度下的可用容量的比值称为温度系数。电池温度是影响电池功率输出的一大因素。由于工作环境的温度不同，其电压、电流、功率也不同，电池在极端温度下工作状态能否达到要求，需要在电路设计时进行预算，因此温度系数这一电池特性就显得尤为重要。

2.5.10　放电性能

1. 自放电

自放电是指蓄电池内部自发的或不期望的化学反应造成可用容量自动减少的现象。主要是电极材料自发发生了氧化还原反应。在两个电极中，负极的自放电是主要的，自放电使活性物质被浪费。电池的自放电与电池储存有很密切的关系。

2. 自放电率

自放电率是指电池在存放时间内，在没有负荷的条件下自身放电时，电池容量的损失速度。自放电率采用单位时间（月或年）内电池容量下降的百分数来表示，即

$$自放电率 = \frac{Ah_a - Ah_b}{Ah_a t} \times 100\% \tag{2-27}$$

式中　Ah_a——电池储存时的容量（A·h）；

Ah_b——电池储存以后的容量（A·h）；

t——电池储存的时间（月或年）。

自放电率通常与时间和环境温度有关，环境温度越高自放电现象越明显，所以电池久置时要定期补电，并在适宜的温度和湿度下储存。

3. 放电深度

放电深度（Depth of Discharge，DOD）是放电容量与额定容量之比的百分数，与 SOC 之间存在如下数学计算关系：

$$DOD = 1 - SOC \tag{2-28}$$

放电深度的高低对二次电池的使用寿命有很大影响，一般情况下，二次电池常用的放电深度越深，其使用寿命就越短，因此在电池使用过程中应尽量避免二次电池深度放电。

4. 放电制度

放电制度就是电池放电时所规定的各种条件，主要包括放电速率（电流）、终止电压和

温度等。

（1）放电电流　放电电流是指电池放电时的电流大小。放电电流的大小直接影响到电池的各项性能指标，因此，介绍电池的容量或能量时，必须说明放电电流的大小，指出放电的条件。放电电流通常用放电率表示，放电率是指电池放电时的速率，有时率和倍率两种表示形式。

时率是以放电时间（h）表示的放电速率，即以一定的放电电流放完额定容量所需的时间（h），常用 C/n 来表示，其中，C 为额定容量，n 为一定的放电电流。时率也称为小时率，例如，电池的额定容量为 $50A \cdot h$，以 $5A$ 电流放电，则时率为 $50A \cdot h/5A = 10h$，称电池以 10 小时率放电。由计算方法可见，放电率所表示的时间越短，所用的放电电流越大；放电率所表示的时间越长，所用的放电电流越小。

倍率实际上是指电池在规定的时间内放出其额定容量所输出的电流值。它在数值上等于额定容量的倍数。例如，3 倍率（3C）放电，其表示放电电流的数值是额定容量数值的 3 倍。若电池的容量为 $15A \cdot h$，那么放电电流应为

$$3 \times 15A = 45A$$

习惯上称放电率在 $\frac{1}{3}C$ 以下为低倍率，$\frac{1}{3}C \sim 3C$ 为中倍率，$3C$ 以上则为高倍率。

（2）放电终止　放电终止电压值与电池材料直接相关，并受到电池结构、放电率、环境温度等多种因素影响。一般来说，由于低温大电流放电时，电极的极化大，活性物质不能充分利用，电池的电压下降较快。因此，在低温或大电流（高倍率）放电时，终止电压可规定得低些。小电流放电时，电极的极化小，活性物质能够得到充分利用，终止电压可规定得高些。

除上述主要性能指标外，还要求电池无毒性，不对周围环境造成污染或腐蚀，使用安全，有良好的充电性能和充电操作方便，耐振动，无记忆性，对环境温度变化不敏感，易于调整和维护等。

2.5.11　使用寿命

1. 循环寿命

循环寿命是评价蓄电池使用技术经济性的重要参数。蓄电池经历一次充电和放电，称为一次循环，或者一个周期。在一定放电制度下，二次电池的容量降至某一规定值之前，电池所能耐受的循环次数，称为蓄电池的循环寿命或使用周期。

循环寿命受蓄电池 DOD 影响，因此循环寿命的表示还要同时指出放电深度 DOD。例如，蓄电池循环寿命 400 次/100%DOD 或 1000 次/50%DOD。各类二次电池的循环寿命都有差异，即使同一系列、同一规格的产品，循环寿命也可能有很大差异。目前常用的蓄电池中，锌银蓄电池的循环寿命最短，一般只有 30~100 次；铅酸蓄电池的循环寿命为 300~500 次；锂离子电池的使用周期较长，循环寿命可达 1000 次以上。

随着充放电循环次数的增加，二次电池容量衰减是个必然的过程。这是因为在充放电循环过程中，电池内部会发生一些不可逆的过程，引起电池放电容量的衰减，这些不可逆的因素主要如下：

1）电极活性表面积在充放电循环过程中不断减小，使工作电流密度上升，极化增大。

2）电极上活性物质脱落或转移。

3）在电池工作过程中，某些电极材料发生腐蚀。

4）在循环过程中电极上生成枝晶，造成电池内部微短路。

5）隔膜的老化和损耗。

6）活性物质在充放电过程中发生不可逆晶形改变，因而使活性降低。

2. 贮存寿命

电池在长期搁置后容量会发生变化，这种特性称为贮存性能。电池在贮存期间，虽然没有放出电能量，但是在电池内部总是存在着自放电现象。即使是干贮存，也会由于密封不严，进入水分、空气及二氧化碳等物质，触发处于热力学不稳定状态的部分正极和负极活性物质的腐蚀过程，自行发生氧化还原反应而白白消耗掉。如果是湿贮存，更是如此。这种自放电的大小通过电池容量下降到某一规定容量所经过的时间来表示，即储存寿命（或称搁置寿命）。

2.5.12 一致性

电池的一致性对于成组应用的动力电池才有意义，电池的一致性是电池组的重要参数指标之一，是指同一规格、同一型号的电池在电压、内阻、容量、充电接受能力、循环寿命等参数方面存在的差别。在现有的电池技术水平下，电动汽车必须使用多块单体电池构成的电池组来满足使用要求。由于一致性的影响，动力电池组在电动汽车上使用性能指标往往达不到单体电池原有水平，使用寿命可能缩短几倍甚至十几倍，严重影响电动汽车的性能和应用。

电池的一致性一般以电压差、容量差、内阻差的统计规律进行表示。相关的内容将在第7章中进行介绍。

2.5.13 成本

电池的成本与电池的技术含量、材料、制作方法和生产规模有关，目前新开发的高比能量、比功率的电池，如锂离子电池成本较高，使得电动汽车的造价也较高。开发和研制高效、低成本的电池是电动汽车发展的关键。

电池成本一般以电池单位容量或能量的成本进行表示，单位为元/A·h 或元/kW·h，以便对不同类型或同类型不同生产厂家、不同型号的电池进行比较。

2.5.14 效率

1. 能量效率

能量效率是放电能量与充电能量之比。电池的能量效率是整车能量效率的重要组成部分。目前应用最多的能量效率表达式为

$$\eta = \frac{\int_0^{t_0} V_d(t) I_d(t)\, dt}{\int_0^{t_1} V_c(t) I_c(t)\, dt} \times 100\% \tag{2-29}$$

式中　V_d——电池放电时的端电压；

I_d——电池放电时的电流；

V_c——电池充电时的端电压；

I_c——电池充电时的电流。

2. 库仑效率

库仑效率是指放电时从电池中释放的电量除以恢复到初始容量所需的电量的百分比。在电池的充放电过程中，库仑效率作为反映电池特性的参数与多个参数相关。电解质的分解、反应界面的钝化、电极活性材料的结构和形态、导电性的变化都会影响库仑效率。能量效率和库仑效率统称为充电效率。

2.5.15 记忆效应

记忆效应是指电池经过长期浅充放电循环后，进行深放电时，表现出明显的容量损失和放电电压下降，经数次全充/放电循环后，电池特性即可恢复的现象。

记忆效应一般只会发生在镍镉电池上，镍氢电池较少，锂电池则无此现象。记忆效应是一种可逆性失效，可以通过调节循环消除，即几次满充电后的完全放电循环。电池的失效有可逆失效和不可逆失效两种，其中最重要的可逆失效现象就是记忆效应。电池的记忆效应主要有以下方面的表现：①放电电压偏低；②放电容量偏低；③极板发生变化。

2.6 电池应用常见问题

新能源汽车在使用过程中，动力电池性能受到多种因素的影响，如电池自身设计缺陷、操作人员使用不当、使用环境较恶劣等。电池常见的故障通常有过充电、过放电、内短路、外短路、过热、反极、漏液、传感器故障、电池连接件故障和冷却系统故障等。

（1）**过充电** 动力电池完全充电后仍延续充电的现象。这可能导致电池内压升高、电池变形、漏液等情况的发生，电池的性能也会显著降低和损坏。

（2）**过放电** 动力电池放电至低于放电终止电压的放电现象。这时继续放电就可能会造成电池内压升高，正、负极活性物质的可逆性遭到破坏，使电池的容量产生明显减少。

（3）**内短路** 动力电池隔膜的失效导致正极和负极接触，会引发电池内短路。

（4）**外短路** 电池受外部碰撞、电池内部浸水、电解液泄漏、电池正负极被导线连接等情况都会造成电池的外短路。

（5）**过热** 许多情况下会造成电池异常发热，例如在过充电和过放电期间发生副反应、外部短路、内部短路、冷却系统散热能力不足等。

（6）**反极** 动力电池正常极性发生改变的现象。一种是指组装电池组时个别单体电池的极性与设计规定相反；另一种是指多个单体电池串联成的电池组由于过放电引起其中个别容量较小的单体电池的正极电动势低于负极。电池长期反极而不予纠正将会失效甚至引起爆炸事故。

（7）**漏液** 电解液泄漏到动力电池外部的现象。电池漏液会影响外观，造成电池短路。因此，控制漏液技术往往成为检验碱锰电池质量和考验制造技术是否成熟的关键。

（8）**传感器故障** 动力电池传感器故障主要有三类，分别为电压传感器故障、电流传

感器故障和温度传感器故障。

（9）电池连接件故障　动力电池连接故障是由电池端子之间的不良连接引起的。

（10）冷却系统故障　在电池外部环境温度较高或者电池内部放热较多的条件下，电池系统将无法维持在适当的工作温度范围。

电池在发生故障后往往可以继续使用，但是会对电池造成不可逆的损害。如果对电池存在的故障长期忽视或者在某些意外情况下，动力电池可能会出现严重的事故。动力电池最常见的事故便是起火事故，每年都有大量的新能源汽车因为动力电池起火从而引发事故：正常使用时起火、停置时自燃、正常充电过程中起火、充电设备故障、碰撞后短路起火、浸水后起火等。无论何种形式的动力电池起火事故，其根本原因都是电池发生内部短路或外部短路，产生大量的热，导致电池热失控进而引发火灾。

习题

1. 简述蓄电池的类型和分类依据。
2. 简述动力电池的基本工作原理。
3. 简述电池的基本结构。
4. 简述电池组和电池包的构成方式。
5. 电池的基本参数有哪些？
6. 简述电池内阻的构成及主要影响因素。
7. 简述电池发生极化现象的原因。
8. 简述电池一致性的概念、分类及机理，有哪些提高电池一致性的措施？
9. 电池应用过程存在哪些常见问题？

第3章　锂离子动力电池

3.1　概述

　　20世纪70年代，在美国国家航空航天局（NASA）及世界上其他一些研究机构的努力下，锂原电池实现了商品化。这种用金属锂做负极的电池在充电过程中会产生锂枝晶（纤维状结晶），会导致电池循环寿命和储存等性能下降。若锂枝晶穿透隔膜，电池将发生内部短路，甚至引发爆炸事故。1982年，伊利诺伊理工大学的R. R. Agarwal和J. R. Selman发现锂离子具有嵌入石墨的特性，该过程不仅快速，而且可逆。自此，各个科研团队尝试利用锂离子的该特性制作充电电池，并首先于贝尔实验室试制成功。1991年，索尼公司发布首个商用锂离子电池。自此锂离子电池开始在消费类电池市场上蓬勃发展。据统计，近十年全球电池领域的锂需求年均增速高达25%。我国近十年来锂离子电池产量的增长幅度巨大。2021年12月，锂离子电池产量为231166.2万只，当期增长率为4.7%。2022年2月，锂离子电池产量累计值为358482.1万只，增长率为13.6%。

　　相对于其他类型电池，锂离子电池具有以下显著优点：

　　（1）工作电压高　钴酸锂电池的工作电压为3.6V，锰酸锂电池的工作电压为3.7V，磷酸铁锂电池的工作电压为3.2V，而镍氢、镍镉电池的工作电压仅为1.2V。

　　（2）比能量高　锂离子电池正极材料的理论比能量可达200W·h/kg以上。实际应用中由于不可逆容量损失，比能量通常低于这个数值，但也可达140W·h/kg，为镍镉电池的3倍，镍氢电池的1.5倍。

　　（3）循环寿命长　目前，锂离子电池在深度放电情况下，循环次数可达1000次以上；在低放电深度条件下，循环次数可达上万次，其寿命表现远远优于其他同类电池。

　　（4）自放电小　锂离子电池月自放电率仅为总电容量的5%~9%，大大缓解了传统的二次电池放置时由自放电所引起的电能损失问题。

　　（5）无记忆效应　记忆效应是电池因为使用而使电池内容物产生结晶的一种效应。发生的原因是由于电池重复的部分充电与放电不完全所致。会使电池暂时性的容量减小，导致使用时间缩短。一般只会发生在镍镉电池上，镍氢电池较少，锂电池则无此现象。

　　（6）环保性高　相对于传统的铅酸电池、镍镉电池甚至镍氢电池废弃可能造成的环境

污染问题，锂离子电池中不包含汞、铅、镉等有害元素，是真正意义上的绿色电池。

3.2 锂离子动力电池的工作原理

根据锂离子电池所用电解质材料的不同，锂离子电池可以分为液态锂离子电池（Lithium Ion Battery，LIB）和聚合物锂离子电池（Polymer Lithium Ion Battery，PLB）两大类。它们的主要区别在于电解质不同，液态锂离子电池使用的是液体电解质，而聚合物锂离子电池则以聚合物电解质来代替。不论是液态锂离子电池还是聚合物锂离子电池，它们所用的正负极材料都是相同的，工作原理也基本一致。

锂离子电池在原理上实际是一种锂离子浓差电池，正、负电极由两种不同的锂离子嵌入化合物组成，正极采用锂化合物 Li_xCoO_2、Li_xNiO_2 或 $Li_xMn_2O_4$，负极采用锂碳层间化合物 Li_xC_6，电解质为 $LiPF_6$ 和 $LiAsF_6$ 等有机溶液，通过 Li^+ 在正负电极间的往返嵌入和脱嵌形成电池的充电和放电过程。充电时，Li^+ 在正极脱嵌，经过电解质嵌入负极，负极处于富锂态，正极处于贫锂态，同时电子的补偿电荷从外电路供给到碳负极，保持负极的电平衡。放电时则相反，Li^+ 从负极脱嵌，经过电解质嵌入正极，正极处于富锂态，负极处于贫锂态。正常充放电情况下，锂离子在层状结构的碳材料和层状结构的氧化物的层间嵌入和脱出，一般只引起层面间距的变化，不破坏晶体结构；在放电过程中，负极材料的化学结构基本不变。因此，从充放电的可逆性看，锂离子电池反应是一种理想的可逆反应。

锂离子电池的电极反应表达式分别为

正极反应式：

$$LiMO_2 \longrightarrow Li_{1-x}MO_2 + xLi^+ + xe^- \tag{3-1}$$

负极反应式：

$$nC + xLi^+ + xe^- \longrightarrow Li_xC_n \tag{3-2}$$

电池反应式：

$$LiMO_2 + nC \longrightarrow Li_{1-x}MO_2 + Li_xC_n \tag{3-3}$$

式中 M——Co、Ni、W、Mn 等金属元素。

图 3-1 所示为锂离子电池工作原理图，各种类型的锂离子电池的工作原理都与此类似。

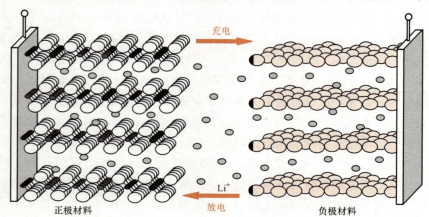

图 3-1 锂离子电池工作原理图

3.3　正极材料

3.3.1　金属氧化物

锂离子二次电池正极材料是能使锂离子较为容易地嵌入和脱出，并能同时保持结构稳定的一类化合物——嵌入式化合物。目前，被用来作为电极材料的嵌入式化合物均为过渡金属氧化物。充放电循环过程中，锂离子会在金属氧化物的电极上进行反复的嵌入和脱出，因此，金属氧化物结构内氧的排列和其稳定性是电极材料的一个重要指标。作为嵌入式电极材料的金属氧化物，依其空间结构的不同主要可分为以下三种类型。

1. 层状化合物

层状正极材料中研究比较成熟的是钴酸锂（$LiCoO_2$）和镍酸锂（$LiNiO_2$）。层状 $LiNiO_2$ 的结构示意图如图 3-2 所示。

（1）$LiCoO_2$　$LiCoO_2$ 是最早用于商品化二次锂离子电池的正极材料。传统的 $LiCoO_2$ 固相制备方法是用 Li_2CO_3 或 $LiOH$ 与 $CoCO_3$ 混合，在 900℃ 的条件下烧制而成，尽管此制备方法比较简单，但是难以制备出纯度高、平均粒度小且粒度分布范围较窄的理想粉体。在充放电过程中，$LiCoO_2$ 发生从三方晶系到单斜晶系的可逆相变，但这种变化只伴随很少的晶胞参数变化，因此，$LiCoO_2$ 具有良好的可逆

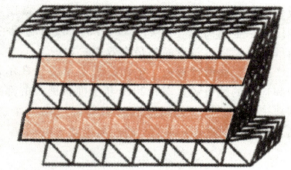

图 3-2　层状 $LiNiO_2$ 的结构示意图

性和循环充放性能。尽管 $LiCoO_2$ 具有放电电压高、性能稳定、易于合成等优点，但钴资源稀少，价格较高，并且有毒，污染环境。目前主要应用在手机、便携式计算机等中小容量消费类电子产品中。

（2）$LiNiO_2$　镍与钴的性质非常相近，而价格却比钴低很多，并且对环境污染较小。$LiNiO_2$ 比较常用的制备方法也是高温固相法，即锂盐与镍盐混合，在 700~850℃ 经固相反应而成。$LiNiO_2$ 目前的最大放电容量为 $150mA \cdot h/g$，比 $LiCoO_2$ 的最大放电容量稍大，工作电压范围为 2.5~4.1V，被视为锂离子电池中最有前途的正极材料之一。尽管 $LiNiO_2$ 作为锂离子电池的正极材料有较多优点，但仍有不足之处。主要是由于在制备三方晶系 $LiNiO_2$ 时容易产生立方晶系的 $LiNiO_2$，特别是当反应温度大于 900℃ 时，$LiNiO_2$ 将由三方晶系全部转化成立方晶系，而在非水电解质溶液中，立方晶系的 $LiNiO_2$ 没有电化学活性。此缺点可以通过改进 $LiNiO_2$ 的制备方法来解决，如通过软化学合成方法来降低反应温度，以抑制立方晶系 $LiNiO_2$ 的生成。同时，可采用掺杂的方法（常用的掺杂元素有 Ti、Al、Co、Ca 等）进行改性，抑制在充放电过程中发生的相转变，以进一步提高 $LiNiO_2$ 的热稳定性和电化学性能。

2. 尖晶石型结构

锰酸锂（$LiMn_2O_4$）是尖晶石型嵌锂化合物中的典型代表。Mn 元素含量丰富，价格便

宜，毒性远小于过渡金属 Co、Ni 等。$LiMn_2O_4$
理论放电容量为 $148mA \cdot h/g$，实际放电容量是
$110 \sim 120mA \cdot h/g$。尖晶石型 $LiMn_2O_4$ 常用的制
备方法是熔融浸渍法。此法是把锂盐与锰盐混合
均匀，然后加热至锂盐的熔点，利用 MnO_2 的微
孔毛细作用使熔融的锂盐充分渗透到 MnO_2 的微
孔中，这样反应物之间的接触面积大大增加，提
高了产物的均匀性，并加快了固相反应的反应速
率。尖晶石型 $LiMn_2O_4$ 的结构示意图如图 3-3
所示。

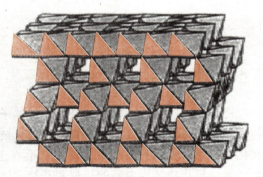

图 3-3　尖晶石型 $LiMn_2O_4$ 的结构示意图

$LiMn_2O_4$ 的主要缺点是电极的循环容量容易迅速衰减，造成循环容量衰减的主要原因
有：①$LiMn_2O_4$ 的正八面体空隙发生变化产生四方畸变，在充放电过程中，在电极表面易形
成稳定性较差的四方相 $LiMn_2O_4$；②$LiMn_2O_4$ 中的锰易溶解于电解液中而造成流失；③电极
极化引起内阻增大等。如何克服 $LiMn_2O_4$ 电极循环容量下降是目前 $LiMn_2O_4$ 研究中的焦点。
利用掺杂金属离子（如 Cr、Fe、Zn、Mg 等金属的离子）来稳定 $LiMn_2O_4$ 的尖晶石结构是目
前解决其循环容量衰减的最有效方法之一。

目前，锰酸锂锂离子电池已经大量应用在示范运营的电动汽车上。2008 年北京奥运会
期间运行的纯电动客车、2010 年上海世博会的部分电动客车就采用了单体 $90A \cdot h$ 的锰酸锂
锂离子电池。日产公司推出的 Leaf 纯电动汽车、三菱公司推出的 i-MiEV 纯电动汽车（见
图 3-4）也均采用了该类型的锂离子动力电池。

3. 橄榄石型结构

$LiFePO_4$ 在自然界以磷铁锂矿的形式存在，属于橄榄石型结构（其结构见图 3-5）。
$LiFePO_4$ 的实际最大放电容量可高达 $165mA \cdot h/g$，非常接近其理论容量，工作电压为 3.2V
左右。并且，$LiFePO_4$ 中的强共价键作用使其在充放电过程中能保持晶体结构的高度稳定
性，因此具有比其他正极材料更高的安全性能和更长的循环寿命。另外，$LiFePO_4$ 有原材料
来源广泛、价格低廉、无环境污染、比容量高等优点，使其成为现阶段各国竞相研究的热点
之一。

图 3-4　i-MiEV 纯电动汽车

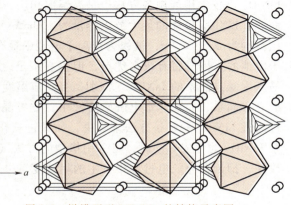

图 3-5　橄榄石型 $LiFePO_4$ 的结构示意图

$LiFePO_4$ 正极材料常用的合成方法有高温固相法，此方法工艺简单，易实现产业化，但产物粒径不易控制，形貌也不规则，并且在合成过程中需要惰性气体保护。水热法可以在水热条件下直接合成 $LiFePO_4$，由于氧气在水热体系中的溶解度很小，所以水热合成不再需要惰性气体保护，而且产物的粒径和形貌易于控制。目前，$LiFePO_4$ 正极材料的缺点主要是低电导率问题，有效的改进方法主要有表面包覆碳膜法和掺杂法。

目前，我国国内建设的大型锂离子动力电池生产厂，如杭州万向集团、天津力神电池股份有限公司等，均以该类型电池的产业化为主要目标。在国内装车示范的电动汽车中，该类型电池也已经成为主流产品之一。随着储能市场的兴起，近年来，一些动力电池企业纷纷布局储能业务，为磷酸铁锂电池开拓新的应用市场。一方面，磷酸铁锂电池由于超长寿命、使用安全、大容量、绿色环保等特点，向储能领域转移将会延长价值链条，推动全新商业模式的建立。另一方面，磷酸铁锂电池配套的储能系统已经成为市场的主流选择。

3.3.2　三元材料

三元材料 [Li-Ni-(Co)-Mn-O] 是目前最有前途的锂离子电池正极材料之一。三元材料可以看成是 3.3.1 "1. 层状化合物"中所介绍的 Li-Ni-O 正极材料的衍生体系，当采用其他元素如 Mn、Co、Al 替代 Ni 后，材料的倍率性能和安全性能得到了极大的改善。随着 Ni、Co、Mn 组分的比例的变化，材料的比容量、安全性等诸多性能能够在一定程度上实现可调控。

Ohzuku 等人于 2001 年在空气中合成了 $LiNi_{0.5}Mn_{0.5}O_2$ 正极材料，在 2.75~4.3V 的充放电电压范围内，可逆比容量达到 150mA·h/g，并具有较好的循环性能。随后的研究发现，少量的掺杂会提高材料的放电比容量，提高其循环性能。Co 的掺杂会降低电极材料的阻抗，而 Al 的掺杂会提高材料的阻抗，但能够提高材料的热稳定性，降低放热量。按照 1:1:1 比例掺杂的镍钴锰三元材料的结构模型如图 3-6 所示，其他比例的镍钴锰三元材料与该结构相类似。

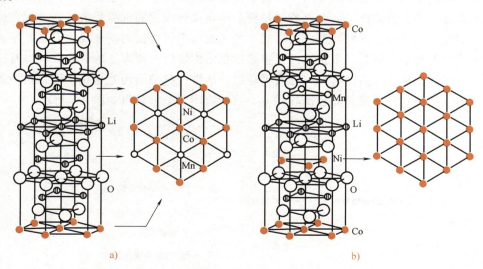

a)　　　　　　　　　　　　　　b)

图 3-6　按照 1:1:1 比例掺杂的镍钴锰三元材料的结构模型

a）结构模型一　b）结构模型二

目前，已经有多种合成方法来制备三元正极材料，主要包括高温固相法和水热法。水热法的产物结构稳定性好、比容量高、循环性能好，但是水热法对设备要求高，大大增加了生产成本，因此没有得到工业化应用。高温固相法有直接法、溶胶-凝胶法和共沉淀法，由于直接法产物的电化学性能较差，溶胶-凝胶法工艺复杂且需要大量的有机溶剂，生产成本高，而共沉淀法的产物稳定性好且性能优异，故成为目前主流的生产方法。

三元锂电池凭借其在电性能、安全性能、比能量以及成本和应用技术上的综合优势，将在动力电池领域展现出更为广阔的前景。目前，国内众多汽车企业推出了包括北汽 EV200、奇瑞 eQ、江淮 iEV5 在内的多款使用三元锂电池的车型。

3.3.3　锂离子电池正极材料的纳米化

正极材料的纳米化可改善锂离子电池的电化学性能，尤其是快速充放电性能，是锂离子电池正极材料的重要发展方向之一。学术与工业界采用多种方法，制备了多种形态的纳米正极材料，如多孔结构的 $LiCoO_2$ 纳米花球、$LiNiO_2$ 纳米球、$LiMn_2O_4$ 纳米颗粒组成的薄膜和 $LiFePO_4$ 纳米多面体等。

纳米正极材料的尺寸小，Li^+ 脱嵌路径短，能更好地释放脱嵌锂的应力，加速 Li^+ 扩散，提高快速充放电能力；纳米正极材料的表面张力比普通正极材料大，嵌锂过程中，溶剂分子难以进入材料的晶格，因此可阻止溶剂分子的共嵌，延长电池的循环寿命；纳米正极材料的比表面积较大，与电解液的接触面积大，能提供更多的 Li^+ 嵌脱位置；纳米正极材料表面的高孔隙率也使嵌锂空位增多，具有比普通正极材料更高的容量。

3.4　负极材料

负极材料是决定锂离子电池综合性能优劣的关键因素之一。比容量高、容量衰减率小、安全性能好是对负极材料的基本要求。锂离子电池负极的活性材料主要为碳，其成功之处即在于以碳负极替代了锂负极，从而充放电过程中锂在负极表面的沉积和溶解变为锂在碳颗粒中的嵌入和脱出，减少了锂枝晶形成的可能，大大地提高了电池的安全性，但这并不表示使用碳负极不存在安全性问题。负极活性材料的物化结构性质对锂离子的嵌入和脱出有决定性的影响，使用容易脱嵌的活性材料，充放循环时，活性材料的结构变化小，而且这种微小变化是可逆的，因此有利于延长充放循环寿命。目前应用的负极材料如图 3-7 所示。

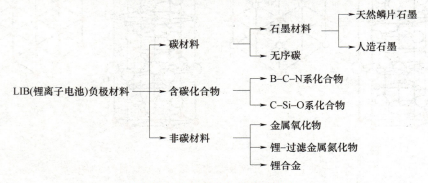

图 3-7　锂离子电池的负极材料

3.4.1 碳材料

碳材料是目前商品化的锂离子电池中应用最为广泛的负极材料。碳负极材料包括石墨和无序碳。其中，石墨又分为天然鳞片石墨和人造石墨，无序碳分为硬碳和软碳。石墨是锂离子电池碳材料中应用最早、研究最多的一种，其具有完整的层状晶体结构，石墨晶体的片层结构中碳原子以 SP2 杂化方式结合成六角网状平面，理想石墨的层间距为 0.3354nm，层与层之间以范德华力结合。石墨的层状结构，有利于锂离子的脱嵌，能与锂形成锂-石墨层间化合物，其理论最大放电容量为 372mA·h/g，充放电效率通常在 90% 以上。锂在石墨中的脱/嵌反应主要发生在 0~0.25V（相对于 Li/Li⁺），具有良好的充放电电压平台，与提供锂源的正极材料匹配性较好，所组成的电池平均输出电压高，是一种性能较好的锂离子电池负极材料。

3.4.2 氧化物负极材料

氧化物是当前人们研究的另一种负极材料体系，包括金属氧化物、金属基复合氧化物和其他氧化物。前两者虽具有较高理论比容量，但因从氧化物中置换金属单质消耗了大量锂而导致巨大容量损失，抵消了高容量的优点；Li_xMoO_2、Li_xWO_2 等氧化物负极材料具有较好的循环性能，但由于其比容量低，目前为止并没有获得广泛深入的研究。目前 TiO_2、$LiTi_2O_4$、$Li_4Ti_5O_{12}$、$Li_2Ti_3O_7$ 等钛氧基类化合物得到了深入的研究，其中，使用 $Li_4Ti_5O_{12}$ 作为负极材料的电池已有了实际的应用。

钛酸锂（$Li_4Ti_5O_{12}$）具有如图 3-8 所示的尖晶石结构，充放电曲线平坦，放电容量为 150mA·h/g，具有非常好的耐过充电、过放电特征，充放电过程中晶体结构几乎无变化（零应变材料），循环寿命长，充放电效率近 100%。根据 2008 年 9 月在美国阿贡国家实验室举行的第一届国际动力锂电池会议报道，纳米 $Li_4Ti_5O_{12}$ 负极材料，可承受大约 30C 的充放电电流，即可在 2min 内完成充放电。因此，$Li_4Ti_5O_{12}$ 已成为设计 HEV 动力电池的热门对象。尽管 $Li_4Ti_5O_{12}$ 的理论比容量只有 175mA·h/g，但由于其可逆锂离子脱嵌比例接近 100%，故其实际容量一般保持在 150~160mA·h/g。

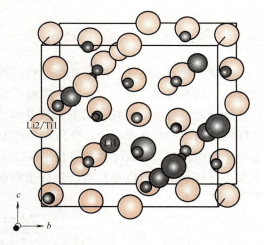

图 3-8 $Li_4Ti_5O_{12}$ 的晶体结构

$Li_4Ti_5O_{12}$ 的合成方法主要有传统固相反应法、溶胶-凝胶法等。固相反应法适合规模化生产，但反应产物一般为微米级颗粒，粒度分布不均匀，通常需要进行深度粉碎和精细分级才能获得综合性能较好的目标产物；溶胶-凝胶法得到的反应物是原子水平混合，并且反应温度低、时间短，可以合成超细或纳米晶产物，所以用溶胶-凝胶法合成的 $Li_4Ti_5O_{12}$ 的各项性能明显优于固相反应法。

美国的 Altair Nano Technologies 公司专注于开发、生产和销售以纳米锂钛氧材料为负极的动力锂离子电池，在国际上处于领先地位，并与我国多家企业有合作。由于钛酸锂电池可

以承受较大的充放电电流，目前主要应用在电动公交车快速充电领域。国内的微宏动力系统有限公司为北汽福田、中通客车、苏州金龙、厦门金龙等多家主流客车厂提供了钛酸锂快充电池组。

3.4.3 金属及合金类负极材料

金属锂是较先采用的负极材料，理论比容量为$3860mA \cdot h/g$，相对原子质量为6.94，电化学还原电位$-3.045V$。20世纪70年代中期，金属锂在商业化电池中得到应用。但因充电时，锂制的负极表面会形成枝晶，导致电池短路，于是人们开始寻找一种能替代金属锂的负极材料。合金负极材料是研究得较多的新型负极材料体系，有关锂合金的研究工作最早始于1958年。据报道，锂能与许多金属M（M = Al、Si、Ge、Sn、Pb、As、Sb、Bi、Ag、Au、Zn等）在室温下形成金属间化合物，由于锂合金形成反应通常为可逆，因此能够与锂形成合金的金属理论上都能够作为锂离子电池的负极材料。金属合金最大的优势就是能够形成含锂量很高的锂合金，具有很高的比容量。相比碳材料，合金较大的密度使得其理论体积比容量也较大。同时，合金材料由于加工性能好、导电性好等优点，被认为是极有发展潜力的一种负极材料。目前的研究主要集中在Sn基、Si基、Sb基和Al基合金材料。目前研究表明，锂合金负极材料的充放电机理实质上就是合金化与脱合金化反应，该过程导致的巨大体积变化是目前亟待解决的问题。

3.5 锂离子电池的失效机理

理想的锂离子电池，除了锂离子在正负极之间嵌入和脱出外，不发生其他副反应，不出现锂离子的不可逆消耗。实际上，锂离子电池中每时每刻都有副反应存在，也存在不同程度的活性物质不可逆的消耗，如电解液分解，活性物质溶解，金属锂沉积等，如图3-9所示。实际电池系统的每次循环中，任何能够产生或消耗锂离子或电子的副反应，都可能导致电池容量平衡的改变。一旦电池的容量平衡发生改变，这种改变就是不可逆的，并且可以通过多次循环进行累积，对电池性能产生严重影响，如图3-10所示。造成锂离子电池容量衰退的原因主要如下：

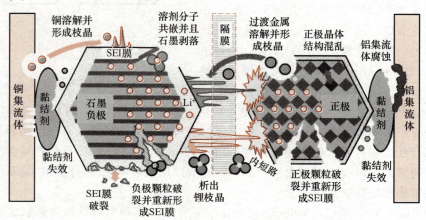

图 3-9 锂离子电池失效机理

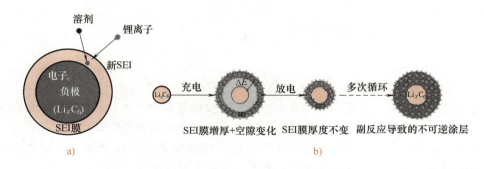

图 3-10 动力电池衰退过程电化学机理
a）锂离子初始状态结构 b）锂离子衰退 SEI 膜增厚过程

（1）正极材料的溶解 以尖晶石型 $LiMn_2O_4$ 为例，Mn 的溶解是引起 $LiMn_2O_4$ 可逆容量衰减的主要原因。Mn 的溶解沉积可造成正极活性物质减少；溶解的 Mn 游离到负极时会造成负极固体电解质界面（Solid Electrolyte Interphase，SEI）膜的不稳定，被破坏的 SEI 膜再形成时会消耗锂离子，造成锂离子的减少。Mn 的溶解是尖晶石锂离子电池容量衰减的重要原因，在这一点上学界已经基本达成共识，但是对于 Mn 的溶解机理却存在多种不同的解释。

（2）正极材料的结构相变 一般认为，锂离子的正常脱嵌反应总是伴随着宿主结构摩尔体积的变化，引起结构的膨胀与收缩，导致氧八面体偏离球对称性并成为变形的八面体构型，这种现象称为 Jahn-Teller 效应（或 J-T 扭曲）。在 $LiMn_2O_4$ 电池中，J-T 效应所导致的尖晶石结构不可逆转变也是容量衰减的主要原因之一。J-T 效应多发生在过放电阶段；在起始材料中加入过量的锂，掺杂 Ni、Co、Al 等阳离子或者 S 等阴离子可以有效地抑制 J-T 效应。

（3）电解液的分解 锂离子电池中常用的电解液主要包括由各种有机碳酸酯的混合物组成的溶剂，以及由锂盐（如 $LiPF_6$、$LiClO_4$、$LiAsF_6$ 等）组成的电解质。在充电的条件下，电解液对含碳电极具有不稳定性，故会发生还原反应。电解液还原消耗了电解质及其溶剂，对电池容量及循环寿命产生不良影响。

（4）过充电造成的容量损失 电池在过充电时，会造成负极锂的沉积、电解液的氧化以及正极氧的损失。这些副反应或者消耗了活性物质，或者产生不溶物质堵塞电极孔隙，或者正极氧损失导致高电压区的 J-T 效应，这些都会导致电池容量的衰减。

（5）自放电 锂离子电池的自放电所导致的容量损失大部分是可逆的，只有一小部分是不可逆的。造成不可逆自放电的原因主要有锂离子的损失（形成不可溶的 Li_2CO_3 等物质），电解液氧化产物堵塞电极微孔等，从而导致内阻增大。

（6）界面膜（SEI）的形成 因界面膜的形成而损失的锂离子将导致两极间容量平衡的改变，在最初的几次循环中就会使电池的容量下降。另外，界面膜的形成使得部分石墨粒子和整个电极发生隔离而失去活性，也会造成容量的损失。

（7）集流体 锂离子电池中的集流体材料常用铜和铝，两者都容易发生腐蚀，集流体的腐蚀会导致电内阻增加，从而造成容量损失。

3.6 锂离子动力电池的性能

3.6.1 充放电特性

锂离子电池充电时，从安全、可靠及兼顾充电效率等方面考虑，通常采用两段式充电方法。第一阶段为恒流限压，第二阶段为恒压限流。锂离子电池充电的最高限压值根据正极材料不同而有一定的差别。锂离子电池基本充放电电压曲线如图 3-11 所示。图中曲线采用的充放电电流均为 $C/3$。对于不同的锂离子电池，区别主要有两点：

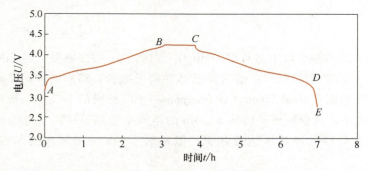

图 3-11 锂离子电池基本充放电电压曲线

1）第一阶段恒流值，根据电池正极材料和制造工艺不同，最佳值存在一定的差别。一般采用电流范围为 $0.2C \sim 0.3C$，快速用电情况下，也可采用 $1C$、$2C$ 或更高的倍率。

2）不同锂离子电池在恒流时间上存在很大的差别，恒流可充入容量占总体容量的比例也存在很大差别。从电动汽车实际应用的角度，恒流时间越长，满充需要的总充电时间越短，更有利于应用。

锂离子电池放电在中前期电压稳定，下降缓慢，但在放电后期电压下降迅速，如图 3-11 中的 DE 段所示。在此阶段必须进行有效控制，防止电池过放电，避免对电池造成不可逆性损害。

1. 充电特性的影响因素

（1）充电电流对充电特性的影响 以某额定容量 242A·h 的 NCM 锂离子电池为例，在 SOC = 0%，恒温 20℃情况下，采用不同充电率充电，参数结果见表 3-1，充电曲线如图 3-12 所示。

表 3-1 不同充电率充电参数

电流/A	CC-CV[①] 总时间	恒流时间 /s	充入 总容量 /A·h	充入 总能量 /W·h	恒流充 入容量 /A·h	恒压充 入能量 /W·h	充入 170A·h 时间/s	充入 170A·h 电流/A
4.84/(0.02C)	182220	182220	245.74	942.54	245.74	942.54	127400	4.85
12.1/(0.05C)	72318.5	72318.5	243.70	935.37	243.70	935.37	50400	12.11
24.2/(0.1C)	36206.8	35800	243.20	935.77	241.03	926.69	25200	24.24
48.4/(0.2C)	18317.5	17560	241.08	933.32	236.32	912.16	12600	48.44
80.7/(0.33C)	11443.6	10490	243.50	946.27	235.29	910.08	7590	80.76
121/(0.5C)	7936.6	6900	243.92	952.95	232.09	900.85	5110	121.09

① CC, Constant Current, 恒流；CV, Constant Voltage, 恒压。

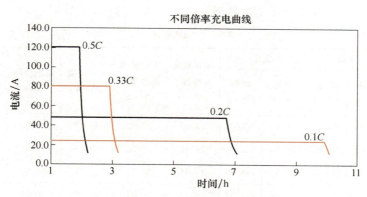

图 3-12　锂离子电池不同倍率充电曲线

由表 3-1 可知，随充电电流的增加，恒流时间逐步减少，恒流可充入容量和能量也逐步减少。以充入放出容量 1/2（即 SOC = 50%）时为标准，所需充电时间随充电电流的增加而减少，0.1C 所用时间约是 0.5C 的 5 倍。在这种状态下，继续充电的电流差较小，所以后 30A·h 充电时间相差不大。因此，在电池允许的充电电流之内，增大充电电流，虽然可恒流充入的容量和能量将减少，但有助于总体充电时间的减少。在实际电池组应用中，可以以锂离子电池允许的最大充电电流充电，达到限压后，进行恒压充电，这样在减少充电时间的基础上，也保证了充电的安全性。但充电电流的增加，也将带来电池内阻能量损耗的增加，消耗在内阻上的能量按式（3-4）进行计算。

$$E = \int_{t_1}^{t_2} I^2(t)\, r \mathrm{d}t \qquad (3-4)$$

式中　E——内阻消耗的能量；

　　　r——电池内阻；

　　　t——充电时间变量；

　　　I——充电电流；

　　t_1、t_2——充电起止时间。

通过大量试验证明，在充电过程中锂离子电池的内阻变化在 0.4mΩ 之内。因此从式（3-4）可以得出，电池内阻能耗与充电时间基本呈线性关系，而同充电电流成平方关系。在恒流充电阶段，充电电流的大小是内阻能耗的主要影响因素，充电电流大的能耗大；恒压小电流阶段，充电时间将是内阻能耗大小的主要影响因素，充电时间长的能耗大。对充电过程进行综合考虑，由于充电电流与内阻能耗成平方关系，是影响内阻能耗的主要因素，所以充电电流大的内阻能耗大。在实际电池应用中，应综合考虑充电时间和效率，选择适中的充电电流。

（2）放电深度对充电特性的影响　在恒温环境温度 20℃ 下，对额定容量 66.2A·h 的 NCM 锂离子电池进行放电试验，将电池以 0.5C 倍率放电至不同的放电深度（DOD）（10%→100%），即所对应的 SOC 为 90%→0%，记录放电过程中的电压、电流和容量数据，然后静置 60 min 后，以 0.5C 倍率对电池进行充电（CC），当到达截止电压后，转入恒压（CV）充电模式，当电流小于 0.05C 后，停止该过程，记录充电过程中的电压、电流和容量数据，相关数据见表 3-2 所示。不同放电深度条件下的锂离子电池充电电流曲线如图 3-13 所

示（其中曲线从左到右放电容量依次增加）。

表 3-2 不同放电深度充电试验参数

SOC	DOD	放电		充电		等容量充入能量[①]/W·h	等容量放出能量[②]/W·h	充电时间/min	恒流时间/min	恒流充电容量/A·h	单位容量平均充电时间[③]/min
		容量/A·h	能量/W·h	容量/A·h	能量/W·h						
80.00	20.00	13.35	54.03	13.48	55.88	27.94	27.02	41.13	33.50	12.32	3.05
70.00	30.00	20.02	80.16	19.99	82.08	27.36	26.72	59.23	50.83	18.69	2.96
60.00	40.00	26.69	105.62	26.61	108.19	27.05	26.41	77.72	68.50	25.19	2.92
50.00	50.00	33.36	130.42	33.27	133.61	26.72	26.00	96.02	86.67	31.87	2.89
40.00	60.00	40.04	154.61	39.95	158.50	26.42	25.77	114.18	104.83	38.55	2.86
30.00	70.00	46.71	178.38	46.61	182.97	26.14	25.48	132.28	123.00	45.22	2.84
20.00	80.00	53.38	201.73	53.26	207.07	25.88	25.22	150.40	141.00	51.84	2.82
10.00	90.00	60.05	224.45	59.92	230.62	25.62	24.94	168.47	159.17	58.52	2.81

① 等容量充入能量：在相同的 SOC 变化下（如 10%），充入的能量（例如：DOD 为 90% 的充电容量为 30W·h，则等容量充入能量为 30W·h；DOD 为 80% 的充电容量为 50W·h，则等容量充入能量为 25W·h）。

② 等容量放出能量：在相同的 SOC 变化下（如 10%），放出的能量。

③ 单位容量平均充电时间/min：充电时间/充电容量。

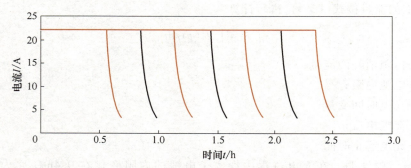

图 3-13 不同放电深度条件下的锂离子电池充电曲线

从表 3-2 和图 3-13 中可以得到如下结论：

1）随放电深度增加，充电所需时间增加，但平均每单位容量所需的充电时间减少，即充电时间的增加同放电深度不成正比增加。

2）随放电深度增加，恒流充电时间所占总充电时间比例增加，恒流充电容量占所需充入容量的比重增加。

实际上，上述特性主要是由两个因素引起的，一是在放电深度较深的情况下，将电池充满电所需的时间较长；二是较深的放电深度所对应的电压区间也较低，在电流和充电时间相同的情况下，充入电池的能量也相对较少。

（3）温度对充电特性的影响 在不同环境温度下对锂离子电池进行充电，以某额定容量 66.2A·h 的 NCM 锂离子电池为例，采用恒流限压方式，记录充电截止条件为充电电流下限是 1.3A 和 3.3A 的充电参数，见表 3-3。

表 3-3　不同温度电池充电参数

环境温度/℃	充电电流降至 1.3A			充电电流降至 3.3A		
	充入容量/A·h	充入能量/W·h	充电时间/h	充入容量/A·h	充入能量/W·h	充电时间/h
-10	57.70	227.27	3.75	57.57	226.74	3.69
0	60.99	239.20	2.73	60.19	235.71	2.51
10	66.59	259.32	2.15	63.10	246.49	1.80

从表 3-3 中可以看出，随环境温度降低，电池的可充入容量明显降低，而充电时间明显增加。-10℃同 10℃相比，相同的充电结束电流，可充入容量和能量降低 8%~13%。若以 3.3A 为充电结束标准，则电池在-10℃时仅充入在此温度下可充入容量或能量的 86%。但降低充电结束电流，就意味着充电时间的大幅增加。在冬季低温情况下，电池可充入容量低，因此，为了防止电池过放电，必须主动降低电池的可用容量。

2. 放电特性的影响因素

在放电特性方面，主要讨论不同环境温度下，不同放电率对锂离子电池放电特性的影响。仍以某额定容量 66.2A·h 的 NCM 锂离子电池为例，在环境温度 20℃情况下，将电池充满电，分别在-25℃、0℃、25℃进行不同放电电流下的放电试验，放电结果见表 3-4。锂离子 33.1A（0.5C）放电过程的曲线如图 3-14 所示。

表 3-4　不同温度放电参数表

放电电流/A	25℃		0℃		-25℃	
	容量/A·h	能量/W·h	容量/A·h	能量/W·h	容量/A·h	能量/W·h
13.23	68.95	255.23	62.41	230.49	56.50	196.35
21.85	68.21	251.66	61.61	225.70	56.41	193.64
33.12	67.54	248.12	61.17	222.00	56.46	191.51
66.20	66.81	242.31	61.16	217.36	56.78	190.04

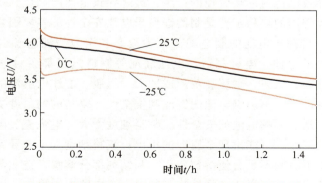

图 3-14　锂离子电池 33.1A（0.5C）放电过程的曲线

从表 3-4 和图 3-14 中可以看出，在室温情况下对电池充电，在不同温度下放电，对电池可放出的能量的影响大于对电池放电容量的影响。在不同温度下，每放电 5A·h 所放出的能量对比，如图 3-15 所示。在低温情况下，电池的放电电压较低，尤其是在刚开始放电时，

同样的放电电流下，电池电压将出现一个急剧的下降，如图 3-13 所示，但是由于电压依然处于较高位置，所以放电能量较高。在放电初期，放电消耗在电池内阻上的能量使得电池自身的温度升高，锂离子电池活性物质的活性增加，电池电压有所升高，因此可放出的能量增加；在放电中后期，电池电压降低，单位时间放出的能量随之降低。

在同一温度，同样的放电终止电压下，不同的放电结束电流，可放出的容量和能量有一定的差别。一般来说，在常温条件下，电流越小，可放出的容量和能量越多。如上述放电试验，$0.2C$ 比 $1C$ 可放出的容量和能量增加 3.2%。

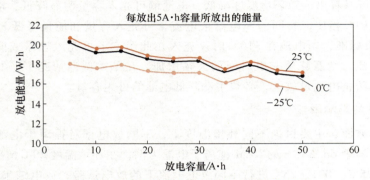

图 3-15　不同温度下的放电能量-放电容量曲线

3.6.2　安全性

锂离子电池在热冲击、过充电、过放电和短路等滥用情况下，其内部的活性物质及电解液等组分间将发生化学、电化学反应，产生大量的热量与气体，使得电池内部压力升高，积累到一定程度可能导致电池着火，甚至爆炸。其主要原因如下：

（1）**材料热稳定性**　锂离子电池在一些滥用情况下，如高温、过充电、针刺穿透以及挤压等，可以导致电极和有机电解液之间的强烈作用，如有机电解液的剧烈氧化、还原或正极分解产生的氧气进一步与有机电解液反应等，这些反应产生的大量热量如不能及时散失到周围环境中，必将导致电池内部热失控的产生，最终导致电池的燃烧、爆炸。因此，正负电极、有机电解液相互作用的热稳定性是制约锂离子电池安全性的首要因素。

（2）**制造工艺**　锂离子电池的制造工艺分为液态和聚合物锂离子电池的制造工艺。无论是何种结构的锂离子电池，电极制造、电池装配等制造过程都会对电池的安全性产生影响。如正极和负极混料、涂布、辊压、裁片或冲切、组装、加注电解液的量、封口、化成等诸道工序的质量控制，无一不影响电池的性能和安全性。浆料的均匀度决定了活性物质在电极上分布的均匀性，从而影响电池的安全性。浆料细度太大，电池充放电时会出现负极材料膨胀与收缩比较大的变化，可能出现金属锂的析出；浆料细度太小会导致电池内阻过大。涂布加热温度过低或烘干时间不足会使溶剂残留，黏结剂部分溶解，造成部分活性物质容易剥离；温度过高可能造成黏结剂炭化，活性物质脱落形成电池内短路。

从提高锂离子电池安全性的角度，可以开展如下几项工作：

1）使用安全型锂离子电池电解质。阻燃电解液是一种功能电解液，这类电解液的阻燃功能通常是通过在常规电解液中加入阻燃添加剂来获得的。阻燃电解液是目前解决锂离子电池安全性经济、有效的措施。

使用固体电解质代替有机液态电解质，能够有效提高锂离子电池的安全性。固体电解质包括聚合物固体电解质和无机固体电解质。聚合物电解质，尤其是凝胶型聚合物电解质的研究近年来取得很大进展，目前已经成功用于商品化锂离子电池中。干态聚合物电解质由于不像凝胶型聚合物电解质那样包含液态易燃的有机增塑剂，因此在漏液、蒸汽压和燃烧等方面具有更好的安全性。无机固体电解质具有更好的安全性，不挥发，不燃烧，不存在漏液问题，同时机械强度高，耐热温度明显高于液体电解质和有机聚合物电解质，使电池的工作温度范围扩大。将无机材料制成薄膜，更易于实现锂离子电池小型化，并且这类电池具有超长的储存寿命，能大大拓宽现有锂离子电池的应用领域。

2）提高电极材料的热稳定性。负极材料的热稳定性是由材料结构和充电态负极的活性决定的。对于碳材料，如球形碳材料，其中间相碳微球（MCMB）相对于鳞片状石墨，具有较低的比表面积，较高的充放电平台，所以其充电态活性较小，热稳定性相对较好，安全性高。具有尖晶石结构的 $Li_4Ti_5O_{12}$，相对于层状石墨的结构稳定性更好，其充放电平台也高得多，热稳定性更好，安全性更高。因此，目前对安全性要求更高的动力电池中通常使用 MCMB 或 $Li_4Ti_5O_{12}$ 代替普通石墨作为负极。通常负极材料的热稳定性除了材料本身之外，对于同种材料，特别是对石墨来说，负极与电解液界面的固体电解质界面膜（SEI）的热稳定性更受关注，而这也通常被认为是热失控发生的第一步。提高 SEI 膜的热稳定性途径主要有两种，一种是负极材料的表面包覆，如在石墨表面包覆无定形碳或金属层；另一种是在电解液中添加成膜添加剂，在电池活化过程中，它们在电极材料表面形成稳定性较高的 SEI 膜，有利于获得更好的热稳定性。

正极材料和电解液的热反应被认为是热失控发生的主要原因，提高正极材料的热稳定性尤为重要。与负极材料一样，正极材料的本质特征决定了其安全特征。$LiFePO_4$ 由于具有聚阴离子结构，其中的氧原子非常稳定，受热不易释放，因此不会引起电解液的剧烈反应或燃烧。在过渡金属氧化物中，$LiMn_2O_4$ 在充电态下以 $\lambda\text{-}MnO_2$ 形式存在，由于它的热稳定性较好，所以这种正极材料的相对安全性也较好。此外，也可以通过体相掺杂、表面处理等手段提高正极材料的热稳定性。

3.6.3　热特性

1. 生热机制

锂离子电池内部产生的热量主要是由四部分组成：反应热 Q_r、极化热 Q_p、焦耳热 Q_J 和分解热 Q_s。Q_r 表示由于电池内部的化学反应而产生的热量，这部分热量在充电时为负值，在放电时为正值。Q_p 是指电池在充放电过程中，负载电流通过电极并伴随着电化学反应时，电极会发生极化，电池的平均电压会与开路电压有所偏差而导致产生的热量，这部分热量在充放电的时候都为正值。Q_J 表示焦耳热，这部分热量是由于电池内阻产生的，在充放电的过程中这部分热量都为正值，其中电池内阻包括电解质的离子内阻（含隔膜和电极）和电子内阻（包括活性物质、集流体、导电极耳以及活性物质/集流体之间的接触电阻），符合欧姆特性。Q_s 表示在电池的电极中，自放电的存在也会导致电极的分解而产生的热量，这部分热量在充放电的时候都很小，因而可以忽略不计。

由于反应热 Q_r 在充电时为负值，在放电时为正值，因此，电池在放电过程中的热生成

率要大于充电过程中的热生成率，从而导致放电时的电池温度比充电时的要高。对于一个完全充满电状态下的锂离子电池，它在可逆放电过程中的总反应中呈现了放热效应。更进一步来说，电池的正电极反应表现出较大的放热效应，同时负电极反应表现出较小的吸热效应，所以综合正负电极反应热效应，最终导致了锂离子电池充放电过程总体呈现放热效应。

2. 放电温升特性

图 3-16 所示为常温下以 0.3C 倍率电流充满电，再在常温下分别以 0.3C、0.5C 和 1C 倍率放电时，某磷酸铁锂锂离子电池正极耳处的温升曲线，放电截止电压为 2.5V。

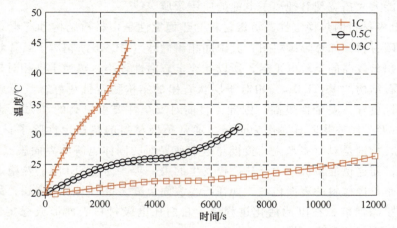

图 3-16　不同放电倍率下正极耳处的温升曲线

由图可以看出，电池放电电流越大时，正极耳处的温度上升越快，并且温度极值越高。这说明放电电流越大时，损耗的热能就越多，降低了放电效率。0.3C 与 1C 倍率放电峰值温度相差 18.9℃，在环境温度不变并且没有采用散热措施的情况下，要减小温度升高的幅度，必须减少放电电流。因此，如果在环境温度较高，并且电池大功率放电的情况下，必须采用散热措施，以避免安全事故。

3. 充电温升特性

图 3-17 所示为在常温下以 0.3C 倍率电流放电结束后，再在常温下分别以 0.3C、0.5C 和 1C 倍率恒流和 3.8V 恒压采用恒流限压方式充电时，某磷酸铁锂电池的正极耳处的温升曲线。

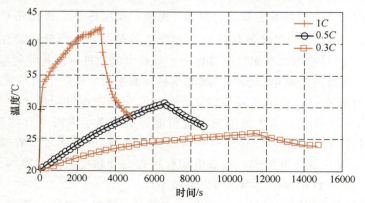

图 3-17　不同充电倍率下正极耳处的温升曲线

可以看出，恒流充电开始阶段，电池正极耳处的温升较快，这主要是因为SOC值较小，内阻较大，从而生热速率较大，温升较快。随后恒流充电后期温升速率放缓，这主要是因为温度和SOC值上升后，电池内阻值减小，从而生热速率减小，温升放缓。等到恒流充电结束时，电池正极耳处的温度达到峰值。

图3-17表明，充电倍率越大，电池温度上升越快，并且温度峰值也越大。到了恒压阶段，随着电流的下降，电池温度开始下降，直到电流下降至涓流为止，但充电结束时的温度高于充电前。

4. 温度对锂离子电池使用性能的影响

（1）温度对可用容量比率的影响 正常应用温度范围内，锂离子电池温度越高，工作电压平台越高，电池的可用容量越多。但是长期在高温下工作会造成锂离子电池的容量迅速下降从而影响电池的使用寿命，并极有可能造成电池热失控。

低温状态下锂离子电池的放电效率低，主要原因在于：

1）电池电解液的电导率增加，导致Li^+传输性能变差。

2）负极表面SEI膜是锂离子传递过程中的主要阻力，表面膜阻抗R_{SEI}大于电解液本体阻抗R_e，在$-20℃$以下的温度范围内，R_{SEI}随温度的降低骤增，与电池性能恶化相对应。

3）脱嵌Li^+容量不对称性是由Li^+在不同嵌锂态石墨负极中的扩散速度不同引起的，低温时，Li^+在石墨负极中的扩散速度慢。

4）正极与负极表面的电荷传递阻抗增大。

5）正极/电解液界面或负极/电解液界面的阻抗增大。

6）电极的表面积、孔径、电极密度、电极与电解液的润湿性及隔膜等均影响着锂离子电池的低温性能。

（2）温度对电池内阻的影响 直流内阻是表征动力电池性能和寿命状态的重要指标。电池内阻较小，在许多工况下常常忽略不计，但动力电池处于大电流、深放电工作状态，内阻引起的压降较大，此时内阻的影响不能忽略。

电池直流内阻一般通过混合脉冲功率标定（Hybrid Pulse Power Characterization，HPPC）试验标定。HPPC是美国电动汽车动力电池检测手册（FreedomCAR Battery Test Manual）中推荐的复合脉冲功率特性测试工况试验，该试验的主要目的是测试电池工作范围（荷电状态、电压）内的动态功率特性，并根据电压响应曲线确定电池内阻和SOC的对应关系。试验方法如下：

1）恒流$0.3C$、限压$3.8V$将电池充满至额定容量。

2）用$1C$电流放电，放出额定容量10%的电量。

3）静置$1h$，以使电池在进行脉冲充放电之前恢复其电化学平衡和热平衡。

4）进行脉冲测试，先以恒流I_d放电$10s$，停$40s$，再以恒流I_c充电$10s$。

5）重复步骤2）~4），直到90%DOD处进行最后的脉冲试验。

6）将电池放电至100%DOD。

7）静置$1h$。

其中I_d和I_c的大小取决于电池额定容量C_0。$50℃$下，HPPC测试$LiFePO_4$电池的电压电流变化曲线如图3-18所示。

电池直流内阻遵循欧姆定律，可引起电池内部压降，并生热消耗放电能量。采用 LiFe-PO$_4$ 电池试验所得的充、放电直流内阻分别如图 3-19 和图 3-20 所示。

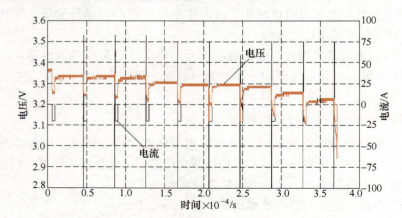

图 3-18　50℃下 HPPC 测试 LiFePO$_4$ 电池的电压电流变化曲线

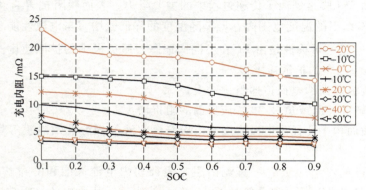

图 3-19　不同温度和 SOC 下的充电内阻图

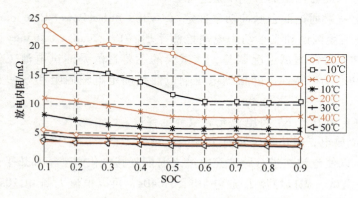

图 3-20　不同温度和 SOC 下的放电内阻图

可以看出，低温状态下整个放电过程中直流内阻的变化量明显，而高温状态下变化量则小得多。但是，充电和放电直流内阻变化的趋势是相同的，均随温度的升高而降低，随 SOC 的增大而减小。

3.7 锂离子动力电池的应用

随着移动电子设备的迅速发展和能源需求的不断增大，人们对锂离子电池的需求也越来越大。锂离子电池的高容量、适中的电压、广泛的来源以及其循环寿命长、成本低、性能好、对环境无污染等特点，决定了它不仅可以应用于移动通信工具，还可能成为现在正迅速发展的电动汽车的动力电源。锂离子电池的应用领域见表3-5。

表 3-5　锂离子电池的应用领域

电池类别	应用领域	特点	电池性能要求
便携式电器电池（高能量）	小型电器、信息、通信、办公、教学、数字娱乐	电器更新快、2~3年寿命周期、恒功率工作，对电池倍率性能、工作温度、成本、循环性能要求不高	电池能量密度高于150W·h/kg，100% DOD 200~300次
储能电池（长寿命）	小型储能电源、UPS、太阳能、燃料电池、风力发电等分散式独立电源系统储能	对电池功率和能量密度要求不高，体积和重量要求相对较低	0~20年使用寿命，免维护，性能稳定，价格低，较好的温度特性和较低的自放电率
动力电池（高功率）	各种电动车辆、电动工具、大功率器具	要求高功率密度、安全性、温度特性、低成本、自放电方面有较高的要求	目前水平：800~1500W/kg，目标2000W/kg以上
微型电器	无线传感器、微型无人飞机、植入式医疗装置、智能芯片、微型机器人、集成电路	电器维护困难，对稳定性、寿命要求很高	要求寿命长，稳定性好

（1）在便携式电器方面的应用　目前移动电话、便携式计算机、微型摄像机等需要便携式电源的用电器已经成为人们生活中不可缺少的一部分。在其电源方面，无一例外地选择锂离子电池作为市场的主流。据统计，全球手机产量每年约14亿部，全球每年生产便携式计算机约1.8亿台，形成了庞大的锂离子电池应用市场。在此领域，钴酸锂、锰酸锂锂离子电池占有主导地位。

（2）在交通行业的应用　随着社会文明的进步，人们环保意识不断提高并对环境要求日益严格，环保的交通工具已经进入人们的视野。目前，我国以电动自行车为主的电动轻型车呈现出蓬勃发展的趋势，锂离子动力电池已开始在部分高端车型上应用。在电动汽车开发方面，锂离子动力电池已经成为主流。国内众多汽车研制和生产企业开发的电动汽车，半数以上的车型采用了锂离子电池，并有逐步扩大的趋势。国际上，已经宣布进入市场销售的纯电动汽车和插电式混合动力汽车，如日产公司的 Leaf、三菱公司的 I-MiEV、通用公司的 VOLT 以及特斯拉的电动跑车均采用了锂离子电池系统。

（3）在军事装备及航空航天事业中的应用　在军事装备中，锂离子电池主要用作动力起动电源、无线通信电台电源、微型无人驾驶侦察飞机动力电源等。此外，诸如激光瞄准器、夜视器、飞行员救生电台电源、船示位标电源等现也普遍采用锂离子电池。在航天领域，锂离子电池已经用于地球同步轨道卫星和低轨道通信卫星，作为发射和飞行中校正、地面操作的动力。

（4）其他锂离子电池　由于自身的结构特点和特殊的工作原理，决定了锂电池原材料丰富、环保、比容量高、循环性能和安全性能好等特点，在医疗行业（如助听器、心脏起搏器等）、石化行业（如采油动力负荷调整）、电力行业（如储能电源）等均具有广阔的应用前景。其在追求能源绿色化的今天，具有更加重要的意义。

作为新一代绿色高能电池，锂离子电池今后有望成为最有前途和最具发展潜力的电池之一。

 习题

1. 简述锂离子电池的发展趋势和技术现状。
2. 简述锂离子动力电池的基本工作原理。
3. 锂离子动力电池的正、负极材料包括哪些主要类型？
4. 常用的锂离子动力电池种类及其额定电压、最高电压值。
5. 简述锂离子动力电池的失效机理。
6. 锂离子动力电池性能评价参数有哪些？
7. 锂离子电池在电动车辆上应用时，其主要技术参数的差异有哪些？（如：比能量、比功率、寿命、环保性等）
8. 简述锂离子动力电池的应用现状。

第4章 其他电池

除了锂离子动力电池外，当前研究和应用中还存在其他不同类型的动力电池。

4.1 铅酸动力电池

铅酸电池的发明距今已有160多年。在当前所有化学电源中，铅酸电池由于其可靠性好、成本低、瞬间输出功率大、使用安全、维修方便，得到了最大规模的生产和应用。单就起动蓄电池而言，全世界年产量达10亿个之多。据统计，每年生产铅酸电池消耗的铅质量约200万吨，占全年全球用铅总产量的一半以上。

根据铅酸电池的作用可将其分为三种类型：①起动式铅酸电池（Starter batteries）；②牵引式铅酸电池（Traction batteries）；③固定式铅酸电池（Stationary batteries）。这三类电池的性能差异见表4-1。

表 4-1　三类铅酸电池的性能差异

类型	常用容量/A·h	正极板	负极板	特点
起动式铅酸电池	5～200	涂膏式	涂膏式	比功率高、比能量高
牵引式铅酸电池	40～1200	管状	涂膏式	可深度充放电
固定式铅酸电池	40～5000	板状	涂膏式	比能量较低、自放电率小

铅酸电池作为电动汽车的动力源，虽有许多不足，但由于其技术成熟、可大电流放电、适用温度范围宽和无记忆效应等性能上的优点，以及原材料的易于获取和其使用成本远远低于镍氢和锂离子等高能电池，目前仍然是电动汽车中切实可行的动力电源之一。随着应用需求和技术的发展，密封铅酸电池已经成为应用的主流产品，密封铅酸电池分为全密封型（不漏液，不透气）和半密封型（不漏液，可透气）两种。在电动车辆上应用的铅酸电池主要是阀控式密封铅酸电池（VRLA），具有如下优点：①无酸雾逸出；②无须定期补水；③比能量大；④自放电小；⑤浮充寿命长等。

4.1.1 工作原理

铅酸电池的电化学反应称为双硫化反应，正极成流反应为

$$PbO_2+3H^++HSO_4^-+2e^-\longrightarrow PbSO_4+2H_2O \tag{4-1}$$

负极成流反应为

$$Pb+HSO_4^-\longrightarrow PbSO_4+2e^-+H^+ \tag{4-2}$$

电池总反应为

$$PbO_2+Pb+2H_2SO_4\longrightarrow 2PbSO_4+2H_2O \tag{4-3}$$

在充电时，铅酸电池内部发生如下反应：

正极：

$$PbSO_4-2e^-+2H_2O\longrightarrow PbO_2+2H^++H_2SO_4 \tag{4-4}$$

$$H_2O\longrightarrow 2H^++\frac{1}{2}O_2+2e^- \tag{4-5}$$

负极：

$$PbSO_4+2e^-+2H^+\longrightarrow Pb+H_2SO_4 \tag{4-6}$$

$$2H^++2e^-\longrightarrow H_2 \tag{4-7}$$

其中，式（4-4）和式（4-6）是蓄电池的充电反应，而式（4-5）和式（4-7）则是电解水反应，图4-1所示为铅酸电池的反应原理。在充电过程中，可以根据两种反应的激烈程度将充电分为三个阶段：高效阶段、混合阶段和气体析出阶段。

高效阶段的主要反应是 $PbSO_4$ 转换成为 Pb 和 PbO_2，充电接受率约为100%。充电接受率是转化为电化学储备的电能与来自充电机输出端电能之比。这一阶段在电池电压达到2.39V/单元（取决于温度和充电率）时结束。在混合阶段，水的电解反应与主反应同时发生，充电接受率逐渐下降。当电池电压和酸液的浓度不再上升时，电池单元被认为是充满了。气体析出阶段电池已充满，电池中进行水的电解和自放电反应。由于在密封的阀控免维护铅酸电池中，具有氧循环的设计，即正极板上析出的氧在负极板上被还原重新生成水而消失，因此析气量很小，不需要补充水。铅酸电池的放电反应为上述过程的逆反应，在此不再赘述。

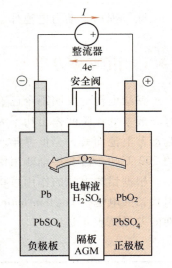

图4-1 铅酸电池的反应原理

铅酸电池在外形上各异，但主要构成部件是相似的。

正、负极板是蓄电池的核心部件，是蓄电池的"心脏"，分为正极和负极。正极活性物质主要成分为 PbO_2，负极活性物质主要成分为绒状铅。隔板是由微孔橡胶、玻璃纤维等材料制成的，新型隔板由聚丙烯、聚乙烯等制成，其主要作用为防止正、负极板短路，同时确保电解液中正、负离子顺利通过，延缓正、负极板活性物质的脱落，防止正、负极板因振动而损伤。因此要求隔板孔率高，孔径小，耐酸，不分泌有害物质，有一定强度，在电解液中电阻小，具有化学稳定性。

电解液是蓄电池的重要组成部分，是由浓硫酸和净化水配制而成的，它的作用是传导电流和参加电化学反应。电解液的纯度和密度对电池容量和寿命有重要影响。

电池壳、盖是安装正、负极板和电解液的容器，应耐酸、耐热、耐振。

壳体多采用硬橡胶或聚丙烯塑料制成，为整体式结构，底部有凸起的肋条以搁置极板组。排气栓一般由塑料材料制成，对电池起密封作用，阻止空气进入，防止极板氧化。同时可以将充电时电池内产生的气体排出电池，避免电池产生危险。除此之外，铅酸电池单体内还可能有链条、极柱、液面指示器等零部件。典型铅酸电池的构造如图 4-2 所示。

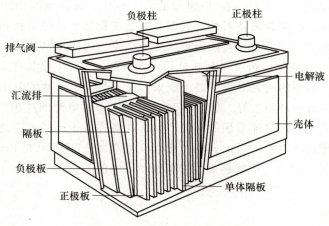

图 4-2　典型铅酸电池的构造

上述电池构造构成一个电池单体（Cell）。为了增加铅酸电池的容量，一般由多块极板组成极群，即多块正极板和多块负极板分别用连接条（汇流排）焊接在一起，共同组成电池（Battery）。传统内燃机汽车用的 12V 起动铅酸电池就是由 6 个独立的铅酸电池单体组成的。

4.1.2　应用情况

铅酸电池广泛应用于汽车、火车、拖拉机、摩托车、电动车以及通信、电站、电力输送、仪器仪表、UPS 电源和飞机、坦克、舰艇、雷达系统等领域，并占有 85% 以上的市场份额。目前生产的电动车中，动力电池绝大多数配备的是铅酸电池，约占 90% 以上。大多数电动车配备 12~16kg 的铅酸电池，其寿命基本上在 2 年左右。

据测算，铅酸电池是电池中污染最严重的。废旧铅酸电池的硫酸以及铅、锑、镍等重金属会对环境产生污染，而且铅酸电池中的重金属都有一定的毒性。在废旧电池的回收利用过程中，铅粉尘是主要污染物，有可能进入人体的血液中，如果人体的血液中铅含量超标，就会造成贫血、腹痛和脉搏减弱，以及神经代谢和生殖等方面的疾病，严重时会致人死亡。

从节约能源的角度出发，废旧电池可以看成是部分金属资源存在的另外一种形式，其中仍含有大量的可再生资源。我国是铅酸电池生产大国，每年都要消耗大量的铅等金属，如果能将其加以回收利用，则既可以保护环境又能节省大量的宝贵资源。因此，在节能减排的形势下，在大力推广环保电池的同时，还应当大力提倡废旧电池的回收利用。在铅酸电池回收方面已经形成了完善的工艺，常用的有火法冶金、湿法冶金和固相电解还原等方法。

4.2　碱性动力电池

碱性电池是以氢氧化钾（KOH）等碱性水溶液为电解液的二次电池的总称，包括镍镉电池、镍氢电池和镍锌电池等。相比于铅酸电池，碱性蓄电池具有比能量高、机械强度高、工作电压平稳、比功率大、使用寿命长等特点。

最早的碱性电池是瑞典的 W. Jungner 于 1899 年发明的镍镉电池（Ni-Cd）和爱迪生于 1901 年发明的镍铁电池（Ni-Fe）。在 20 世纪七八十年代，碱性电池中的镍镉电池曾经用作电动车辆的动力电池。但随着新技术的发展以及对金属镉造成环境危害和对人危害认识的提高，其使用量逐年减少，以欧盟、美国为主的工业国家，已经出台法规或相关法律禁止镍镉电池的生产和应用。1984 年，荷兰飞利浦公司成功研制出 LaNi$_5$ 储氢合金用于制备镍氢电池（Ni-MH）。随后镍氢电池的研究取得了很大成果。由于与镍镉电池的电压平台相同，在充放电特性方面相似，并且对环境友好，镍氢电池成为取代镍镉电池的理想产品。20 世纪 90 年代开始，镍氢电池成为二次电池市场的主流产品，在多种电子产品上广泛应用，并成为混合动力电动汽车的主流动力电源。目前，商品化程度最高的丰田公司的 Prius 混合动力汽车和本田公司的 CIVIC 混合动力汽车就是采用的镍氢动力电池。

4.3　镍镉电池

镍镉电池（Nickel-Cadmium Batteries，Ni-Cd）是最早应用于手机、便携式计算机等设备的电池种类，由于电池内碱性氢氧化物中含有金属镍和镉而得名，标称电压为 1.2V。镍镉电池的优点包括寿命长，可充放电循环 500～1000 次，机械强度高，密封性能好，使用温度范围宽（-40～50℃），使用方法简单，维护保养方便，安全可靠，能耐受大电流（高于正常使用电流的几倍乃至 10 倍）的瞬时冲击而不损坏，在正常工作期间能长时间保持电压稳定等。

镍镉电池最致命的缺点是：在充放电过程中如果处理不当，会出现严重的"记忆效应"，使得服务寿命大大缩短。此外镍镉电池中含有对环境和人体有害的金属镉，因此镍镉电池正逐渐退出市场。

4.4　镍氢电池

镍氢（MH-Ni）电池是在 Ni-Cd 电池的基础上发展起来的，相对于镍镉电池，其最大的优点是环境友好，不存在重金属污染。镍氢电池于 1988 年进入实用化阶段，1990 年在日本开始规模生产。目前，以储氢合金为负极材料的镍氢电池能满足混合动力电动汽车所要求的高能量、高功率、长寿命和足够宽的工作温度范围，成为混合动力电动汽车动力电池市场的主流产品，同时该类电池也已经广泛地应用在电子产品、电动工具、电动自行车等日常生活用品上。

镍氢电池由图 4-3 所示的几部分构成，包括以镍的氢氧化物为主要材料的正极

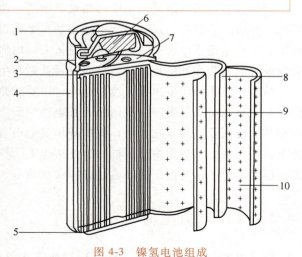

图 4-3　镍氢电池组成

1—正极盖帽（+）　2—胶圈　3—集流体　4—电池钢壳（-）
5—底部绝缘片　6—安全防爆孔　7—顶部绝缘片
8—隔膜纸　9—镍正极片　10—金属氢化物负极片

板、以储氢合金为主要材料的负极板、具有保液能力和良好透气性的隔膜、碱性电解液、金属壳体、具有自动密封功能的安全阀及其他部件。图4-3所示的圆柱形电池，采用被隔膜相互隔离开的正、负极板呈螺旋状卷绕在壳体内，壳体用盖帽进行密封，在壳体和盖帽之间用绝缘材质的密封圈隔开。

镍氢电池正极的活性物质为 NiOOH（放电时）和 $Ni(OH)_2$（充电时），负极板的活性物质为 H_2（放电时）和 H_2O（充电时），电解液采用质量分数为30%的氢氧化钾溶液，电化学反应如下：

负极反应式为

$$xe^- + xH_2O + M \underset{\text{放电}}{\overset{\text{充电}}{\rightleftharpoons}} xOH^- + MH_x \tag{4-8}$$

正极反应式为

$$Ni(OH)_2 + OH^- \underset{\text{放电}}{\overset{\text{充电}}{\rightleftharpoons}} NiOOH + H_2O + e^- \tag{4-9}$$

电池反应式为

$$xNi(OH)_2 + M \underset{\text{放电}}{\overset{\text{充电}}{\rightleftharpoons}} xNiOOH + MH_x \tag{4-10}$$

同镍镉电池相比，镍氢电池具有以下显著优点：

1）能量密度高，同尺寸电池，容量是镍镉电池的1.5~2倍。

2）环境相容性好，无镉污染。

3）可大电流快速充放电，充放电倍率高。

4）无明显的记忆效应。

5）低温性能好，耐过充放电能力强。

6）工作电压与镍镉电池相同，为1.2V。

镍氢电池是镍镉电池的换代产品，电池的物理参数，如尺寸、质量和外观完全可与镍镉电池互换，电性能也基本一致，充放电曲线相似，放电曲线非常平滑，电量快要消耗完时，电压才会突然下降，故使用时完全可替代镍镉电池，而不需要对设备进行任何改造。

镍氢电池的缺点是自放电与寿命不如镍镉电池，但也能达到500次循环寿命和国际电工委员会的推荐标准。吸氢电极自放电包括可逆自放电和不可逆自放电。可逆自放电的主要原因在于环境压力低于电极中金属氢化物的平衡氢压，氢气会从电极中脱附出来。当吸氢电极与氧化镍正极组成 MH/Ni 电池时，这些逸出的氢气与正极活性物质 NiOOH 反应生成 $Ni(OH)_2$，形成放电反应，该部分自放电可以通过再充电复原。不可逆自放电主要是由于负极的化学或电化学因素所引起。如合金表面电动势较低的稀土元素与电解液反应形成氢氧化物等，例如含 La 稀土在表面偏析，并生成 $La(OH)_3$，使合金组成发生变化，吸氢能力下降，这种吸氢能力下降无法用充电的方法复原。

由于镍镉电池中镉元素的污染问题和对人体的伤害，该类电池正逐步被其他种类电池取代。仅在某些领域，由于其特有的高功率特性和良好的低温性能仍在应用。例如，在航空领域用作飞机发动机起动及随航备用电源、电力装置开关瞬间分合闸和事故照明电源，以及铁路系统电力机车供电电源等。镍氢电池逐步成为碱性动力电池应用的主体和主流。

利用镍氢电池高功率密度的优点，该类电池目前在混合动力电动汽车上应用较多。到目前为止，在国际市场上产销量最大的日本丰田公司普锐斯（Prius）混合动力汽车采用的就

是 288V、6.5A·h 的镍氢动力电池（见图 4-4）。该电池组可以通过发电机和电动机实现充放电，且输出功率大、重量轻、寿命长、耐久性高。本田公司推出产业化的 CIVIC 混合动力汽车和福特公司推出的 Escape 混合动力汽车均采用了额定电压在 300V 左右的镍氢电池组。中国第一汽车集团公司、东风汽车公司研制并在大连、武汉等地示范应用的混合动力公交客车均采用镍氢动力电池系统。镍氢电池组功

图 4-4　Prius 混合动力汽车的电池组

率密度可达 1000W/kg 以上，能量密度可达 55W·h/kg 以上。混合电动客车及其镍氢电池组如图 4-5 所示。

图 4-5　混合电动客车及其镍氢电池组

与此同时，小型电动工具市场长期以来几乎被镍镉电池所垄断。随着镍氢电池技术的进步以及社会对环保问题的日趋重视，2016 年起，欧洲不再允许使用镍镉电池，这为镍氢电池的发展提供了一个良好机会。目前，高功率镍氢电池已进军电动工具市场并将逐步替代镍镉电池，成为该市场的主流电池之一。

4.5　钠离子动力电池

钠离子电池使用的电极材料主要是钠盐，相较于锂盐而言，储量更丰富、价格更低。由于钠离子比锂离子大，所以当对重量和能量密度要求不高时，钠离子电池是一种更经济性的

替代品，其工作原理与锂电池类似，只是锂离子被替换为钠离子，其基本工作原理如图4-6所示。

正极材料方面，目前具有潜在商业化价值的有普鲁士白和层状氧化物两类材料，克容量已经达到160mA·h/g，与现有的锂离子电池正极材料相当。普鲁士白属于普鲁士蓝类化合物，由于含有高钠，呈现白色，所以称为普鲁士白，是含铜、铁、锰等便宜金属的正极材料。普鲁士白具有开放的骨架结构、丰富的氧化还原活性位点和极强的结构稳定性。由于普鲁士白的离子通道和晶格间隙很大，很容易进行可逆的离子嵌入/脱出反应，因此是少数能够容纳更大碱性阳离子如（钠离子和钾离子）的正极基体材料之一。同时普鲁士白突出的优势以及特点在于其原料成本低廉、获取简单。负极材料方面，石墨与钠离子性相不合，钠离子嵌入后易失去电化学活性。硬碳材料由于具有丰富的碳源、低成本、无毒环保，且储钠电位低而被认为是最可能被实用化的钠离子电池负极材料。硬碳材料通常被认为是难石墨化的碳材料的统称，其微观结构是由弯曲的类石墨片堆叠的短程有序微区，各微区随机无序堆叠留下较多纳米孔洞。由于其往往具有较大的层间距，较多的纳米孔洞，以及较多的缺陷位点，因而可以储存较多的钠离子，具有较高的比容量。电解液方面，钠离子电池的电解液溶质用六氟磷酸钠来替代六氟磷酸锂，集流体采用更便宜的铝箔来替代铜箔。制造工艺上钠离子电池生产设备可以跟锂离子电池产线兼容。

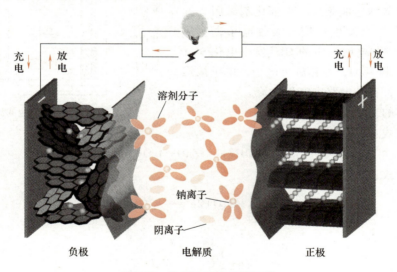

充电 放电 溶剂分子 充电 放电

钠离子

阴离子

负极 电解质 正极

图4-6 钠离子电池工作原理

与锂离子电池相比，钠离子电池具有的优势有：①钠盐原材料储量丰富，价格低廉，采用铁锰镍基正极材料相比较锂离子电池三元正极材料，原料成本降低一半；②由于钠盐特性，允许使用低浓度电解液（同样浓度电解液，钠盐电导率高于锂电解液20%左右）降低成本；③钠离子不与铝形成合金，负极可采用铝箔作为集流体，可以进一步降低成本8%左右，降低重量10%左右；④由于钠离子电池无过放电特性，允许钠离子电池放电到0V。钠离子电池能量密度大于100W·h/kg，可与磷酸铁锂电池相媲美，但是其成本优势明显，有望在大规模储能中取代传统铅酸电池；⑤钠离子电池具有更好的低温性能与快充性能。

4.6 金属空气电池

金属空气电池是以金属为阳极材料，氧气为阴极材料的电池。因其具有原材料丰富、安全环保、能量密度高等优点，被称为"面向21世纪的新型绿色能源"，具有良好的发展和应用前景。本节重点介绍几种性能较为优秀的金属空气电池。

4.6.1 锌空气电池

锌空气电池的发明已经有上百年的历史，以其容量大、能量高、工作电压平稳、使用寿命长、性能稳定、无毒无害、安全可靠、没有爆炸隐患、资源丰富、成本低廉等诸多优点而被公认为优秀的电池之一。

锌空气电池的结构如图4-7所示，主要由空气电极、电解液和锌阳极构成。锌空气电池以空气中的氧作为正极活性物质，金属锌（Zn）作为负极活性物质，多孔活性炭作为正极，铂或其他材料作为催化剂，使用碱性电解质。氧气经多孔电极扩散层扩散到达催化层，在催化剂微团表面的三相界面处与水发生反应，吸收电子，生成OH⁻，阳极的锌与电解液中的OH⁻发生电化学反应，生成ZnO和H_2O，并释放出电子，电子被集电层收集起来，在外电路中产生电流。

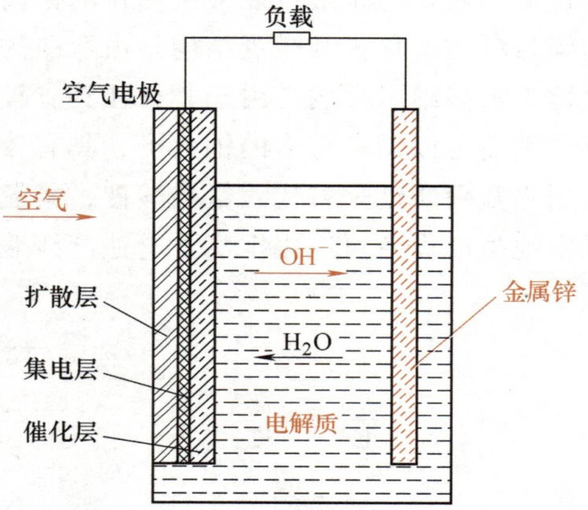

电池工作的化学反应式如下：

负极反应式：

$$Zn+2OH^- \longrightarrow ZnO+H_2O+2e^- \tag{4-11}$$

正极反应式：

$$\frac{1}{2}O_2+H_2O+2e^- \longrightarrow 2OH^- \tag{4-12}$$

总电池反应式：

$$Zn+\frac{1}{2}O_2 \longrightarrow ZnO \tag{4-13}$$

图 4-7　锌空气电池的结构

锌在电池介质中与空气中的氧发生氧化反应，产生电流供给外电路。锌作为负极活性物质，空气中的氧气作为正极活性物质，它通过载体活性炭做成的电极进行反应。锌空气电池的阳极反应是锌的氧化反应，阴极反应是氧气的还原反应，其阴极反应与氢氧燃料电池中的阴极反应过程是一样的。因此，也把锌空气电池看成是燃料电池的一种，称为金属燃料电池。

空气电极一般由催化层、集电层和扩散层组成，通常使用以PTFE（聚四氟乙烯）黏接起来的活性炭、石墨等作为电化学反应的载体。正极以空气中的氧作为活性物质，在放电过程中，氧气在三相界面上被电化学还原为氢氧根离子，发生式（4-12）的电化学反应。

在弱酸性和中性介质中，空气电极的活性较差，且存在电极材料和催化剂容易腐蚀退化

等问题，同时也不能满足大功率放电的需要。而在碱性介质中，空气电极具有较好的性能。因此，在碱性环境下工作的空气电极目前得到了较为广泛的应用。空气电极反应机理比较复杂，一般包含以下步骤：氧气的溶解过程→氧气的扩散过程→氧气的吸附过程→电化学反应→产物脱附、溶解。

空气电极是整个锌空气电池中的关键所在，而空气电极的性能受制备工艺、防水层的性能、催化剂的种类等多种因素的影响。当前研究重点集中在高效率的薄型空气电极技术方面，包括如何获取更好的催化剂、设计更长寿命的电极物理结构、降低制造成本等。

金属锌资源丰富、价格低廉，被广泛地运用于作为电池的负极材料，如 Zn-MnO$_2$、Zn-AgO 等电池系统。锌电极在碱性水溶液中容易发生自放电，充放电循环过程中还容易发生电极变形和枝晶问题。锌空气电池的容量取决于锌电极，由于充电时锌负极容易出现锌枝晶的变形和下沉问题，影响电极的循环性能，因此，在二次可充电锌空气电池中采用具有良好性能的三维网络状骨架结构，孔隙率高且微孔分布均匀，可提高电极的真实微观表面积，有效降低其真实电流密度，使得电解液扩散容易，电极极化减缓，放电性能提高，比较适合高倍率放电的要求。

锌空气电池有如下特点：

（1）**容量大**　由于空气电极的活性物质氧气来自周围的空气，材料不占用电池空间，更无须材料成本，在相同体积、重量的情况下，锌空气电池就储存了更多的反应原料，因而容量就会高出很多。

（2）**能量密度高**　锌空气金属燃料电池的理论比能量可达 1350W·h/kg，目前已研制成功的锌空气电池比能量已经可以达到 200W·h/kg 以上，这个能量密度已经是铅酸电池的5倍。

（3）**价格低廉**　锌空气电池的阴极活性物质氧气来自周围空气，除空气催化电极之外，不需要任何高成本的组件；阳极活性物质锌来源充足，资源丰富，价格便宜，并且如果实现了锌的回收利用，它的价格将进一步降低。

（4）**储存寿命长**　锌空气电池在储存过程中均采用密封措施，将电池的空气孔与外界隔绝，因而电池的容量损失极小，储存寿命长。

（5）**锌可以回收利用、制造成本低**　锌的来源丰富，生产成本较低。回收再生方便，成本也较低，可以建立废电池回收再生工厂。

（6）**绿色环保**　在使用中，锌空气金属燃料电池的正极消耗空气，负极消耗锌。负极物质放电完毕后变成氧化锌，可通过电解还原成锌。由于锌空气金属燃料电池的结构与其他电池不同，在使用完毕后，正、负极物质容易分离，便于集中回收，其中负极的电解锌可以直接加入电池重新使用，这样不仅大大降低了生产成本，同时提高了对资源的有效利用。对于某些不便回收的场合，由于锌空气金属燃料电池内无有害物质，即使抛弃也不会造成环境污染。

4.6.2　铝空气电池

铝空气电池是一种将储存于燃料内的化学能直接转换为电能的发电装置，具有比功率和比能量高、寿命长等优点，是一种环保节能、高效率的发电系统。近年来，大功率铝空气电池在固定电站、电动汽车等领域有了成功的应用，同时由于用户对产品需求功能的差异化，

针对不同工况研发的产品日趋完善。

铝空气电池的负极是铝合金，在电池放电时被不断消耗，正极是多孔性氧电极，与氢燃料电池的氧电极相同，电池放电时，从外界进入电极的氧气（空气）在电解质、活性剂和催化剂的三相界面发生电化学反应生成 OH^-。电解液可分为两种，一种是碱性溶液，另一种为中性溶液（NaCl 或 NH_4Cl 水溶液或海水）。铝空气单体电池如图 4-8 所示。

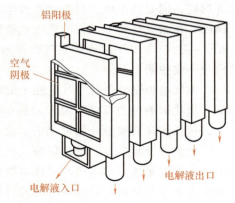

图 4-8　铝空气单体电池

（1）铝合金电极　铝合金电极比能量高、价格低廉且资源丰富，铝合金阳极比容量为 $2.98A \cdot h/g$，仅次于锂；而其体积比容量为 $8.05A \cdot h/cm^3$，高于其他所有金属材料，是理想的阳极材料。但铝表面易形成致密的氧化膜，在反应过程中得到电子，容易导致电极电位显著低于理论值，而在活化状态下铝的抗腐蚀性下降，可以通过添加比铝高价的元素，减小铝合金阳极的弊端。

（2）空气电极　空气电极由若干层 PTFE（聚四氟乙烯）交联的防水层和催化层组成。空气电极不仅是能量转换的反应区，也为气体的传输提供路径，并隔开电解液。

（3）电解液　铝空气电池的电解液分为中性盐溶液和碱性溶液。实际应用中考虑放电效率，多采用添加锡酸盐的碱性溶液。碱性介质中，铝合金阳极成流反应和腐蚀反应产物均为胶状的 $Al(OH)_3$，会降低电解质的电导率而且增加铝合金阳极极化，使得铝电池性能恶化，现有的解决办法是从反应介质出发，在反应介质中加入催化剂使反应产物 $Al(OH)_3$ 转化为可溶于水的 $Al(OH)_4^-$。

不同电解液条件下电池的反应式如下所示：

碱性条件

$$4Al+3O_2+6H_2O+4OH^- \longrightarrow 4Al(OH)_4^- \tag{4-14}$$

盐性条件

$$4Al+3O_2+6H_2O \longrightarrow 4Al(OH)_3 \tag{4-15}$$

两种条件下都存在如下腐蚀反应，此反应消耗铝，降低其利用率：

$$2Al+6H_2O \longrightarrow 2Al(OH)_3+3H_2 \tag{4-16}$$

铝空气电池的电解液不同，其特性也不一样，见表 4-2。

表 4-2　铝空气电池的特点

电解液性质	中性	碱性	盐性
电导率	低	高	较低
电池应用功率	低功率	高功率	中小功率
电极产物	铝酸盐不可溶，影响功率	$Al(OH)_4^-$ 无沉淀，但会降低电导率	三水铝石凝胶会阻止阳极表面的电极反应

从现有的研究成果和电池特性来分析，铝空气电池具有如下特点：

（1）比能量高　铝空气电池是一种新型高比能电池，理论比能量可达到 $2290W \cdot h/kg$，目前研发的产品已经能达到 $300 \sim 400W \cdot h/kg$，远高于当今各类电池的比能量。

（2）**比功率中等**　由于空气电极的工作电位远离其热力学平衡电位，其交换电流密度很小，电池放电时极化很大，导致电池的比功率只能达到 $50\sim200W/kg$。

（3）**使用寿命长**　铝电极可以不断更换，因此铝空气电池寿命的长短取决于空气电极的工作寿命。

（4）**无毒、无有害气体产生**　电池电化学反应消耗铝、氧气和水，生成 $Al(OH)_3$，后者是用于污水处理的优良沉淀剂。

（5）**适应性强**　电池结构和使用的原材料可根据使用环境和要求而变动，具有很强的适应性。

4.6.3　锂空气电池

1. 锂空气电池的反应原理

与锌空气电池类似，锂空气电池是基于 Li 和 O_2 的氧化还原反应的一种半开放式电池，如图 4-9 所示。

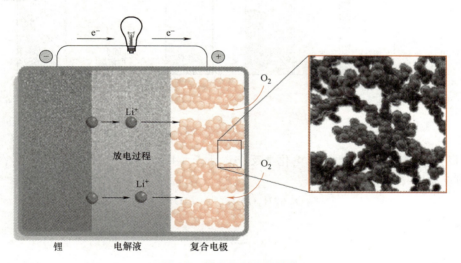

图 4-9　锂空气电池的结构

目前广泛研究的锂空气电池使用金属锂作为负极，多孔空气电极作为正极，正极上往往采用负载催化剂来降低充放电过程中的过电位，电解质采用液体或固体。由于正极反应物为空气中的氧气，可直接从大气中获得，无须存储于电池内部，不仅有效降低了成本，也大大降低了电池的整体质量，从而提高了电池的质量能量密度。

锂空气电池的放电过程可以粗略地分为三步。首先空气中的 O_2 在正极处由气态溶解到电解液中，随后溶解的氧扩散到正极的催化剂表面，在催化剂的作用下 O_2 被还原，同时负极的 Li 被氧化，遵循反应式 $2Li+O_2 \longrightarrow Li_2O_2$，生成放电产物 Li_2O_2，整个过程通过外电路转移 2 个电子，Li_2O_2 为固体并沉积于正极孔道内。放电过程为上述反应的逆反应，Li_2O_2 在外加电场的作用下分解，生成 Li 和 O_2，即 $Li_2O_2 \longrightarrow 2Li+O_2$。整个充放电过程往往需要引入催化剂来降低过电位，以提高充放电效率。

根据使用的电解液不同，锂空气电池可以分为四类，即非水系（有机质惰性）锂空

气电池、水系锂空气电池、混合型锂空气电池和固态锂空气电池，如图4-10所示。

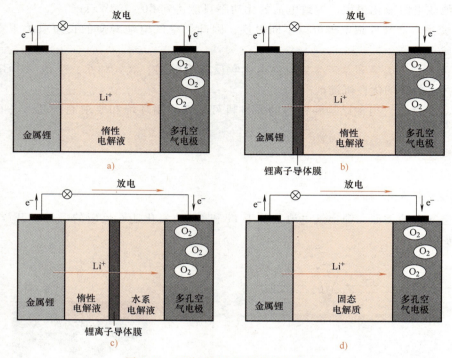

图 4-10　四种不同电解质的锂空气电池
a）非水系　b）水系　c）混合型　d）固态

（阴极）使用水基电解质时，电化学反应式见式（4-17）~式（4-19）。

阴极反应1：

$$O_2 + 2H_2O + 4e^- \longrightarrow 4OH^-$$ （4-17）

阳极反应：

$$Li \longrightarrow Li^+ + e^-$$ （4-18）

电池反应1：

$$4Li + O_2 + 2H_2O \longrightarrow 4Li^+ + 4OH^-$$ （4-19）

电池使用有机电解液或固体电解质时，电化学反应式见式（4-20）~式（4-24）。

阴极反应2：

$$O_2 + 2e^- + 2Li^+ \longrightarrow Li_2O_2$$ （4-20）

阴极反应3：

$$O_2 + 4e^- + 4Li^+ \longrightarrow 2Li_2O$$ （4-21）

阳极反应：

$$Li^+ + e^- \longrightarrow Li$$ （4-22）

电池反应2：

$$2Li + O_2 \longrightarrow Li_2O_2$$ （4-23）

电池反应3：

$$4Li + O_2 \longrightarrow 2Li_2O$$ （4-24）

2. 锂空气电池的特点

（1）**超高比能量**　与通常锂离子电池所用正极材料相比，锂空气电池的正极活性物质是空气，是取之不尽的。在阳极过量的情况下，放电的终止是由于放电产物堵塞空气电极孔道所致。而在实际应用中，氧气由外界环境提供，因此排除氧气后的能量密度达到惊人的 11140W·h/kg，高出现有锂电池体系 1~2 个数量级。

（2）**具有可逆性**　2006 年，P. G. Bruce 首次报道了具有良好循环性能的锂空气电池。合适的催化剂也有利于减小充电电压，延长电池的工作寿命。锂空气电池本身就具有超大的比能量，若能进一步提高其循环次数无疑是能源史上一次重大的革命。

（3）**环境友好**　锂空气电池作为一种环境友好的新型电池体系，在未来清洁电池能源领域，无疑具有广阔的应用潜力，有望在未来广泛使用。

（4）**价格低廉**　锂空气电池正极为廉价的空气电极，活性物质为取之不尽的空气，因此价格低廉。

4.6.4　应用情况

由于金属空气电池大多使用多孔气体扩散电极，正极活性物质氧来源于周围的空气，因此空气电极在工作时暴露于空气中，同时，阳极金属一般较为活泼，易发生自身氧化，诸多特性使得金属空气电池具有较多优点的同时，其将来的发展也需要解决以下遇到的问题：

1）防止电解液中水分的蒸发或电解液的吸潮。由于空气电极暴露于空气中，必然会发生电解液水分的蒸发和吸潮问题，这些情况将改变电解液的性能，从而使电池性能下降。

2）避免金属电极的直接氧化。由于空气中的氧直接进入电池溶于电解液，产生离子累积会使空气电极电位负移，金属电极直接氧化。例如锌空气电池中锌电极如果出现氧化钝化，会降低锌电极的活性。

3）提高空气电极催化剂活性。空气电极曾采用铂、铑、银等贵金属作为催化剂，催化效果比较好，但成本很高。采用炭黑、石墨与二氧化锰的混合物作为催化剂，金属空气电池的成本降低，但是催化剂活性偏低，影响电池的放电电流密度。因此在催化剂的选择上比较难以兼顾效用与经济性两方面。

4）控制电解液的碳酸化。在空气中的氧进入电池的同时，空气中的二氧化碳也会进入电池，溶于电解液中，使得电解液碳酸化，导致电解液的导电性能下降，电池的内阻增大。同时碳酸盐在正极上的析出使正极的性能下降，不仅影响了电池的放电性能，而且使电池的使用寿命受到很大的影响。

5）解决电池的发热和温升问题。当电池大电流放电时，发热不可避免，因此，如何使这部分热量排出电池体外或者有计划地利用，成为金属空气电池发展必须解决的问题。

6）锂空气电池放电过程中，放电产物只能在有氧负离子或过氧负离子的空气电极上沉积，产物一般沉积在碳材料堆积的孔隙中，在阳极过量的情况下，放电的终止是由于放电产物堵塞空气电极孔道所致。放电产物的生成很容易堵塞气体孔道，使放电无法继续进行，这样空气电极孔隙率的优化就是一大关键问题。

4.7 钠硫电池

　　钠硫电池是 20 世纪 60 年代由福特汽车公司首先提出并应用到电动汽车上的，至今已经有 50 多年的历史。由于钠硫电池是一种特性优良的二次电池，具有能量密度高、无自放电现象、运行寿命长、便于现场安装与维护以及对环境无污染等诸多优点，近年来，钠硫电池在日本、北美、欧洲的电力系统中得到迅速发展，已被用于负荷平定（Load Leveling，LL）或负荷削峰（Peak Shaving，PS）、不间断电源（Uninterrupted Power Supply，UPS）或应急电源（Emergency Power Supply，EPS）、电能质量（Power Quality，PQ）维护以及风能发电等多种场合。

　　钠硫电池以钠为负极、硫为正极，固体电解质采用"β-氧化铝"的陶瓷材料，是在 300℃ 高温下可充放电的高温电池。其结构一般为圆筒形，从中心起依次配置钠、金属管、β-氧化铝管、硫和电槽。单电池被密封在金属容器内，内部的可流动物质不能向单电池外泄漏，而后将单电池集中于绝热容器内以作为模块电池使用。运行开始时需要加热，以供充电和放电时保温。

4.7.1　工作原理

　　常用的电池是由液体电解质将两个固体电极隔开，而钠硫电池正相反，它是由固体电解质将两个液体电极隔开。钠硫电池是由熔融液态电极和固体电解质组成的，其负极的活性物质是熔融金属钠，正极的活性物质为熔融的硫和多硫化钠熔盐，由三氧化二铝（Al_2O_3）和少量的氧化钠（Na_2O）形成陶瓷固态电解质。外壳则一般用不锈钢等金属材料制成，其结构如图 4-11 所示。

　　单体电池中心为金属钠负极，向外依次为特种氧化铝陶瓷管（电解质）、硫（正极）。由于硫是绝缘体，所以硫一般是填充在导电的多孔的碳或石墨毡里。钠硫电池为高温型电池，将单电池集合后放在绝热的容器内，成为组合模块后使用（见图 4-12）。绝热容器内的温度在开始运行时一般需要用电热器升温，充电放电时电池散发的热量可用于保温。电池箱

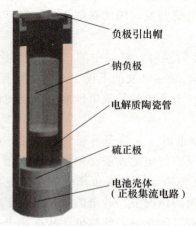

负极引出帽

钠负极

电解质陶瓷管

硫正极

电池壳体
（正极集流电路）

图 4-11　钠硫电池的结构

单体电池

保温箱

出电极柱

图 4-12　钠硫电池模块示意图

内电池单体间一般用有防爆、防灾性能的沙填充，当电池单体有故障导致活性物质泄漏出来时，可防止故障扩大。组合模块一般还安装有防过流、防过温等装置，以保证电池模块应用安全。

钠硫电池充放电过程的反应方程式如下。

正极反应式：

$$S+2e^- \longrightarrow S^{2-} \tag{4-25}$$

负极反应式：

$$2Na-2e^- \longrightarrow 2Na^+ \tag{4-26}$$

总反应式：

$$2Na+S \longleftrightarrow Na_2S \tag{4-27}$$

即在放电时，Na 在 $\beta(\beta'')$-Al_2O_3 界面氧化成 Na^+，并迁移通过该陶瓷电解质与硫发生反应形成多硫化钠 Na_2S_x。而充电时，Na_2S_x 分解，Na^+ 迁移回负极室形成金属钠，硫氧化成单质保留在正极室。为使金属钠和多硫化钠保持液态，电池充放电过程中应维持电池内温度在 300℃ 左右。

4.7.2 特性与应用情况

1）能量密度大。大功率钠硫电池先进的结构设计使其理论比能量高达 760W·h/kg，实际应用的钠硫电池比能量已经达到 150W·h/kg 以上，是锂电池的 1~1.5 倍、镍电池的 2~3 倍、铅酸电池的 10 倍。

2）可大电流放电。大功率钠硫电池放电电流密度一般可达 200~300mA/cm²。

3）使用寿命长。大功率钠硫电池可连续充放电近 2 万次，使用寿命可达 10 年之久。

4）无自放电现象。

5）无污染、可回收。大功率钠硫电池的制造过程不会对环境造成污染，完全符合国家新能源标准，单质 Na 和 S 元素本身对人体是没有毒性的，且废旧的大功率钠硫电池中的 Na 和 S 回收率将近 100%，回收后的电池可进行循环再利用，进一步降低成本。

6）钠硫电池是在 300℃ 附近充放电能的高温型电池。在工作时，要采用电加热的方法使电池温度达到 350~380℃，使硫处于熔融状态，才能使钠硫电池产生化学反应。在钠硫电池临时停止使用时，需要消耗电能加热电池使硫保持熔融状态，这直接导致了钠硫电池使用的不便。

钠硫电池退化和失效涉及电池原材料、电池结构以及使用条件等一系列技术问题。其失效（寿命终止）主要有两种表现方式：其一为电池突然损坏，称为快速衰变，一般电池突然损坏大都表现为 β'-Al_2O_3 固体电解质管破裂，造成电池内部短路；其二是电池性能（如电阻、容量等）随充放电循环次数逐步退化到正常工作所不能接受的程度，又称为缓慢衰变。

钠硫电池作为新型化学电源家族中的一个新成员出现后，已在世界上许多国家受到极大的重视和发展。由于钠硫电池具有高能电池的一系列诱人特点，所以不少国家都致力于发展其作为电动汽车用的动力电池，也曾取得了不少令人鼓舞的成果，美国福特汽车公司的

Mnivan 电动汽车就采用了钠硫蓄电池。然而由于钠硫电池在移动场合下（如电动汽车）使用条件比较苛刻，无论从使用可提供的空间、电池本身的安全等方面均有一定的局限性。但作为高能量密度的车用电池，部分企业仍在进行该类型电池的开发工作，钠硫电池仍被视为未来有希望的电动车辆用动力电池之一。

从 20 世纪 80 年代末和 90 年代初开始，国外重点发展钠硫电池在固定场合下（如电站储能）的应用，并越来越显示其优越性。如日本东京电力公司（TEPCO）和 NGK 公司合作开发钠硫电池作为储能电池，其应用目标瞄准电站负荷调平（即起削峰平谷作用，将夜晚多余的电存储在电池里，到白天用电高峰时再从电池中释放出来），UPS 应急电源及瞬间补偿电源等，并已于 2002 年开始进入商品化实施阶段，至今已有 200 座以上功率大于 500kW、总容量超过 300MW·h 的储能电站在运行中。

4.8 锂硫电池

4.8.1 工作原理

锂硫电池主要有两种结构，如图 4-13 所示，一种是以金属锂为负极，含硫材料为正极（见图 4-13a）；另一种是以硅基或锡基材料为负极，硫化锂为正极（见图 4-13b）。两种体系均可采用有机液态或固态电解质。目前，以金属锂为负极，含硫材料为正极的锂硫电池研究得最多。

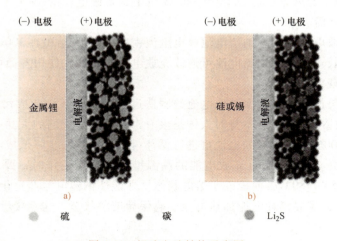

图 4-13　锂硫电池结构示意图

在锂硫电池体系中，放电时，锂离子通过电解质从负极自发地扩散到正极，与正极材料发生反应，而电子通过外电路流动输送电能；充电时，在外电压的作用下，锂离子和电子又以相反方向回到负极，将电能转化成化学能储存起来，电池的总反应式为

$$8S+16Li \underset{充电}{\overset{放电}{\rightleftharpoons}} 8Li_2S \tag{4-28}$$

如果采用锂化的硫作正极，为保证电池的安全性，负极通常采用高容量的材料（如硅或锡基化合物，能与锂形成合金），这时正极为全放电态的 Li_2S，首次使用先进行充电，其

后电池行为与采用单质硫作正极的电池一样。

4.8.2 特性与应用情况

尽管锂硫电池在能量密度和成本上具有巨大优势，但仍然存在许多难以解决的致命问题，阻止了其实际应用。锂硫电池在充放电过程中主要存在以下反应特征：

1）多硫化物在电解液中的形成、溶解和迁移。多硫化锂在电解液中的溶解和传输（扩散）会严重影响锂硫电池中活性物质硫的电化学利用率（如放电容量）、倍率性能和循环寿命，要得到高性能的锂硫电池，对电极和电解液的优化非常重要。

2）固态的单质硫和放电产物的电子绝缘性。单质硫的导电性很差，这会降低活性物质的电化学利用率和倍率性能。而后期的放电产物也是电子的绝缘体，严重影响电子在正极的传输。

3）硫正极在循环中体积形貌的变化。在循环中，正极的微观结构和组织会发生恶化塌陷，限制了锂硫电池性能的发挥，这主要与正极中活性物质的形态改变和体积的膨胀收缩有关。这种在充放电过程中反复发生的体积膨胀收缩和相的变化会影响正极结构的稳定性和电子传输，从而导致容量衰减。

4）循环中多硫化物在正极和负极之间的穿梭。这种多硫化物在两电极间往复扩散来回穿梭的现象称为"穿梭效应"。"穿梭效应"严重时，可能会导致锂硫电池的过充现象，即在同一放充电过程中，充电容量高于放电容量，甚至充电过程达不到截止电压。"穿梭效应"是锂硫电池的特殊性质，是造成容量衰减的重要原因，直接导致锂硫电池活性物质的流失和库仑效率下降。

基于上述原因，锂硫电池还不能充分实现其优异的性能，锂硫电池离实际的商业化应用还有很长距离，目前主要面临以下几个方面的问题：

1）可获得比能量或放电容量远低于理论值，并且容量会随着放电倍率的增大而快速降低。锂硫电池的循环寿命远低于现行锂离子电池的循环寿命。

2）功率密度还不足以满足目前在电动汽车领域中的应用，这是由于元素硫的低导电性和短链多硫化物缓慢的还原反应动力学特性。

3）循环中多硫化物的扩散溶解产生长链多硫化物，可能导致电池化学短路。一旦发生多硫化物的穿梭，在正极和负极沉积的不可溶 Li_2S_2 和 Li_2S 会严重影响传质过程，导致容量损失。

4）如果用金属锂作为负极，必须控制锂枝晶的形成，以避免电池短路和保证安全性，同时要改善金属锂较差的循环效率。如果使用固体电解质，要避免与金属锂发生副反应。

5）在传统的锂离子电池和锂硫电池中，寻找高导电性和电化学稳定性的电解质都是艰巨的任务，而且，在锂硫电池中还要尽可能地减少多硫化物的液相扩散，同时获得较好的活性物质硫利用率和容量。

4.9　Zebra 电池

Zebra 电池（钠-氯化镍）是在钠硫电池研制基础上发展起来的一种新型高能蓄电池，它与钠硫电池有许多相似之处，例如固体电解质都是 β'-Al_2O_3 陶瓷材料，负极都是液态金属

钠。所不同的是正极，它以分散在 $NaAlCl_4$ 熔盐电解质中的固态镍和氯化镍取代了钠硫电池正极中的液态硫和多硫化钠。该电池既保留了钠硫电池原有的高能量密度、高转换效率、无自放电等优点，又另具一些独特的魅力，其中包括十分重要的安全特性。

4.9.1　工作原理

Zebra 电池的正极与负极活性物质分别是 Ni、$NiCl_2$ 和 Na。由于正极材料在工作温度下仍为固态物质，所以采用熔盐电解质 $NaAlCl_4$。该电解质存在于 β'-Al_2O_3 固体电解质和正极活性物质之间，把钠离子从主电解液中传导到固态镍氯化物正电极。Zebra 电池内部结构如图 4-14 所示。钠、熔融态电解质等密封在壳体中。

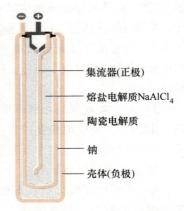

图 4-14　Zebra 电池内部结构

Zebra 电池一般装配在放电状态，即电池制备的初始原材料为 Ni 和 NaCl，通过首次充电，Ni 和 NaCl 反应在负极产生金属 Na，在正极形成 Ni 和 $NiCl_2$ 混合物；当电池进行放电时，Na 和 $NiCl_2$ 又重新反应生成 Ni 和 NaCl。Zebra 电池的化学反应方程式为

$$2Na+NiCl_2 \rightleftharpoons Ni+2NaCl \tag{4-29}$$

Zebra 电池单体的额定电压为 2.5V，工作温度为 250～350℃。为了保证电池单体的工作温度，单体电池组成的电池模块需要进行密封和保温处理，并需要增加辅助的电加热和电池冷却装置，如图 4-15 所示。电池的热管理、电安全管理通过智能控制器进行控制。Zebra 电池包如图 4-16 所示。

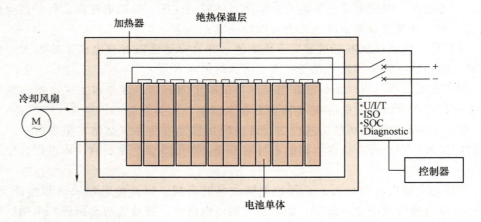

图 4-15　Zebra 电池包的结构示意图

Zebra 电池的充电一般也采用常规的恒流限压方式，如图 4-17 所示。在该充电模式下，采用 0.3～0.5C 充电电流，电池单体电压可达 2.67V，在 1C 的大电流充电情况下，可以达到 2.85V。若在电动车辆上应用，采用再生制动技术，短时大电流充电电压可以达到 3.1V。

图 4-16　Zebra 电池包

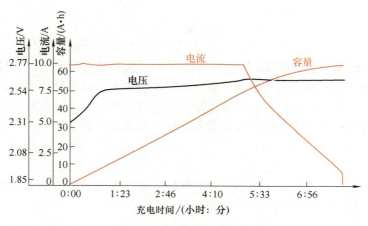

图 4-17 Zebra 恒流限压充电

4.9.2 特性与应用情况

作为一种新型高能蓄电池，Zebra 电池具有高开路电压（300℃时高达 2.58V）、高比能量（理论上可达 790W·h/kg，实际上大致为 100W·h/kg）、可快速充电（充电 30min 可达 50%的放电容量）、使用寿命长（储存>5 年，充放电循环>1000 次）、维护简单（全密封结构）等优点。同时，Zebra 电池能承受反复多次的冷热循环考验，无容量和寿命衰退的迹象发生；化学反应物的腐蚀性小，同时电池在寿命终止后能全部被回收利用，无环境污染现象。

Zebra 电池自 1978 年在南非出现以来，一直作为高效车载能源的发展方向之一被研究和应用。欧洲的汽车企业已经利用 Zebra 电池开发了多种电动汽车样车并进行了一系列的示范运行应用。如挪威开发的装载 Zebra 电池的 Think 电动汽车（见图 4-18），美国加利福尼亚州采用 Zebra 电池的电动客车（见图 4-19），德国梅赛德斯-奔驰公司的 A-Class 的电动轿车，法国雷诺公司的 Clio 电动轿车，Autodromo 等大中型电动客车以及 EVO 混合动力大客车。但现阶段 Zebra 电池较低的比功率和高的制造成本，在一定程度上影响了其在电动汽车上的推广和应用。

图 4-18 挪威开发的装载 Zebra
电池的 Think 电动汽车

图 4-19 美国加利福尼亚州采用 Zebra
电池的电动客车

4.10 飞轮电池

飞轮储能电池的概念起源于 20 世纪 70 年代早期，是伴随着当时能源危机导致的电动汽车研发热潮出现的，最初的应用对象就是电动汽车，但由于当时各种技术的限制，没有得到实际应用。直到 20 世纪 90 年代，由于电路拓扑思想的发展，碳纤维材料的广泛应用，这种物理储能型电池得到了高速发展，并且伴随着磁轴承技术的发展，展示出广阔的应用前景。

4.10.1 工作原理

飞轮电池储能是基于飞轮以一定角速度旋转时，可以存储动能的基本原理。飞轮作为储能的核心部件，储能量 E 由式（4-30）决定。

$$E = j\omega^2 \tag{4-30}$$

式中　j——飞轮的转动惯量，与飞轮的形状尺寸和质量有关；

　　ω——飞轮转动的角速度。

充电时，飞轮电池中的电机以电动机形式运转，在外电源的驱动下，电动机带动飞轮高速旋转，即用电给飞轮电池"充电"，增加了飞轮的转速；放电时，电机则以发电机状态运转，在飞轮的带动下对外输出电能，完成机械能（动能）到电能的转换。飞轮电池的飞轮是在真空环境下运转的，转速可达 200000r/min。

飞轮电池技术主要涉及复合材料科学、电力电子技术、磁悬浮技术、超真空技术、微电子控制系统等学科，具有明显的多学科交叉和集成特点。飞轮电池主要由以下部分组成：复合材料飞轮、集成的发电机/电动机、支承轴承、电力电子及其控制系统、真空腔、辅助轴承和事故屏蔽容器。典型的飞轮储能电池结构如图 4-20 所示，其基本工作原理如图 4-21 所示。

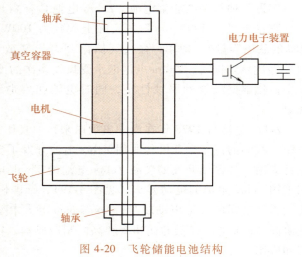

图 4-20　飞轮储能电池结构

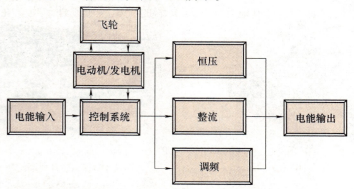

图 4-21　飞轮储能电池的基本工作原理

4.10.2 特性与应用情况

在特性上，飞轮电池兼顾了化学电池、燃料电池和超导电池等储能装置的诸多优点，主要体现在如下几方面：

1）能量密度高。储能密度可达 $100\sim200\mathrm{W\cdot h/kg}$，功率密度可达 $5\sim10\mathrm{kW/kg}$。

2）能量转换效率高。工作效率高达 90%。

3）工作温度范围宽。对环境温度没有严格要求。

4）使用寿命长。不受重复深度放电影响，能够循环几百万次运行，预期使用寿命 20 年以上。

5）低损耗、低维护。磁悬浮轴承和真空环境使机械损耗可以被忽略，系统维护周期长。

飞轮电池主要应用在如下几方面：

（1）交通运输 飞轮电池充电快，放电完全，非常适合车辆应用。现在由于成本和小型化的问题，仅在部分电动汽车和火车上有示范性应用，并且主要是混合动力电动车辆，车辆在正常行驶或制动时，给飞轮电池充电，在加速或爬坡时，飞轮电池则给车辆提供动力，保证发动机在最优状态下运转。20 世纪 80 年代初，瑞士 Oerlikon Energy 公司研制成功了完全由飞轮电池供能的电动公交客车，飞轮直径为 1.63m，质量为 1500kg，可载乘客 70 名，在行驶过程中，需要在每个车站（站间距约 800m）停车充电 2min。1987 年，德国开发了飞轮电池混合动力汽车，利用飞轮电池吸收 90% 的制动能量，并在需要短时加速等工况下输出电能，补充内燃机功率的不足。1992 年，美国飞轮系统公司（ASF）采用纤维复合材料制造飞轮，并开发了飞轮电池电动汽车，该车一次充电续驶里程达到 600km。

（2）航空航天 包括在人造卫星、飞船、空间站上的应用等。飞轮电池一次充电可以提供同重量化学电池 2 倍的功率，同负载的使用时间为化学电池的 $3\sim10$ 倍。同时，因为它的转速是可测可控的，故可以随时查看剩余电能。美国国家航空航天局已在空间站安装了 48 个飞轮电池，联合在一起可提供超过 $150\mathrm{kW\cdot h}$ 的电能。

（3）不间断电源 飞轮电池作为稳定电源，可提供几秒到几分钟的电能，这段时间足已保证工厂进行电源切换。德国 GmbH 公司制造了一种使用飞轮电池的 UPS，在 5s 内可提供或吸收 $5\mathrm{MW\cdot h}$ 的电能。

作为一种新兴的储能方式，飞轮电池拥有传统化学电池所无法比拟的优点，符合未来储能技术的发展方向。目前，飞轮电池除了上面介绍的应用领域以外，也正在向小型化、低廉化的方向发展。可以预见，伴随着技术和材料学的进步，飞轮电池将在未来的各行各业中发挥重要的作用。

4.11 太阳能电池

太阳能转换为电能是大规模利用太阳能的重要技术基础，其转换途径很多，有光电直接转换，有光热电间接转换等。这里所指的太阳能电池是指利用光电效应使太阳的辐射光，通过半导体物质转变为电能的装置，又称为"光伏电池"。能产生光伏效应的材料有许多种，如：单晶硅、多晶硅、非晶硅、砷化镓等。

4.11.1 工作原理

当太阳光线照射在太阳能电池表面由 P、N 型两种不同导电类型的同质半导体材料构成的 P-N 结上时，一部分光子被硅材料吸收，光子的能量传递给了硅原子，使电子发生了跃迁，形成新的电子对。在 P-N 结电场的作用下，空穴由 N 区流向 P 区，电子由 P 区流向 N 区，形成内建静电场。这个过程如图 4-22 所示。

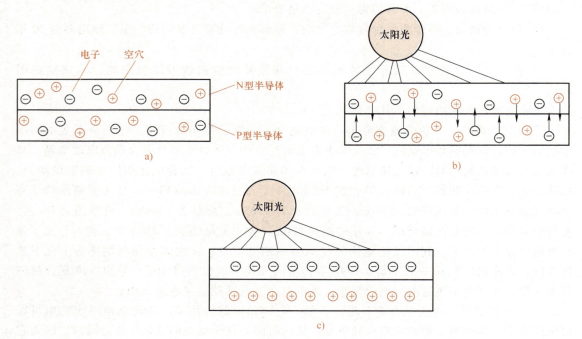

图 4-22　太阳能电池的原理

a) 太阳能半导体晶片　b) 晶片受太阳光照射过程中带正电的空穴向 P 型半导体区移动，带负电的电子向 N 型
半导体区移动　c) 晶片受太阳光照射以后电子从 N 区负电极流出负电，空穴从 P 区正电极流出正电

如果从内建静电场的两侧引出电极并接上适当负载，就会产生一定的电压和电流，对外部电路产生一定的输出功率。这个过程的实质是光子能量转换成电能的过程。

为了获得较高的输出电压和较大容量，往往把多片太阳能电池串并连接在一起。由于受到应用环境（阳光照射角度、强度、环境温度等）的影响，太阳能电池的输出功率是随机的。不同时间不同地点下，同一块太阳能电池的输出功率不同。

4.11.2　分类

太阳能电池按结晶状态可分为结晶系薄膜式和非结晶系薄膜式两大类，而前者又分为单结晶形和多结晶形。按材料可分为硅薄膜形、化合物半导体薄膜形和有机膜形。根据所用材料的不同，太阳能电池还可分为：硅太阳能电池、多元化合物薄膜太阳能电池、聚合物多层修饰电极型太阳能电池、纳米晶太阳能电池、有机太阳能电池。其中硅太阳能电池是目前发展最成熟的，在现阶段的应用中居主导地位。

1）硅太阳能电池分为单晶硅太阳能电池、多晶硅薄膜太阳能电池和非晶硅薄膜太阳能

电池三种。单晶硅太阳能电池转换效率最高，技术也最为成熟，在实验室里的最高转换效率为24.7%，规模生产时的转换效率为15%。多晶硅薄膜太阳能电池与单晶硅比较，成本低廉，而效率高于非晶硅薄膜电池，其实验室最高转换效率为18%，工业规模生产的转换效率为10%。非晶硅薄膜太阳能电池成本低，重量轻，转换效率较高，便于大规模生产，但受制于其材料引发的光电效率衰退效应，稳定性不高。

2）多元化合物薄膜太阳能电池材料为无机盐，其主要包括砷化镓Ⅲ～Ⅴ族化合物、硫化镉、碲化镉及铜铟硒薄膜电池等。硫化镉、碲化镉多晶薄膜电池的效率相对于非晶硅薄膜太阳能电池效率高，成本较单晶硅电池低，并且也易于大规模生产，但镉有剧毒，会对环境造成严重污染。砷化镓（GaAs）Ⅲ～Ⅴ族化合物电池的转换效率可达28%，抗辐照能力强，对热的敏感度低，适合于制造高效电池，但是GaAs材料的高成本在很大程度上限制了GaAs电池的普及。铜铟硒薄膜电池（简称CIS）适合光电转换，不存在光致衰退问题，转换效率和多晶硅相当，具有价格低廉、性能良好和工艺简单等优点，也已成为太阳能电池发展的一个重要方向。

3）聚合物多层修饰电极型太阳能电池以有机聚合物代替无机材料，是太阳能电池的研究方向之一。有机材料具有制作容易，材料来源广泛，成本低等优势，因而有机材料制作的太阳能电池对大规模利用太阳能，提供廉价电能具有重要意义。

4）纳米晶太阳能电池。纳米 TiO_2 晶体化学能太阳能电池还处于研究和初步示范应用阶段，优点在于它廉价的成本和简单的工艺及稳定的性能。其光电效率稳定在10%以上，制作成本仅为硅太阳能电池的1/10～1/5，寿命能达到20年以上。

4.11.3 特性与应用情况

当天然气、煤炭、石油等不可再生能源频频告急，能源问题日益成为制约国际社会经济发展的瓶颈时，越来越多的国家开始实行"阳光计划"，开发太阳能资源，寻求经济发展的新动力。欧洲一些高水平的核研究机构也开始转向可再生能源。在国际光伏市场巨大潜力的推动下，各国的太阳能电池制造企业争相投入巨资，扩大生产，以争一席之地，太阳能电池生产企业主要分布在日本、欧洲和美国。近年来，全球太阳能光伏发电呈现出强劲的发展势头。太阳能光伏发电在不远的将来会占据世界能源消费的重要席位，不但要替代部分常规能源，而且将成为世界能源供应的主体。预计到2030年，可再生能源在总能源结构中将占到30%以上，而太阳能光伏发电在世界总电力供应中的占比也将达到10%以上；到2040年，可再生能源将占总能耗的50%以上，太阳能光伏发电将占总电力的20%以上；到21世纪末，可再生能源在能源结构中将占到80%以上，太阳能发电将占到60%以上。随着全球对环境保护的意识逐渐增强，以及非可再生能源的供给逐渐减少，太阳能电池的应用前景越来越广阔。据国际能源署预测，到2035年，全球太阳能电池的装机容量将增长7倍以上，太阳能电池将占据全球能源消费的15%以上。

我国对太阳能电池的研究起步于1958年，20世纪80年代末期，国内开始引进太阳能电池生产线，2007年，我国太阳能电池产量达到1188MW，同比增长293%，成功超越欧洲、日本，成为世界太阳能电池生产第一大国。我国光伏发电相关产业的发展在世界上尤其突出，产业规模多年保持世界第一。2022年我国光伏产业制造端产量、装机规模、出口额、产值均呈现大幅增长，创造了新纪录。其中，2022年我国光伏多晶硅、硅片、电池片、组

件产量分别为 82.7 万 t、357GW、318GW 和 288.7GW，分别同比增长 63.4%、57.5%、60.7% 和 58.8%。光伏制造端产值（不含逆变器）超 1.4 万亿元，同比增长超 95%。光伏市场应用持续扩大。2022 年，我国光伏新增装机 87.4GW，同比增长 59.3%。其中，集中式光伏新增 36.3GW，同比增长 41.8%；分布式光伏新增 51.1GW，同比增长 74.5%。随着多晶硅企业技改及新建产能的释放，2022 年 1—12 月全国太阳能电池产量为 34364.2 万 kW，同比增长 47.8%。目前，太阳能电池的应用已从军事领域、航天领域进入工业、商业、农业、通信、家用电器以及公用设施等各行各业，特别是太阳能电池可以分散地布置在边远地区、高山、沙漠、海岛和农村，可以减少造价昂贵的电缆的使用从而降低使用成本。

在电动车辆领域，早在 1978 年，世界上第一辆太阳能汽车（见图 4-23）便在英国研制成功，时速达到 13km/h。

1982 年，墨西哥研制出三轮太阳能车，速度达到 40km/h，但这辆汽车每天所获得的电能只能保证车辆使用 40min。1999 年 5 月，巴西圣保罗大学的科研人员设计出一款新型太阳能汽车，最高时速超过 100km/h。目前，太阳能电池主要有单晶硅太阳能电池、多晶硅太阳能电池、非晶硅太阳能电池、有机太阳能电池和钙钛矿太阳能电池等几种。其中，钙钛矿太阳能电池是一种新型的太阳能电池，具有高效、低成本等特点，被认为是太阳能电池领域的新星。太阳能电池的技术也在不断革新，如高效率太阳能电池的研发，太阳能电池的透明化设计，以及太阳能电池的智能化控制等，这些技术的不断革新，将推动太阳能电池在未来的应用更广泛和深入。

图 4-23　世界上第一辆太阳能汽车

全球最负盛名的太阳能汽车比赛在澳大利亚。自 1987 年开始，澳大利亚开始举办第一次世界太阳能汽车拉力大赛，有 7 个国家的 25 辆太阳能汽车参加了比赛，赛程全长 3200km，几乎纵贯整个澳大利亚国土。到现在，澳大利亚国际太阳能汽车大赛已经举办了 30 多年，为推动太阳能汽车的发展做出了巨大的贡献。根据比赛规则，参赛团队必须驾驶太阳能汽车，从澳大利亚北部地方首府达尔文市出发，一路向南，穿越澳大利亚大陆 3000km 的沙漠地带，抵达终点阿德莱德市，中间只能使用太阳能动力。允许给赛车电池充电，但功率不得超过 5kW，然后只能靠太阳的能量或再生制动装置跑完其余的路程。图 4-24 所示为澳大利亚国际太阳能汽车大赛比赛用车。

图 4-24　澳大利亚国际太阳能汽车大赛比赛用车

除了作为车辆的主驱动动力源应用以外，科研工作者针对太阳能电池在车辆辅助能源提供方面也进行过大量的尝试和试验。

1）用作汽车蓄电池的辅助充电能源。日本应庆大学设计了一款名为 Luciole（萤火虫）的电动概念车，该车车顶上贴有近 $1m^2$ 的转换效率较高的光伏板，其作用是给 12V 的辅助电池充电，供车辆灯光等低压电器应用。当 12V 电压电池充满后，太阳能电池还可以给驱动主电源充电。

2）用于驱动风扇和汽车空调等系统。为解决汽车在阳光下停泊，造成车内温度升高，乘坐舒适性下降的问题，现在部分高端车型采用太阳能天窗技术，利用内置在天窗内部的太阳能集电板产生的电力，驱动鼓风机或车载空调系统，改善车内的环境状况。

4.12 超级电容器

超级电容器（简称超级电容），又称为双电层电容器（Electrical Double-Layer Capacitor），是一种通过极化电解质来储能的电化学元件，但在储能的过程并不发生化学反应，其储能过程是可逆的，可以反复充放电数十万次。超级电容器相对于锂离子电池，具有功率密度高、效率高、运行温度范围宽和寿命较长等优点，以上特点，使得超级电容器在性能上与锂离子电池具有较强的互补性，因此，由电池与超级电容器组成的复合电源系统引起了学者的广泛关注和研究兴趣。通常情况下，在电池-超级电容器复合电源中，电池用于满足平均功率需求，而超级电容器则用于满足动态功率需求，以避免电池频繁大倍率充放电，延长电池的使用寿命，提高整车经济性，同时，保证汽车行驶的安全性。

4.12.1 工作原理

电容器由两个彼此绝缘的平板形金属电容板组成，在两块电容板之间用绝缘材料隔开。电容器极板上所储集的电量 q 与电压成正比。电容的计量单位为"法拉"（F）。当电容器加上 1V 电压，如果极板上存储 1C（库仑）电荷量，则该电容器的电容量就是 1F。

电容器的电容量 C（F）为

$$C = \frac{\varepsilon A}{d} \tag{4-31}$$

式中　ε——电介质的介电常数（F/m）；

A——电极表面积（m^2）；

d——电容器间隙的长度（m）。

电容器的容量取决于电容板的面积，与面积的大小成正比，而与电容板的厚度无关。另外，电容器的电容量还与电容板间的间隙大小成反比，当电容元件充电时，电容元件上的电压增高，电场能量增大，电容器从电源上获得电能，电容器存储的能量 E 为

$$E = \frac{CU^2}{2} \tag{4-32}$$

式中　U——外加电压（V）。

当电容器放电时，电压降低，电场能量减少，电容器释放能量，可释放能量的最大值为 E。

超级电容器通常由正负电极、电解液和隔膜组成（见图 4-25），电极和隔膜都浸于电解

液中。隔膜用于隔离正负电极，但允许电解液中阴、阳离子自由通过；电解液用于传导电流，并分别在与正、负电极接触面处形成双电层结构。当电极两端通过外电路加载电压时，由于静电力作用，在电极与电解液接触面处形成双电层结构，实现电荷与能量存储；与普通电容器相比，超级电容器的电极材料具有高比表面积的特点，极大地增加了电荷储存能力。

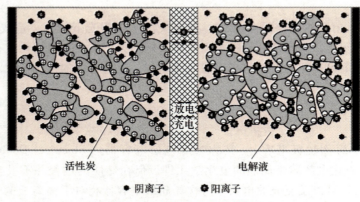

活性炭　　　　　　　　　电解液

● 阴离子　　● 阳离子

图 4-25　超级电容器的结构

4.12.2　分类

按工作原理，超级电容器分为双电层型超级电容器和赝电容型超级电容器。双电层型超级电容器的电极材料有活性炭电极材料、碳纤维电极材料、碳气凝胶电极材料和碳纳米管电极材料等，采用这些材料可以制成平板型超级电容器和绕卷型溶剂电容器。平板型超级电容器，多采用平板状和圆片状的电极，另外也有多层叠片串联组合而成的高压超级电容器，可以达到 300V 以上的工作电压。绕卷型溶剂电容器，采用电极材料涂覆在集流体上，经过绕制得到，这类电容器通常具有更大的电容量和更高的功率密度。

按电解质类型，超级电容器可以分为水性电解质和有机电解质类型的超级电容器。水性电解质超级电容器又可分为：①酸性电解质，多采用质量分数为 36% 的 H_2SO_4 水溶液作为电解质；②碱性电解质，通常采用 KOH、NaOH 等强碱作为电解质，水作为溶剂；③中性电解质，通常采用 KCl、NaCl 等盐作为电解质，水作为溶剂，多用于氧化锰电极材料的电解液。有机电解质电容器通常采用 $LiClO_4$ 为典型代表的锂盐、$TEABF_4$ 为典型代表的季铵盐等作为电解质，有机溶剂如 PC、ACN、GBL、THL 等作为溶剂，电解质在溶剂中接近饱和溶解度。

4.12.3　特性与应用

超级电容器具有与电池不同的充放电特性，放电曲线如图 4-26 所示。在相同的放电电流情况下，电压随放电时间呈线性下降的趋势。这种特性使超级电容器的剩余能量预测以及充放电控制相对于电池的非线性特性曲线简单了许多。

在容量定义方面，超级电容器也不同于电池。超级电容器的额定容量单位为法拉（F）。定义为规定的恒定电流（如 1000F 以上的超级电容器规定的充电电流为 100A，200F 以下的

为 3A）充电到额定电压后保持 2~3min，在规定的恒定电流放电条件下放电到端电压为零所需的时间与电流的乘积再除以额定电压值，即

$$C = \frac{It}{U} \qquad (4\text{-}33)$$

式中　C——超级电容器额定容量（F）；

　　　I——充电电流（A）；

　　　t——充电时间（s）；

　　　U——额定电压（V）。

在超级电容器放电过程中，由于其等效串联电阻（ESR）比普通电容器大，因而充

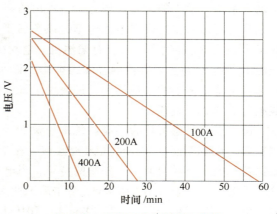

图 4-26　超级电容器的放电曲线

放电时 ESR 产生的电压降不可忽略，如 2.7V/5000F 超级电容器的 ESR 为 0.4mΩ，在 100A 电流放电时的 ESR 电压降为 40mV，占额定电压的 1.5%；在 950A 电流放电时的 ESR 电压降为 380mV，占额定电压的 14%。

与其他各类电池相比，超级电容器在车辆上的应用主要有以下特点：

1）制动能量回收能力和加速爬坡能力强。当电动车辆进行制动能量回收时，超级电容器可以容许更大的制动能量回收功率，从而减少动力电池的回收功率，且短时间内即可储存可观的能量，提高了制动能量回收效率。当需要加速或爬坡时，可以单独或者与动力电池共同提供功率输出，提高车辆的动力性。

2）提高动力电池循环使用寿命。对于超级电容器与动力电池构成的复合电源系统，通过合理控制动力电池与超级电容器之间的功率分配，使动力电池仅用于满足平均功率需求，超级电容器用于满足动态功率需求，可以有效减少动力电池的峰值输出功率，避免动力电池频繁大倍率充放电，有助于延长动力电池的循环使用寿命，提高耐久性，保证车辆行驶的安全性。

3）超级电容器的使用可以减少系统制造成本。当动力电池作为唯一车载电源时，由于其功率密度低，在实际设计过程中，为了满足车辆峰值功率（急加速或爬坡）需求，往往需要进行冗余设计，即增加电池单体的数量来满足高功率的需求，这样既增加了系统制造成本，又增大了汽车重量，还给车辆的布置增加了难度。为了解决上述矛盾，由动力电池与超级电容器构成的复合电源系统是一个很好的解决方案。快速发展的超级电容器技术，可以以较低成本生产出具有 5kW/kg 功率密度的超级电容器，而目前高功率电池的制造成本则要远远高于超级电容器。

超级电容器由于具有比功率高、循环寿命长、充放电时间短等优势，因此成为理想的电动汽车的电源之一。目前，世界各国争相研究，并越来越多地将其应用到电动车辆上。美国能源部最早于 20 世纪 90 年代就在《商业日报》上发表声明，强烈建议发展电容器技术，并使这项技术应用于电动汽车上。能源部的声明使得像 Maxwell 等一些公司开始进入电容器这一技术领域，并在各种类型电动汽车上都得到了良好应用。美国 NASA Lewis 研究中心研制的混合动力客车采用超级电容作为主要的能量存储系统。

日本是将超级电容器应用于混合动力电动汽车的先驱，超级电容器是近年来日本电动汽

车动力系统开发中的重要领域之一。本田的 FCX 燃料电池-超级电容器混合动力汽车是世界上最早实现商品化的燃料电池轿车，该车已于 2002 年在日本和美国加州上市。日产公司于 2002 年 6 月 24 日生产了安装有柴油机、电动机和超级电容器的并联混合动力货车，此外还推出了天然气-超级电容器混合动力客车，该车的经济性是原来传统天然气汽车的 2~4 倍。日本富士重工推出的电动汽车已经使用了日立机电制作的锂离子蓄电池和松下电器制作的储能电容器的联用装置。

国内以超级电容器为储能系统的电动汽车的研究取得了一系列成果。2004 年 7 月，我国首部"电容蓄能变频驱动式无轨电车"在上海张江投入试运行，该公交车利用超级电容器比功率大和公共交通定点停车的特点，当电车停靠站时在 30s 内快速充电，充电后就可持续提供电能，时速可达 44km/h。哈尔滨工业大学和巨容集团研制的超级电容器电动公交车，可容纳 50 名乘客，最高速度 20km/h。2010 年上海世博会期间，在世博园内也运行了采用超级电容器驱动的电动客车，如图 4-27 所示。2019 年 2 月，特斯拉收购美国 Maxwell 公司，开始进行在电动汽车领域把锂离子电池和超级电容器组合起来的尝试。目前，Maxwell 公司生产的超级电容器已经应用于汽车起停技术。超级电容器具有高功率密度、低温性能好、快速充电、寿命长的特点，可以让超级电容器在混合动力车上和锂离子电池配合，同时可以和燃油车上的发动机进行混合，做成油电混合动力。在起动、加速和爬坡时，提供瞬时峰值功率，从而延长电池寿命；在汽车制动时，回收能量，提高能量利用率；利用温度使用范围宽的优势，改善低温起动性能。超级电容在电动悬架和电动助力转向方面，也有很好的应用前景。

图 4-27　世博园内运行的超级电容器驱动的电动客车

在纯电动汽车和混合动力电动车辆上采用超级电容器-蓄电池复合电源系统被认为是解决未来电动车辆动力问题的最佳途径之一。随着对电动汽车用超级电容器的进一步研究和开发，超级电容器-蓄电池复合电源系统在满足性能和成本要求上更具有实用性，其市场前景广阔。

4.13　燃料电池

燃料电池的开发历史相当悠久。1839 年，格罗夫（W. Grove）通过将水的电解过程逆转发现了燃料电池的原理。他用铂作电极，以氢为燃料，氧为氧化剂，从氢气和氧气中获取电能，自此拉开了燃料电池发展的序幕。20 世纪 50 年代，培根（F. T. Bacon）成功开发了多孔镍电极，并制备了 5kW 碱性燃料电池系统，这是第一个实用性燃料电池。20 世纪 90 年代，质子交换膜燃料电池（PEMFC）采用立体化电极和薄的质子交换膜之后，技术取得一系列突破性进展，极大地加快了燃料电池的实用化进程。

燃料电池与普通化学电池类似，两者都是通过化学反应将化学能转换成电能。然而从实

82

际应用角度，两者之间存在着较大差别。普通电池是将化学能储存在电池内部的化学物质中。当电池工作时，这些有限的物质发生反应，将储存的化学能转变成电能，直至这些物质全部发生反应。因此，实际上普通的电池只是一个有限的电能输出和储存装置。但是燃料电池与常规化学能源不同，更类似于汽油或柴油发动机。它的燃料（主要是氢气）和氧化剂（纯氧气或空气）不是储存在电池内，而是储存在电池外的储罐中。当电池供电时，需连续不断地向电池内送入燃料和氧化剂，排出反应生成物——水。燃料电池本身只决定输出功率的大小，其发出的能量由储罐内燃料与氧化剂的量来决定。因此，确切地说，燃料电池是一个适合车用的、环保的氢氧发电装置。它的最大特点是反应过程不涉及燃烧，因此其能量转换效率不受"卡诺循环"的限制，其能量转换效率可高达80%，实际使用效率则是普通内燃机的2~3倍。

4.13.1　构造和原理

燃料电池同普通电池概念完全不同，被称为燃料电池只是由于在结构形式上与电池有某种类似，外观、特性像电池，随负荷的增加，输出电压下降。作为发电装置，它没有传统发电装置上的原动机驱动发电装置，而是由燃料同氧化剂发生反应的化学能直接转化为电能。只要不中断供应燃料，它就可以不停地发电。燃料电池可以使用多种燃料，包括氢气、一氧化碳以及比较轻的碳氢化合物，氧化剂通常使用纯氧或空气。

它的基本原理相当于电解反应的可逆反应。图4-28所示为燃料电池结构与电化学反应原理。燃料及氧化剂在电池的阴极和阳极上借助催化剂的作用，电离成离子，由于离子能通过两电极中间的电解质在电极间迁移，在阴电极、阳电极间形成电压。在电极同外部负载构成回路时就可向外供电（发电）。

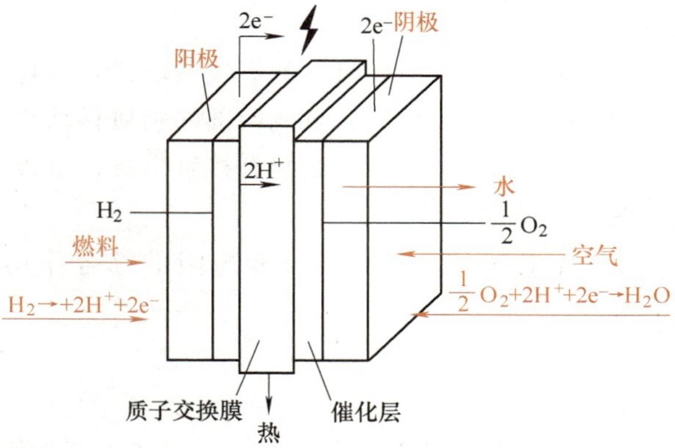

目前最常见的是氢-氧型燃料电池。基本原理是氢氧反应产生的吉布斯自由能直接转化为电能。其化学反应原理如下：

图4-28　燃料电池结构与电化学反应原理

1）氢气通入阳极，在催化剂作用下，一个氢分子分解为两个氢离子，并释放出两个电子，阳极反应为

$$H_2 \longrightarrow 2H^+ + 2e^- \tag{4-34}$$

2）在电池另一端，氧气或空气到达阴极，同时，氢离子穿过电解质到达阴极，电子通过外电路到达阴极。

3）在阴极催化剂的作用下，氧气和氢离子与电子发生反应生成水，阴极反应为

$$\frac{1}{2}O_2 + 2H^+ + 2e^- \longrightarrow H_2O \tag{4-35}$$

4）总的化学反应为

$$H_2+\frac{1}{2}O_2 \longrightarrow H_2O \tag{4-36}$$

理想的燃料电池系统是可逆热力学系统，在不同的工作温度、工作压力条件下，可通过热力学计算得出在理想可逆情况下燃料电池的发电效率及单电池电压的变化规律，如图4-29所示。

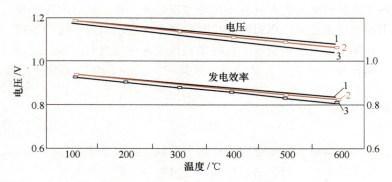

图4-29　燃料电池的发电效率及单电池电压的变化规律
1—0.5MPa　2—0.3MPa　3—0.1MPa

实际上，开始反应产生电流时，燃料电池的工作电压要降低很多。其原因主要有以下三点：

1）在电极上，活化氢气和氧气的能量要消耗一部分电动势。

2）电极发生反应后，电池内部的物质移动扩散，所需能量消耗一部分电动势。

3）由于电极与电解质之间有接触阻抗，电极和电解质本身也有电阻，也要消耗与电流大小成正比的电动势。

由于活化阻抗、扩散阻抗和电阻的综合作用，燃料电池单体的实际工作电压一般为0.6~0.8V。

4.13.2　分类

燃料电池的分类有多种方法，可以依据其工作温度、燃料种类、电解质类型进行分类。

（1）按照工作温度分　按照工作温度的不同，燃料电池可分为低温型（工作温度低于200℃）、中温型（200~750℃）和高温型（高于750℃）三种。

（2）按照燃料的种类分　按照燃料的种类的不同，燃料电池可分为三类。第一类是直接式燃料电池，即燃料直接使用氢气；第二类是间接式燃料电池，其燃料通过某种方法把甲烷、甲醇或其他类化合物转变成氢气或富含氢的混合气后再供给燃料电池；第三类是再生燃料电池，是指把电池生成的水经适当方法分解成氢气和氧气，再重新输送给燃料电池。

（3）按照电解质类型分　按照电解质的类型的不同，燃料电池可分为如下五类：碱性燃料电池（AFC）、磷酸燃料电池（PAFC）、熔融碳酸盐燃料电池（MCFC）、固体氧化物燃料电池（SOFC）、质子交换膜燃料电池（PEMFC）。在此分类下，不同类型燃料电池的主要区别见表4-3。

表 4-3 不同类型燃料电池的主要区别

燃料电池	碱性（AFC）	磷酸（PAFC）	熔融碳酸盐（MCFC）	固体氧化物（SOFC）	质子交换膜（PEMFC）
电解质	KOH	H_3PO_4	$Li_2CO_3\text{-}K_2CO_3$	$Y_2O_3\text{-}ZrO_2$	含氟质子交换膜
工作温度/℃	65~220	180~220	约650	500~1000	室温~80
质量功率/(W/kg)	35~105	100~200	30~40	15~20	300~1000
输出功率密度/(W/cm²)	0.5	0.1	0.2	0.3	1~2
燃料种类	H_2	天然气、甲醇、液化石油气	天然气、液化石油气	H_2、CO、H_2C	H_2
氧电极的氧化物种类	O_2	空气	空气	空气	空气
特性	1. 需使用高纯度氢气作为燃料 2. 低腐蚀性及低温,较易选择材料	1. 进气中含CO,会导致触媒中毒 2. 废热可予利用	1. 不受进气CO影响 2. 反应时需循环使用 CO_2 3. 废热可利用	1. 不受进气CO影响 2. 高温反应,不需依赖触媒的特殊作用 3. 废热可利用	1. 功率密度高,体积小,重量轻 2. 低腐蚀性及低温,较易选择材料
优点	1. 起动快 2. 室温常压下工作	1. 对 CO_2 不敏感 2. 成本相对较低	1. 可利用空气作氧化剂 2. 可用天然气或甲烷作燃料	1. 可用空气作氧化剂 2. 可用天然气或甲烷作燃料	1. 可用空气作氧化剂 2. 固体电解质 3. 室温工作 4. 起动迅速
缺点	1. 需以纯氧作氧化剂 2. 成本高	1. 对CO敏感 2. 起动慢 3. 成本高	工作温度较高	工作温度过高	1. 对CO非常敏感 2. 反应物需要加湿
发电效率应用情况(参考)	45%~60% 主要用于宇航器	35%~60% 应用广泛,如发电、航天器等	45%~60% 可用于大型发电	50%~60% 可用于大型发电	30%~40% 电动车辆

4.13.3 质子交换膜燃料电池系统

质子交换膜燃料电池是在电动车辆上最有应用前景的电力能源之一,以下以该类型燃料电池为例,对燃料电池系统的构成进行说明。

组成质子交换膜燃料电池的基本单元是单体燃料电池。如前所述,单体电池的电化学电动势为1V左右,其电流密度约为每平方厘米百毫安量级。因此,一个实用化的质子交换膜燃料电池系统,必须通过单体电池的串联和并联形成具有一定功率的电池组,才能满足绝大多数用电负载的需求。除此之外,为保证燃料电池组成为一个连续、稳定的供电电源,还必须为系统配置氢燃料储存单元,空气(氧化剂)供给单元,电池组湿度与温度调节单元,功率变换单元及系统控制单元等。质子交换膜燃料电池系统的结构如图4-30所示。

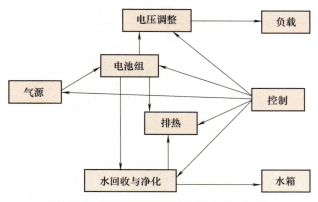

图 4-30　质子交换膜燃料电池系统的结构

1. 燃料电池组（堆）

质子交换膜燃料电池的单体电池，其化学电动势为 1.0～1.2V，负载时的输出端电压为 0.6～0.8V。为满足负载的额定工作电压，必须将单体电池串联起来构成具有较高电压的电池组。由于受到材料（如质子交换膜等）及工艺水平的限制，目前，单体电池的输出电流密度为 300～600mA／cm²。因此，欲提高燃料电池的输出电流能力，只有将若干串联的电池组并联，组成具有较大输出能力的燃料电池堆。由于燃料电池堆是由大量的单体电池串并联而成，因而，存在着向每个单体电池供给燃料与氧化剂的均匀性和电池组热管理问题。

2. 燃料及氧化剂的储存与供给单元

为使质子交换膜燃料电池实现连续稳定的运行发电，必须配置燃料（H_2）及氧化剂（O_2 或空气）的储存与供给单元，以便不间断地向燃料电池提供电化学反应所需的氢和氧。燃料供给部分由储氢器及减压阀组成；氧化剂供给部分由储氧器、减压阀或空气泵组成。

3. 燃料电池湿度与温度调节单元

在质子交换膜燃料电池运行过程中，随着负载功率的变化，电池组内部的工况也要相应改变，以保持电池内部电化学反应的正常进行。对质子交换膜燃料电池运行影响最大的两个因素是电池内部的湿度与温度。因此，在电池系统中需要配置燃料电池湿度与温度调节单元，以便使质子交换膜燃料电池在负荷变化时仍工作在最佳工况下。

4. 功率变换单元

质子交换膜燃料电池所产生的电能为直流电，其输出电压因受内阻的影响还随负荷的变化而改变。基于上述原因，为满足大多数负载对交流供电和电压稳定度的要求，在燃料电池系统的输出端需要配置功率变换单元。当负载需要交流供电时，应采用 DC／AC 变换器；当负载要求直流供电时，也需要用 DC／DC 变换器实现燃料电池组输出电能的升压与稳压。

5. 系统控制单元

由上述四个功能单元的配置和工作要求可知，质子交换膜燃料电池系统是一个涉及电化学、流体力学、热力学、电工学及自动控制等多学科的复杂系统。质子交换膜燃料电池系统在运转过程中，需要调节与控制的物理量和参数非常多，难以手动完成。为使质子交换膜燃料电池系统长时间安全、稳定地发电，必须配置系统控制单元，以实现燃料电池组与各个功能单元间的协调工作。

4.13.4　特性与应用情况

近年来，燃料电池在研究、开发和商品化方面取得了巨大突破，特别是在工业和能源工业
争的焦点。发达国家都将大型燃料电池的开发作为重点研究项目，企业界也纷纷斥以巨资，
从事燃料电池技术的研究与开发，现在已取得了许多重要成果。2MW、4.5MW、11MW 成
套燃料电池发电设备已进入商业化生产，各等级的燃料电池发电厂相继在一些发达国家建

在电动车辆应用方面，汽车工业发达国家，如美国、日本等均制定了燃料电池汽车发展
规划，各大汽车公司纷纷投入巨资支持开发燃料电池汽车。丰田、戴姆勒-克莱斯勒公司已
经在日本和美国将燃料电池汽车交付用户试用，通用汽车有超过 100 辆的雪佛兰 Equinox 氢
燃料电池汽车交付给普通消费者进行日常测试。燃料电池汽车的商业化示范运行在全球范围

我国科技部在"十五""十一五""十二五"期间持续支持燃料电池汽车的研发与产业
化。研制样车的部分技术指标达到或趋近国际先进水平。2008 年 4 月底，上海大众领驭燃
料电池轿车、福田欧 V 燃料电池城市客车作为国内首款燃料电池轿车和客车产品进入国家产
品公告，并为 2008 年北京奥运会提供了交通服务，如图 4-31 所示。2010 年，上海也应用了
燃料电池汽车从世博会服务。2012 年，《电动汽车科技发展"十二五"专项规划》确立了

发展电动汽车的技术路线。2013 年，在《关于继续开展新能源汽车推广应用工作的通知》

量为 1440 家，同比增长 70%。

图 4-31　服务于奥运会的燃料电池轿车和客车

池汽车的重要性。"中国制造2025"明确提出了燃料电池汽车及其关键部件的技术路线图，并对燃料电池关键材料的研发提出了技术目标。《能源技术革命创新行动计划（2016—2030年)》提出了包含"氢能与燃料电池技术创新"在内的15项重点任务，并明确了氢能与燃料电池技术路线图、战略方向、创新目标及创新行动具体内容。2018年以来，各地方政府积极响应国家号召，大力推广氢燃料电池汽车相关技术的发展和应用。各省市相继出台相关政策规划，并提出了氢燃料电池汽车的推广应用目标。

按照"节能与新能源汽车技术路线图"预测，随着燃料电池关键技术成熟度的提高，2025年燃料电池汽车推广量可达到10万辆；2030年，基于燃料电池核心组件技术的持续突破，燃料电池汽车规模化应用将达到100万辆。在商用车应用方面，2030年燃料电池商用车推广应用量将为36万辆，占商用车总销量的7%；2050年将为160万辆，市场占比达到37%；2050年交通领域的氢能消费量将为$2.458\times10^7 t/a$，占交通领域整体用能的19%，其中货运领域的商用车氢能消费占交通领域氢能消费的比重达到70%，成为交通领域氢能消费增长的主要驱动力。

 习题 •

1. 铅酸电池在电动车辆上的应用及其主要技术参数有哪些？
2. 简述铅酸电池充电过程的几个阶段。
3. 影响铅酸电池性能的因素有哪些？
4. 镍镉电池的优点有哪些？
5. 镍氢电池失效的原因有哪些？
6. 锌空气电池有哪些特点？
7. 简述太阳能电池的基本构造和工作原理。
8. 锂硫电池有哪些优势和缺点？
9. 简述超级电容器的充放电特性。
10. 简述燃料电池系统的主要工作原理及系统构成。

第5章　车辆对动力电池的要求

动力电池是与起动电池、储能电池等并列的一类二次电池。该类电池具有高功率、高能量密度的特点，主要应用在电动车辆、电动工具等需要大电流、深放电的领域。电动车辆是动力电池的典型应用领域。本章重点介绍作为交通工具的电动车辆，对动力电池组的能量存储和输出特性提出的要求。

5.1　电动车辆驱动力的主要影响因素

电动汽车由动力电池组输出电能给驱动电机，驱动电机输出功率，用于克服电动汽车本身的机械装置的内阻力以及由行驶条件决定的外阻力消耗的功率，实现能量的转换和车辆驱动。电动汽车的驱动电机输出轴输出转矩 M，经过减速齿轮传动，传到驱动轴上的转矩 M_t，使驱动力与地面之间产生相互作用，车轮与地面间作用一圆周力 F_0，同时，地面对驱动轮产生反作用力 F_t。F_t 和 F_0 大小相等方向相反，F_t 与驱动轮前进方向一致，是推动汽车前进的外力，定义为电动汽车的驱动力，可表示为

$$M_t = M_g i_0 \eta \tag{5-1}$$

$$F_t = \frac{M_t}{r} = \frac{M i_g i_0 \eta}{r} \tag{5-2}$$

式中　F_t——驱动力（N）；

$\quad\quad M$——驱动电机输出转矩（N·m）；

$\quad\quad i_g$——减速器或者变速器传动比；

$\quad\quad i_0$——主减速器传动比；

$\quad\quad \eta$——电动汽车机械传动效率；

$\quad\quad r$——驱动轮半径（m）。

电动汽车机械传动装置是指与驱动电机输出轴有运动学联系的减速齿轮传动箱或者变速器、传动轴以及主减速器等机械装置。机械传动链中的功率损失有齿轮啮合处的摩擦损失、轴承中的摩擦损失、旋转零件与密封装置之间的摩擦损失以及搅动润滑油的损失等。根据汽车行驶方程式

$$F_t = F_f + F_w + F_i + F_j \tag{5-3}$$

式中　F_f——滚动阻力（N）；

　　　F_w——空气阻力（N）；

　　　F_i——坡度阻力（N）；

　　　F_j——加速阻力（N）。

可见，车辆的驱动力应与汽车的行驶阻力平衡。其中汽车的滚动阻力为

$$F_r = mf \tag{5-4}$$

式中　m——汽车质量（kg）；

　　　f——滚动阻力系数。

汽车的空气阻力为

$$F_w = \frac{C_D A v_a^2}{21.15} \tag{5-5}$$

式中　C_D——空气阻力系数；

　　　A——迎风面积（m^2）；

　　　v_a——汽车行驶速度（km/h）。

汽车的坡度阻力为

$$F_i = G\sin\alpha \tag{5-6}$$

式中　α——坡角；

　　　G——重力。

汽车的加速阻力为

$$F_j = \delta m \frac{dv}{dt} \tag{5-7}$$

式中　δ——汽车旋转质量换算系数；

　　　m——汽车质量（kg）；

　　　$\dfrac{dv}{dt}$——行驶加速度（km/s）。

5.2　动力电池的能量和功率需求

驱动车辆所需的功率为

$$P_v = u_a(F_f + F_w + F_i + F_j) \tag{5-8}$$

动力电池组所需提供的功率为

$$P_B = \frac{P_v}{\varepsilon_M \varepsilon_E} \tag{5-9}$$

式中　ε_M——电动汽车传动系统机械效率；

　　　ε_E——电动汽车电气部件效率。

电动车辆行驶所需的能量是功率与行驶时间的积分，可表示为

$$E_r = \int P_B(t)\,dt \tag{5-10}$$

式中　E_r——电动车辆在一定工况下应用时对电池的能量需求。

动力电池组的储能量是有限的，为了满足车辆行驶的需要，能量存储冗余量对于各种电动车辆都是需要的。本章节将根据电动车辆的应用种类进行说明。

5.2.1　纯电动场地车辆

纯电动场地车辆的道路运行工况通常是事先确定的。例如，用于搬运货物的电动叉车在工作时间之内，自身移动和搬运货物的路程是相对固定的。因此，在这种应用条件下，可以精确地计算出执行具体任务时车辆所需的能量。

通常情况下，制造商生产设备的规格是用户提供的数据决定的，这些数据以确定车辆完成具体搬运货物等任务时电池所需的能量。所需数据包括：①在平路上行驶的里程；②任何斜坡的坡道；③货物的质量以及提升的高度。在功率需求方面，项①包括滚动阻力 F_f 和加速阻力 F_j，而项②考虑了坡度阻力 F_i，由于场地车辆运行的速度低，剩余的一个空气阻力 F_w 则可以忽略不计。

在进行起重作业时，需要额外的功率支持，这是与举起物体的总质量成正比的。在一个具体的工作周期内，每一次车辆运行的需求能量总和与运行的次数相乘可求出满足要求的电池所需的总能量。为了确保动力电池组在应用中不发生过放电，并考虑电池组在正常使用过程中的电池性能下降的补偿，动力电池组的设计容量比计算容量一般要预留超出实际需求的冗余量。现有的动力铅酸电池能满足正常工况下电动叉车的能量和功率需求。在起重工况下，大质量的铅酸电池组还可以起到平衡有效载荷的作用，因而电池质量大在电动叉车上有时也是一个优点。

在变牵引条件的复杂道路工况下，计算牵引车辆所需动力电池性能的难度较大。一般以综合的常用工况为计算依据进行纯电动场地车辆所需的动力电池功率和能量的计算。

5.2.2　纯电动道路车辆

纯电动道路车辆行驶完全依赖动力电池组的能量，动力电池组能量越大，可以实现的续驶里程越长，但动力电池组的体积、质量也越大。纯电动道路车辆要根据设计目标、道路情况和运行工况的不同来选配动力电池。具体要求归纳如下：

1）动力电池组要有足够的能量和容量，以保证典型的连续放电不超过 $1C$，典型峰值放电一般不超过 $3C$；如果电动汽车上安装了回馈制动系统，动力电池组必须能够接受高达 $5C$ 以上的脉冲电流充电。

2）动力电池要能够实现深度放电（如 $80\%DOD$）而不影响其使用寿命，在必要时能实现满负荷功率和全放电。

3）需要安装电池管理系统和热管理系统，显示动力电池组的剩余容量和实现温度控制。

4）由于动力电池组的体积和质量大，电池箱的设计、动力电池的空间布置和安装问题都需要根据整车的空间、前后轴荷的配比进行具体的设计。

5.2.3　混合动力电动车辆

与纯电动车辆相比，混合动力电动车辆对动力电池的能量要求有所降低，但要能够根据整车要求实时提供更大的瞬时功率，即要实现"小电池提供大电流"。由于混合动力汽车构

型的不同，不同构型的混合动力汽车对电池的要求又有差别。

1）串联式混合动力汽车完全由电动机驱动，内燃机、发电机与电池组一起提供电动机需要的电能，电池SOC通常处于较高的水平。此类车辆对电池的要求与纯电动汽车相似，但容量要求小，功率特性要求根据整车需求与电池容量确定。总体而言，动力电池容量越小，大倍率放电的要求越高。

2）并联式混合动力汽车的内燃机和电动机可直接为车轮提供驱动力，整车的驾驶需求可以通过不同的动力组合来满足。动力电池的容量可以更小，但是电池组瞬时提供的功率要满足汽车加速或爬坡要求，电池的最大放电电流有时可能高达20C以上。

3）可外接充电式混合动力汽车（PHEV）在应用上期望纯电动汽车工作模式的续驶里程要达到40km以上，并且兼具混合动力驱动的功能，因此对动力电池的要求要兼顾纯电动和混合动力两种模式。同时由于在应用模式上是在纯电动汽车行驶到电量不足时，启动混合动力驱动工况，因此需要动力电池组在低SOC时也能提供很高的功率。

4）现有的燃料电池电动车辆由于燃料电池功率密度较低，一般采用与动力电池共同驱动的方式对外输出电能。在燃料电池与动力电池连接方式上也有并联和串联两种形式，在该类车型上对动力电池性能的要求与混合动力电动车辆相似。

不同构型的混合动力汽车，由于工作环境、汽车构型、工作模式的复杂性，对混合动力汽车用动力电池提出统一的要求是比较困难的，但一些典型、共性的要求可以归纳如下：

1）动力电池的峰值功率要大，能短时、大功率充放电。

2）循环寿命要长，至少要满足5年以上的电池使用寿命，最佳设计是与电动汽车整车同寿命。

3）电池的SOC应尽可能保持在50%～85%的范围内工作。

4）需要配备电池管理系统，包括热管理系统。

5.3　动力电池评价参数

动力电池最重要的特点就是高功率密度和高能量密度。高功率密度意味着更大的充放电强度，高能量密度表示更高的质量比能量和体积比能量。从电池的设计角度来看，这两个指标的要求其实是矛盾的，为了提高功率也就要提高充放电电流，电池结构要求设计为增大等效的反应面积和减少接触阻抗，要求增大体积和质量，从而降低了比能量。动力电池系统设计需要按照最优化的整车设计应用指标设计电池系统。从实际使用角度出发，动力电池实际性能为多设计角度的折中，可总结为以下7个特点。

（1）高能量密度　高能量密度对于电动车辆而言，意味着更长的纯电动续驶里程。作为交通工具，续驶里程的延长可有效提升车辆应用的便捷性和适用范围。因此，电动汽车对动力电池的高能量密度的追求是永不会停止的。锂离子动力电池能够在电动车辆上广泛推广和应用，主要原因就是其能量密度是铅酸动力电池的3倍，并且还有继续提高的可能性。在技术发展上，现在的锂硫电池、镁电池也主要是其在能量密度方面的优势，成为研究人员开发的新热点。

（2）高功率密度　车辆作为交通工具，追求高速化，也就是对于车辆的动力性提出了高的要求。实现良好的动力性要求驱动电机有较大的功率，进而要求动力电池组能够提供驱

动电机高功率输出，满足车辆驱动的要求。长期大电流、高功率放电对于电池的使用寿命和充放电效率会产生负面影响，甚至影响电池使用的安全性，因此在功率方面还需要有一定的功率储备，避免让动力电池长时间在全功率工况下工作。

（3）**长寿命**　现有铅酸动力电池使用寿命在深充深放工况下可以达到400次，锂离子动力电池可以达到1000次以上，混合动力用镍氢电池现在的使用寿命据日本丰田公司报告已经可以达到10年以上。动力电池寿命直接关系到动力电池的成本。车辆应用过程中电池更换的费用，是电动汽车使用成本的重要组成部分。现有的电池电化学体系研究将提高动力电池的使用寿命作为重点问题之一。在动力电池成组集成应用方面，考虑动力电池单体寿命的一致性以保证电池组的使用寿命与单体电池相近也是研究的主要内容之一。

（4）**低成本**　动力电池的成本与电池的新技术含量、材料、制作方法和生产规模有关，目前新开发的高比能量的电池成本较高，使得电动汽车的造价也较高，开发和研制高效、低成本的动力电池是电动汽车发展的关键。

（5）**安全性好**　动力电池为电动汽车提供了高达300V以上的驱动供电电压，可能危及人身安全和车载电器的使用安全。电安全是电动汽车区别于传统内燃机汽车的重要特点之一。

除此之外，动力电池作为高能量密度的储能载体，自身也存在一定的安全隐患，以锂离子电池为例：

1）充放电过程中如果发生热失控反应，可能导致电池短路起火，甚至产生爆炸现象。

2）锂离子电池采用的有机电解质，在4.6V左右易发生氧化，并且溶剂易燃，若出现泄漏等情况，也会引起电池着火燃烧，甚至爆炸。

3）发生碰撞、挤压、跌落等极端的状况，导致电池内部短路，也会引起危险状况的出现。

基于上述原因，我国已经制定了非常严格的动力电池及电池模块安全性检验标准，对动力电池在高温、高湿、穿刺、挤压、跌落等极端状况下进行检验，要求在这些状况下不发生动力电池的燃烧、起火现象。

（6）**工作温度适应性强**　车辆应用一般不应受地域的限制，在不同的空间和时间应用，需要车辆适应不同的温度。仅以北京地区的车辆应用为例，北京夏季地表温度可达50℃以上，冬季可低至-15℃以下，在该温度变化范围内，动力电池应可以正常工作。因此，对于动力电池而言，需具有良好的温度适应性。现在的动力电池系统设计，考虑到电池的温度适应性问题，一般都需要设计相应的冷却系统或加热系统来保证动力电池的最佳工作温度。

（7）**可回收性好**　按照动力电池使用寿命的标准定义，电池在其容量衰减到额定容量的80%时，确定为动力电池寿命终结。随着电动汽车的大量应用，必然出现大量废旧动力电池的回收问题。对于动力电池的可回收性，在电化学性能方面，首先要求做到电池正负极及电解液等材料无毒，对环境无污染；其次是研究电池内部各种材料的回收再利用。对于动力电池的再利用，还存在梯次利用问题，即按照动力电池寿命标准达到额定容量80%以下淘汰的电池转移到对电池容量和功率要求相对较低的领域继续应用，该方面的内容将在第10章中进行介绍。

5.4 动力电池评价方法

动力电池评价方法主要包括单一特性评价和性能综合评价两方面。对于动力电池的单一特性，本书从能量状态和放电特性两点进行详细分析；对于综合性能评价，主要介绍层次分析法。

5.4.1 电池单一特性的评价

1. 动力电池能量状态评价

综合考虑电池电压与电流的变化，选择能量状态（State of Energy，SOE）C_{SOE} 来表征与指示电池的能量状态，即

$$C_{SOE} = \left(1 - \frac{\int_0^t ui\,dt}{E(i,\theta)} \right) \times 100\% \tag{5-11}$$

式中　u——电池的工作电压（V）；

　　　θ——电池的工作环境温度（℃）；

$E(i,\theta)$——电池对应工作电流 i 和环境温度 θ 的放电总能量（W·h）；

　　　t——时间（h）。

此时，电动车辆的续驶里程和剩余里程预测算法为

$$S = \frac{E(\bar{i},\theta)\,C_{SOE}}{\bar{e}} \tag{5-12}$$

$$\bar{e} = \frac{\int_0^t ui\,dt}{\int_0^t v\,dt} \tag{5-13}$$

$$\bar{i} = \frac{\int_0^t ui\,dt}{\int_0^t u\,dt} \tag{5-14}$$

式中　$\bar{i}$——电动车辆电池组的平均工作电流（A）；

　　　$\bar{e}$——电动车辆的平均里程能耗（W·h/km）；

　　　v——电动车辆的行驶车速（km/h）。

2. 动力电池放电特性评价

基于电池能量特性、端电压衰减特性和热特性，定义能量衰减系数、相对电压衰减率和温升速率来对放电特性进行评价。

（1）能量衰减系数　动力电池的能量衰减系数为

$$\xi(E) = \frac{\int_0^T ui\,dt}{E_n} \tag{5-15}$$

式中　E_n——动力电池的额定能量（W·h）；

　　　　T——动力电池以恒流 i 放电的总时间（h）。

同样，动力电池的容量衰减系数为

$$\xi(C) = \frac{\int_0^T i\,\mathrm{d}t}{C_n} \tag{5-16}$$

式中　C_n——动力电池的额定容量（A·h）。

（2）相对电压衰减率

$$\eta_{VDR} = \frac{\mathrm{d}u}{\mathrm{d}t}\frac{1}{U_n} \tag{5-17}$$

式中　η_{VDR}——动力电池的相对电压衰减率（h^{-1}）；

　　　　U_n——动力电池的标称电压（V）。

（3）温升速率

$$\eta_{TRR} = \frac{\mathrm{d}\theta}{\mathrm{d}t} \tag{5-18}$$

式中　η_{TRR}——电池的温升速率（℃/h）。

5.4.2　动力电池性能综合评价法

由于单一特性不能完全反映动力电池的综合性能，因此需要一种更全面的方法从总体上评价动力电池性能。层次分析法是 20 世纪 70 年代由美国数学家 Thomas L. Soaty 提出的将定性分析与定量分析相结合的分析方法。此方法特别适用于多目标、多因素以及多层次的复杂问题的决策与综合评价。基于层次分析法的电池性能评价系统把研究对象作为一个系统，按照分解、比较判断、综合的思维方式进行决策，将整个评价体系有层次、有系统地表现出来，使整个评价过程非常清晰、明确，具有实用性、系统性、简洁性等优点，为电池的综合性能评价提供了可靠的理论依据。

基于层次分析法的电池性能评价步骤如下：

1）构建层次结构模型。层次结构模型包括以下三层：①最高层，一般为评价的目标或理性结果，也称为目标层；②中间层，这一层中包含了为实现目标所采取的所有中间环节，它可以由若干个层次组成，包括所需考虑的准则，也称为准则层；③最底层，这一层包含了为实现目标所选择的各种备选方案，也称为方案层。

2）构造判断矩阵。将每一个上层元素与它的直接下层元素看成是一个基本单元，并用"上层元素/下层各元素"的形式来表示基本单元。设某一评判准则 X 下有 n 个影响因素，分别记为 p_1，p_2，…，p_n，该 n 个影响因素组成的判断矩阵记为 $\boldsymbol{P}^X$，$\boldsymbol{P}^X$ 的元素 $P^X_{i,j}$ 的值表示在准则 X 下，第 i 个影响因素和第 j 个因素相比的重要程度。采用 9 级分类方法，用数字 1~9 表示，其中，1 表示前者和后者相比同等重要，3 表示稍微重要，5 表示明显重要，7 表示强烈重要，9 表示极端重要；2 表示"同等重要"与"稍微重要"之间，4 表示"稍微重要"与"明显重要"之间；6、8 依次类推。$\boldsymbol{P}^X$ 的性质包含：

① $\boldsymbol{P}^X$ 为 n 阶方阵。

② $\boldsymbol{P}^X$ 的元素满足 $p^X_{i,j} = \dfrac{1}{\boldsymbol{P}^X_{j,i}}$。

③ $p_{i,j}^X = 1$。

④ $\boldsymbol{P}^X$ 的最大特征值为实数。

3）判断矩阵的一致性检验。

一致性指标为

$$CI = \frac{\lambda_{\max} - n}{n-1} \tag{5-19}$$

式中　CI——判断矩阵的一致性指标；

　　　$\lambda_{\max}$——矩阵特征根最大值；

　　　n——判断矩阵的阶数。

随机一致性比率为

$$CR = \frac{CI}{RI} \tag{5-20}$$

式中　CR——判断矩阵的随机一致性比率；

　　　RI——判断矩阵的平均随机一致性指标。

平均随机一致性指标 RI 的取值见表5-1。

表 5-1　平均随机一致性指标 RI 的取值

n	1	2	3	4	5	6	7	8	9
RI	0.00	0.00	0.58	0.90	1.12	1.24	1.32	1.41	1.45

由表5-1可以看出，对于1、2阶判断矩阵，RI 只是形式上的，因为1、2阶判断矩阵总是具有完全一致性。当阶数>2时，可以看出当 RI 越小，则判断矩阵的一致性越好；当 RI 等于零时，判断矩阵是完全一致的。当 $RI<0.1$ 时认为判断矩阵具有满意的一致性；否则需要调整判断矩阵，使之具有满意的一致性。

4）层次单排序，即计算对于上一层次因素而言的本层次各因素之间相关重要性的排序权值。按照方根法的计算步骤求出判断矩阵的特征向量和最大特征值。

首先，分别计算各判断矩阵每行元素的连乘积

$$M_i = \prod_{j-1}^n p_{ij}, \quad p_{ij} = 1, 2, \cdots, n \tag{5-21}$$

其次，求 M_i 的 n 次方根，由计算可得

$$\overline{w}_1 = \sqrt[n]{M_i}, \quad i = 1, 2, \cdots, n \tag{5-22}$$

之后将按公式 $\omega_i = \dfrac{\overline{\omega}_1}{\sum_i^n \overline{\omega}_1}$ 进行归一化，得到的归一化向量 $W = [w_1 \ w_2 \ \cdots \ w_n]^T$ 即为各因素的权重系数。

5）层次总排序，即针对最高层目标、最高层次的总排序。依次沿递阶层次结构由上而下逐层计算，计算出的最底层因素相对于最高层（总目标）的相对重要性或相对优劣的排序值。对于三层结构来说，若底层元素对上一层准则 X 的权重系数为 W_q^X，X 对于总目标 I 的权重系数为 W_x^I，则底层元素对总目标 I 的权重系数为 $W_q = W_q^X W_x^I$。

6）决策。通过数学运算计算出最低层各方案对最高总目标相对优劣的排序权值，从而

对备选方案进行排序。

1. 电动车辆驱动力如何计算？
2. 简述纯电动车辆的能量和功率需求。
3. 动力电池评价参数有哪些？
4. 动力电池能量状态的定义是什么？
5. 简述层次分析法的基本步骤。
6. 简述纯电动场地车辆对动力电池的要求。
7. 简述纯电动道路车辆对动力电池的要求。
8. 简述混合动力电动车辆对动力电池的要求。

第6章　动力电池测试

6.1　动力电池基本测试原理与方法

　　化学电源的电化学基本性能包括容量、电压、内阻、自放电、存储性能、高低温性能等，动力电池作为典型的二次化学电源还包括充放电性能、循环性能、内压等。因此，对于动力电池单体而言，主要性能测试内容包括：充电性能测试、放电性能测试、放电容量及倍率性能测试、高低温性能测试、能量和比能量测试、功率和比功率测试、存储性能及自放电测试、寿命测试、内阻测试、内压测试和安全性测试等。

　　从车辆实际应用角度出发，应用于电动汽车的动力电池需要以动力电池组作为测试对象进行适合于车用的一系列测试，如：静态容量检测、动态容量检测、静置试验、起动功率测试、快速充电能力测试、循环寿命测试、安全性测试、电池振动测试、峰值功率检测、部分放电检测、持续爬坡功率测试、热性能测试等。

　　（1）静态容量检测　该测试的主要目的是确定车辆在实际使用时，动力电池组具有充足的电量和能量，满足在各种预定放电倍率和温度下正常工作。主要的试验方法为恒温条件下恒流放电测试，放电终止以动力电池组电压降低到设定值或动力电池组内的单体一致性（电压差）达到设定的数值为准。

　　（2）动态容量检测　电动汽车行驶过程中，动力电池的使用温度、放电倍率都是动态变化的。该测试主要检测动力电池组在动态放电条件下的能力。其主要表现为不同温度和不同放电倍率下的能量和容量。其主要测试方法为采用设定的变电流工况或实际采集的车辆应用电流变化曲线，进行动力电池组的放电性能测试，试验终止条件根据试验工况以及动力电池的特性有所调整，基本也是遵循电压降低到一定的数值为标准。该方法可以更加直接和准确地反应电动汽车的实际应用需求。

　　（3）静置试验　该测试的目的是检测动力电池组在一段时间未使用时的容量损失，用来模拟电动汽车一段时间没有行驶而电池开路静置时的情况。静置试验也称为自放电及存储性能测试，它是指在开路状态下，电池存储的电量在一定环境条件下的保持能力。

　　（4）起动功率测试　由于汽车起动功率较大，为了适应不同温度条件下的汽车起动需要，对动力电池组进行低温（-18℃）起动功率和高温（50℃）起动功率测试。该项测试除

了在设定温度下进行以外，为了能够确定电池在不同荷电状态下的放电能力，一般还设定 SOC 值。常见的测试为 SOC 为 90%、50% 和 20% 时进行的功率测试。

（5）**快速充电能力测试**　该测试的目的是通过对动力电池组进行高倍率充电来检测电池的快速充电能力，并考察其效率、发热及对其他性能的影响。对于快速充电，USABC 的目标是 15min 内电池 SOC 从 40% 恢复到 80%。目前，日本的 CHADeMO 协会制定的标准要求达到电动汽车动力电池组充电 10min 左右可保证车辆行驶 50km；充电时间超过 30min 可保证车辆行驶 100km。

（6）**循环寿命测试**　电池的循环寿命直接影响电池的使用经济性。当电池的实际容量低于初始容量或是额定容量的 80% 时，即视为动力电池寿命终止。该测试采用的主要测试方法是在一定的条件下进行充放电循环，以循环的次数作为其寿命的指标。由于动力电池的寿命测试周期比较长，一般试验下来需要数月甚至一年的时间，因此，在实际操作中，经常采用确定测试循环数量，测定容量衰减情况，并据此数据进行线性外推的方法进行测试。在研究领域，为了缩短动力电池的寿命测试时间，也在研究通过提高测试的温度、充放电倍率等加速电池老化的方式进行动力电池及动力电池组寿命的测试。

（7）**安全性测试**　电池的安全性能是指电池在使用及搁置期间对人和装备可能造成的伤害的评估。尤其是电池在滥用时，由于特定的能量输入，导致电池内部组成物质发生物理或化学反应而产生大量的热量，如热量不能及时散逸，可能导致电池热失控。热失控会使电池发生毁坏，如猛烈的泄气、破裂，并伴随起火，造成安全事故。在众多化学电源中，锂离子电池的安全性尤为重要。通用的动力电池安全测试项目见表 6-1。

表 6-1　通用的动力电池安全测试项目

类　　别	主要测试方法
电性能测试	过充电、过放电、外部短路、强制放电等
机械测试	自由落体、冲击、针刺、振动、挤压等
热测试	焚烧、热成像、热冲击、油浴、微波加热等
环境测试	高空模拟、浸泡、耐菌性等

（8）**电池振动测试**　该测试的目的是检测由于道路引起的频繁振动和撞击对动力电池及动力电池组性能和寿命的影响。电池振动测试主要考察动力电池（组）对振动的耐久性，并以此作为指导改正动力电池（组）在结构设计上不足的依据。振动试验中的振动模式一般使用正弦振动或随机振动两种。由于动力电池（组）主要是装载于车辆上使用，为更好地模拟电池的使用工况，一般采用随机振动。

上面仅是对动力电池（组）进行测试的一些通用要求，根据动力电池的不同类型，测试的具体参数与要求会有所差异。表 6-2 是电动汽车用锂离子蓄电池包和系统安全性能要求与测试方法。

表 6-2　电动汽车用锂离子蓄电池包和系统安全要求与测试方法

项目	测试方法	安全要求
振动	对于蓄电池包或系统的振动试验 1. 参考测试对象车辆安装位置和 GB/T 2423.43—2008 的要求，将测试对象安装在振动台上。振动测试在三个方向上进行，测试从	1. 蓄电池包或系统：测试过程中，蓄电池包或系统的最小监控单元无电压锐变（电压差的

（续）

项目	测试方法	安全要求
振动	z 轴开始，然后是 y 轴，最后是 x 轴。测试过程参照 GB/T 2423.56—2018 2. 对于安装位置在车辆乘员舱下部的测试对象，测试参数按照 GB/T 31467.3—2015 中 7.1.1.2 进行测试 3. 每个方向的测试时间是 21h，如果测试对象是两个，则可以减少到 15h；如果测试对象是三个，则可以减少到 12h 4. 试验过程中，监控测试对象内部最小监控单元的状态，如电压和温度等 5. 振动测试后，观察 2h 对于蓄电池包或系统的电子装置的振动试验 1. 对于安装在车辆悬架之上部位（车身）的测试对象，测试参数按照 GB/T 31467.3—2015 中 7.1.2.1 进行测试；对于其他安装部位的测试对象，按照 GB/T 28046.3—2011 的相关试验进行测试 2. 参照 GB/T 2423.56—2018 执行随机振动。测试对象的每个平面都进行 8h 的振动测试 3. 振动过程中测试对象按照 GB/T 28046.1—2011 的要求，工作在 3.2 模式	绝对值不大于 0.15V），蓄电池包或系统保持可靠、结构完好，蓄电池包或系统无泄漏、外壳破裂、着火或爆炸等现象。试验后的绝缘电阻值不小于 100Ω/V 2. 蓄电池包或系统的电子装置：试验过程中，连接可靠，结构完好，无装机松动，且试验后状态参数测量精度满足 GB/T 31467.3—2015 中表 1 的要求
机械冲击	1. 测试对象为蓄电池包或系统 2. 对测试对象施加 $25g$、$15ms$ 的半正弦冲击波形，z 轴方向冲击 3 次，观察 2h	蓄电池包或系统无泄漏、外壳破裂、着火或爆炸等现象。试验后的绝缘电阻值不小于 100Ω/V
跌落	1. 测试对象为蓄电池包或系统 2. 测试对象以实际维修或者安装过程中最可能跌落的方向，若无法确定最可能的跌落的方向，则沿 z 轴方向，从 1m 的高度处自由跌落到水泥地面上，观察 2h	蓄电池包或系统无泄漏、外壳破裂、着火或爆炸等现象
翻转	1. 测试对象为蓄电池包或系统 2. 测试对象绕 x 轴以 6°/s 的角速度转动 360°，然后以 90°增量旋转，每隔 90°增量保持 1h，旋转 360°停止。观察 2h 3. 测试对象绕 y 轴以 6°/s 的角速度转动 360°，然后以 90°增量旋转，每隔 90°增量保持 1h，旋转 360°停止。观察 2h 4. 测试对象绕 z 轴以 6°/s 的角速度转动 360°，然后以 90°增量旋转，每隔 90°增量保持 1h，旋转 360°停止。观察 2h	蓄电池包或系统无泄漏、外壳破裂、着火或爆炸等现象，并保持连续可靠、结构完好。试验后的绝缘电阻值不小于 100Ω/V
模拟碰撞	1. 测试对象为蓄电池包或系统 2. 测试对象水平安装在带有支架的台车上，根据测试对象的使用环境给台车施加 GB/T 31467.3—2015 中表 7 和图 3 规定的脉冲（汽车行驶方向为 x 轴方向，另一垂直于行驶方向的水平方向为 y 轴方向）。观察 2h	蓄电池包或系统无泄漏、外壳破裂、着火或爆炸等现象。试验后的绝缘电阻值不小于 100Ω/V
挤压	1. 测试对象为蓄电池包或系统 2. 按如下条件进行加压 ①挤压板形式：半径为 75mm 的半圆柱体，半圆柱体的长度大于测试对象的高度，但不超过 1m ②挤压方向：x 方向和 y 方向（汽车行驶方向为 x 轴，另一垂直于行驶方向的水平方向为 y 轴） ③挤压程度：挤压力达到 200kN 或挤压变形量达到挤压方向的整体尺寸的 30% 时停止挤压 ④保持 10min ⑤观察 1h	蓄电池包或系统无着火、爆炸等现象

（续）

项 目	测试方法	安全要求
温度冲击	1. 测试对象为蓄电池包或系统 2. 测试对象置于（-40±2）~（85±2）℃的变温度环境中，两种极端温度的转换时间在 30min 以内。测试对象在每个极端温度环境中保持 8h，循环 5 次。在室温下观察 2h	蓄电池包或系统无泄漏、外壳破裂、着火或爆炸等现象，试验后的绝缘电阻值不小于 100Ω/V
湿热循环	1. 测试对象为蓄电池包或系统 2. 参考 GB/T 2423.4—2018 执行试验 Db，变量见 GB/T 31467.3—2015 中图 4，其中最高温度是 80℃，循环 5 次。在室温下观察 2h	蓄电池包或系统无泄漏、外壳破裂、着火或爆炸等现象，试验后 30min 之内的绝缘电阻值不小于 100Ω/V
海水浸泡	1. 测试对象为蓄电池包或系统 2. 室温下，测试对象以实车装配状态与整车线束相连，然后以实车装配方向置于浓度为 3.5% 的 NaCl 水溶液（质量分数，模拟常温下的海水成分）中 2h。水深要足以淹没测试对象。观察 2h	蓄电池包或系统无着火或爆炸等现象
外部火烧	1. 测试对象为蓄电池包或系统 2. 具体测试步骤参考 GB/T 31467.3—2015 中 7.10 外部火烧	蓄电池包或系统无着火或爆炸等现象，若有火苗，应在火源移开后 2min 内熄灭
盐雾	1. 测试对象为蓄电池包或系统 2. 具体测试步骤参考 GB/T 31467.3—2015 中 7.11 盐雾	蓄电池包或系统无泄漏、外壳破裂、着火或爆炸等现象
高海拔	1. 测试对象为蓄电池包或系统 2. 测试环境：海拔高度为 4000m 或等同高度的气压条件，温度为室温 3. 在 GB/T 31467.3—2015 中 7.12.2 规定的测试环境中搁置 5h，对测试对象进行 1C（不超过 400A）恒流放电至放电截止条件。观察 2h	蓄电池包或系统无放电电流锐变、电压异常、泄漏、外壳破裂、着火或爆炸等现象，试验后的绝缘电阻值不小于 100Ω/V
过温保护	1. 测试对象为蓄电池系统 2. 具体测试步骤参考 GB/T 31467.3—2015 中 7.13 过温保护	电池管理系统起作用，蓄电池系统无喷气、外壳破裂、着火或爆炸等现象，试验后的绝缘电阻值不小于 100Ω/V
短路保护	1. 测试对象为蓄电池系统 2. 具体测试步骤参考 GB/T 31467.3—2015 中 7.14 短路保护	保护装置起作用，蓄电池系统无泄漏、外壳破裂、着火或爆炸等现象，试验后的绝缘电阻值不小于 100Ω/V
过充电保护	1. 测试对象为蓄电池系统 2. 具体测试步骤参考 GB/T 31467.3—2015 中 7.15 过充电保护	电池管理系统起作用，蓄电池系统无喷气、外壳破裂、着火或爆炸等现象，试验后的绝缘电阻值不小于 100Ω/V
过放电保护	1. 测试对象为蓄电池系统 2. 具体测试步骤参考 GB/T 31467.3—2015 中 7.16 过放电保护	电池管理系统起作用，蓄电池系统无喷气、外壳破裂、着火或爆炸等现象，试验后的绝缘电阻值不小于 100Ω/V

注：表 6-2 主要参考 GB/T 31467.3—2015、GB/T 2423.43—2008、GB/T 2423.56—2018 及 GB/T 28046.1—2011。

6.2 动力电池基本测试评价

动力电池能量/功率密度的提升对于其电气性能及安全性能的测试评价技术提出了更高的要求。本节针对目前动力电池电气性能及安全性能的测试规范与方法进行了总结和分析。在电池单体层面，分析了本征电气及安全性能的表征方法以及测试方法及发展趋势等，在电池系统层面，重点探讨了电池系统电气及安全性能测试的标准体系以及热扩散的测试评价方法。

6.2.1 动力电池电气性能测试规范与方法

1. 单体动力电池电气性能测试

（1）放电容量、放电能量和能量密度

1）测试目的：测量单体蓄电池在不同温度下的容量、能量和室温能量密度；同等条件下，能量密度高的单体蓄电池能显著延长汽车的续驶里程。

2）测试设备：单体蓄电池充放电设备、高低温交变湿热试验箱、恒温试验箱等。

3）测试方法与步骤：

单体蓄电池推荐测试室温（RT）、高温45℃、低温0℃和−20℃下的放电容量和放电能量。

功率型单体蓄电池推荐测试 $1C$ 的放电容量和放电能量；能量型单体蓄电池推荐测试 $\frac{1}{3}C$、$\frac{1}{5}C$ 的放电容量和放电能量。电池的容量用 A·h 表示，结果应保留小数点后 2 位有效数字或企业规定的有效位数；电池的能量用 W·h 表示，结果应保留小数点后 2 位有效数字或企业规定的有效位数。

其他温度、倍率条件下的放电容量和放电能量则根据需要参照本试验步骤进行测试。

4）数据处理及评价指标：

① 质量比能量密度。质量比能量密度按照式（6-1）进行计算，并保留小数点后 2 位有效数字或企业规定的有效位数。

$$\rho_{ed} = \frac{W_{ed}}{m} \tag{6-1}$$

式中　ρ_{ed}——单体蓄电池的质量比能量密度（W·h/kg）；

　　　W_{ed}——单体蓄电池的能量（W·h），由记录的试验结果得到；

　　　m——单体蓄电池的质量（kg）。

② 体积比能量密度。体积比能量密度按照式（6-2）进行计算，并保留小数点后 2 位有效数字或企业规定的有效位数。

$$\rho_{evlmd} = \frac{W_{ed}}{V} \tag{6-2}$$

式中　ρ_{evlmd}——单体电池的体积比能量度（W·h/L）；

　　　W_{ed}——单体蓄电池的能量（W·h），由记录的试验结果得到；

　　　V——单体蓄电池的体积（L）。

③ 记录放电容量、放电能量和能量密度。

④ 记录其他温度、倍率条件下的放电容量、放电能量和能量密度。

（2）混合功率脉冲特性（Hybrid Pulse Power Characteristic，HPPC）**测试**

1）测试目的：测试单体蓄电池不同 SOC 状态下的充放电可用电流及功率、并评估是否满足设计要求。

2）测试设备：单体蓄电池充放电设备、高低温交变湿热试验箱、恒温试验箱等。

3）测试方法与步骤：某一目标温度下的 HPPC 测试试验步骤见表 6-3，其中，测试试验电流见表 6-4。

单体蓄电池推荐进行室温（RT）、高温 40℃、低温 0℃ 和 T_{min} 下的 HPPC 测试。单体蓄电池推荐 SOC 分别为 90% 至 10%（梯度 -10%）共计 9 个点的 HPPC 测试。试验全程记录单体蓄电池的电压、电流和温度传感器的温度。

表 6-3　HPPC 测试试验步骤

序号	单体蓄电池状态	环境温度	备注
1	环境适应	RT	—
2	标准充电	RT	—
3	调整 SOC 至目标值	RT	第一次 SOC 为 90%，以后每循环 1 次，SOC 降低 10%
4	环境适应	RT	记录环境适应结束时的 OCV
5	HPPC 测试	目标温度	①恒流放电，使用恒定电流：按表 6-4 进行测试，持续时间为 10s，记录放电结束时的电压（V）。间隔时间可以延长，但温度参考值仍应使用最近的值，即最接近测试时的温度值 ②恒流充电，使用恒定电流：按表 6-4 进行测试，持续时间为 10s，记录充电结束时的电压（V）
6	环境适应	RT	—
7	程序跳转	RT	跳转到步骤 3，直至完成该目标温度下所有的 HPPC 测试
8	标准放电	RT	—

表 6-4　HPPC 测试试验电流

类型	充电和放电电流			
功率型	$1/3I_1$	$1I_1$	$5I_1$	$10I_1$
能量型	$1/3I_1$	$1I_1$	$2I_1$	$5I_1$

4）数据处理及评价指标：

① 单体蓄电池脉冲内阻的计算方法

$$R_d = \frac{V_{10dd} - V_{0dd}}{I_d} \qquad (6\text{-}3)$$

$$R_e = \frac{V_{10cd} - V_{0cd}}{I_e} \qquad (6\text{-}4)$$

式中　R_d——放电内阻；

　　　R_e——充电内阻；

　　　I_d——静态电流；

　　　I_e——脉冲电池；

　　　V_{10dd}——恒流放电开始的静态电压值；

　　　V_{0dd}——恒流充电开始的静态电压值；

V_{10cd}——恒流放电结束的静态电压值;

V_{0cd}——恒流充电结束的静态电压值。

② 根据开路电压(SOC)和脉冲内阻(DCR)数据,可以计算出不同SOC状态下的充放电可用电流及功率。

$$I'_{dmax}(SOC,T,t) = \frac{OCV - V_{min}}{R_d} \tag{6-5}$$

$$I'_{cmax}(SOC,T,t) = \frac{V_{max} - OCV}{R_e} \tag{6-6}$$

$$P'_{dmax}(SOC,T,t) = \frac{OCV - V_{min}}{R_d} \tag{6-7}$$

$$P'_{cmax}(SOC,T,t) = \frac{V_{max} - OCV}{R_d} \tag{6-8}$$

式中　　　　V_{min}——对应条件下的最大允许放电电压;

　　　　　　V_{max}——对应条件下的最大允许充电电压;

$I'_{dmax}(SOC,T,t)$——对应条件下的最大允许放电电流;

$I'_{cmax}(SOC,T,t)$——对应条件下的最大允许充电电流;

$P'_{dmax}(SOC,T,t)$——对应条件下的最大允许放电功率;

$P'_{cmax}(SOC,T,t)$——对应条件下的最大允许充电功率。

③ 记录单体蓄电池在不同温度、不同SOC状态下的脉冲充放电电流、电压及持续时间,记录充放电内阻(DCR)。

(3) 脉冲功率测试

1)测试目的:验证单体蓄电池在室温时不同SOC状态下的脉冲充放电功率,模拟汽车用电状况,并评估是否满足设计要求。

2)测试设备:单体蓄电池充放电设备、高低温交变湿热试验箱、恒温试验箱等。

3)测试方法与步骤:单体蓄电池脉冲功率试验步骤见表6-5。

表 6-5　脉冲功率试验步骤

序号	单体蓄电池状态	环境温度	备注
1	环境适应	RT	—
2	标准放电	RT	—
3	调整SOC至目标值	RT	SOC目标值分别为20%、50%和80%,或者企业规定的其他SOC目标值
4	环境适应	RT	记录环境适应结束时的OCV
5	脉冲充电功率测试	RT	恒功率充电:①恒定功率;②持续时间:10s;③记录充电结束时的电压 V_{as}
6	环境适应	RT	—
7	程序跳转	RT	跳转到步骤3,直至完成所有的脉冲充电功率测试
8	标准放电	RT	—
9	调整SOC至目标值	RT	SOC目标值分别为20%、50%和80%,或者企业规定的其他SOC目标值
10	环境适应	RT	记录环境适应结束时的OCV

（续）

序号	单体蓄电池状态	环境温度	备注
11	脉冲放电功率测试	RT	恒功率放电：①恒定功率；②持续时间：10s；③记录放电结束时的电压 V_a
12	环境适应	RT	—
13	程序跳转	RT	跳转到步骤9，直至完成所有的脉冲放电功率测试
14	标准放电	RT	—

单体蓄电池推荐 SOC 分别为 20%、50% 和 80% 共计 3 个点的脉冲功率测试。试验全程记录单体蓄电池的电压和温度传感器的温度。

4）数据处理及评价指标：

① 记录单体蓄电池室温下不同 SOC 状态下的脉冲放电、充电功率。

② 单体蓄电池的脉冲功率测试应能持续规定的时间，且不应出现单体电压保护的情况。

2. 系统动力电池电气性能测试

（1）放电容量和放电能量测试

1）测试目的：测量蓄电池包/系统在不同温度、不同放电倍率下的放电容量、放电能量及单体蓄电池之间的一致性情况，并评估是否满足设计要求。

2）测试设备：蓄电池系统充放电设备、高低温交变湿热试验箱、恒温试验箱等。

3）测试方法与步骤：某一目标温度下的蓄电池包/系统放电容量和放电能量试验步骤见表6-6。

表6-6　放电容量和放电能量试验步骤

序号	蓄电池包/系统状态	环境温度	备　注
1	环境适应	RT	—
2	标准充电	RT	—
3	标准循环	RT	—
4	环境适应	目标温度	室温试验忽略该步骤
5	$1/3I$ 放电	目标温度	记录放电容量、放电能量，仅针对能量型
6	环境适应	RT	—
7	标准充电	RT	—
8	标准循环	RT	—
9	环境适应	目标温度	室温试验忽略该步骤
10	$1I$ 放电	目标温度	记录放电容量、放电能量
11	环境适应	RT	—
12	标准充电	RT	—
13	标准循环	RT	—
14	环境适应	目标温度	室温试验忽略该步骤
15	$I_{max}(T)$ 放电	目标温度	记录放电容量、放电能量

功率型蓄电池包/系统应测试不同放电电流 I 和温度 T 下的放电容量和放电能量。其中，$I_{max}(T)$ 代表在特定温度 T 下的最大允许放电电流。

能量型蓄电池包/系统应测试三种不同放电电流：$\frac{1}{3}I$、$1I$ 和 $I_{max}(T)$，以及对应的温度

T来获得相应的放电容量和放电能量。

其他温度、倍率条件下的放电容量和放电能量则根据需要参照本试验步骤进行测试。

4）数据处理及评价指标：

① 记录放电容量和放电能量，各温度和倍率条件下的放电容量和放电能量应满足设计要求。

② 试验全程记录所有单体蓄电池的电压，各试验阶段单体蓄电池之间的电压差应满足设计要求。

③ 根据需要记录试验过程中的蓄电池温度和环境温度（温度箱温度）。

（2）库仑效率和能量效率

1）测试目的：测量能量型蓄电池包/系统在不同温度、不同充放电倍率下的能量循环效率，并评估是否满足设计要求。

2）测试设备：蓄电池系统充放电设备、高低温交变湿热试验箱、恒温试验箱等。

3）测试方法与步骤：某一目标温度下的蓄电池包/系统库仑效率和能量效率试验步骤见表6-7。蓄电池包/系统测试温度（T）、低温0℃和温度T下的能量循环效率。蓄电池包/系统测试$1/3I$、$1I$和$I_{max}(T)$的能量循环效率。

其他温度、倍率条件下的能量循环效率则根据需要参照本试验步骤进行测试。注：T指企业提供的蓄电池包/系统最低工作温度。

表6-7　库仑效率和能量效率试验步骤

序号	前电池包/系统状态	环境温度	备　　注
1	环境适应	RT	—
2	标准充电	RT	—
3	标准放电	RT	—
4	环境适应	目标温度	—
5	$1/3I$充电	目标温度	记录充电容量、充电能量
6	环境适应	目标温度	—
7	$1/3I$放电	目标温度	记录放电容量、放电能量
8	环境适应	目标温度	—
9	$1I$充电	目标温度	记录充电容量、充电能量
10	环境适应	目标温度	—
11	$1I$放电	目标温度	记录放电容量、放电能量
12	环境适应	目标温度	—
13	$I_{max}(T)$充电	目标温度	记录充电容量、充电能量
14	环境适应	目标温度	—
15	$I_{max}(T)$放电	目标温度	记录放电容量、放电能量

4）数据处理及评价指标：记录各试验阶段的充电容量和放电容量，以及充电能量和放电能量，按照下式计算库仑效率和能量效率，各温度和倍率条件下的库仑效率和能量效率应满足设计要求。

$$库仑效率 = \frac{放电容量}{充电容量} \times 100\% \qquad (6-9)$$

$$能量效率 = \frac{放电容量}{充电容量} \times 100\% \qquad (6-10)$$

根据需要记录试验过程中的蓄电池电压、蓄电池温度和环境温度（温度箱温度）等信息。

（3）混合功率脉冲特性（Hybrid Pulse Power Characteristic，HPPC）**测试**

1）测试目的：测量蓄电池包/系统在室温下的功率密度，并评估是否满足设计要求。

2）测试设备：蓄电池系统充放电设备、高低温交变湿热试验箱、恒温试验箱等。

3）测试方法与步骤：某一目标温度下的蓄电池包/系统脉冲功率试验步骤见表6-8。

蓄电池包/系统应进行室温（RT）、高温40℃、低温0℃和T_{min}下的脉冲功率测试。蓄电池包/系统应进行SOC分别为90%至10%（梯度-10%）共计9个点的脉冲功率测试。

其他温度、SOC状态下的脉冲功率参数则根据需要参照本试验步骤进行测试验证。

表6-8 HPPC测试试验步骤

序号	单体蓄电池状态	环境温度	备　注
1	环境适应	RT	—
2	标准充电	RT	
3	标准循环	RT	记录第一次试验的放电容量
4	调整SOC至目标值	RT	第一次SOC为90%，以后每循环1次，SOC降低10%
5	环境适应	RT	记录环境适应结束时的OCV
6	HPPC测试	目标温度	①恒流放电，使用恒定电流：按表6-4进行测试，持续时间为10s，记录放电结束时的电压（V）。间隔时间可以延长，但温度参考值仍应使用最近的值，即最接近测试时的温度值 ②恒流充电，使用恒定电流：按表6-4进行测试，持续时间为10s，记录充电结束时的电压（V）
7	环境适应	RT	—
8	程序跳转	RT	跳转到步骤3，直至完成该目标温度下所有的HPPC测试
9	标准放电	RT	

4）数据处理及评价指标：

① 记录各SOC状态下的试验前静态电压、试验充放电电流和脉冲10s电压（以脉冲10s时刻为基准），按照式（6-3）和式（6-4）计算脉冲内阻，其数值应满足设计要求。

② 根据开路电压（SOC）和脉冲内阻（DCR）数据，可以按照式（6-5）~式（6-8）计算出不同SOC状态下的充放电可用电流及功率。

③ 根据需要记录试验过程中单体蓄电池电压、蓄电池温度和环境温度等信息。

（4）脉冲功率测试

1）测试目的：验证蓄电池包/系统在使用过程中实际的混合脉冲充放电能力，并评估是否满足设计要求。

2）测试设备：蓄电池系统充放电设备、高低温交变湿热试验箱、恒温试验箱等。

3）测试方法与步骤：某一目标温度下的蓄电池包/系统脉冲功率试验步骤见表6-9。

蓄电池包/系统应进行室温（RT）、高温40℃、低温0℃和 T_{min} 下的脉冲功率测试。蓄电池包/系统应进行 SOC 分别为 90% 至 10%（梯度-10%）共计 9 个点的脉冲功率测试。其他温度、SOC 状态下的脉冲功率参数则根据需要参照本试验步骤进行测试验证。

表 6-9　脉冲功率试验步骤

序号	蓄电池包/电池状态	环境温度	备注
1	环境适应	RT	—
2	标准充电	RT	—
3	标准循环	RT	记录第一次试验的放电容量
4	调整 SOC 至目标值	RT	第 1 次 SOC 为 90%，以后每循环 1 次，SOC 降低 10%，直至 SOC 为 10%
5	环境适应	目标温度	—
6	脉冲功率测试	目标温度	①恒功率放电。恒定功率：$P_a(SOC,T,t)$，持续时间：10s；②静置40s；③恒功率充电。恒定功率：$P(SOC,T,t)$，持续时间：10s
7	环境适应	RT	—
8	程序跳转	RT	跳转到步骤3，直至完成所有的脉冲功率测试
9	标准放电	RT	—

4）数据处理及评价指标：

① 记录各 SOC 状态下的动力蓄电池充放电功率及能够持续的时间，其数值应满足设计要求。

② 根据需要记录试验过程中的蓄电池电压、蓄电池温度和环境温度（温度箱温度）等信息。

6.2.2　动力电池安全性能测试规范与方法

1. 单体动力电池安全性能测试

（1）过放电试验

1）测试目的：验证单体蓄电池电滥用性能，模拟电池发生过放电时可能出现的安全风险，从而评估样品是否满足设计需求。

2）测试设备：单体蓄电池充放电设备、恒温试验箱、万用表等。

3）测试方法与步骤：

① 室温下单体蓄电池预处理后再充满电。

② 以 $1/3I$（能量型）或（功率型）恒流放电到单体蓄电池的放电终止电压，然后再以 I 电流强制放电 90min。

4）数据处理及评价指标：观察样品在试验过程中及试验后 1h 观察期间是否有起火或爆炸现象。

（2）过充电试验

1）测试目的：验证单体蓄电池电滥用性能，模拟电池发生过充电时可能出现的安全风险，从而评估样品是否满足设计需求。

2）测试设备：单体蓄电池充放电设备、恒温试验箱、万用表等。

3）测试方法与步骤：

① 室温下单体蓄电池预处理后再充满电。

② 恒流充电直到单体蓄电池的电压达到其最高工作电压的1.1倍，或者单体蓄电池的充电量达到115%SOC。

4）数据处理及评价指标：观察样品在试验过程中及试验后1h观察期间是否有起火或爆炸现象。

（3）短路试验

1）测试目的：验证单体蓄电池电滥用性能，模拟电池发生外短路时可能出现的安全风险，从而评估样品是否满足设计需求。

2）测试设备：单体蓄电池充放电设备、恒温试验箱、万用表等。

3）测试方法与步骤：

① 室温下单体蓄电池预处理后再充满电。

② 将单体蓄电池正、负极经外部短路10min，外部线路电阻应小于5mΩ。

4）数据处理及评价指标：观察样品在试验过程中及试验后1h观察期间是否有起火或爆炸现象。

（4）挤压试验

1）测试目的：验证单体蓄电池机械滥用性能，模拟电池发生挤压时可能出现的安全风险，从而评估样品是否满足设计需求。

2）测试设备：单体蓄电池充放电设备、恒温试验箱、动力蓄电池挤压试验台、万用表等。

3）测试方法与步骤：

① 室温下单体蓄电池预处理后再充满电。

② 挤压方向：垂直于单体蓄电池极板方向施压，或与单体蓄电池在整车布局上最容易受到挤压的方向相同。

a. 挤压板形式：半径75mm的半圆柱体，半圆柱体的长度（L）大于被挤压单体蓄电池的尺寸。

b. 挤压速度：不大于2mm/s。

c. 挤压程度：电压达到0V或变形量达到15%，或者挤压力达到100kN或1000倍测试对象重量后停止挤压。

③ 保持10min。

4）数据处理及评价指标：观察样品在试验过程中及试验后1h观察期间是否有起火或爆炸现象。

（5）热失控试验

1）测试目的：验证蓄电池管理系统可以监控的最小蓄电池单元热失控性能，对电动汽车车载可充电储能系统的核心化学危险源进行安全性评价，从而评估样品是否满足设计需求。

2）测试设备：单体蓄电池充放电设备、恒温试验箱、加热装置、温度采集系统、万用表等。

3）测试方法与步骤：

① 使用平面状或者棒状加热装置，并且其表面应覆盖陶瓷、金属或绝缘层，加热装置功率选择要求见表6-10。完成测试对象与加热装置的装配，加热装置与单体蓄电池应直接接触，加热装置的尺寸规格应不大于测试对象的被加热面；安装温度监测器，监测点温度传感器布置在远离热传导的一侧，即安装在加热装置的对侧。温度数据的采样间隔应小于1s，准确度要求为2℃，温度传感器尖端的直径应小于1mm。

表 6-10　加热装置选择要求

测试对象电能 $E/W\cdot h$	加热装置最大功率/W
$E<100$	$30\sim300$
$100\leqslant E<400$	$300\sim1000$
$400\leqslant E<800$	$300\sim2000$
$E>800$	>600

② 室温下单体蓄电池预处理后再充电到100%SOC，然后对测试对象用1I电流继续充电12min。立刻起动加热装置，并以其最大功率对测试对象进行持续加热，当发生热失控或者监测点温度达到300℃时，停止加热，关闭加热装置。

③ 判定是否发生热失控的条件

a. 测试对象产生电压降，且下降值超过初始电压的25%。

b. 监测点温度达到电池企业规定的最高工作温度。

c. 监测点的温升速率 $dT/dt\geqslant1℃/s$，且持续3s以上。

当a和c或者b和c发生时，判定发生热失控。

4）数据处理及评价指标：观察样品在加热过程中及加热结束后1h内是否有起火或爆炸现象。

2. 系统动力电池安全性能测试

（1）模拟碰撞

1）测试目的：模拟蓄电池包/系统在汽车碰撞时受到的影响，从而评估样品的结构强度能否满足设计需求。

2）测试设备：蓄电池系统充放电设备、恒温试验箱、模拟碰撞试验台、绝缘电阻仪等。

3）测试方法与步骤：参考测试对象在汽车上的安装位置和GB/T 2423.43—2008的要求，将测试对象水平安装在带有支架的台车上。根据测试对象的使用环境给台车施加规定的脉冲，该脉冲应满足表6-11和图6-1限定的边界条件（汽车行驶方向为 x 轴，另一垂直于行驶方向的水平方向为 y 轴，整车整备质量为 m）。对于测试对象存在多个安装方向（$x/y/z$）时，取加速度较大的安装方向进行试验。试验结束后在试验环境温度下观察2h。

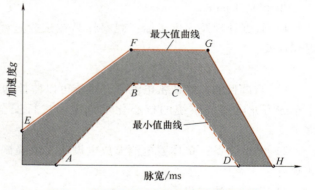

图 6-1　模拟碰撞试验加速度脉冲示意图

表 6-11 模拟碰撞试验脉冲参数表

试验	脉宽/ms	$m \leqslant 3.5t$		$3.5 < m < 7.5t$		$m \geqslant 7.5t$	
		x 方向加速度/g	y 方向加速度/g	x 方向加速度/g	y 方向加速度/g	x 方向加速度/g	y 方向加速度/g
A	20	0	0	0	0	0	0
B	50	20	8	10	5	6.6	5
C	65	20	8	10	5	6.6	5
D	100	0	0	0	0	0	0
E	0	10	4.5	5	2.5	4	2.5
F	50	28	15	17	10	12	10
G	80	28	15	17	10	12	10
H	120	0	0	0	0	0	0

4）数据处理及评价指标：

① 记录试验过程中及观察期间蓄电池包/系统是否有泄漏、外破裂、着火或爆炸现象；

② 记录试验前后的绝缘电阻值。

（2）挤压

1）测试目的：模拟蓄电池包/系统在受到挤压时可能出现的安全风险，从而评估样品的结构强度能否满足设计需求。

2）测试设备：蓄电池系统充放电设备、恒温试验箱、蓄电池系统挤压试验台、绝缘电阻仪等。

3）测试方法与步骤：挤压方向为 x 向和 y 向（汽车行驶方向为 x 轴，另一垂直于行驶方向的水平方向为 y 轴），挤压速度不大于 2mm/s，挤压力达到 100kN 或挤压变形量达挤压方向整体尺寸的 30% 时停止挤压保持 10min。试验结束后在试验环境温度下观察 1h。挤压板形式示意图如图 6-2 所示，可选择以下两种中的一种。

① 半径为 75mm 的半圆柱体，半圆柱体的长度（L）大于测试对象的高度，但不超过 1m，如图 6-2a 所示。

② 外廓尺寸为 600mm×600mm 或更小，三个半圆柱体半径为 75mm，半圆柱体间距为 30mm，如图 6-2b 所示。

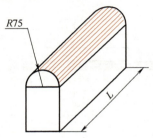
a)

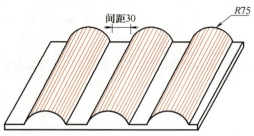
b)

图 6-2 挤压板形式示意图

a）挤压板形式一 b）挤压板形式二

（3）浸水安全

1）测试目的：测试蓄电池包/系统在进水情况下可能存在的安全风险，并评估是否满足设计要求。

2）测试设备：蓄电池系统充放电设备、恒温试验箱、海水浸泡试验箱、绝缘电仪等。

3）测试方法与步骤：测试对象按照整车连接方式连接好线束、接插件等零部件，选择以下两种方式中的一种进行测试：

① 测试对象以实车装配方向置于3.5%（质量分数）氯化钠溶液中2h，水深要足以淹没试验对象；

② 测试对象按照GB/T 4208—2017中14.2.7所述方法和流程进行试验。试验对象按照制造商规定的安装状态全部浸入水中。对于高度小于850mm的试验对象，其最低点应低于水面1000mm；对于高度等于或大于850mm的试验对象，其最高点应低于水面150mm。试验持续时间30min。水温与试验对象温差不大于5℃。将电池包取出水面，测试环境温度下静置观察2h。

4）数据处理及评价指标：

按照方式①进行试验，应记录蓄电池包/系统试验程中及试验后观察期间是否有起火、爆炸等现象。

按照方式②进行试验，应记录蓄电池包/系统试验后的绝缘电阻值，是否满足IPX7要求，是否存在泄漏、外壳破裂、起火或爆炸等现象。

（4）外部火烧

1）测试目的：测试蓄电池包/系统在外部火烧时可能存在的安全风险，并评估是否满足设计要求。

2）测试设备：蓄电池系统充放电设备、恒温试验箱、外部火烧试验台、绝缘电阻仪、风速仪等。

3）测试方法与步骤：试验环境温度为0℃以上，风速不大于2.5km/h。测试中，盛放汽油的平盘尺寸应超过测试对象水平投影尺寸20cm，不超过50cm。平盘高度不高于汽油表面8cm。测试对象应居中放置。汽油液面与测试对象底部的距离设定为50cm，或者为汽车空载状态下测试对象底面的离地高度。平盘底层注入水。外部火烧示意图如图6-3所示。

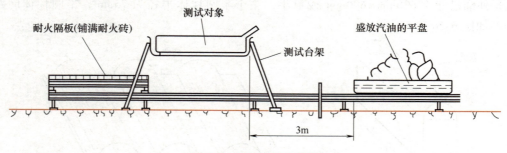

图6-3 外部火烧示意图

外部火烧试验分为以下4个阶段：

① 预热：在离测试对象至少3m远的地方点燃汽油，经过60s的预热后，将油盘置于测试对象下方。如果油盘尺寸太大无法移动，可以采用移动测试对象和支架的方式。

② 直接燃烧：测试对象直接暴露在火焰下 70s。

③ 间接燃烧：将耐火隔板盖在油盘上。测试对象在该状态下测试 60s。或经双方协商同意，继续直接暴露在火焰中 60s。耐火隔板由标准耐火砖拼成，其尺寸和技术数据如图 6-4 所示。

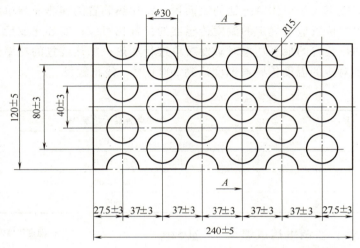

图 6-4　耐火隔板的尺寸和技术数据

④ 离开火源：将油盘或者测试对象移开，在试验环境温度下观察 2h 或测试对象外表温度降至 45℃ 以下。

4）数据处理及评价指标：

① 记录试验过程中及观察期间蓄电池包/系统是否有起火、爆炸等现象。

② 如果有火苗，记录是否在火源移开后 2min 内熄灭。

（5）热失控扩展

1）测试目的：测试蓄电池包/系统在单个蓄电池发生热失控时的安全风险，并评估是否满足设计要求。

2）测试设备：蓄电池系统充放电设备、恒温试验箱、蓄电池系统针刺试验台、加热装置、温度采集系统、绝缘电阻仪、风速仪等。

3）测试条件：试验在环境温度为 0℃ 以上，相对湿度为 10%～90%，大气压力为 86～106kPa 的环境中进行。试验开始前，对测试对象的 SOC 进行调整。对于设计为外部充电的蓄电池包/系统，SOC 调至不低于企业规定的正常 SOC 工作范围的 95%。对于设计为仅可通过汽车自身能源装置进行充电的蓄电池包/系统，SOC 调至不低于企业规定的正常 SOC 工作范围的 90%。试验开始前，所有的试验装置应正常运行。试验应尽可能少地对测试样品进行改动，企业需提交所做改动的清单。试验应在室内环境或者风速不大于 2.5km/h 的环境下进行。

4）测试方法与步骤：热失控触发对象为测试对象中的单体蓄电池。选择蓄电池包/系统内靠近中心位置或者被其他单体蓄电池包围的单体蓄电池。

① 针刺触发热失控方法：针刺材料为钢；刺针直径为 3～8mm；针尖形状为圆锥形，角度为 20°～60°；针刺速度为 0.1～10mm/s；针刺位置及方向为选择能触发单体蓄电池发生热

失控的位置和方向（例如，垂直于极片的方向）。

② 加热触发热失控方法：使用平面状或者棒状加热装置，并且其表面应覆盖陶瓷金属或绝缘层。对于尺寸与单体蓄电池相同的块状加热装置，可用该加热装置代替其中一个单体蓄电池，与触发对象的表面直接接触；对于薄膜加热装置，则应将其始终附着在触发对象的表面；加热装置的加热面积都应不大于单体蓄电池的表面积；将加热装置的加热面与单体蓄电池表面直接接触，加热装置的位置应与规定的温度传感器的位置相对应；安装完成后，应在 24h 内起动加热装置，以加热装置的最大功率对触发对象进行加热；加热装置的功率选择见表 6-12；当发生热失控或者对应的温度传感器温度达到 300℃ 时，停止触发。

表 6-12 加热装置功率选择

测试对象电能 $E/W \cdot h$	加热装置最大功率/W
$E < 100$	$30 \sim 300$
$100 \leqslant E < 400$	$300 \sim 1000$
$400 \leqslant E < 800$	$300 \sim 2000$
$E > 800$	>600

③ 推荐的监控点布置方案：监测电压或温度，应使用原始的电路或追加新增的测试用电路。温度数据的采样间隔应小于 1s，准确度要求为 ±2℃。针刺触发时，温度传感器的位置应尽可能接近短路点，也可使用针的温度（针刺触发时温度传感器的布置位置示意图如图 6-5 所示）。加热触发时，温度传感器布置在远离热传导的一侧，即安装在加热装置的对侧（见图 6-6）。

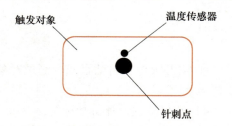

图 6-5 针刺触发时温度传感器的布置位置示意图

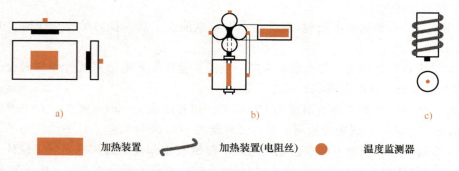

a) b) c)

加热装置 加热装置(电阻丝) 温度监测器

图 6-6 加热触发时温度传感器的布置位置示意图
a）硬壳及软包电池 b）圆柱形电池Ⅰ c）圆柱形电池Ⅱ

5）推荐的发生热失控的判定条件：

① 试验对象产生电压降，且下降值超过初始电压的 25%。

② 监测点温度达到蓄电池生产企业规定的最高工作温度。

③ 监测点的温升速率 $dT/dt \geqslant 1℃/s$，且持续 3s 以上。

当①和③或者②和③发生时，判定发生热失控。

（6）数据处理及评价指标

1）如果采用推荐的方法作为热失控触发方法，且未发生热失控，为了确保热扩散不会导致汽车乘员危险，需证明采用如上两种推荐方法均不会发生热失控。

2）如果发生热失控，记录热失控报警信号发出后试验对象外部发生起火或爆炸的时间（以先发生者为准），该时间应不低于5min。

6.3 典型的测试设备

电池检测仪器主要包括电池充放电性能试验台（充放电设备、温度测量设备、内阻检测设备）、环境模拟试验系统（温度、湿度、振动、温度冲击）、电池安全性检验设备（挤压试验机、针刺试验机、冲击试验机、跌落试验机）等。

6.3.1 充放电性能试验台

1. 充放电性能检测设备

电池充放电性能检测是最基本的性能检测，一般由充放电单元和控制程序单元组成，可以通过计算机远程控制动力电池恒压、恒流或设定功率曲线进行充放电。通过电压、电流、温度传感器可进行相应的参数测量以及获得动力电池容量、能量、电池组一致性等评价参数。

一般试验设备按照功率和电压等级分类，以适应不同电压等级和功率等级的动力电池及电池组性能测试需要。

例如，通用的电池单体测试设备，一般选择工作电压范围 $0 \sim 5V$，工作电流范围 $0 \sim 100A$，可满足多数车用动力电池基本性能测试的基本要求。对于大功率电池组的基本性能测试，电压范围需要根据电池组的电压范围进行选择，常用的通用测试设备要求在 $0 \sim 500V$，功率上限在 $150 \sim 200kW$。

图6-7所示为某公司研制的Arbin多功能电池测试系统，可以通过编程软件设置不同的充放电策略，并可以实时记录被测试电池的电压、电流、充放电容量、功率以及表面温度等参数。

2. 内阻检测设备

电池内阻作为二次测量参数，测试方法包括方波电流法、交流电桥法、交流阻抗法、直流伏安法、短路电流法和脉冲电流法等。直流放电法比较简单，并且在工程实践中比较常用。该方法是通过对电池进行瞬间大电流（一般为几十安培到上百安培）放电，测量电池上的瞬间电压降，通过欧姆定律计算出电池内阻。交流法通过对电池注入一个低频交流电流信号，测出蓄电池两端的低频电压和流过的低频电流以及两者的相位差，从而计算出电池的内阻。现在设备厂家研制生产的电池内阻测试设备多是采用交流法为基础进行的测试。图6-8和表6-13是典型的内阻测试仪及其参数。

表 6-13　内阻测试仪的参数

参 数 名 称	内　　阻	电 池 电 压
测量范围	$0 \sim 999.99m\Omega$	$0 \sim 9.99V$
最小测量分辨率	$0.001m\Omega$	$0.01V$
测量精度	$\pm 1.5\% \pm 5dgt$	$\pm 1.0\% \pm 5dgt$

图 6-7　Arbin 多功能电池测试系统

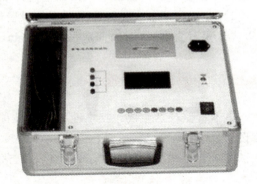

图 6-8　内阻测试仪

3. 温度测量设备

电池在充放电过程中的温度升高是重要的参数之一，但一般的测试只能测量电池壳体的典型位置参数，一般在充放电的设备上带有相应的温度采集系统，具有进行充放电过程温度数据同步的功能。除此之外，专业的温度测试设备还包括非接触式测温仪以及热成像仪。热成像仪可以采集电池一个或多个表面温度的变化历程，并可以提取典型的测量点的温度变化数据，是进行电池温度场分析的专业测量设备。非接触式测温仪以及热成像仪分别如图 6-9和图 6-10 所示。

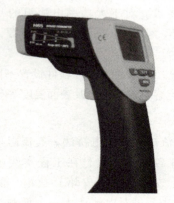

图 6-9　非接触式测温仪

图 6-10　热成像仪

6.3.2　环境模拟试验系统

动力电池常用的应用环境模拟包括温度、湿度以及在车辆上应用时随道路情况变化而出现的振动环境。因此，在环境试验方面主要考虑这三个方面。可采用独立的温度试验箱、湿度调节试验箱、振动试验台进行相关的单一因素影响的动力电池环境模拟试验。恒温箱可以为电池测试创造恒定的温度环境，温度设定值可根据测试要求进行调节，图 6-11 所示为电池测试恒温箱设备。

但在实际的动力电池应用工况下，是三种环境参数的耦合，因此，在环境模拟方面有温、湿度综合试验箱以及温、湿度和振动三综合试验台。为考核电池对温度变化的适应性，还需要设计温度冲击试验台，进行快速变温情况下电池的适应性试验。电池三综合试验台及温度冲击试验箱如图 6-12 所示。

图 6-11　电池测试恒温箱

图 6-12　电池三综合试验台及温度冲击试验箱

6.3.3　电池滥用试验设备

电池滥用试验设备是模拟电池在车辆碰撞、正负极短路、限压限流失效等条件下，是否会出现着火、爆炸等危险状况的试验设备。针刺试验机、冲击试验机、跌落试验机、挤压试验机等可以模拟车辆发生碰撞事故时，电池可能出现的损伤形式；短路试验机、被动燃烧试验平台等可以模拟电池被极端滥用情况下可能出现的损伤形式；采用充放电试验平台可以进行电池过充或过放等滥用测试。电池滥用试验设备如图 6-13 所示。

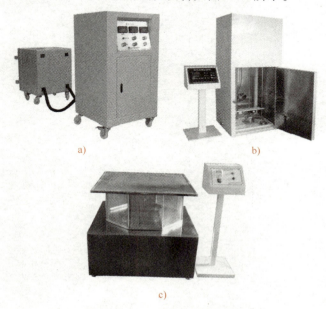

a)

b)

c)

图 6-13　电池滥用试验设备

a）电池短路试验机　b）电池冲击试验机　c）电池被动燃烧试验平台

习题

1. 动力电池的性能评价参数有哪些?
2. 动力电池的主要测试方法有哪些?
3. 简述动力电池电气性能测试的测试类别及对应测试方法。
4. 简述动力电池安全性测试的测试类别及对应测试方法。
5. 动力电池的基本测试评价指标有哪些?
6. 动力电池的典型测试设备有哪些?

第7章 动力电池应用理论与技术

在实际车辆运行过程中，动力电池的荷电状态、健康状态与功率状态能够直接反映电池系统的性能与安全。此外，电池应用过程中还存在热失控等潜在风险，一旦发生事故，将引发严重的人员伤亡和财产损失。对动力电池的性能、寿命与热安全问题的研究，是保证动力电池系统安全健康应用的基础。

7.1 动力电池一致性及其表征

同一规格型号的单体电池组成电池组后，其电压、荷电量、容量及其衰退率、内阻及其变化率、寿命、温度影响、自放电率等参数存在一定的差别。电池一致性是用来表征这些差别的概念，差别越大，一致性越差，不一致性越高。不一致产生的主要原因有两方面：① 在制造过程中，由于工艺上的问题和材质的不均匀，使得电池极板活性物质的活化程度和厚度、微孔率、连条、隔板等存在很微小的差别，这种电池内部结构和材质上的不完全一致性，就会使同一批次出厂的同一型号电池的容量、内阻等参数不可能完全一致；② 在装车使用时，由于电池组中各个电池的温度、通风条件、自放电程度、电解液密度等差别的影响，在一定程度上增加了电池电压、内阻及容量等参数的不一致性。根据使用中电池组不一致性扩大的原因和对电池组性能的影响方式，可以把电池的一致性分为容量一致性、电压一致性和电阻一致性。

1. 容量一致性

电池组在出厂前的分选试验可以保证单体初始容量一致性较好，在使用过程中可以通过电池单体单独充放电来调整单体初始容量，使之差异性较小，因此，初始容量不一致不是电动车辆电池成组应用的主要矛盾。实际应用的容量一致性是指电池在放电过程中所剩余的电量不相等，对于电池剩余电量 C 可表示如下：

$$C = C_0 - \int I_b(t)\,\mathrm{d}t \tag{7-1}$$

式（7-1）表明电池组实际容量不一致主要与电池初始容量 C_0 和放电电流 I_b 有关。

电池初始容量受电池循环工作次数影响显著，越接近电池寿命周期后期，实际容量不一致就越明显。图 7-1 所示为某类型锂离子电池循环寿命对初始容量的影响特性，可以发现随

着电池循环次数的增加，电池的初始容量减少，并且充电过程中恒压时间加长，同时电池在放出相同容量的电量时电压有所下降。例如，同样放出 40A·h 电量，同样的放电电流，循环 10 次时电池的放电电压是 3.7V，而循环 600 次时电池的放电电压是 3.5V，这主要是电池内阻随电池充放电次数的增多而增大所致。同时电池初始容量还与电池容量衰减特性有关，受到电池储存温度、电池荷电状态（SOC）等因素影响。表 7-1 是某类型锂离子电池容量衰减特性，从中可得出电池容量的衰减随着储存温度升高、SOC 的增大而加大，例如，SOC = 100%的电池在 40℃环境下保存 1 年后容量衰减 30%。

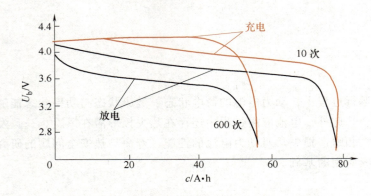

图 7-1　锂离子电池循环寿命对初始容量的影响特性

表 7-1　锂离子电池容量衰减特性

SOC	温度					
	20℃			40℃		
	时间/年					
	0.25	0.5	1	0.25	0.5	1
0	0	0	0	0	0	0
50%	5%	6%	6%	6%	10%	11%
100%	11%	14%	17%	19%	26%	30%

　　电池组实际放电容量不一致性还与电池放电电流有关。串联电池组由于流经电流相等，可认为对单体电池影响相同，但对于并联电池组，模型简化表达如图 7-2 所示，电路方程如下：

$$\sum E_{1i}-i_1 \sum r_{1i} = \sum E_{2i}-i_2 \sum r_{2i} \qquad (7\text{-}2)$$

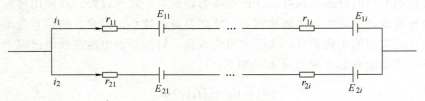

图 7-2　电池并联简化模型

　　假设并联电池组每个单体初始电动势 E 相等，即 $\sum E_{1i} = \sum E_{2i}$，但内阻 r 是不一样的，使得 $i_1 \neq i_2$，由式（7-2）可知电池组实际容量将出现差异。

所以，在电池组实际使用过程中，容量不一致主要是电池初始容量不一致和放电电流不一致综合影响的结果。

2. 电压一致性

电压不一致的主要影响因素在于并联组中电池的互充电，当并联组中一节电池电压低时，其他电池将给此电池充电。并联电压不一致性如图 7-3 所示，设 V_1 的端电压低于 V_2，则电流方向如图 7-3 所示，如同电池充电电路。这种连接方式，

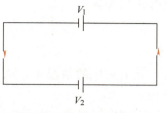

图 7-3 并联电压不一致性

低压电池容量小幅增加的同时高压电池容量急剧降低，能量将损耗在互充电过程中而达不到预期的对外输出。

若低压电池和正常电池一起使用，将成为电池组的负载，影响其他电池的工作，进而影响整个电池组的寿命。因此，在电池组不一致明显增加的深放电阶段，不能再继续行车，否则会造成低容量电池过放电，影响电池组使用寿命。

电池静态（电池静止 1h 以上）开路电压在一定程度上是电池 SOC 的集中表现。由于电池 SOC 在一定范围内还与电池开路电压呈线性关系，开路电压不一致也在一定程度上体现了电池能量状态不一致。

3. 内阻一致性

电池内阻不一致使得电池组中每个单体在放电过程中热损失的能量各不一样，最终会影响电池单体能量状态。

（1）串联组 串联电阻不一致性如图 7-4 所示，在充放电过程中，电池内阻损耗的能量为

$$E = \int_{t_1}^{t_2} I^2(t) r \mathrm{d}t \qquad (7\text{-}3)$$

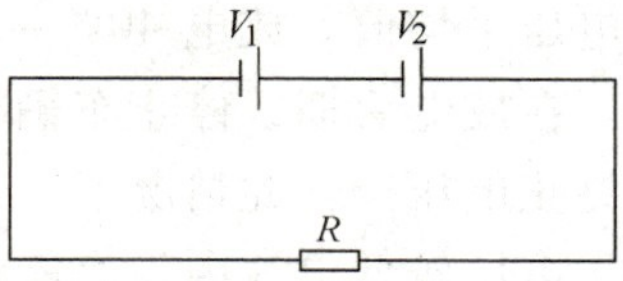

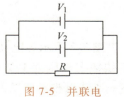

图 7-4 串联电阻不一致性

式中　r——电池内阻；

　　　t——充电时间变量；

　　　I——充电电流；

t_1，t_2——充电起止时间。

串联组中电流 I 相同，内阻大的电池，能量损失大，产生热量多，温度升高快。若电池组的散热条件不好，热量不能及时散失，电池温度将持续升高，可能导致电池变形甚至爆炸的严重后果。在充电过程中，由于内阻不同，分配到串联组每个电池的充电电压不同，将使电池充电电压不一致。随充电过程的进行，内阻大的电池电压可能提前到达充电的最高电压极限，由此为了防止内阻大的电池过充电和保证充电安全而不得不在大多数电池还未充满的情况下停止充电。

（2）并联组 并联电阻不一致性如图 7-5 所示，$V_1 = I_1 r_1 + IR$，$V_2 = I_2 r_2 + IR$。V_1、V_2 分别为两支路电池端电压，r_1、r_2 为电池内阻，I_1、I_2 分别为 V_1、V_2 支路电流，I 为电路总电流。

在放电过程中，为了便于计算，假设 $V_1 = V_2$，则 $I_1 r_1 = I_2 r_2 =$ const。内阻大的电池，电流小；反之，内阻小的电池，电流大。从而使电池在不同的放电率下工作，影响电池组的寿命。与此同时，电

图 7-5 并联电阻不一致性

池放出的能量为

$$E = \int_{t_1}^{t_2} V(t) I(t) \, \mathrm{d}t \qquad (7\text{-}4)$$

在 $I_1 \neq I_2$ 的情况下，电池放出的能量不同，致使在相同工作条件下，电池放电深度不同。

在充电过程中，由于内阻不同，分配到并联组的充电电流不同，充电容量为

$$C = \int_{t_1}^{t_2} I(t) \, \mathrm{d}t \qquad (7\text{-}5)$$

相同时间内充电容量不同，即电池的充电速度不同，从而影响整个充电过程。在实际充电过程中，只能在防止充电快的电池过充电和防止充电慢的电池充不满之间采取折中的方案。

7.1.1 电池组一致性的动静态表现形式

电压一致性是一致性最为直观，也是最容易测量的表现形式。下面分别以电压测量为依据说明在电池组静态和充放电过程中一致性的变化情况。

1. 电池一致性静态表现

在不同放电深度下，测量电池组中单体电池的电压，可以得到静态单体电池不一致性数据。图 7-6 所示为某电动公交客车采用的锂离子动力电池组在不同放电情况下，部分单体电池电压一致性分布情况。测试数据选择在充电后、放电 40%～50% 和终止放电三个不同阶段。可以看出，充电后电压不一致表现为个别电池的单体电池电压明显高于电池组的单体电池电压平均值。放电 40%～50% 时，电池处于放电电压平稳阶段，因此电池电压一致性良好。在放电后期，停止车辆行驶是由于极少数单体电池电压偏低，达到甚至超过单体电池放电终止电压。在此情况下，最高与最低电池单体电压差可达 0.5V 以上。若继续使电池组放电，电压较低电池因没有能量可以放出而过放电，产生永久性损坏。

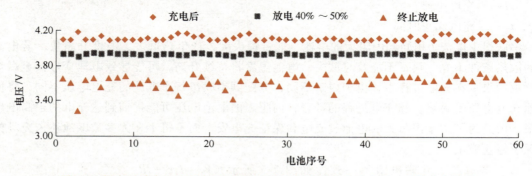

图 7-6　锂离子动力电池组在不同放电情况下部分单体电池电压一致性分布情况

图 7-7 所示为电动公交客车用铅酸电池在不同行驶里程后单体电池的电压差。图 7-7 是 35 块额定电压为 12V 的电池进行测量的结果。测量均在电池组充电静置 10h 后进行。电压不一致性以相对电压差表示，即某块电池的电压减去本次测量单体电池最低电压值所得的结果。可以看出，随行驶里程的增加，电池的不一致程度也逐步增加。

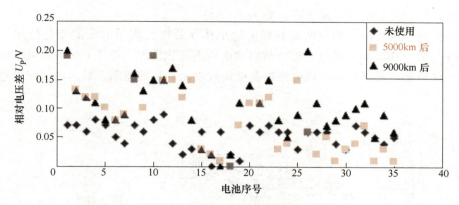

图 7-7　铅酸电池在不同行驶里程后单体电池电压差

2. 电池一致性动态表现

在车辆行驶的动态过程中，电池电压不一致性表现也十分明显，以某电动公交车动力铅酸电池组中串联的两块电池为例。铅酸电池动态电压不一致性如图 7-8 所示，图 7-8a 是行车过程中电池组电流的变化情况，图 7-8b 对应的是串联组中两块电池端电压的变化情况。在放电前，两块电池的电压基本一致。在放电的过程中，两块电池电压逐渐表现出差别。在放电瞬时，两块电池的电压差最大可达 0.5V。由图 7-8 中还可以看出，两块电池的电压处于交替状态，并非在一个瞬时电压高的电池在下一个瞬时电压也高。两块电池电压变化总的情况只与电流有关，放电电流大时，电压低；放电电流小时，电压高。在放电前期、中期和后期的三个怠速段，即电流为零时，电池的平稳电压逐步下降且在平稳段电压差明显减小，趋于一致。由此也可以说明，在短时放电后，电池的静态电压基本没有差别。

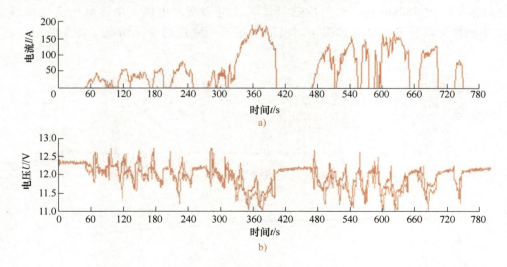

图 7-8　铅酸电池动态电压不一致性

图 7-9 是在某电动公交客车行驶过程中，测量锂离子电池系统中串联的两组电池电压的变化过程。图 7-9a 是行车过程中电池组电流的变化情况，图 7-9b 对应的是两组电池端电压的变化情况。总体曲线表现特征与前述动力铅酸电池的动态电压不一致性表现相似。在大电

流放电瞬时，两组电池电压差最大可达 0.15V。

同样的锂离子电池组，测量两块并联电池单体在放电过程中的电流变化情况，结果如图 7-10 所示。图 7-10a 是放电过程中电池组端电压的变化情况，图 7-10b 是测量相应两块电池电流的变化情况。可以看出两块电池放电电流表现出一定的差别，最大电流差可达 8A。

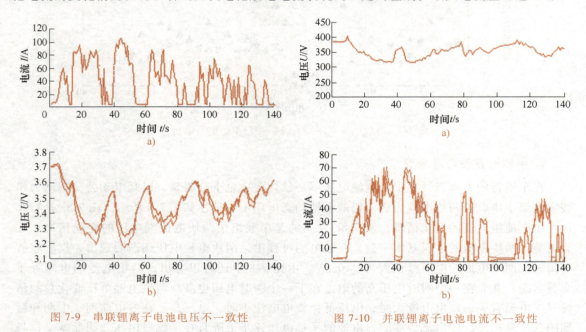

图 7-9　串联锂离子电池电压不一致性　　　　图 7-10　并联锂离子电池电流不一致性

在放电后期，锂离子单体电池放电电压随放电电流的变化曲线如图 7-11 所示，此曲线为某电动客车行驶 180km 后，电池组已经进入放电后期的电流、单体电压变化曲线。从图 7-11 中同样可以看出在动态情况下，电池电压不一致性的变化情况。在曲线记录初期，

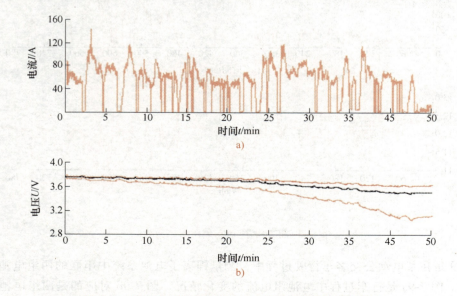

图 7-11　锂离子单体电池放电电压随放电电流的变化曲线

电池间电压差小于 0.02V，但随放电过程的进行，电压差迅速增加，在动态情况下，扩大到 0.5V。同样说明，电池放电后期，容量较低电池的电压衰减迅速，若不能及时发现并停止对电池继续放电，将对电池造成不可逆性损害。

7.1.2　电池组电压一致性统计规律

随使用时间和行驶里程的增加，电池的不一致程度逐渐增加。最直观的反映为运行一段时间后，单体电池电压不一致程度增加。由于单台电动车辆同时应用的电池可达数百块，具有引用数量多的基本特性。同时单体电池电压作为测量参数可认为相互独立，因此电池一致性分布规律符合统计学上的正态分布基本规律。本小节以锂离子电池组为例，说明电池组一致性统计过程及分布规律。

电池组充电最高电压按单体电池电压 4.15V 设定，统计记录电池组每天充电后静置 10h 的单体电池电压值。以月为单位，统计每个月中旬各个电压值段占总体（共 108 组电池）的比例。统计过程中，以 0.01V 为电压分段区间，以柱状图表示各个电压分段在电池组中出现的概率，其中矩形面积大小表示概率大小。电压不一致性统计结果如图 7-12 所示。

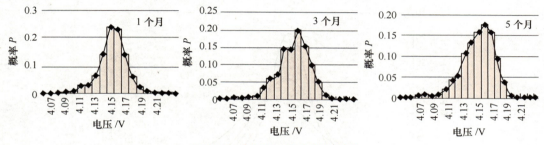

图 7-12　电压不一致性统计结果

从图 7-12 中可以看出，最初电压在 4.15～4.16V 出现的概率最大，随着时间的推移，概率最大电压段有上升到 4.16～4.17V 的趋势。随着使用时间的增加，电池组的电压分散程度增加，表现为概率分布的峰值随时间逐步降低，最低电压和最高电压在两个方向上延伸。从连续 5 个月的使用情况看，峰值概率已经从 0.25 降到 0.18。最高和最低电压压差已经从 0.11V 扩大到 0.19V。电压不均匀分布概率图的另一个重要特点是各个电压段的概率值在峰值两端基本呈对称分布且呈逐步下降趋势，分布状态与正态分布相似。假设在上述电压分段中，概率呈均匀分布，取概率分布分段电压中间值估计计算整体概率分布的均值和方差。均值和方差的计算方法见式（7-6）。均值和方差的计算结果见表 7-2。

$$u = E(x) = \sum_{i=1}^{11} \overline{V_i} P_i$$

$$\sigma^2 = E(x^2) - \mu^2 = \sum_{i=1}^{11} \overline{V_i}^2 P_i - \mu^2 \qquad (7\text{-}6)$$

式中　μ、σ^2——均值和方差；

$\overline{V_i}$——分段后各段电压的中间值；

P_i——各段电压概率。

表 7-2 不一致性分布均值和方差计算结果

时间	1 个月	2 个月	3 个月	4 个月	5 个月
均值	4.1527	4.1531	4.1547	4.1580	4.1663
方差	0.000243	0.000383	0.000569	0.000705	0.00104

正态分布的密度函数表达如下：

$$f(x) = \frac{1}{\sigma\sqrt{2\pi}} e^{-\frac{(x-\mu)^2}{2\sigma^2}} \quad (-\infty < x < +\infty) \tag{7-7}$$

以统计计算所得的各月的均值和方差作为正态分布概率密度函数的均值和方差，代入式 (7-7) 所得的概率密度曲线族，如图 7-13 所示。5 条曲线随峰值从上而下依次按月以时间顺序排列。随时间的增加，不一致性呈扩大趋势。图中的分布形式与实际分布统计结果相似。从理论的正态分布图也可以看出，以 μ 为中心、概率为 0.999 的电压范围从第 1 个月的 4.10 到 4.20V 发展为第 5 个月的 4.06 到 4.27V，有极少数电池电压已经超出锂离子电池的电压上限 4.25V。

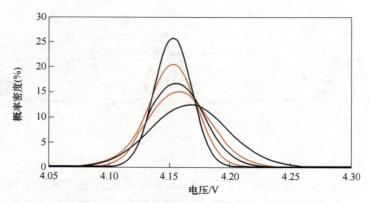

图 7-13 电压不一致性分布概率密度函数曲线

为更好地说明电池不一致性分布情况遵循正态分布规律，运用 χ^2（卡方）拟合优度检验方法对电池组不一致性理论分布进行正态性检验。把统计过程中单体电池电压范围 3.95 ~ 4.25V 以 0.01V 为区分度，划分为 31 个区间进行统计，所以令 χ^2 的自由度 $k = 31$，在统计分析中，均值和方差都是未知量，所以 $r = 2$，假设检验的显著性水平 $\alpha = 0.05$，在 χ^2 分布表中查得 $\chi^2_{0.95}(k-r-1) = \chi^2_{0.95}(28) = 41.3371$。$\chi^2$ 计算公式为

$$\chi^2 = \sum_{k=1}^{31} \frac{(f_0^k - f_e^k)^2}{f_e^k} \tag{7-8}$$

式中　k——统计样本的分类数；

f_0^k——第 k 类实际观察频数；

f_e^k——第 k 类的理论频数。根据式 (7-8) 计算各个月份的 χ^2 值，计算结果见表 7-3。
计算所得结果均小于 $\chi^2_{0.95}(28)$，所以可以肯定电池组不一致性分布概率用正态分布来拟合是合适的。

表 7-3　不同月份 χ^2 计算表

月份	1 个月	2 个月	3 个月	4 个月	5 个月
χ^2	32.892	28.925	31.181	19.624	27.587

通过对电动汽车用不同类型铅酸电池组和锂离子电池组大量数据的统计，在不同加工工艺制造的电池中都存在相似的一致性发展统计规律。不同类型的电池仅在不一致性发展速度上存在差别。

7.1.3　电池组一致性评价指标

单体电池之间的性能不一致，将严重影响电池组的性能发挥，因此，在对锂离子动力电池进行组合时，要求参与配组的单体电池性能尽可能一致。在锂离子电池生产过程中，由于原材料的细微差别和生产工艺的波动，电极厚度、电极孔隙率、孔隙结构及活性物质的活化程度等存在微小差异，导致制备的电池在容量、内阻、电压等性能方面存在一定的不一致性。研究单体电池性能一致性的评价方法，以提高配组单体电池一致性，显得十分重要。

1. 单参数评价电池一致性

单参数评价电池一致性可以通过评价电压一致性、容量一致性、内阻一致性等手段来实现，下面以电压一致性的评价来说明单参数评价电池一致性的原理，电池组单体容量、内阻、温度和温升等方面的不一致评价也可以参照下述电压不一致指标的定义方法进行定义。

（1）动力电池组电压标准差及电压变异系数　电压标准差（V_σ）是从统计学的角度进行单体电池电压与平均值的比较，计算公式为

$$V_\sigma = \left| \sum_{}^{n} (V_i - \overline{V})^2 / (n - 1) \right|^2 \tag{7-9}$$

式中　n——电池组块数；

　　　V_i——第 i 块电池的电压；

　　　$\overline{V}$——电池组平均电压。

动力电池组电压变异系数（也可称为离散系数）为电压标准差与电压平均值的比值，它用 ξ_σ 表示，其计算公式为

$$\xi_\sigma = \frac{V_\sigma}{\overline{V}} \times 100\% \tag{7-10}$$

电压标准差 V_σ 表示电池组电压一致性的好坏，用于单体标称电压相同的电池组电压一致性比较，电压变异系数 ξ_σ 可用于单体标称电压不同的电池组的电压一致性比较。V_σ 和 ξ_σ 都可以不受电池组单体块数的限制。理论上，V_σ 和 ξ_σ 为非负值，但是由于制造工艺和使用工况的差别，电池组一致性是相对的，不一致性是绝对的，因此实际中，V_σ 和 ξ_σ 都是正数。V_σ 和 ξ_σ 的数值越大则一致性越差。

（2）极端单体电压偏差及相对偏差　极端单体电压偏差又可分为极端正偏差（V_R^+）和极端负偏差（V_R^-），分别为电池组中单体最高电压、最低电压与电池组平均电压的差值。计算公式分别为

$$V_R^+ = V_{max} - \overline{V} \tag{7-11}$$

$$V_R^- = V_{min} - \overline{V} \qquad (7\text{-}12)$$

电池组极端偏差与平均电压的比值为极端单体电压相对偏差，对应于极端正偏差和极端负偏差也有相对正偏差（ξ_R^+）和相对负偏差（ξ_R^-），计算公式分别为

$$\xi_R^+ = \frac{V_R^+}{\overline{V}} \times 100\% \qquad (7\text{-}13)$$

$$\xi_R^- = \frac{V_R^-}{\overline{V}} \times 100\% \qquad (7\text{-}14)$$

充电时电压最高的单体电池最先达到充电截止电压，此时，为了防止该单体电池过充电，应降低充电电流或者终止充电过程，因而电压偏高的电池单体造成其他电池单体始终处于未充满电状态，降低了电池组的使用效率。极端单体正偏差和极端单体相对正偏差可以反映电池组充电过程中的极端单体电池对电池组利用率的影响。

电动汽车行车放电时，电压最低单体最先达到放电截止电压，此时，为了防止该单体过放电，应对电动汽车进行充电，以补充能量，因而电压偏低的电池造成其他电池始终处于放电不完全状态，同样降低了电池组的使用效率。极端单体电压负偏差和极端单体电压相对负偏差可以反映电池组放电工况下极端单体电池对电池组利用率的影响。

（3）**电压极差和电压相对极差**　电池组中单体的最高电压与最低电压的差值即定义为电池组电压极差（V_R），电压极差与电池组平均电压的比值为电压相对极差（ξ_R），计算公式分别为

$$V_R = V_{max} - V_{min} \qquad (7\text{-}15)$$

$$\xi_R = \frac{V_R}{\overline{V}} \times 100\% \qquad (7\text{-}16)$$

电压极差和电压相对极差也是电池组一致性的重要指标，由于充电时电压最高的单体有过充电的危险，行车放电时电压最低的单体有过放电的危险，若要保证充放电安全和延长电池寿命，两极端单体就会限制整个电池组的实际可用容量和能量。电压极差越大则不一致性对电池组容量的影响越大。电压极差和电压相对极差可以反映电池组整个充、放电过程中，极端单体电池对电池组利用率的影响。

2. 多参数评价电池一致性

电池具有多个特性参数，现有研究根据有关参数的取舍，提出了多种评价电池一致性的方法。多参数评价方法的核心是有关参数的选取，通过选取一些较为关键的电池性能参数，可接近于识别出电池内部的实质差别，是对动力电池一致性比较准确的评价方法。本小节以下面的例子介绍多参数评价一致性的方法。

对电池以不同的电流进行短时间放电，记录放电结束时刻的电压；电池电压为 0 时的电流作为短路电流。利用开路电路 U_∞ 和短路电流 I_∞，通过式（7-17）计算电池内阻 R；根据采集的电压 U、电流 I 数据，利用式（7-18）计算电池的最大功率 P_{max}；根据电池的开路电压、短路电流、内阻及最大功率，进行电池一致性的评价。这种方法能够较好地反映电池大电流工作性能，但短路测量会对电池造成一定的破坏；另外，由于电池的短路电流很大，需要测量设备具有较大的量程，限制了该方法的应用。

$$R = U_\infty / I_\infty \tag{7-17}$$

$$P_{\max} = UI \tag{7-18}$$

3. 根据动态特性评价电池的一致性

（1）基于电池内部动态过程　锂离子电池在充、放电过程中涉及多个物理化学过程，从理论上来说，如果内部的各物理化学过程一致，则电池就具有较高的一致性。一般认为，正、负极活性材料 Li^+ 的扩散过程和电解液中 Li^+ 的传输过程，是影响锂离子电池性能的主要步骤。恒流充放电一段时间后，电池内部及活性材料颗粒中会形成 Li^+ 浓度梯度。电流突然停止，电池电压急剧变化阶段，主要是内部欧姆内阻引起的；在随后的过程中，电压的缓慢变化，主要是由浓差极化和电化学极化引起的。

基于电池内部动态过程评价一致性的方法示例：

电池在恒流放电结束后电压急剧变化阶段的变化幅度为 ΔU_1，电压缓慢变化阶段的电压变化幅度为 ΔU_2，从开始搁置至电池电压基本保持稳定（忽略电压急剧上升阶段所需的时间）的弛豫时间为 Δt，分别计算这 3 个参数相对于基准电池的相对偏差，以 3 个相对偏差之和作为评价电池一致性的指标。该方法所选取的参数直接针对电池内部的微观过程，同时操作上简单易行，理论上具有一定的适用性，但选取的参数过少，不能全面反映电池的实际性能。

根据电池内部动态过程评价一致性的方法，直接针对影响电池性能的内部因素和过程，评价的参数体系具有明显的物理意义，用来评价电池一致性具有科学性；但需要采用专门的测试设备，测试周期也较长，测试结果的解读需要较高的理论知识，不利于这些方法在实际生产中的应用。

（2）基于充放电特性曲线　充放电特性曲线几乎涵盖了电池的全部特性，如果充放电特性曲线具有较好的一致性，则电池也具有良好的一致性。根据充放电特性曲线对一致性进行评价，充分考虑了各单体电池特性的变化规律，能更充分地反映一致性。

基于充放电特性曲线评价一致性的方法示例：

电池以 $2C$ 的电流进行一次充放电测试，对每一个电池以相同的时间间隔采集电压数值，将每一个电池的电压数值按照时间顺序排列，形成电池的特征向量；计算全部电池在每一个采样时刻的电压平均值，将电压平均值按时间顺序排列，形成标准电池的特征向量；按式（7-19）计算每一单体电池与标准电池的相关系数 r_{ys}：

$$r_{ys} = \frac{\sum_{i=1}^{n} (y_i - \bar{y})(s_i - \bar{s})}{\sqrt{\sum_{i=1}^{n} (y_i - \bar{y})^2} \sqrt{\sum_{i=1}^{n} (s_i - \bar{s})^2}} \tag{7-19}$$

式中　y_i——单体电池特征向量的第 i 个数值；

　　　$\bar{y}$——单体电池特征向量中各点的平均值；

　　　s_i——标准电池特征向量的第 i 个数值；

　　　$\bar{s}$——标准电池特征向量中各点的平均值。

根据放电容量、恒流充电容量与恒压充电容量的比值、放电结束后电压的上升幅度和相关系数，对电池的一致性进行评价，充分考虑了充放电动态特性，能够比较全面地反映电池

的综合性能，同时具有测试设备普通、测试流程简单等优点，较适合锂离子电池性能的一致性评价。实现快速高效地识别电池的充放电曲线、提取特征点数值，是未来研究的重点。

4. 结合非电性能参数评价电池一致性的方法

非电特性是影响锂离子电池电化学性能的重要因素，有必要引入非电性能参数。将电池表面涂黑后，逐个置于高低温试验箱内，设置恒定温度；以一定倍率将电池恒流充电至100%~120%SOC；用红外线成像仪检测并记录充电过程中电池的表面温度；以充电结束时电池表面最高温度以及最高与最低温度之差为参数，评价电池的热一致性。

热性能作为评价电池一致性的参数，可在一定程度上反映电池的电化学性能，将热性能与电化学性能相结合，对电池进行一致性评价，具有一定的科学合理性。电池的热性能测量较困难，受环境因素的影响较大，测试设备较复杂，会对这种方法的推广产生不利影响。总体而言，利用电池的非电化学性能进行电池一致性评价，目前尚处于研究起步阶段，有较多的问题需要解决。

7.1.4　提高一致性的措施

电池组的一致性是相对的，不一致性是绝对的。电池的不一致性在生产阶段就已经产生了，在应用过程中，需要采取一定的措施，减缓电池不一致性扩大的趋势或速度。根据动力电池应用经验和试验研究，常采用如下八项措施，保证电池组寿命逐步趋于单体电池的使用寿命。

1）提高电池制造工艺水平，保证电池出厂质量，尤其是初始电压的一致性。同一批次电池出厂前，以电压、内阻及电池化成数据为标准进行参数相关性分析，筛选相关性良好的电池，以此来保证同批电池的性能尽可能一致。

2）在动力电池成组时，务必保证电池组采用同一类型、同一规格、同一型号的电池。

3）在电池组使用过程中检测单体电池参数，尤其是静、动态情况下（电动汽车停驶或行驶过程中）电压的分布情况，掌握电池组中单体电池不一致性发展的规律，对极端参数电池及时进行调整或更换，以保证电池组参数不一致性不随使用时间而增大。

4）对使用中发现的容量偏低的电池，进行单独维护性充电，使其性能恢复。

5）间隔一定时间对电池组进行小电流维护性充电，促进电池组自身的均衡和性能恢复。

6）尽量避免电池过充电，尽量防止电池深度放电。

7）保证电池组良好的使用环境，尽量保证电池组温度场均匀，减小振动，避免水、尘土等污染电池极柱。

8）采用电池组均衡系统，对电池组充放电进行智能管理。

7.1.5　应用实例

选择国内某示范运行的电动汽车进行实例分析。该电动汽车采用铅酸电池系统，单体为85A·h、12V模块。电池连接方式为24块单体串联，然后三组并联，共72块电池，组成255A·h、288V的电池组系统。

图7-14和图7-15所示为充电和放电过程中的电池组一致性参数曲线。充放电数据来自

于相邻的充放电过程，其中放电过程为汽车实际工况下运行，充电过程采用80A、345V恒流限压充电方式。由于每个一致性参数和相应的相对量只是相差一个系数，因而其变化趋势相同，此处为简便起见只做出了4个相对量的参数曲线。

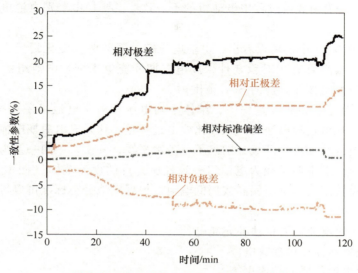

图 7-14　充电过程电池组一致性参数曲线

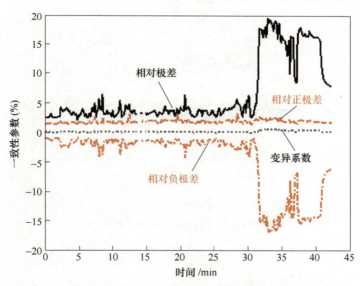

图 7-15　放电过程电池组一致性参数曲线

由图 7-14 可以看出，随着充电的进行，电池组一致性逐渐变差，在充电末期，相对正极差、相对负极差、相对极差均达到最大，而相对标准偏差充电前期缓慢增加，到充电末期反而降低。同时相对负极差和相对正极差关于时间轴基本对称，对相对极差具有几乎同样的作用。

由图 7-15 可以看出，在放电过程中，由于电池组放电电流时刻变化，相对极差和相对负极差及相对正极差都随电流波动而波动。在放电前期，由于放电深度比较低，各种不一致

性指标基本都在±5%内波动。而在放电末期，由于放电深度的增大，落后电池的短板效应开始显现，相对极差和相对负极差分别为+15%、−15%。整个放电过程中，相对极差曲线和相对负极差曲线的绝对值变化趋势相同，两条曲线关于时间轴几乎对称，而相对正极差基本稳定在1.5%~2%，这表明放电过程中电池组的不一致性主要是由个别电池电压明显低于其他电池造成的。

从图7-14和图7-15中还可以看出，电池电压变异系数曲线变化缓慢，这说明用变异系数评价电池组的一致性具有相对稳定性，放电末期和充电末期，电池组的一致性都明显变差，这说明电池应该工作在合适的SOC范围内。

图7-16所示为充电和放电过程中，单体平均电压相对于电池组平均电压的分布情况。从图中可以看出，充电过程电池的一致性比放电过程差，这是充电后期电池存在较严重的过充电造成的。充电区域和放电区域分别画了三条水平线，其中，中间一条为充电或放电过程电池组的平均电压，上下两条线为电池组一致性所允许的误差范围（图中为2%），在这两条线之外的电池单体定义为电压偏高或偏低电池。根据电池分类标准可以得出该电池组的维护建议如下：

第7、46、55块电池需要单独补充充电。

第34、69块电池需要单独放电。

第47、63块电池需要调整或更换。

其他电池为正常电池，暂时不需要进行维护。

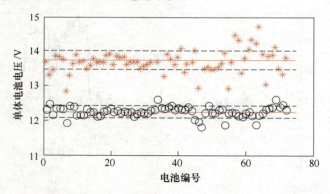

图7-16　电池充放电过程中的单体平均电压相对于电池组平均电压的分布情况

注：星号代表充电过程，圆圈代表放电过程。

7.2　动力电池组使用寿命

由于各电池单体间的不一致性和串联动力电池组的短板效应，在动力电池成组使用过程中，电池组的最大可用容量与单体的可用容量下降速度不同步，也导致了各单体的SOC状态各不相同，使得电池组寿命和电池单体相比，明显降低。过充电或过放电都会对电池造成额外的损伤，致使动力电池的容量衰减加剧，此时的动力电池组寿命降低更加明显。

当动力电池单体寿命一定时，动力电池的连接方式、组内单体的块数及其不一致程度将成为影响动力电池组寿命的最主要因素。

7.2.1　电池容量退化机理

1. 材料结构的变化

目前应用最多的正极材料主要有六方层状结构的 $LiMO_2$（其中，$M = Co$，Ni，Mn），尖晶石结构的 $LiMn_2O_4$ 以及橄榄石结构的 $LiFePO_4$。无论哪种结构的材料，当锂离子从正极中脱出时，为了维持材料的电中性状态，金属元素必然会被氧化到达一个高的氧化态，这里就伴随了一个组分的转变过程。而组分的转变往往容易导致相转移，所以当锂离子不断在材料中嵌入脱出时，相变也在持续发生，长期下去必然会对晶体稳定性带来威胁。相对于负极而言，正极材料由于相转移和体相结构的变化引起的不可逆容量对电池寿命都有很大的影响。石墨为整齐的层状结构，达到数百层，电池充电时锂离子嵌入到层间，同时与外电路输运来的电子结合，形成锂化石墨，此时层间距会有所增大；放电时，锂离子从石墨层间失去并向外电路释放电子，发生脱嵌被氧化的反应，此时层间距又会减小。

2. 活性物质溶解

正极材料的溶解是指电极在电解液的浸润中，活性物质逐渐减少被溶蚀的过程。高温下正极材料的溶解是导致电池容量衰减的原因之一，尤其是对电池在高温下的循环性能和储存性能影响更大。过渡金属在一定条件下溶解是 Li_xMO_y 正极材料都存在的一个问题，活性物质的溶解导致电池性能恶化的原因主要有：①金属元素的溶解导致活性物质量的减少，直接造成电池容量损失；②正极材料的溶解引起材料结构的变化，并且在颗粒表面形成没有化学活性的物质，使得锂离子在电池材料中传输受阻；③电解液中含有溶剂化的金属离子，在电解液中迁移至负极，在低电动势下以金属或者盐的形式沉积在负极表面，这些沉积物对负极表面 SEI 膜的稳定性和厚度有着不可避免的影响，导致电极表面极化增加，电池内阻增大。所以活性物质的溶解对电解液的影响不仅来自于溶解，而是过渡金属溶解以后带来的更多不利影响。

3. 锂离子消耗

在锂离子电池的设计中，一般负极的容量都会略多于正极，而可循环的锂离子也是由电极正极提供的，所以决定电池容量的是在正负极间可逆嵌入和脱出的锂离子含量。在首次充放电过程中，在负极表面形成 SEI 膜，该钝化膜的主要成分是 Li_2CO_3、LiF、Li_2O、$LiOH$ 等各种无机物和 $ROCO_2Li$、$ROLi$、$(ROCO_2Li)_2$ 等各种有机成分，故而会消耗掉部分锂离子，而这些容量的损失是不可逆的。负极的性能与 SEI 膜的性状和稳定性有很大的联系，能否在负极表面形成稳定的 SEI 膜对电池性能来说也有着不可忽视的影响。SEI 膜的形成会消耗电池中有限的锂离子，如果 SEI 膜在循环过程中不断遭到破坏，那么在负极/电解液界面将不断发生氧化反应形成新的 SEI 膜，这个过程会消耗体系中正极能提供的有限的锂离子，活性锂离子的减少会导致容量的衰减。电解液中锂离子的减少会导致电解液的导电性降低，而正极材料中锂离子的缺失则会造成电池两极之间的不平衡。

4. 内阻增加

电池长期循环的过程中，内阻的增加也是引起容量衰减的一个重要原因。引起内阻增加的原因有很多，主要来自两个方面：①电解液在电极/电解液的界面发生氧化反应导致电极

表面膜电阻的增加，负极 SEI 膜不稳定，在循环过程中不断在表面形成新的表面膜等都使得极化增加，电池内阻增加；②正极中金属离子在电解液中的溶解，溶解的离子化的金属离子通过电解液迁移到负极，在负极表面以金属或者盐的形式沉积在负极表面，造成电极极化增大。此外，还有研究证明了集流体的腐蚀也会导致内阻的增加，在对集流体预处理的前提下，这方面的影响较小。内阻的增加会导致能量密度降低和容量的降低，特别是对于负极来说，在电极/电解液界面发生的反应是造成负极老化的最主要的原因。

7.2.2　电池寿命影响因素

1. 电池单体寿命的影响因素

动力电池单体在充放电循环使用过程中，由于一些不可避免的副反应的存在，电池可用活性物质逐步减少，性能逐步退化。其退化程度随着充放电循环次数的增加而加剧，其退化速度与动力电池单体充放电的工作状态和环境有着直接的联系。影响动力电池单体寿命的因素主要包括充放电速率、充放电深度、环境温度、存储条件、电池维护过程、电流波纹以及过充电量和过充频度等。

（1）充电截止电压　动力电池在充电过程中一般都伴随有副反应，提高充电截止电压，甚至超过电池电化学电位后进行充电一般会加剧副反应的发生，并导致电池使用寿命缩短，并可能导致内部短路电池损坏，甚至有着火爆炸等危险工况的出现。

以锂离子动力电池为例，图 7-17 显示了降低充电截止电压对电池容量衰退的影响。由图 7-17 可知，避免对锂离子电池充电至容量的 100%，可以从很大程度上延长锂离子电池的寿命；降低充电截止电压将有效提高电池循环寿命，但代价是降低电池的可用容量。研究表明充电电压降低 100~300mV 可以将周期寿命延长 2~5 倍或者更长时间。图 7-18 显示了提高充电截止电压对电池容量衰退的影响。从图 7-18 中可以看出，充电截止电压即使提高 0.05V 对动力电池容量的衰退的影响也是巨大的。充电截止电压提高 0.15V，就使得动力电池容量保持在 800mA·h 以上的循环寿命从 350 次降低到 140 次。

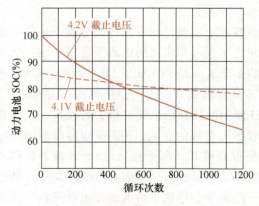

图 7-17　降低充电截止电压对电池
容量衰退影响的比较图

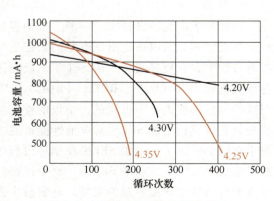

图 7-18　提高充电截止电压对电池
容量衰退影响的比较图

（2）放电深度　放电会加速动力电池的衰退。表 7-4 为某锂离子动力电池在不同放电深度下的循环寿命数据，从中可以发现，浅充浅放可以有效提高动力电池的使用寿命。

表 7-4　放电深度与循环寿命的对应关系

放电深度	100%	50%	25%	10%
循环寿命/次	500	1500	2500	4700

（3）充放电倍率　动力电池单体的充放电倍率是其在使用工况下最直接的外界环境特征参数，其大小直接影响着动力电池单体的衰减速度。充放电倍率越高，动力电池单体的容量衰减越快。图 7-19 所示为在不同充放电倍率下动力电池单体的容量衰退情况，可以看出，同样是 $0.5C$ 充电，$1C$ 放电的电池退化比 $0.5C$ 放电的严重；同样是 $1C$ 放电，$1C$ 充电的电池退化较 $0.5C$ 充电的严重。由此可知，动力电池单体大倍率的充放电都会加快其容量的退化速度，如果充放电倍率过大，动力电池单体还可能出现直接损坏，甚至过热、短路起火等极端现象。

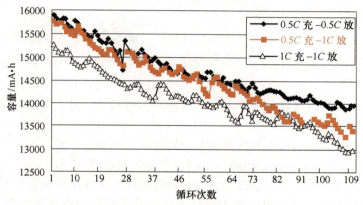

图 7-19　不同充放电倍率下动力电池单体的容量衰退情况

（4）环境温度　不同的动力电池均有最佳的工作温度范围，过高或过低的温度都将对电池的使用寿命产生影响。图 7-20 所示为两种温度条件下的某锂离子动力电池容量衰减曲线。采用 $0.3C$ 充电、$0.5C$ 放电的方式进行循环，可以看出在高温下运行应用的动力电池的容量衰减明显大于常温下工作的电池。

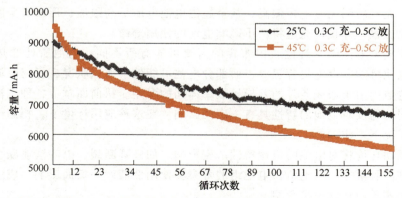

图 7-20　某 10A·h 锂离子动力电池在两种温度条件下的容量衰减曲线

（5）存储条件　在存储过程中，电池的自放电、正负极材料钝化、电解液分解蒸发、电化学副反应等因素可导致电池产生不可逆的容量损失。以锂离子电池为例，在锂离子电池

存储期间，石墨负极的副反应是引起锂离子动力电池容量衰减的主要原因。锂离子电池的电极材料与电解液在固液相界面上发生反应后，其负极表面会形成一层电子绝缘且离子可导的固体电解质界面膜，该膜主要是由于电解液在负极表面的还原分解而形成的。这层膜的性质和质量直接影响着电极的充放电性能和安全性。

Broussely 等分析了锂离子电池（$LiCoO_2/Cr$，$LiNi_{0.81}Co_{0.09}O_2/Cr$）在不同温度（15℃，30℃，40℃和60℃）和不同电压（3.8V，3.9V 和 4.0V）下储存时电池容量的衰减情况，认为负极 SEI 膜形成后，电解液与界面膜表面的副反应会造成锂离子的消耗，引起容量的持续衰减。其研究建立的电池储存寿命 t 的模型如下式所示：

$$t = \frac{A}{2B}x^2 + \frac{e_0}{B}x \quad (A = dn, B = k\gamma s) \tag{7-20}$$

式中　　x——损失的锂离子量，即损失的相对容量比；

k、n 和 d——常数；

s、e_0 和 γ——SEI 膜面积、厚度和电导率。当然这一模型中只考虑了温度（15~60℃）对电池储存寿命的影响，没有涉及电池电压，具有一定的局限性。

2. 电池组寿命的影响因素

电池组寿命的影响因素除了单体电池本身所含因素以外，还包括不一致性、成组方式、温区差异和振动环境等。

在车辆上应用时，不一致性对电池组寿命的影响有以下三方面：

1）电动汽车行驶距离相同，因容量不同，电池的放电深度也不同。在大多数电池还属于浅放电情况下，容量不足的电池已经进入深放电阶段，并且在其他电池深放电时，低容量电池可能已经没有电量可以放出，成为电路中的负载。这即为容量不一致导致的放电深度差异。

2）同一种电池都有相同的最佳放电率，容量不同，最佳放电电流就不同。在串联组中电流相同，所以有的电池在最佳放电电流工作，而有的电池则达不到或超过了最佳放电电流。即由于不一致性导致在工作过程中的放电率差异。

3）在充电过程中，小容量电池将提前充满，为使电池组中其他电池充满，小容量电池必将过充电，充电后期充电电压偏高，甚至超出电池电压最高限值，形成安全隐患，影响整个电池组充电过程，并且过充电将严重影响电池的使用寿命。

在电动车辆上电池的安装位置因布置的需要可能有所不同，电池所处的热环境存在差异，如某箱电池可能靠近电机等热源，而部分电池可能处于通风状况良好的区域；又或是在同一位置的电池内由于通风条件的差异导致单体间的温差。从前面章节各种电池的特性的介绍可知，不同的温度对电池的特性具有一定的影响。在这种应用环境下，相当于不同特性的电池在同种工况下工作。

车辆的振动环境将对电池的机械特性产生影响，如极耳断裂、电解液泄漏、电气连接件松动、活性物质脱落等，对电池及电池组的寿命和使用性能产生负面影响。成组方式与电池组一致性直接相关，在此不再介绍。

7.2.3　电池组寿命模型

当电池单体寿命一定时，电池组一致性、电池的连接方式、成组单体数量成为影响电池

组寿命的主要因素。

1. 一致性影响下的电池组寿命模型

作为电池组寿命的重要影响因素，该模型主要解决在一致性单一因素影响下电池组与单体电池寿命的参数关系。从二次电池使用寿命的定义出发，即一定的充放电倍率下电池容量衰减为额定容量的某个百分比时的充放电循环次数。在此定义下，根据动力电池容量随循环次数变化的曲线，如图 7-21 所示。

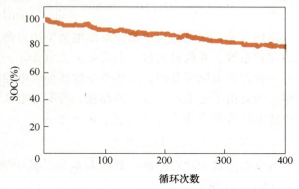

假设电池每次充放电容量衰减为定常线性函数，经过 n 次循环后，电池容量可以表达为

$$C_n = \left(1 - \frac{Pn}{N}\right) C_0 \qquad (7\text{-}21)$$

图 7-21　典型动力电池容量随循环次数变化的曲线

式中　C_n——经过 n 次循环后电池的实际容量；

N——电池使用寿命；

P——电池到达使用寿命后容量衰减百分比；

C_0——电池的初始能量。

如前所述，在电池成组使用时一致性是相对的，不一致性的存在是绝对的。由于电池容量不一致，在电池组使用中部分单体电池容易出现过充电和过放电情况。过充电或过放电都会对电池造成损伤，致使电池的实际容量衰减。第 i 次使用时，受损伤的电池容量可以表示为

$$C_i = f_{i-1}(\Delta C_{i-1}) C_{i-1} \qquad (0 \leqslant f_{i-1}(\Delta C_{i-1}) \leqslant 1) \qquad (7\text{-}22)$$

式中　C_i——循环使用到第 i 次时电池的容量值；

ΔC_{i-1}——第 $i-1$ 次使用相对于第 $i-2$ 次使用的容量差；

$f_{i-1}(\Delta C_{i-1})$——第 i 次使用电池过充电过放电容量损伤系数，是 ΔC_{i-1} 的函数。

由式（7-22）可以推论得到式（7-23），即

$$C_i = f_{i-1}(C_{i-1} - C_{i-2}) f_{i-2}(C_{i-2} - C_{i-3}) \cdots f_1(C_1 - C_0) C_0 \qquad (7\text{-}23)$$

令 $f(\Delta C) = \max\{f_{i-1}(C_{i-1} - C_{i-2}), f_{i-2}(C_{i-2} - C_{i-3}), \cdots, f_1(C_1 - C_0)\}$，则在不一致性影响下电池组第 i 次使用时，理想的电池组容量为

$$C_i = f^i(\Delta C) C_0 \qquad (7\text{-}24)$$

综合考虑上述电池第 n 次使用理论容量公式和不一致性影响下电池容量衰减公式，可得电池第 n 次使用的实际容量表达式为

$$C(n) = f^n(\Delta C)\left(1 - \frac{nP}{N}\right) C_0 \qquad (7\text{-}25)$$

假定容量损伤系数 $f(\Delta C) = 0.999$，以 200A·h 锂离子电池为例进行计算，根据厂家提供的资料，按电池的实际容量衰减到 70% 额定容量时为寿命终止，正常 DOD 为 80% 的电池循环寿命为 1200 次，根据式（7-25），此电池第 n 次循环实际容量可以表示为

$$C_n = 0.999^n \left(1 - \frac{n}{4000}\right) C_0 \tag{7-26}$$

由式（7-26）可得，当 $n=280$ 时，实际容量为

$$C(280) = 0.999^{280} \times \left(1 - \frac{280}{4000}\right) \times 200 \text{A} \cdot \text{h} = 140 \text{A} \cdot \text{h} \tag{7-27}$$

由此可见，此电池组中部分单体电池使用寿命大大缩减。在计算中损伤系数 $f_{i-1}(\Delta C_{i-1})$ 取为定常系数，并取最大值。而实际上 $f_{i-1}(\Delta C_{i-1})$ 也是一个急剧衰减的时变函数，根据前述不一致性扩大原因分析，电池不一致性导致电池组内其他单体发生多米诺骨牌效应的连锁反应。因此由于电池不一致性的存在，若不对电池组进行及时维护，其实际使用寿命将缩短为单体电池寿命的几分之一甚至十几分之一。

2. 不同连接方式的寿命模型

电池组连接方式有串联、并联和混联，其中常用的混联方式有先并后串和先串后并两种，如图 7-22 所示。

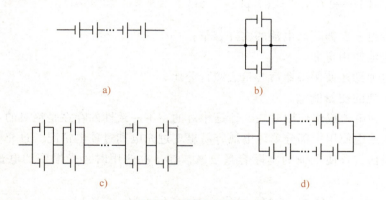

图 7-22　电池组连接方式
a）串联　b）并联　c）先并联后串联　d）先串联后并联

（1）串联电池组的寿命模型　设电池组共由 n 节电池串联组成，每节单体电池的初始容量为 $C_S(i, 1)$，初始容量的分布函数为 $F_{S,1}(C)$，随着循环的进行，各电池单体容量不断退化，设第 t 次放电的放电容量为 $C_S(i, t)$，此时容量衰退量为 $x_S(i, t)$。电池组的初始容量为 $C_S(1)$、t 次循环后的退化量为 $x_S(t)$、t 次循环后的容量为 $C_S(t)$。（下脚标 S 表示串联。）

根据串联电池组短板效应原理，电池组的理论容量为电池组各单体容量的最小值，即

$$C_S(1) = \min[C_S(i,1)], \quad C_S(t) = \min[C_S(i,t), k]$$

$$x_S(1) = C_S(1) - C_S(t) = \min[C_S(i,1)] - \min[C_S(i,t), k] \tag{7-28}$$

假设串联电池组中每个单体的初始容量和退化过程都属于同一分布，则

$$C_S(i,1) = N(\mu_{c1} - \sigma_{c1}^2)$$

$$x_S(i,t) = N(\mu_x - \sigma_x^2) \tag{7-29}$$

由于初始容量分布非常接近，而各节电池容量衰退速率受使用过程中工作条件（如在车内的布置位置、电池温度及散热等）的影响而存在差异，因而可以认为单体电池的退化

速率只受使用过程参数的影响，而和初始容量无关，即随机变量 $C_S(i,1)$ 和 $x_S(i,t)$ 相互独立，根据相互独立随机变量的函数的分布规律，有

$$C_S(i,t) = C_S(i,1) - x_S(i,t) \sim N(\mu_{c1}-\mu_x, \sigma_{c1}^2+\sigma_x^2) \tag{7-30}$$

对于该串联电池组，设其失效阈值为 l_i，电池组的失效条件为 $x_S(t) \geqslant l_i$。在应用中，失效阈值一般是提前确定的。为了计算方便，此处选择电池组的剩余容量 $C_S(t)$ 作为性能退化参数，$C_S(t)$ 对应的失效阈值设为 l'，失效条件为

$$C_S(t) \leqslant l' \tag{7-31}$$

其中，$l' = \mu_{c1} - l_i$。

经整理，可以得到串联电池组寿命分布函数为

$$F_{LS}(t) = P(L \leqslant t) = 1 - \left[1 - \Phi\left(\frac{\mu_{c1}-l_i}{\sqrt{\sigma_{c1}^2+\sigma_x^2}} \right) \right]^n \tag{7-32}$$

t 时刻串联电池组的可靠度为

$$R_S(t) = 1 - F_{LS}(t) = 1 - \left[1 - \Phi\left(\frac{\mu_{c1}-l_i}{\sqrt{\sigma_{c1}^2+\sigma_x^2}} \right) \right]^n \tag{7-33}$$

当 t 取正整数时，串联电池组在 k 处失效的概率可近似表示为

$$P(L_S = j) = F_{LS}(k+0.5) - F_{LS}(k-0.5) \tag{7-34}$$

串联电池组的平均寿命为

$$E(L_S) = \sum_{k=1}^{+\infty} P(L_S = k)k = \sum_{k=1}^{+\infty} \left[F_{LS}(k+0.5) - F_{LS}(k-0.5) \right]k \tag{7-35}$$

（2）并联电池组的寿命模型　设电池组共由 m 节电池并联组成，每节单体电池的初始容量为 $C_p(j,1)$，初始容量的分布函数为 $F_{p,1}(C)$，随着循环的进行，各电池单体容量不断退化，设第 t 次放电的放电容量为 $C_p(j,t)$，此时容量衰退量为 $x_p(j,t)$；电池组的初始容量为 $C_p(1)$，t 次循环后的退化量为 $x_p(t)$，t 次循环后的容量为 $C_p(t)$。（下脚标 p 代表并联。）

根据并联电池组的特点，电池组的容量和各单体容量的关系有

$$C_p(1) = \frac{1}{m} \sum_{j=1}^{m} C_p(j,1), \quad C_p(t) = \frac{1}{m} \sum_{j=1}^{m} C_p(j,t) \tag{7-36}$$

根据之前的讨论，假设并联电池组中每个单体的初始容量和退化过程都属于同一分布，且该分布和串联电池组的单体电池相同，有

$$C_p(j,1) \sim N(\mu_{c1}, \sigma_{c1}^2)$$
$$x_p(j,t) \sim N(\mu_x, \sigma_x^2)$$
$$C_p(j,t) = C_p(j,1) - x_p(j,t) \sim N(\mu_{c1}-\mu_x, \sigma_{c1}^2+\sigma_x^2) \tag{7-37}$$

根据相互独立的正态分布随机变量的函数的分布特征，可得 $C_p(t)$ 的分布函数为

$$C_p(t) \sim N\left(\mu_{c1}-\mu_x, \frac{\sigma_{c1}^2+\sigma_x^2}{m} \right) \tag{7-38}$$

与串联电池组相同，并联电池组的失效阈值为 l'，失效条件为

$$C_p(t) \leqslant l' \tag{7-39}$$

其中，$l' = \mu_{c1} - l_i$。

并联电池组寿命分布函数为

$$F_{\mathrm{Lp}}(t) = P(L \leqslant t) = P(C_{\mathrm{p}}(t) \leqslant l') = \Phi\left[\frac{\sqrt{m}(\mu_x - l_i)}{\sqrt{\sigma_{\mathrm{c}1}^2 + \sigma_x^2}}\right] \tag{7-40}$$

t 时刻并联电池组的可靠度为

$$R_{\mathrm{p}}(t) = 1 - F_{\mathrm{Lp}}(t) = 1 - \Phi\left[\frac{\sqrt{m}(\mu_x - l_i)}{\sqrt{\sigma_{\mathrm{c}1}^2 + \sigma_x^2}}\right] \tag{7-41}$$

当 t 取正整数时，并联电池组在 k 处失效的概率可近似表示为

$$P(L_{\mathrm{p}} = k) = F_{\mathrm{Lp}}(k + 0.5) - F_{\mathrm{Lp}}(k - 0.5) \tag{7-42}$$

并联电池组的平均寿命为

$$E(L_{\mathrm{p}}) = \sum_{k=1}^{+\infty} P(L_{\mathrm{p}} = k)k = \sum_{k=1}^{+\infty}\left[F_{\mathrm{Lp}}(k + 0.5) - F_{\mathrm{Lp}}(k - 0.5)\right]k \tag{7-43}$$

（3）混联电池组的寿命模型 先并联后串联的连接方式可以把电池组看成：先由 m 节单体并联成为一个模块，然后再由 n 个模块串联成整个电池组。这种连接方式下仍然可以把整个电池组看成是串联方式，而把每个电池模块看成是串联电池组的单元，则电池组的寿命分布函数为（推导过程略）

$$F_{\mathrm{LpS}}(t) = 1 - \left\{1 - \Phi\left[\frac{\sqrt{m}(\mu_x - l_i)}{\sqrt{\sigma_{\mathrm{c}1}^2 + \sigma_x^2}}\right]\right\}^n \tag{7-44}$$

可靠度函数为

$$R_{\mathrm{pS}}(t) = 1 - F_{\mathrm{LpS}}(t) = \left\{1 - \Phi\left[\frac{\sqrt{m}(\mu_x - l_i)}{\sqrt{\sigma_{\mathrm{c}1}^2 + \sigma_x^2}}\right]\right\}^n \tag{7-45}$$

先串联后并联的方式可设电池组先由 n 节单体串联成为一个模块，然后再由 m 个模块并联成整个电池组。在这种方式下可以把整个电池组看成是并联方式，而把每个电池串联模块看成是并联电池组的单元。但是，由于串联模块的寿命分布和单体寿命分布不相同，不属于正态分布，在数学处理上困难较大。并且在电动车辆应用中这种连接方式还将导致串联支路间的电流循环影响功率输出，故极少应用，因此在此不再进行讨论。

7.2.4　电池组寿命分析实例

以某 15A·h 锰酸锂锂离子电池为例，进行该电池不同成组方式下的寿命计算，计算式失效标准取电池容量退化到初始值的 20%。在 0.3C 充电、0.5C 放电、25℃室温下的八节该类单体电池的初始容量分别为：15900mA·h、15760mA·h、16080mA·h、15930mA·h、15850mA·h、15940mA·h、15660mA·h、16100mA·h，用这八节电池进行初始容量分布的参数估计，其结果为

$$\mu_{\mathrm{c}1} = \frac{1}{8}\sum_i^8 C(i,1) = 15902.5, \quad \sigma_{\mathrm{c}1}^2 = \frac{1}{7}\sum_i^8 (C(i,1) - \mu_{\mathrm{c}1})^2 = 22078.57$$

$$C_{\mathrm{S}}(i,1), C_{\mathrm{p}}(i,1) \sim N(15902.5, 22078.57) \tag{7-46}$$

该电池在 0.3C 充电、0.3C 放电、25℃室温下的退化量的分布的参数分别是

$$\mu_x = 49.36t^{0.71}, \quad \sigma_x^2 = 221.9t + 1041$$

$$F_{\mathrm{s,t}}': N(49.36t^{0.71}, 221.9t + 1041) \tag{7-47}$$

失效阈值 $l = 3010 \times 0.3^{-0.37}$。

1）串联电池组寿命计算。将以上参数代入式（7-33），可得 t 时刻电池失效概率为

$$R_{LS}(t) = \left[1 - \Phi\left(\frac{49.36t^{0.71} - 4699.28}{\sqrt{221.9t + 23119.57}} \right) \right]^n \tag{7-48}$$

假设电池组分别由 10 节、50 节、100 节电池串联组成，其可靠度、寿命概率密度和单体电池的对比如图 7-23 和图 7-24 所示。从图中可以看出，随着电池组串联节数的增加，电池的可靠性变差，平均寿命减少，100 节串联电池组和电池单体相比，平均寿命减少约 25%。

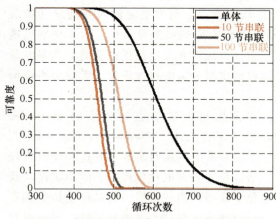

图 7-23 串联电池组可靠度和电池节数的关系

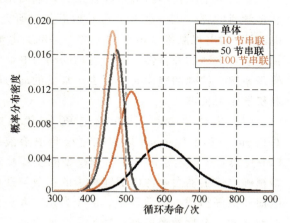

图 7-24 串联电池组寿命概率密度和串联电池节数的关系

2）并联电池组寿命计算。将以上参数代入式（7-40），可得 t 时刻电池失效概率为

$$F_{Lp}(t) = \Phi\left[\frac{(49.36t^{0.71} - 4699.28)\sqrt{m}}{\sqrt{221.9t + 23119.57}} \right] \tag{7-49}$$

假设电池组分别由 4 节、8 节、16 节单体电池并联组成，其可靠度、寿命概率密度和单体电池的对比如图 7-25 和图 7-26 所示。从图中可以看出，随着并联电池组节数的增加，电池的平均寿命并没有变化，但是其离散程度减少，可靠度同样得到了提高。

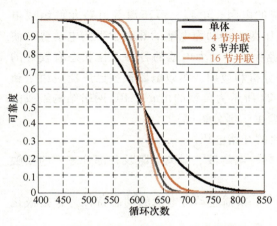

图 7-25 并联电池组可靠度和电池节数的关系

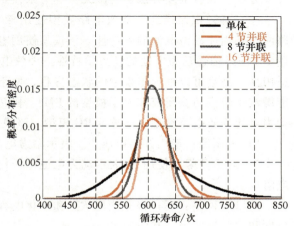

图 7-26 并联电池组寿命概率密度和并联电池节数的关系

7.3 动力电池状态估计（SOC、SOH、SOP）

7.3.1 电池荷电状态（SOC）估计

1. 常用电池模型

动力电池电化学反应过程复杂，影响因素多且具有不确定性，其数学建模是一个多领域和多学科问题，也一直是学术界和工业界研究的重点和难点。动力电池输入激励量（负载电流）、输出观测量（电压和温度）是动力电池管理系统有限的可测量参数。为了更准确地描述动力电池的外特性，设计可靠的动力电池状态估计算法，开发出最优的新能源汽车能量管理系统，精确的建模必不可少。常见的动力电池模型主要分为电化学模型、等效电路模型和机器学习模型。

（1）电化学模型 20世纪90年代中期，美国加州大学伯克利分校的 M. Doyle、T. F. Fuller 和 J. Newman 以多孔电极和浓溶液理论建立了伪二维（Pseudo-Two-Dimensional, P2D）模型，奠定了电化学机理模型的发展基础。该模型采用一系列偏微分方程和代数方程组精确描述了动力电池内部锂离子的扩散与迁移、活性粒子表面电化学反应、欧姆定律以及电荷守恒等物理、化学现象。迄今为止，大多数电化学模型都是在该模型的基础上衍生和发展而来的。电化学模型是一种第一原理模型，不仅可以准确仿真动力电池外特性，还可以对动力电池内部特性（如电极与电解液中锂离子浓度、反应过电动势等难以实测的电池内部物理量）的分布和变化进行仿真。与其他动力电池模型相比，电化学模型能深入描述动力电池内部的微观反应，具有更明确的物理含义。

P2D模型具有通用性和可扩展性，适用于不同材料体系的电池类型，并可以发展和延伸为更复杂的多场耦合模型。因此，P2D模型在电池建模过程中扮演了不可替代的角色。但是，其内核含有复杂的偏微分方程和繁多的电化学参数，对电池管理系统（Battery Management System，BMS）的运算能力提出了很高的要求。目前P2D模型的求解主要采用数值计算方法，如有限差分法、有限元法和有限体积法。

（2）等效电路模型 等效电路模型使用传统的电阻、电容、恒压源等电路元件组成电路网络来描述动力电池的外特性。该模型使用电压源表示动力电池的热力学平衡电动势，使用RC网络描述动力电池的动力学特性。等效电路模型对动力电池的各种工作状态有较好的适用性，而且可以推导出模型的状态方程，便于分析和应用。等效电路模型已广泛应用于新能源汽车建模仿真研究和基于模型的BMS。图7-27所示为典型的由 n 个RC网络结构组成的动力电池等效电路模型，简称 n-RC模型。该模型由三部分组成：

1）电压源：使用开路电压 U_{oc} 表示动力电池的开路电压。

2）欧姆内阻：使用 R_i 表示动力电池电极材料、电解液、隔离电阻及各部分零件的接触电阻。

3）RC网络：通过极化内阻 R_{Di} 和极化电容 C_{Di} 来描述动力电池的动态特性，包括极化特性和扩散效应等，其中 $i = 0，\cdots，n$。

图7-27中，U_{Di} 为动力电池的极化电压。根据基尔霍夫电压定律和基尔霍夫电流定律，

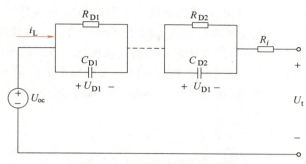

图 7-27　n 阶 RC 模型电路结构

以及电容电压变化与其电流的关系，电路模型的状态空间方程可表示为

$$\begin{cases} \dot{U}_{D1} = -\dfrac{U_{D1}}{R_{D1}C_{D1}} + \dfrac{i_L}{C_{D1}} \\[2mm] \dot{U}_{D2} = -\dfrac{U_{D2}}{R_{D2}C_{D2}} + \dfrac{i_L}{C_{D2}} \\[2mm] U_t = U_{oc} - U_{D1} - U_{D2} - \cdots - i_L R_i \end{cases} \tag{7-50}$$

常用的动力电池等效电路 Rint 模型、Thevenin 模型、双极化（Dual Polarization，DP）模型是 n-RC 等效电路模型分别在 $n=0$、$n=1$、$n=2$ 时的特例，已广泛应用于动力电池状态估计和管理算法。

（3）机器学习模型　机器学习模型的建立不需要了解电池内部组成及具体反应机制，仅需要获取电池的历史运行数据（电流、电压、温度等）即可，其本质上是通过数据驱动的方式建立变量之间的非线性映射函数。此类模型的主要优点在于能够适用于不同的电池类型，具有较好的通用性，且能比较充分地模拟电池行为的非线性特性。

在动力电池管理与控制领域，使用的机器学习方法主要包括模糊逻辑、神经网络、支持向量机以及它们的组合算法。2016 年 3 月，AlphaGo 战胜围棋世界冠军李世石给深度学习注入了新的活力，引发深度学习新一波研究和应用浪潮，其也被应用于电池管理中。通过足够多的电池数据进行训练，此类模型能够取得不错的预测性能。然而，此模型缺乏物理意义，不可解释，而且性能受训练数据的数量和质量影响较大，导致应用于电池管理系统时的可靠性和鲁棒性很难得到保证。

2. 常用电池 SOC 估计方法

电池的荷电状态（State of Charge，SOC）估计是电池管理系统的首要任务。SOC 是指电池最大可用容量与电池标称容量的比值，在给定工作条件下，也可以表示为电池可用时间的长短。SOC 是电池可用电量的直接信息来源，也是车载电池组单体一致性的重要指标。对电池性能指标与 SOC 关系的研究能够提供电池优化工作区间，从而健康高效地使用电池。因此，准确地估算车载电池的 SOC 有着非常重要的工程意义和价值。

动力电池的 SOC 估计技术最早出现在 1963 年，Curbs 仪器公司通过研究电池在不同电流下电压随 SOC 的变化规律开发了用来提示剩余电量的仪表。1975 年，Dowgiallo 提出了最早的电池阻抗测试的概念，自此，电化学阻抗谱法开始应用于电池 SOC 的估计。而对锂离子电池进行 SOC 的研究，则始于 1984 年，Peled 等人对电池进行离线开路电压（Open Cir-

cuit Voltage，OCV）标定，以查表的方式实现锂离子电池 SOC 在线估计。随着电池技术的进步，磷酸铁锂电池逐渐成为动力电池的首选，由于其独特的电化学作用机理，相应的 SOC 估计方法与铅酸电池和镍氢电池有很大区别。目前，在电池管理系统中应用的锂离子电池的 SOC 估计方法主要有直接测量法、安时计量法，以及几种新型电池的 SOC 估计方法如神经网络法、卡尔曼滤波器、电化学阻抗谱（Electrochemical Impedance Spectroscopy，EIS）法和数据驱动（数据挖掘）方法等。

不同 SOC 估计方法的优缺点见表 7-5。

表 7-5　不同 SOC 估计方法的优缺点

SOC 估计方法	应用领域	优点	缺点
放电试验	电池初次使用时容量标定	简单，准确，能够反应电池的健康状态	离线，耗时，能量浪费
安时计量	所有电池系统	电流测量准确，足够多的标定点时较准确	依赖仪器精度会有累计误差
开路电压	铅酸电池，钴酸锂电池	实时，便宜	需要较长的静置时间
阻抗谱	所有电池系统	能够反映电池的健康状态	对温度敏感，成本较贵
直流内阻	铅酸电池，镍镉电池	能够反映电池的健康状态	在较短时间间隔内比较准确
神经网络	所有电池系统	实时	需要对照电池的数据，操作费用较高
模糊逻辑	所有电池系统	实时，稳定	需要大容量存储系统
卡尔曼滤波	所有电池系统	实时，准确	难以找出适合于所有电池系统的算法
数据驱动	所有电池系统	动态精度高，普适性好	数据挖掘方法需要优化

（1）**直接测量法**　直接测量法的基础是一些可重现的、与电池的 SOC 有显著相关关系的电池参数变量。这些电池参数变量在实际使用情况下比较容易测量，如电池电压（V），电池阻抗（Z）以及电池在阶跃电流下的电压响应弛豫时间（τ）。直接测量法的主要优点是测量可以在电池连接后马上进行，随后电池的 SOC 可以从函数 f_T^{d} 中计算得到，如下式所示：

$$SOC = f_T^{\mathrm{d}}(V, Z, \tau) \tag{7-51}$$

式中　d——直接测量法；

　　　T——温度。

该方法的缺点是函数 f_T^{d} 的确定，因为函数需要描述所有使用条件下电池变量和 SOC 之间的变化关系。直接测量法的种类主要有开路电压法和内阻测量法。电池的开路电压在数值上接近于电池电动势。利用开路电压与 SOC 的对应关系可以从两者的拟合关系图上读出电池当前的荷电状态。但由于某些电池特别是磷酸铁锂电池的电压平台比较平坦，SOC 随开路电压的变化并不明显，开路电压法对这类电池的应用受到了约束。另一方面，开路电压法需要电池长时间静置以达到电压稳定，电池状态从工作恢复到稳定需要很长时间，这给测量造成了一定困难。

（2）**跟踪记录系统状态法**（安时计量法）　跟踪记录系统状态法的基础是电池电流的测量与对电流随时间的积分（放电试验法），也可以称为库仑计数法。基于库仑计数法的 SOC

计算和系统变量之间的函数关系为

$$SOC = f_{V,T,I}^{bk} \left(\int I dt \right) = SOC_0 - \frac{1}{C_N} \int_0^1 \eta I d\tau (V, Z, \tau) \qquad (7\text{-}52)$$

式中 bk——跟踪记录系统状态法；

I——流经电池的电流；

C_N——电池额定容量；

η——电池充放电效率。

库仑计数法原理简单、工作稳定，是目前电动汽车最常用的 SOC 估计方法之一。这种方法对于计算电池放出的电量有一定的准确度，但其不能计算电池的初始 SOC。其应用的主要问题有：电流测量的不准确容易引起 SOC 的计算误差，而且误差会随计算时间的增加而变大；而电池充放电效率的确定也需要有大量的试验数据建立起经验公式，对 SOC 的可靠性也有一定的影响。所以库仑计数法通常与其他一些方法同时使用。

（3）模糊逻辑法 模糊逻辑法是依据模糊集理论得到的多数值逻辑形式，这种方法是基于不同方法估计得到的结果来实现 SOC 的估计。在实际工作中，专门从事电池工作的技术人员在通过适当试验后，对电池 SOC 的估计是比较准确的，尤其是在放电试验后期，对电池放电终止状态的预估能力非常强。模糊逻辑法最简单的规则就是 If…then 规则，形式是：如果 x 是 A，则 y 是 B。复合型的 If…then 规则形式有很多，If 部分是前提或者条件，then 部分是结论或后件。解释 If…then 规则包括以下三个过程：①输入模糊化，确定出 If…then 规则前提中每个命题或断言为真的程度，即隶属度；②应用模糊化算子，如果规则的前提有几部分，则利用模糊化算子可以确定出整个前提为真的程度，即整个前提的隶属度；③应用蕴含算子，由前提的隶属度和蕴含算子，可以确定出结论为真的程度，即结论的隶属度。

模糊逻辑法就是根据大量试验数据，再加上试验人员的经验及推理能力，用模糊逻辑模拟人的模糊思维，最终实现可靠的 SOC 预测。模糊逻辑推理在处理定性问题方面有它独特的地方，正是这个优点，国外已经有不少人员在尝试用模糊逻辑的方法对 SOC 进行研究，但是国内对于模糊逻辑方法的研究尚待深入。

（4）神经网络法 神经网络法是基于 BP（error back propagation）神经网络的一种算法，这种算法适用于各种电池，其缺点是需要大量的试验数据进行训练，估计误差受训练数据和训练方法的影响很大，适用范围受训练数据限制，而且在电池管理系统中较难实现。目前，$LiFePO_4$ 电池性能估计的数学模型都是基于电池内部所发生反应的物理化学规律建立的，在建模过程中应用了大量的假设条件和经验参数，模型精度有限，且模型的表达式是多参数的偏微分方程组，求解过程十分烦琐。而对于实际工作状态下的电池，其内部反应十分复杂，显然这种方法很难满足实际需要。为了避开 $LiFePO_4$ 电池内部的复杂性，采用改进算法（LM 算法）的 BP 神经网络建立电池 SOC 预测模型。根据 Kolmogorov 定理，一个 3 层的前向网络具有对任意精度连续函数的逼近能力，故采用 3 层 BP 神经网络进行 $LiFePO_4$ 电池的 SOC 预测，如图 7-28 所示。

在图 7-28 中，输入层有 2 个节点，输入矢

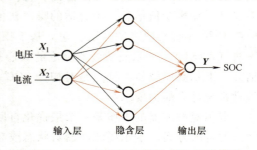

图 7-28 基于 BP 神经网络的 SOC 预测模型

量为 $[X_1, X_2]$，其中，X_1 为电池的放电电流的数值，X_2 为电池放电电压的数值；输出层只有 1 个节点，输出矢量为 $[Y]$，即电池 SOC 值；经过多次试验后，发现在隐含层中采用 12 个节点就可以比较准确地描述电池放电电流和放电电压与电池放电容量的相互关系。这里隐含层用 Transig 激活函数，输入层和隐含层之间用正切 Sigmoid 激活函数，输出层用 Purelin 线性激活函数，训练函数选取 LM 算法。

以商业的 $LiFePO_4$ 电池（3.1V，40A）为测试对象，在 AVL 公司生产的动力电池性能测试装置上进行测试。该电池测试系统的结构如图 7-29 所示。电池测试系统软件安装在 PC 机上，软件通过 CAN 总线与电池循环系统进行信息交流，电池的正负极连接在电池循环系统上，数据采集装置与电池直接连接，并通过高低压转换装置把信号送到数据记录器上，PC 机通过以太网与数据记录器连接。利用 Matlab 神经网络工具箱进行 BP 网络搭建与训练，将标准化处理后的训练样本数据输入网络。采用 LM 算法训练网络，经过训练，网络达到精度要求（≤0.001），误差收敛到期望值。为了验证电池 SOC 测试网络的准确性，将测试样本导入网络，并进行实际测试 SOC 值与仿真 SOC 值的分析比较，网络预测结果与实际测试结果较吻合，如图 7-30 所示，其最大绝对误差在 2% 左右，表明基于改进算法的 BP 神经网络预测 SOC 具有较高的准确性。

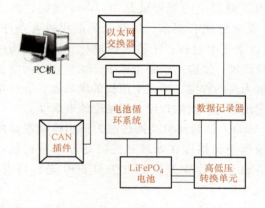

图 7-29　$LiFePO_4$ 电池测试系统的结构

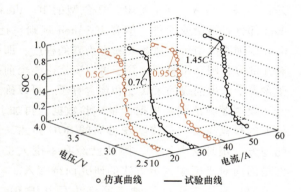

图 7-30　实际 SOC 曲线与仿真 SOC 曲线图

（5）卡尔曼滤波器　卡尔曼滤波是由美国学者 Kalman 在 20 世纪 60 年代初提出的一种最小方差意义上的最优估计方法，便于计算机实时处理。它提供了直接处理随机噪声干扰的解决方案，将参数误差看作噪声以及把预估计量作为空间状态变量，充分利用测量数据，用递推法将系统及随机测量噪声滤掉，得到准确的空间状态值。但是由于卡尔曼滤波在使用时需要预设噪声初值信息，不合适的噪声初值信息会使得估计结果发散。因此，Mehra Raman K 在 1970 年提出改进的方法，建立基于噪声信息协方差匹配算法的自适应扩展卡尔曼滤波算法（AEKF）。卡尔曼滤波器理论的核心思想是对系统的状态做出最小方差意义上的最优估计。卡尔曼滤波器的优点是对初始 SOC 误差不敏感，缺点是对电池性能模型精度及电池管理系统计算能力要求高。

卡尔曼滤波器的本质是一个最优化自回归数据处理算法，能够对绝大部分问题得到效率最高的解决方案。卡尔曼滤波器对状态或参数估计的修正，主要是通过建立所观测系统的状态与观测量之间的映射关系，实施观测误差的反馈修正。不精确的状态观测值会带来显著的

观测误差，通过该误差调整滤波器的增益实现状态或参数的精确估计。对于动力电池而言，主要参数包括开路电压 OCV、动态特性参数 R_D 和 C_D，欧姆内阻 R_i。图 7-31 所示为动力电池单体 LiPB-13 的模型参数，开路电压为试验值。

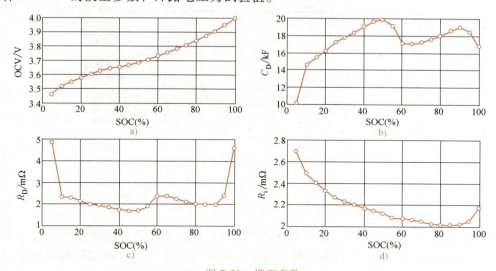

图 7-31 模型参数
a) 开路电压 b) 极化电容 c) 极化内阻 d) 欧姆内阻

可见，上述四组参数中仅开路电压与 SOC 始终保持单调递增关系，因此，开路电压与 SOC 的映射关系可以用来修正 SOC 的估计误差。通过开路电压与 SOC 的单调递增函数，得到动力电池端电压与 SOC 的单调关系，从而提高卡尔曼滤波器状态反馈调节中的优化效率和收敛速度。为精确表征上述四组参数与 SOC 的关系，还要计算各参数变化与 SOC 变化的关系，得到动力电池 SOC 的离散化计算方程为

$$z_k = z_{k-1} - \eta_i i_{L,K} \Delta t / C_a \tag{7-53}$$

式中　z_k 与 z_{k-1}——离散时间 k 与 $k-1$ 时刻的 SOC 值；

　　　C_a——电池的最大可用容量；

　　$i_{L,K}$——电流；

　　　Δt——离散时间间隔，

　　　η_i——动力电池充放电效率，该值通过试验确定。

对于铝塑膜包装的动力电池而言，放电效率通常视为 1，充电效率为 0.98~1（充电电流 $3C$ 以内）。基于动力电池系统状态方程和自适应扩展卡尔曼滤波算法的计算流程，建立详细的 SOC 估计方法。由图 7-32 所示的 OCV 模型与预测误差可见，该开路电压模型的最大预测误差在 2mV 以内。2mV 的误差最大可以带来 1% 的 SOC 估算误差。但是，基于 AEKF 算法的 SOC 估计方法实际上是一种融合算法，它将安时积分法和开路电压校正方法系统地融合起来，使用开路电压作为校正手段去克服安时积分法的累积误差，能够在不精确的开路电压法和安时积分法中确定最优的 SOC 估计值，从而实现动力电池 SOC 的闭环估计。由于在计算过程中使用协方差匹配技术去实现噪声先验信息的自适应校正，所以算法对噪声有很强的抑制作用。需要说明的是，可以通过添加模型参数，或者采用高阶的高斯函数，获得更准确的开路电压模型，但是对于数据的过拟合会使得模型的适应性下降。

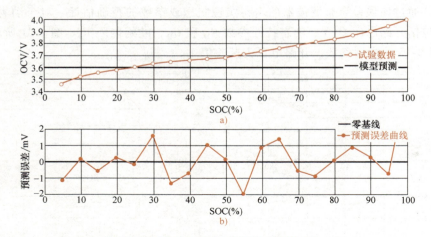

图 7-32　OCV 模型与预测误差（LiPB-13）

a）试验数据和预测结果对比　b）模型预测误差曲线

（6）阻抗谱法　阻抗谱法，也称为电化学阻抗谱法，有时也称为交流阻抗谱（AC Impedance Spectroscopy），是一种以小振幅的正弦波电位（电流）为扰动信号的电化学测量方法。由于以小振幅的电信号对体系扰动，一方面可避免对体系产生大的影响，另一方面也使得扰动与体系的变化相应地近似呈线性关系，这就使测量结果的数学处理非常简单。同时电化学阻抗谱法又是一种频域的测量方法，它以测量得到的频率范围很宽的阻抗谱来研究电极系统，因此能比其他常规方法得到更多的动力学信息及电极界面结构的信息。电化学阻抗谱方法测量的主要参数是正弦电压的幅值以及扫描频率的范围，不同的电极在不同频率下的信息不同，因此有必要对特定的电化学系统选择适当的频率范围。相比于循环伏安法，电化学阻抗谱法对电极进行测试的时间比较短，因此能够节省较多的时间。电化学阻抗谱法采用小幅度正弦交流信号对电化学电源系统进行微扰，通过测量不同频率下的电池阻抗，寻找出与电池 SOC 变化最相关的电池内部反应机理。但作为电池频率函数的阻抗谱的测量对于一个电磁环境复杂的系统来说是比较困难的，这也是当前电化学阻抗谱法应用于车载电源状态估计的最棘手问题。

电化学阻抗谱法是直接测量法的一种，这种方法相对于其他 SOC 估计方法，能够通过直接测量电池在不同频率下的阻抗值，区分不同内阻对电池 SOC 的影响状态，并可以通过阻抗参数建立电池的等效电路，通过对等效电路参数的分析获得 SOC 估计的算法。特别是对于磷酸铁锂电池，沿用安时积分法仍然存在误差累积的问题，同时由于放电过程存在较宽的电压平台，很难用实时电压对安时积分法进行修正。借助电化学阻抗谱法寻找电池内部特征量与 SOC 的关系，则有可能形成新的 SOC 估计技术。不同 SOC 下钴酸锂锂离子电池电化学阻抗谱（EIS）的变化规律，如图 7-33 所示。从图中可以看出，随着 SOC 的变大，第二个半圆的直径逐渐减小，并且具有单调的变化关系。从电池 EIS 与 SOC 变化规律中可以看出，随着 SOC 的变大，电池中频区的半圆直径不断变大，并且呈现单调递增的规律。如果通过这种单调的变化关系可以寻找到 SOC 和电池阻抗之间的较为简单且明确的函数关系，通过阻抗的测量估计电池的 SOC 就变得非常现实。

（7）数据驱动方法　对于锂离子电池这类复杂的电化学动态系统，基于模型方法往往

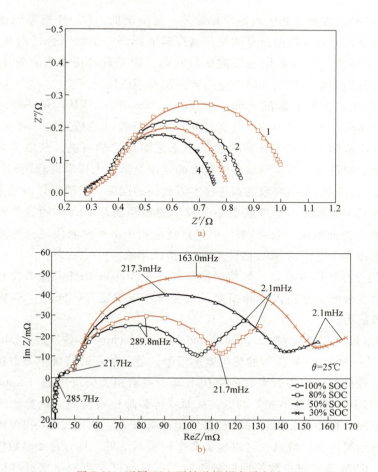

图 7-33　不同 SOC 下钴酸锂锂离子电池 EIS

复杂且难以实现，使得基于数据驱动的预测方法成为研究热点。数据驱动方法不考虑锂离子电池内部的电化学反应及失效机制，直接从电池性能测试数据和状态监测数据（电压、电流、温度、阻抗等）挖掘其中隐含的电池健康状态信息及其演变规律，实现电池 SOC 的估计。这些数据中包含了系统所处工作环境对电池产生的各种干扰和影响，同时也可以体现单体状态和个体差异。因此，在一定程度上可以克服基于模型方法动态精度较差及普适性较差的问题。

1）AR 模型。AR 模型是一类时间序列模型，即一种得到广泛应用的时间序列分析方法。AR 模型能够基于系统状态过去若干个时刻的记录结果，获取适合当前数据特征的模型阶次和模型参数，建立包含最多数据特征信息的模型来对当前系统的未来状态进行估计，从而输出当前时刻系统状态的预测值。AR 模型应用简单方便，符合实际工程中样本数量较少的情况的需求，而且参数辨识简单、实时性好，ARMA 模型和 MA 模型均可与高阶的 AR 模型近似。因此，实际应用中多采用 AR 模型来进行相应的预测。同时，在基本 AR/ARMA 模型基础上，出现了很多改进方法，如自回归条件异方差（Autoregressive Conditional Heteroscedastic，ARCH）模型、泛化自回归条件异方差（Generalized Autoregressive Conditional Heterosecdastic，LARCH）模型、阈值自回归（Threshold Autoregressive，TAR）模型、双线性模型（Bilinear Models）等。

AR 模型及各种改进模型的优点是计算简单、复杂度低。但 AR 模型预测结果的置信区间较大，单纯依靠模型输入数据自身的变化特征建立模型，不能结合任何其他信息。因此，AR 模型只适用于预测与自身前期相关的变量状态，即受自身历史因素影响较大的变量表现，而对受外界其他因素影响较大的变量趋势预测并不适用。

2）支持向量机。支持向量机（Support Vector Machine，SVM）是一种二分类模型，它将实例的特征向量映射为空间中的一些点，并画出一条线以"最好地"将这些点分成两类。SVM 在 VC 维理论基础上，基于结构风险最小化原则构建学习机，获取全局最优解。SVM 克服了局部极值、收敛速度慢、网络结构难以确定以及需要大样本进行训练等问题，能够提高算法的泛化能力，既能根据有限的训练样本得到小的误差，又能保证对独立的测试集仍保持小的误差，并基于有限样本最终获取一个较小的预测误差。SVM 的计算复杂度低，因此 SVM 及最小二乘支持向量机（LS-SVM）已经广泛应用于多种预测领域。近几年，SVM 已经开始广泛应用于锂离子电池的 SOC 估计及 SOH 预计领域。

SVM 自身仍然存在许多不足，如核函数必须满足 Mercer 条件、稀疏性有限、支持向量的数目对误差边界敏感、惩罚因子和损失函数复杂难以确定等，同样，SVM 也缺乏不确定性的表达和管理能力。

3）相关向量机。相关向量机（Relevance Vector Machine，RVM）是 Micnacl E. Tipping 于 2000 年提出的一种与 SVM 类似的稀疏概率模型，是一种新的监督学习方法。它的训练是在贝叶斯框架下进行的，在先验参数的结构下基于主动相关决策理论（Automatic Relevance Determination，ARD）来移除不相关的点，从而获得稀疏化的模型。该算法结合了马尔科夫性质、贝叶斯原理、自动相关决定先验和最大似然等理论，相比 SVM，RVM 的高稀疏性减少了核函数参与预测计算的数量，可以提供概率性预测结果，具有自动参数设置和任意使用核函数等优点。RVM 算法进行数据回归分析时，可以通过参数调整来对过拟合和欠拟合过程进行灵活控制。研究表明，RVM 是一种适合锂离子电池 SOC 估计的机器学习方法，由于其概率式预测的特点，在锂离子电池的 SOC 估计中受到了广泛关注。

RVM 算法较 SVM 算法具有更高的计算精度和更低的计算复杂度，并且能够输出预测结果的不确定性信息。但由于 RVM 过于稀疏及容量数据存在动态波动特性，导致直接采用 RVM 进行锂离子电池 SOC 估计的结果稳定性差。

4）高斯回归方程。高斯过程回归（Gaussian Process Regression，GPR）模型同样可以给出预测结果的不确定性表达，是一种灵活的非参数模型，它能够实现任意线性或者非线性系统动态行为特征的建模预测，并且可以结合状态预测先验知识，实现基于贝叶斯框架下的状态预测。基于 GPR 的锂离子电池 SOC 估计不需要结合实际电池模型，而是采用高斯过程模拟电池的行为，是一种概率式的预测方法。

GPR 方法的主要缺点是超参数调整复杂，计算量较大，对于在线应用尚需深入研究。

5）融合型 SOC 估计方法。目前，融合型方法是 SOC 估计的一大热点，即组合或集成多种方法的混合模型，弥补单一模型的不足，充分发挥不同模型的各自优点，以获得更优的性能。第一类融合型估计算法，是基于模型和数据驱动两种方法的互补性，较为主流的一类融合型 SOC 估计算法采用数据预测算法与状态空间模型结合的思路，将电池退化模型的特征

和实时的状态信息结合，能够获得更为满意的结果，其中采用 PF 算法与其他预测算法融合的研究较为广泛；第二类融合型算法将多种不同的数据驱动方法结合，通过加权或其他融合方式，提高估计结果的稳定性，如将 ANN、模糊逻辑、ARMA 模型进行融合，获取更为准确和稳定的 SOC 估计结果。

融合方法的研究和应用，可以极大地提升电池 SOC 估计的能力，具有重要的实用价值，但是目前仍存在计算复杂度过高、不确定性融合等挑战。数据驱动的 SOC 估计方法对比见表 7-6。

表 7-6　数据驱动的 SOC 估计方法对比

模型名称	适用范围	优点	缺点
AR 模型	预测与受自身历史因素影响较大的变量现状	计算简单、复杂度低	仅能识别输入数据的自身变化特征，不能结合其他信息预测当前状态
支持向量机（SVM）	中小型数据样本、非线性、高维的分类问题	算法泛化能力强，能够根据有限的训练样本得到较小的误差	核函数必须满足 Mercer 条件、稀疏性有限、支持向量的数目对误差边界敏感、惩罚因子和损失函数复杂难以确定等
相关向量机（RVM）	回归问题和分类问题	较之 SVM 计算精度更高，计算复杂度更低，且能够输出预测结果的不确定性信息	对锂离子电池进行 SOC 估计的结果稳定性差
高斯回归方程（GPR）	线性或非线性系统动态行为特征的建模预测	对数据分布假设自由，应用范围广，且能够结合状态预测先验知识	超参数调整复杂，计算量较大，对于在线应用尚需深入研究
融合型 SOC 估计方法	精确度要求高的 SOC 估计	集成多种方法，能够弥补单一模型的不足，发挥不同模型的优点以获得更优的性能	计算复杂度较高

3. SOC 估算精度影响因素定性规律

电池的荷电状态（State Of Charge，SOC）是锂电池的重要参数之一，对 SOC 估算不准会导致电池过充电或者过放电，加剧电池起火、爆炸等风险。对 SOC 预测的准确性，会直接影响管理系统的控制策略，更合理地利用电池能量，有助于延长电池的循环寿命。

目前常见的估算 SOC 的方法有很多，如安时积分法、开路电压法、卡尔曼滤波器。安时积分法估算 SOC 的准确性取决于 SOC 初值的准确性，该方法的误差会随着时间的增加而增加。卡尔曼滤波器是基于最小方差指标的最优状态估计，有较强的滤波作用，具有在初值不准确的情况下快速收敛的优点，并且其估算 SOC 的精度很高。有文献对比了两种卡尔曼滤波器估算 SOC 的精度，利用无迹卡尔曼滤波（Unscented Kalman Filter，UKF）估算 SOC，误差控制在 1% 以内，其精度高于扩展卡尔曼滤波（Extended Kalman Filter，EKF）的 4%，因此 UKF 算法更适用于锂电池的 SOC 估计；有文献应用 UKF 算法对磷酸铁锂电池的 SOC 进行估算，并验证了当 SOC 初始状态不准确的情况下，SOC 估算的误差仍在 2% 以内，因此 UKF 算法对锂电池的 SOC 估算有着较好的收敛性；卡尔曼滤波算法需要以一个精确的电池

模型为基础才能准确估算 SOC，为了解决电池建模的误差问题，有文献利用最小二乘法对电池参数进行了在线辨识，实现了 SOC 的实时估计；有文献对比了 UKF 和 EKF 这两种滤波器估算 SOC 的精度，结果表明 EKF 有良好的跟踪性能，并且平均误差在 1% 以内，小于 UKF 的 7%。可见有很多学者研究了卡尔曼滤波器（Kalman Fltering，KF）估算 SOC，但是对造成 SOC 估计误差的因素却鲜有分析研究。

在实际的电动汽车中用于估算 SOC 的方法都是基于传统方法，即在安时积分法的基础上加入一些影响因子的校正，其缺点是 SOC 的估算结果存在很大的误差，目前应用于电池管理系统的 SOC 估算技术还不是很成熟，虽然用于电池 SOC 估算的方法种类很多，但各种方法都存在着一定的缺陷，难以满足 SOC 实时在线、高精度估计的要求。未来 SOC 估算方法的研究，将从以下四个方面进行完善：①通过大量实验，建立丰富的数据库，使得 SOC 估算有据可依，有据可查；②依靠硬件方面的技术，提高电流、电压等的测量精度，保证用于估算 SOC 的基本数据的准确性；③引入准确的电池模型，更真实地表征电池在使用过程中的动态特性；④综合各种算法，扬长补短，对 SOC 不同阶段引入不同的校正方法，最大限度地减少不同状态下的误差，提高其估算精度。

7.3.2 电池健康状态（SOH）估计

电池的 SOH 也可以表示为电池的寿命，电池的寿命按照不同的使用情况可以分为两种：存储寿命和循环寿命。

存储寿命表示电池在存储过程中的老化现象和结果。电池在存储过程中，电池容量不可逆地降低，随着电池存储环境的不同，电池自放电率变化很大。所以，电池老化速率的加快或减慢取决于存储环境。存储温度是影响存储寿命和自放电的主要因素。与常温时相比，电池存储温度较高时电池的副反应（如腐蚀）变得更容易，且金属阳离子的损失更严重；而在低温环境下，物质的扩散和电化学反应降低，因此电池老化速率也降低。另外一个影响电池存储寿命的因素是电池存储过程中的 SOC 值（这里 SOC 定义为电极上的离子比例）。在存储温度相同而电池存储 SOC 不同时，电池老化路径不同，在高 SOC 的情况下，电极/电解液的界面上存在巨大的电荷不平衡，这些会促进电化学反应的进行。

循环寿命则表示电池使用（充电和放电）对电池的影响。不论在充电过程还是放电过程，电池的循环老化都在进行。电池在使用时的温度环境和电流大小都会直接影响循环寿命。除此之外，对电池存储寿命有影响的因素也会对循环寿命产生影响，因为不论电池在使用或是静置，相关的反应都在进行。电池使用过程为放热过程，温度的升高会加速上述反应的进行，从而加速电池老化。除了以上变量，与循环寿命有关的参数是电池使用状态的函数。一次放电过程中消耗掉的电荷量（荷电状态的变化）是一个非常重要的影响因素，且对电池老化的影响很大。出现这种现象主要是由于大电流充放电过程中正极的降解和 SEI 膜的形成。

1. 电池 SOH 定义

从不同的角度研究 SOH 可以有不同的定义方法。目前电池研究领域应用比较多的定义

方法有内阻定义法、电池放电深度定义法、剩余电量定义法等。

（1）**内阻定义法**　电池的健康状态随着电池内阻的逐渐增大而衰减，可以根据这个关系定义电池 SOH：

$$SOH = \frac{R_{EOL} - R}{R_{EOL} - R_{NEW}} \times 100\% \qquad (7-54)$$

式中　R_{NEW}——电池出厂时的内阻值；

　　　R_{EOL}——电池寿命结束时的电池内阻；

　　　R——电池当前状态下的内阻。

这种定义方式的重点是要测得电池的内阻准确值，优点是测量结果比较准确，缺点是对 SOH 影响较大的电池的额定容量没有考虑。

（2）**电池放电深度定义法**　电池的放电深度是指电池所放出的容量与电池自身容量的比值，这个比值与电池可充电的次数成反比，即电池的放电深度越大，其可充电次数越少。那么从电池的放电深度来定义 SOH 可以写成：在一定放电深度下，电池的剩余充电次数与最大充电次数比值的百分比，即

$$SOH = \frac{剩余充电次数}{最大充电次数} \times 100\% \qquad (7-55)$$

（3）**剩余电量定义法**　从电池剩余电量的角度定义 SOH。电池在使用过一段时间以后，其剩余的电量可以直接测得。那么，设 C_{new} 为电池未使用时的最大电量，C_{norm} 为电池当前可用的最大电量，则可以将 SOH 定义为

$$SOH = \frac{C_{norm}}{C_{new}} \times 100\% \qquad (7-56)$$

2. 电池 SOH 估计方法

随着清洁能源的大力发展，已经有越来越多的研究人员开始关注电池的 SOH。目前已经应用的 SOH 估计方法有无迹卡尔曼、扩展卡尔曼、双卡尔曼滤波、电池健康诊断方法、粒子滤波算法、双滑模观测器方法、阻抗谱分析法、统计学建模法等。本书介绍两类国际上比较认可的主流方法。

（1）**基于经验的方法**　基于经验的电池寿命预测方法也称为基于统计规律的方法，主要包括以下三种。

1）循环周期数法。这种方法是通过对电池的循环周期进行计数，当电池的循环次数到达一定的范围时，就认为电池到达使用寿命。这种方法需要考虑不同循环条件、循环状态等因素对循环寿命的影响，根据经验和标准参数二者共同确定电池寿命。

2）安时法与加权安时法。一个电池从新到旧，充电、放电整个过程中能够处理电量的总安时数通常被认为是一个定值，累积安时电量达到一定的程度则认为电池到达寿命，这种方法就是安时法。加权安时法考虑电池在不同状况下放出相同的电量时，对寿命的损伤程度有轻有重，所以当放出的电量乘以一个加权系数之后的累积安时数达到某个值后认为电池寿

命终结。

3）面向事件的老化累积方法。这种方法首先要制定引起电池寿命损失的特定事件的描述，一般每个事件都有一个损伤程度的尺度描述，监测电池在使用过程中事件发生的情况，累计每个事件引起电池寿命衰减情况，给出当前电池的剩余寿命。

以上三种方法都是利用电池使用过程中的一些经验知识，依据某些统计学规律给出电池寿命的一个粗略估计，只能在电池使用的经验知识比较充分的情况下，用于特定场合的寿命预测。

（2）基于性能的方法　目前很多研究基于各种不同形式的性能模型，并且考虑老化过程和应力因素开展了基于电池性能的寿命预测，通过容量衰减或内阻升高两个方面来定义动力电池的SOH。以容量定义的电池健康状态写作SOH_C，以内阻定义的电池健康状态写作SOH_R。根据SOH指标测量/估算方法的不同，将基于电池性能的健康预测分为实验法、模型法和数据驱动法三类，如图7-34所示。

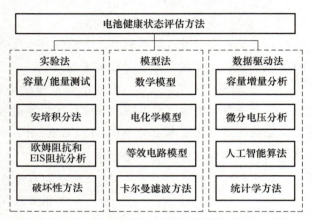

图 7-34　基于性能的锂离子电池 SOH 估计方法分类

1）实验法。实验法主要根据SOH的定义，在严格控制的实验条件下对电池进行多项测试以获得电池容量和内阻的准确值。其中，电池容量一般需要在恒温恒流的工况下对电池进行完全的充放电，并采用安时积分法计算得到；内阻的精确测定常常需要用到混合脉冲功率特性（Hybrid Pulse Power Characteristic，HPPC）方法或 EIS 分析法。

利用安时积分法得到当前满充满放实验中测得的电池总容量，与初始容量进行比较，来判断电池衰退情况，是SOH_C判断的主要方法。安时积分法对电流表精度和环境条件的要求都非常高，测量实验通常在恒温箱内进行，充电电流要求为非常小的恒定电流。尽管其在实车条件下几乎不可能应用，但仍有学者利用其进行容量标定和结果精度检验。

电池的功率衰退与SOH_R密切相关。电池欧姆内阻的直接测量主要有两种方法：一是利用 HPPC 方法给电池施加短暂的充电或放电电流脉冲，同时结合欧姆定律得到电池欧姆内阻的阻值，该种方法同样要求较高的测量精度和严苛的实验环境。二是利用 EIS 对欧姆内阻进行直接测量。EIS 是一套高精度测量设备，主要用于电池内部电化学过程的观测，因此也可作为一种诊断手段。除欧姆电阻外，SEI 膜电阻等参数也可以利用 EIS 进行测量。此外，破坏电池结构后，利用拉曼谱仪、X 射线衍射仪以及扫描电子显微镜等方法，虽然可以较精准地观测到电池内部变化情况，但显然该种方法没有实车应用的前景。

2）模型法。模型法通过建立电池模型，模拟电池的动态响应特性，从而实现健康状态估计。常用的电池模型有数学模型、电化学模型、等效电路模型等。

数学模型（Mathematical Model，MM）主要包括经验模型和半经验模型，它们通过实验

模拟电池的循环老化和日历老化过程，测定电流倍率、放电深度、温度、循环次数等动态应力对电池寿命的影响，并通过数学方程拟合，实现电池 SOH 估计。

基于电化学模型（Electrochemical Model，EM），使用偏微分方程（Partial Differential Equations，PDE）来描述电池动态特性，以及副反应引起电池容量衰减和内阻增长的老化机理，可以较高精度地预估电池 SOH。然而，过高的模型复杂度和计算资源需求影响了其在现实电池管理系统（Battery Management System，BMS）中应用的可行性和便利性。为解决这一问题，研究者们提出了一系列兼顾计算精度和计算资源消耗的模型，例如单粒子模型等，它们被广泛应用于电池 SOH 估计等领域。

基于等效电路模型（Equivalent Circuit Model，ECM）的电池 SOH 估计方法结合实验测量数据和自适应滤波算法，将 ECM 中的各特征参数辨识出来，也可以实现电池 SOH 估计。例如，当辨识得到 ECM 中的电阻、开路电压等参数时，可以通过查关联表的方法得到对应的电池 SOH。较为常见的自适应滤波算法有最小二乘法（Least Squares，LS）、卡尔曼滤波（Kalman Filter，KF）算法和粒子滤波（Particle Filter，PF）算法等。其中 KF 算法使用非常广泛，也衍生和发展出了许多迭代优化版本，例如扩展卡尔曼滤波、无迹卡尔曼滤波、自适应扩展卡尔曼滤波等。为减轻模型实时估计的计算压力，提高计算效率和精度，近年来在 ECM 模型领域，也发展出许多可根据实际情况自由调整时间间隔的估计算法，例如多尺度卡尔曼滤波算法、多尺度滤波器算法以及多尺度非线性预测滤波算法等。基于 ECM 的方法可以较好地模拟电池特性，但常常需要提前精确地测定电池开路电压（Open Circuit Voltage，OCV），给该类模型和方法的实车应用带来了困难。

3）数据驱动法。近年来，大数据技术的蓬勃发展催生了大量数据驱动的 SOH 估计算法，这类算法具有较高的灵活性，无须深入描绘电池电化学机理，即可实现电池 SOH 的精准预估。数据驱动的 SOH 估计方法首先从大量实验或实车运行数据中，提取与电池健康状态相关的特征参数，再通过模型训练、参数调节等，建立电池 SOH 估计模型。数据驱动法可以进一步划分为微分分析法、人工智能方法、统计学方法等。

微分分析法利用电池充放电过程中电-热-机械参数的变化及其变化率，预测电池健康状态。其中，容量增量分析（Incremental Capacity Analysis，ICA）是常用的微分分析法之一，它能够将电池充放电相平衡状态导致的平缓电压平台转化为容易识别的容量增量曲线。容量增量曲线上的多种特征均可以作为评估电池健康状态的特征参数，如曲线峰值的位置、高度、面积，以及不同峰值之间的距离等。此外，微分电压分析（Differential Voltage Analysis，DVA）法和差热伏安（Differential Thermal Voltammetry，DTV）法是常用的微分分析方法。

由于能充分利用海量数据资源，并可避免探索电池具体结构和机制的麻烦，以机器学习为代表的人工智能算法在电池 SOH 估计领域发展迅猛。支持向量机、高斯过程回归、人工神经网络、马尔可夫链等多种人工智能算法都在动力电池状态估计等相关领域得到了广泛的应用。研究人员也根据使用场景需求和数据特征差异，在基础人工智能算法上进一步研究扩展出各类细分模型，以提升预测精度和多种场景的适用性。

统计学方法是根据已知的经验数据建立统计学模型，以预测电池 SOH 的衰退趋势。这类方法考虑了随机误差，可以反映由数据波动和不一致性引起的电池衰退差异性。常用的统

计学模型有灰色模型（Grey Model，GM）、信息熵等。灰色模型可用于描述电池衰退趋势，其模型参数可以实现在线更新。信息熵常常被用作健康状态特征参数，如采集的电压、电流、温度等，其计算得到的熵值可作为寿命预测的重要参数。

7.3.3 电池功率状态（SOP）估计

1. 电池组峰值功率预测主要内容

SOP 是在预定时间间隔内，动力电池所能释放或吸收的最大功率。进行动力电池峰值功率估计可评估动力电池在不同 SOC 和 SOH 下的充电、放电功率极限能力，最优匹配动力电池系统与汽车动力性能间的关系，以满足电动汽车加速和爬坡性能，最大限度发挥电机再生制动性能，对于合理使用电池，避免电池出现过充电或过放电现象，延长电池使用寿命有重要的理论意义和应用价值。

峰值功率预测精度与 SOC 估计、动态模型精度息息相关。具体来讲，电池组功率预测包括如下内容：

（1）放电功率 基于当前电池组状态，预测在 Δt 时间内不超出电池组当前约束条件（包括电池单体电压、荷电状态、功率和电流等）的电池组最大可输出功率能力，主要用于极限加速、爬坡等工况。

（2）充电功率 基于当前电池组状态，预测在 Δt 时间内不超出电池组当前约束条件（包括电池单体电压、荷电状态、功率和电流等）的电池组最大吸收功率能力，主要用于快速充电和再生制动工况。

2. 常用预测方法

峰值功率常用的预测方法有复合脉冲法、基于电池单体电压法、基于电池 SOC 法、基于电池动态模型预测算法以及多参数约束的动态峰值功率估计算法。

（1）复合脉冲法 在《PNGV 电池测试手册》中，采用复合脉冲法基于电池单体电压的限制来估计电池峰值功率。电路模型采用内阻模型，能够反映电池的极化特性，是电池 SOC 的函数。但是该方法主要考虑了电池组瞬时功率，不适用于给定时间内的持续峰值功率预测，并且没有考虑电流的约束，会造成估计功率比电池实际功率偏大。由于充放电脉冲较大，对内阻较大的电池可能导致过充电/过放电现象，容易导致安全问题，电池组的使用寿命也会受到影响，所以一般在电池 SOC 在 10%~90% 之间时测试。该方法主要用于动力电池性能测试。

假设电池组由 m 个单体组成，其中有 m_s 个模块串联，每个模块由 m_p 个单体并联组成。对于电池组某一单体 n，该方法可表达为

$$v_n(t) = OCV(s_n(t)) - Ri_n(t) \tag{7-57}$$

式中　$v_n(t)$——单体电池 n 的工作电压；

　　　　$s_n(t)$——电池单体当前的 SOC 状态；

　　$OCV(s_n(t))$——单体电池当前 SOC 状态的开路电压或电动势；

　　　　$i_n(t)$——电池的充电或放电电流；

　　　　　R——充电或放电内阻。

为区分电池的充电与放电电流，假设电池流出电流为正，流入电流为负。

则单体 n 在一定的 SOC 下充放电峰值功率分别为

$$\begin{cases} P^{\text{chg}}_{\text{min},n} = v_{\max}\dfrac{OCV(s_n(t)) - v_{\max}}{R_{\text{chg}}} \\[4mm] P^{\text{dis}}_{\text{max},n} = v_{\min}\dfrac{OCV(s_n(t)) - v_{\min}}{R_{\text{dis}}} \end{cases} \tag{7-58}$$

式中　$v_{\max}$、$v_{\min}$——单体电池充电时最高工作电压和放电时最低工作电压；

　　$P^{\text{chg}}_{\text{min},n}$、$P^{\text{dis}}_{\text{max},n}$——单体电池峰值充、放电功率。

　　R_{chg}、R_{dis}——单体电池充、放电内阻。

电池组的峰值功率可表示为

$$\begin{cases} P^{\text{chg}}_{\text{min}} = n_s n_p \max\limits_{k}(p^{\text{chg}}_{\text{min},k}) \\[4mm] P^{\text{dis}}_{\text{max}} = n_s n_p \min\limits_{k}(p^{\text{dis}}_{\text{max},k}) \end{cases} \tag{7-59}$$

其中，假设电池充电功率为负。

（2）基于电池单体电压法　该模型假设电池的充电内阻和放电内阻等于欧姆内阻，通过式（7-60）预测瞬态电流。与复合脉冲放电法相比，该方法不再受电压限制，但是如果时间 Δt 较大，电池仍然有过充电或过放电的危险。

$$\begin{cases} i^{\text{dis,volt}}_{\text{max},n} = \dfrac{OCV(s_n(t)) - v_{\min}}{R^{\text{dis}}} \\[4mm] i^{\text{chg,volt}}_{\text{min},n} = \dfrac{OCV(s_n(t)) - v_{\max}}{R^{\text{chg}}} \end{cases} \tag{7-60}$$

式中　$i^{\text{chg}}_{\text{min},n}$、$i^{\text{dis}}_{\text{max},n}$——单体电池充、放电电流。

对于电池组某一单体 n，该方法可表达为

$$v_n(t+\Delta t) = OCV(s_n(t+\Delta t)) - R i_n(t) \tag{7-61}$$

$$OCV(s_n(t+\Delta t)) = OCV\left(s_n(t) - i_n\frac{\eta_i \Delta t}{C}\right) \tag{7-62}$$

$$\begin{cases} i^{\text{dis,volt}}_{\text{max},n} = \dfrac{OCV(s_n(t)) - v_{\min}}{\dfrac{\eta\Delta t}{C}\dfrac{\partial OCV(s)}{\partial s}\Big|s_n(t) + R^{\text{dis}}} \\[8mm] i^{\text{chg,volt}}_{\text{min},n} = \dfrac{OCV(s_n(t)) - v_{\max}}{\dfrac{\eta\Delta t}{C}\dfrac{\partial OCV(s)}{\partial s}\Big|s_n(t) + R^{\text{chg}}} \end{cases} \tag{7-63}$$

$$\begin{cases} P^{\text{chg}}_{\text{min}} = m_p \sum\limits_{n=1}^{m_s} i^{\text{chg}}_{\text{min}} v_n(t+\Delta t) \\[4mm] P^{\text{dis}}_{\text{max}} = m_p \sum\limits_{n=1}^{m_s} i^{\text{dis}}_{\text{max}} v_n(t+\Delta t) \end{cases} \tag{7-64}$$

式中　η——电池的库仑效率；

　　C——电池的额定容量；

其他参数同方法 1。

（3）基于电池 SOC 的算法　该方法基于电池使用过程中最大或最小 SOC 的限制获得电池峰值充放电电流，进而计算出电池组的峰值功率。电池从当前某一时刻 t 开始，在给定时间 Δt 内以恒定电流 i_k 放电（或者充电），则 $t+\Delta t$ 时刻第 k 个单体电池 SOC 可表达为

$$s_k(t+\Delta t)=s_k(t)-\frac{\eta_i \Delta t}{C}i_k(t) \tag{7-65}$$

式中　η_i——电池的库仑效率，是放电电流的函数。

理论上最大充、放电电流分别为

$$\begin{cases} i_{\max}^{dis,soc} \approx \dfrac{s(t)-s_{\max}}{\eta_{dis}\Delta t/C} \\[3mm] i_{\min}^{chg,soc} \approx \dfrac{s(t)-s_{\max}}{\eta_{chg}\Delta t/C} \end{cases} \tag{7-66}$$

式中　$s(t)$——电池组当前状态下的 SOC；

$\quad s_{\max}$——电池的最大 SOC 值；

η_{chg}、η_{dis}——电池的充、放电效率。

基于电池 SOC 的方法考虑了 Δt 时间内的持续峰值功率，符合电池实际充放电过程，但研究表明，当 SOC 允许使用范围较大时，仅用 SOC 作为约束计算出的峰值电流结果偏大，一般将此方法与复合脉冲法结合使用。

（4）其他预测方法　上述三种峰值功率计算方法都是基于电池内阻模型，模型比较简单，只能适应电池稳定工况下的功率预测；而电动车辆在实际运行过程中，电池组不可能持续充电或放电，电流变化非常剧烈。研究者根据工况下电池峰值功率预测的需要，建立了多种基于电池模型的峰值功率预测方法。

1）基于动态电池模型估计电池的动态充放电功率。对于电池组动态系统，采用离散化状态空间表示方法可表示为

$$\begin{cases} x_k(m+1)=f(x_k(m),u_k(m)) \\ v_k(m)=g(x_k(m),u_k(m)) \end{cases} \tag{7-67}$$

式中　m——离散时间系列；

$\quad x_k(m)$——系统状态变量，如电池开路电压等；

$\quad u_k(m)$——模型输入，如电流 $i_k(m)$，还可以是温度、内阻、容量等；

$\quad v_k(m)$——单体电池工作电压。

$\quad f(\cdot)$、$g(\cdot)$ 是关于 $x_k(m)$、$u_k(m)$ 的函数。

假设在整个 SOC 和温度范围内电池动态模型有可靠精确的输出，则 Δt 时间后的电池电压可以表示为

$$v_k(m+T)=g(x_k(m+T),u_k(m+T)) \tag{7-68}$$

充放电功率的计算如下：

$$\begin{cases} P_{\min}^{chg} = n_p \displaystyle\sum_{k=1}^{n_s} i_{\min}^{chg} v_k(x_k(m+T),u_k) \\[4mm] P_{\max}^{dis} = n_p \displaystyle\sum_{k=1}^{n_s} i_{\max}^{dis} g_k(x_k(m+T),u_k) \end{cases} \tag{7-69}$$

该方法要求在整个 SOC 和温度范围内电池动态模型有可靠、精确的输出，式（7-69）可以根据动力电池组动态工作条件，实时预测电池峰值功率，为整车提供比较精确的电池输入输出功率数值，从而优化使用和保护电池。

2）多参数约束的动态峰值功率估计算法。该算法基于 Thevenin 模型，采用离散化状态空间表示方法，将 SOC 作为系统的一个状态变量，能实时、有效地估计电池动态工作时在 Δt 时间内的持续峰值功率，能量效率因子的引入，考虑了大电流充放电电池的极化效应，更符合电池实际工作特性，避免电池出现过充电或过放电现象；但是该算法比较复杂，尤其是当电池数目较多时，算法计算量较大，对硬件也提出了较高的要求，在需要精确估计电池峰值功率时，可以采用多参数约束的动态峰值功率算法。

其状态方程为

$$\begin{pmatrix} s_k(m+1) \\ U_{\mathrm{p}k}(m+1) \end{pmatrix} = \begin{pmatrix} 1 & 0 \\ 0 & -\dfrac{\Delta t}{R_{\mathrm{p}k}} \end{pmatrix} \begin{pmatrix} s_k(m) \\ U_{\mathrm{p}k}(m) \end{pmatrix} + \begin{pmatrix} -\dfrac{\eta_i \Delta t}{C} \\ -\dfrac{\Delta t}{C_{\mathrm{p}k}} \end{pmatrix} i_k(m) \tag{7-70}$$

式中　Δt——采样时间周期；

$s_k(m)$——单体 k 在采样时刻点 m 的荷电状态；

$R_{\mathrm{p}k}$——单体 k 的阻值；

$C_{\mathrm{p}k}$——单体 k 的容量；

$U_{\mathrm{p}k}(m)$——单体 k 在采样时刻点 m 处 R_{p} 上的电压估计值；

$i_k(m)$——单体 k 在采样时刻点 m 的电流。由上式即可解出 $i^{\mathrm{dis,volt}}_{\max,k}$ 和 $i^{\mathrm{chg,volt}}_{\min,k}$，然后由式（7-66）解出 $i^{\mathrm{dis,soc}}_{\max,k}$ 和 $i^{\mathrm{chg,soc}}_{\min,k}$。

则电池动态工作条件下的峰值功率为

$$\begin{cases} P^{\mathrm{chg}}_{\min} = n_{\mathrm{p}} \displaystyle\sum_{k=1}^{n_{\mathrm{s}}} \eta_{I_{\mathrm{a}}\text{-chg}} i^{\mathrm{chg}}_{\min} v_k(t+\Delta t) \approx n_{\mathrm{p}} \displaystyle\sum_{k=1}^{n_{\mathrm{s}}} \eta_{I_{\mathrm{a}}\text{-chg}} i^{\mathrm{chg}}_{\min} g_k(x_k(m+T), i^{\mathrm{chg}}_{\min}) \\ P^{\mathrm{dis}}_{\max} = n_{\mathrm{p}} \displaystyle\sum_{k=1}^{n_{\mathrm{s}}} \eta_{I_{\mathrm{b}}\text{-dis}} i^{\mathrm{dis}}_{\max} v_k(t+\Delta t) \approx n_{\mathrm{p}} \displaystyle\sum_{k=1}^{n_{\mathrm{s}}} \eta_{I_{\mathrm{b}}\text{-dis}} i^{\mathrm{dis}}_{\max} g_k(x_k(m+T), i^{\mathrm{dis}}_{\max}) \end{cases} \tag{7-71}$$

式中　$\eta_{I_{\mathrm{a}}\text{-chg}}$——电池以电流 I_{a} 充电时的能量效率；

$\eta_{I_{\mathrm{b}}\text{-dis}}$——电池以电流 I_{b} 放电时的能量效率。

7.4　动力电池温度场分析方法

温度场设计的主要目的是达到电池组内温度场均匀一致、保证电池在适宜的工作温度下工作。其主要工作包括利用热力学和传热学等理论分析电池组中各单体电池内部以及电池之间的生热及传热原理，建立电池传热数学模型，应用有限元、数值计算等方法或相应的试验进行模型验证和优化，开展电池组加热和散热机构设计，从而为动力电池应用中的热管理提供理论基础和技术支撑。

7.4.1　电池内传热的基本方式

根据传热学可知，电池内热传递方式主要有热传导、对流换热和辐射换热三种。电池应

遵守热量平衡，即

$$Q_{\mathrm{W}} = Q_{\mathrm{e}} + Q_{\mathrm{a}} \tag{7-72}$$

式中 Q_{W}——电池内部各种反应过程产生的热量；

Q_{e}——电池和环境交换的热量；

Q_{a}——电池本身吸收的热量，它表现为电池温度的升降变化 ΔT。

电池吸收的热量可表示为

$$\left(\sum_{i=1}^{n} m_i \Delta c_{pi} \right) \Delta T = Q_{\mathrm{a}} = Q_{\mathrm{W}} - Q_{\mathrm{e}} \tag{7-73}$$

若在绝热条件下，有 $Q_{\mathrm{e}} = 0$，则上式可以简化为

$$\left(\sum_{i=1}^{n} m_i \Delta c_{pi} \right) \Delta T = Q_{\mathrm{a}} = Q_{\mathrm{W}} \tag{7-74}$$

式中 m_i——电池微元体质量；

Δc_{pi}——电池微元体比热容。

电池和环境交换的热量也是通过辐射、传导和对流三种方式进行的。

热辐射主要发生在电池表面，与电池表面材料的性质相关。可用斯特蕃·玻尔兹曼（Stefan-Boltzmann）公式描述黑体辐射本领，即

$$\varPhi = \varepsilon A \sigma T^4 \tag{7-75}$$

式中 ε——物体的发射率，习惯称为黑度，对于黑体 $\varepsilon = 1$；

A——辐射表面积（m^2）；

σ——斯特蕃·玻尔兹曼数，即黑体辐射常数，其值为 $5.67 \times 10^{-8} \mathrm{W/(m^2 \cdot K^4)}$；

T——黑体的热力学温度（K）。

热传导是指物质与物体直接接触而产生的热传递。电池内部的电极、电解液、集流体等都是热传导介质，而将电池作为整体，电池和环境界面层的温度和环境热传导性质决定了环境中的热传导。热传导服从傅里叶定律，即

$$q_n = -\lambda \frac{\partial T}{\partial n} \tag{7-76}$$

式中 q_n——热流密度（$\mathrm{W/m^2}$）；

λ——热导率 $[\mathrm{W/(m \cdot K)}]$；

$\dfrac{\partial T}{\partial n}$——电极等温面法线方向的温度梯度（$\mathrm{K/m}$）。

热对流是指电池表面的热量通过环境介质（一般为流体）的流动交换热量，它也和温差成正比。用牛顿公式表示，则有

流体被加热时：

$$\varPhi = hA(T_{\mathrm{W}} - T_{\mathrm{f}}) = hA\Delta T \tag{7-77}$$

流体被冷却时：

$$\varPhi = hA(T_{\mathrm{f}} - T_{\mathrm{W}}) = hA\Delta T \tag{7-78}$$

式中 $\varPhi$——热流量（W）；

h——表面传热系数 $[\mathrm{W/(m^2 \cdot K)}]$；

A——面积（m^2）；

T_W——壁面温度（K）；

T_f——流体温度（K）。

对于单体电池内部而言，热辐射和热对流的影响很小，热量的传递主要是由热传导决定的。电池自身吸热的大小是与其材料的比热容有关，比热容越大，吸热越多，电池的温升越小。如果散热量大于或等于产生的热量，则电池温度不会升高。如果散热量小于所产生的热量，热量将会在电池体内产生热积累，电池温度升高。

因此基于传热学原理，电池传热问题模型可简化为：在不同边界条件下，单体电池在电化学反应过程中根据工作工况以不同的生热速率生热。一部分热量经由电池外壳传到周围空气中，传导至空气中的热量与单体电池表面传热系数直接相关，另一部分热量导致单体电池自身加热升温。

7.4.2　热管理系统设计过程中的关键技术

1. 传热介质的选择

传热介质的选择对热管理系统的性能有很大影响，传热介质要在设计热管理系统前确定。按照传热介质分类，热管理系统可分为空气冷却、液体冷却及相变材料冷却三种方式。

（1）空气冷却　空气冷却是最简单的方式，只需让空气流过电池表面。空气冷却方式的主要优点有：结构简单，重量相对较小；没有发生漏液的可能；有害气体产生时能有效通风；成本较低。其缺点在于其与电池壁面之间的换热系数低，冷却、加热速度慢。

（2）液体冷却　液体冷却分为直接接触和非直接接触两种方式。矿物油可作为直接接触传热介质，水或防冻液可作为典型的非直接接触传热介质。液体冷却必须通过水套等换热设施才能对电池进行冷却，这在一定程度上降低了换热效率。电池壁面和流体介质之间的换热率与流体流动的形态、流速、流体密度和流体热传导率等因素相关。液体冷却方式的主要优点有：与电池壁面之间换热系数高，冷却、加热速度快，体积较小。其主要缺点有存在漏液的可能，重量相对较大，维修和保养复杂，需要水套、换热器等部件，结构相对复杂。

（3）相变材料冷却　相变材料是指随温度变化而改变形态并能提供潜热的物质。相变材料由固态变为液态或由液态变成固态的过程称为相变过程。相变材料具有在一定温度范围内改变其物理状态的能力，既能实现动力设备在比较恶劣的热环境下工作时使电池能有效地降温，又能满足各电池单体间温度分布的均衡，从而达到动力设备的最佳运行条件，延长电池寿命的同时提高动力设备的动力性能。电池组热管理系统所采用的相变材料应具有较大的相变潜热，以及理想的相变温度，经济安全，循环利用效率高。

在应用中，空气冷却和液体冷却应用较多，日本丰田公司的混合动力电动汽车 Prius 和本田公司的 Insight 都采用了空气冷却的方式。通用公司的增程式电动汽车 Volt 采用了液体冷却的冷却方式，单体电池的最大温差不超过 3℃。我国研制的电动汽车多采用空气冷却方式。相变材料的应用尚处于试验阶段，没有电池热管理系统实际应用的报道。

2. 单体电池导热数学模型

所有导热问题都可以用相应坐标系下的导热微分方程来描述，包括一维和多维、稳态和非稳态、常物性和变物性、有内热源和没有内热源的导热问题。微分方程的解即数学上所说的通解中必定包含待定的积分常数，要使这些待定常数唯一地确定下来，除了微分方程以

外，还必须再附加对所求解的特定导热问题的自身特点和外部环境等情况的若干限定或者补充说明。这些附加的说明和限定条件即单值性条件，在数学上称为定解条件。对任何一个具体导热问题完整的数学描述（即数学模型），除了经适当选择的坐标下的导热微分方程以外，还必须同时给出相应的单值性条件。

电池热模型描述电池生热、传热、散热的规律，能够实时计算电池的温度变化；基于电池热模型计算的电池温度场不仅能够为电池组热管理系统的设计与优化提供指导，还能为电池散热性能的优化提供量化依据。

动力电池组内部生热速率受工作电流、内阻和 SOC 等因素的影响。电动车辆电池组的工作电流没有确定的变化规律，所以其生热和散热过程是一个典型的时变、内热源的非稳态导热过程。各种动力电池的热模型都可以用式（7-79）所示的非稳态传热的能量守恒方程描述，即

$$\rho_k c_{p,k} \frac{\partial T}{\partial t} = \tilde{N}(\lambda_k \Delta T) + q \tag{7-79}$$

式中　ρ_k——电池微元体的密度；

　　$c_{p,k}$——电池微元体的比热容；

　　λ_k——电池微元体的热导率；

　　$\tilde{N}$——总体微元数。

电池热模型的应用对象为电池内部的任意微元体。热模型式（7-79）的左侧表示单位时间内电池微元体热力学能的增量（非稳态项），右侧第一项表示通过界面的传热而使电池微元体在单位时间内增加的能量（扩散项），右侧第二项 q 为电池生热速率（源项）。q 根据电池应用工况，可由不同生热因素构成，见式（7-80）。式（7-81）所示直角坐标形式的热模型常用于方形电池内部温度场的计算。

$$q = \sum_{j=1}^{n} q_j \tag{7-80}$$

$$\rho c_p \frac{\partial T}{\partial t} = \frac{\partial}{\partial x}\left(\lambda \frac{\partial T}{\partial x}\right) + \frac{\partial}{\partial y}\left(\lambda \frac{\partial T}{\partial y}\right) + \frac{\partial}{\partial z}\left(\lambda \frac{\partial T}{\partial z}\right) + q \tag{7-81}$$

电池的实际产热情况十分复杂，为了减少电池温度场相关数值计算的复杂性，在计算时通常进行相应简化。简化主要包括如下三项内容：

1）组成电池的各种材料介质均匀，密度一致，同一材料的比热容为同一数值，同一材料在同一方向各处的热导率相等。

2）组成电池的各种材料的比热容和热导率不受温度和 SOC 变化的影响。

3）电池充放电时，电池内核区域各处电流密度均匀，生热速率一致。

基于上述假设，得到式（7-82）所示简化的直角坐标系三维热模型。

$$\rho c_p \frac{\partial T}{\partial t} = \lambda_x \frac{\partial^2 T}{\partial x^2} + \lambda_y \frac{\partial^2 T}{\partial y^2} + \lambda_z \frac{\partial^2 T}{\partial z^2} + q \tag{7-82}$$

式中　　T——温度；

　　　ρ——平均密度；

　　　c_p——电池比热容；

λ_x、λ_y、λ_z——电池在 x、y、z 方向上的热导率；

q——单位体积生热速率。

计算电池内部温度场的实质是求解式（7-82）所示的导热微分方程。式（7-82）左侧表示单位时间内电池微元体热力学能的增量，右侧前三项表示通过界面的传热而使电池微元体在单位时间内增加的能量，右侧最后一项 q 为电池微元体的生热速率。求解导热微分方程需要解决三个关键问题：物理性质参数 ρ、c_p、λ 的准确获取；生热速率 q 的准确表达；以及定解条件（初始条件和边界条件）的准确确定，这样即可求出电池在车辆各种运行状态下的温度场。热物性参数、生热速率和定解条件构成了电池热模型的三要素。

3. 电池热场计算及温度预测

电池不是热的良导体，仅掌握电池表面温度分布不能充分说明电池内部的热状态，通过数学模型计算电池内部的温度场，预测电池的热行为，对于设计电池组热管理系统是不可或缺的环节。中国台湾新竹清华大学的 Mao-Sung Wu 等用两维模型研究了氢镍电池的散热能力。美国加州大学的 Yufei Chen 等在计算锂聚合物电池内部温度场时使用了三维模型，该模型已经在大量的电池热管理系统中进行应用。

7.4.3　电池组的热特性仿真与测试

仿真是进行电池组热分析的有效手段，通常是采用有限元分析软件、流体力学分析软件等构建单体模型和电池组模型，在给定的电池组结构和确定的热物理参数状态下进行不同应用工况的仿真。对电池生热、温升、热积聚等进行定量分析。

在建立单体电池仿真模型时，为了便于有限元网格的划分和减少软件计算量，在满足7.4.2 节所述简化原则的基础上，还需要进一步对模型进行简化。根据电池的结构不同，简化内容存在一定的差异。在单体模型构建的基础上根据电池组的布置和排列方式构建电池组的仿真分析模型。在完成模型构建的基础上，需要通过试验或计算的方式获得电池的密度、比热容、热导率、生热率等基本参数。然后可以在给定的约束条件下进行仿真计算。

下面以某电池组的加热仿真为例进行说明。以某 20A·h 磷酸铁锂（LiFePO$_4$）硬壳电池为研究对象。在简化三维模型中省略了内部极片，正、负极耳，忽略了电池内部用于绝缘的连接材料和电池外观的倒圆和倒角特征。在有限元网格划分和指定热单元类型的基础上导入有限元软件（ANSYS）进行热分析。导入网格划分软件的单体三维模型如图 7-35 所示，图 7-36 所示为方形外壳的电池单体的有限元分析模型。单体电池热模型的密度、比热容和

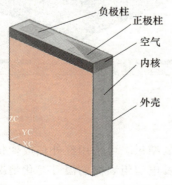

图 7-35　导入网格划分软件的单体三维模型

图 7-36　方形外壳的电池单体有限元分析模型

热导率在确定电池单体各种材料热物理参数的基础上通过公式计算获取。

对于成组电池，举例分析底部加热的温度场分布仿真。在分析底部加热方式温度场分布之前，需要对模型进行进一步简化，忽略电池单体和模块间的导线和固定电池模块的紧固件。建立图7-37所示的电池包三维模型。图7-38所示为电池包整体有限元网格模型。多块电池组成一个模块后，电池表面的边界条件有所改变，电池间热量互相影响，产生热量聚集，不是简单的单体电池温度场叠加。

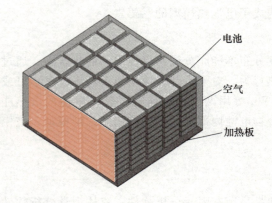

图7-37　导入HyperMesh的电池包三维模型　　　　图7-38　电池包整体有限元网格模型

在有限元模型建立完成，决定仿真边界条件后，可进行系统的仿真计算。该仿真边界条件限定为：①电池包整体的初始温度为-20℃、-10℃和0℃；②假定电池箱与外界绝热；③恒定加热板加热温度为50℃。图7-39、图7-40、图7-41所示分别为-20℃、-10℃、0℃的初始环境温度下，电池箱底部加热板以恒定温度（50℃）加热时电池包温度场的分布曲线。图7-42所示为不同环境温度下，电池组中某固定点的温度变化曲线。

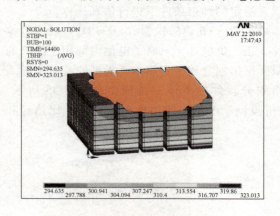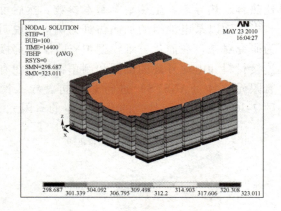

图7-39　-20℃初始环境温度下，　　　　　　图7-40　-10℃初始环境温度下，
　　　　电池包温度场分布曲线　　　　　　　　　　　电池包温度场分布曲线

在仿真的基础上，可以通过试验手段验证仿真分析的结果。可采用红外热成像仪、多点贴片式温度记录仪等设备测量和记录充放电过程中电池及电池组表面的温升变化情况，并且与有限元仿真分析结果进行对比分析。

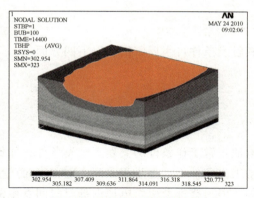

图 7-41　0℃初始环境温度下，
电池包温度场分布曲线

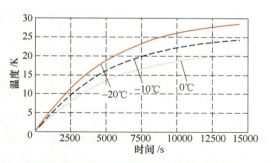

图 7-42　不同环境温度下，电池组中某
固定点的温度变化曲线

7.5　动力电池热失控机理分析

7.5.1　电池热失控与热安全的概念

电池热失控，指的是在一定外界条件（如穿刺、过热、短路、过充电等）的触发下，电池发生的以快速大量放热为主，可伴随其他（如短路放电、燃烧、爆炸等）物理或化学变化的剧烈反应。

在动力电池系统中，某一单体电池发生热失控后，其剧烈的反应会产生大量的热，同时有可能产生燃烧或爆炸等剧烈反应，由此造成的高温或机械冲击，往往会成为邻近电池发生热失控的触发条件，依此类推，单一电池的热失控很容易在电池系统中扩展开来，造成大量能量的快速释放，其危害十分巨大。实际使用条件下的电池热安全问题有机理复杂、影响因素众多的特点，主要表现在以下方面：

1）动力电池单体的热安全与其内部的电化学体系类型、材料构成、结构形式、封装形式、容量、结构、外形、尺寸形式以及工艺状况等直接相关。

2）从电池发生热失控的触发条件考虑，电池过热、过充电、外界撞击、挤压、穿刺、电池短路等均可触发热失控。

3）电池系统热失控扩展方面，环境条件、热失控触发方式及加载状态、电池成组连接方式、电池热管理形式、始发热失控电池在动力电池系统内的位置等直接影响热失控扩展过程。

由于上述特点，电池热安全管理显得尤为重要，特别是对提升电动汽车整车安全性的意义重大。电池热安全管理系统的设计一般从热失控前预报警、热失控中延缓扩展和蔓延、热失控后减小损失的目标出发，进行安全防护控制策略的开发及高安全性动力电池的材料、内部结构、成组方式、电池箱结构设计等，以起到及时发现热失控隐患，阻断或延缓热失控扩展的效果。

7.5.2 电池热失控触发条件

电池热失控是在一定的触发条件下产生的,其触发条件可主要归纳为以下四方面:

1) 机械滥用(如针刺、挤压等)。
2) 电滥用(如过充电、短路等)。
3) 热滥用(如过热、火烧等)。
4) 异常的电池老化。

触发条件可以是电池正常工作条件下,破坏电池正常工作条件的突发型触发条件,如针刺、撞击、短路、火烧等;也可以是电池在非正常工作条件下,逐步积累到一定程度而产生的累积型触发条件,如过热、过充电、异常老化等。但最终都会引发电池内部材料间发生的剧烈热化学反应,放出大量热量并生成大量气体等产物。锂离子动力电池热失控触发原因如图7-43所示。

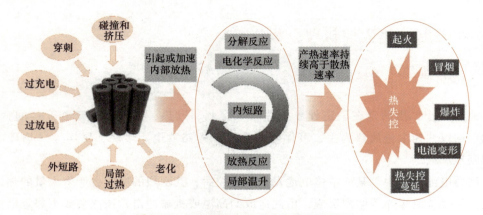

图 7-43 锂离子动力电池热失控触发原因

7.5.3 电池热失控机理

1. 试验研究

触发锂离子电池发生热失控是锂离子动力电池热失控研究的基础,机械触发、电触发(过充电、过放电和短路)和热触发是目前最常用的锂离子动力电池热失控触发方式(见图7-44~图7-46)。机械滥用可以直接导致锂离子电池发生内部破坏和内短路,电滥用可以引起内部放热副反应的发生,热滥用所引起的高温可以破坏电池固体电解质膜(Solid Electrolyte Interface,SEI 膜)和电池隔膜,并导致一系列放热副反应的发生。

产热量、产热速率和温升速率是锂离子动力电池热失控过程中最为关注的问题,如何获取这些关键性参数是研究和防护电池热失控、阻断热失控扩展的基础。目前,常用的锂离子动力电池产热量、产热速率和温升速率测量设备和方法有加速量热仪(Accelerating rate calorimeter,ARC)、差示扫描量热仪(Differential scanning calorimeter,DSC)、VSP2(Vent sizing package 2)量热仪、C80 微量热仪等。锂离子电池热失控温度电压曲线如图7-47所示,锂离子电池典型外短路电流和温度曲线如图7-48所示。

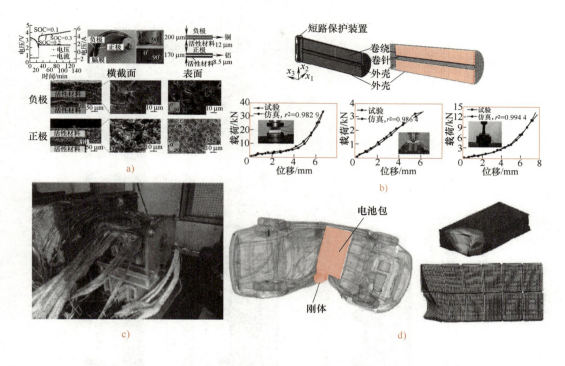

图 7-44　不同级别锂离子动力电池机械滥用测试

a）正负极材料拉伸测试　b）18650 电池单体挤压测试　c）模组针刺测试　d）整车碰撞测试

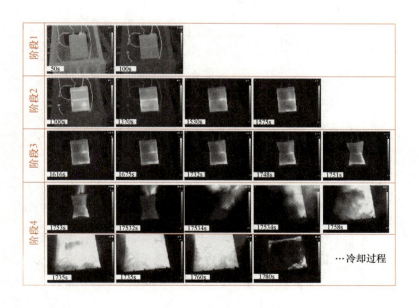

图 7-45　过充电导致锂离子电池发生热失控过程

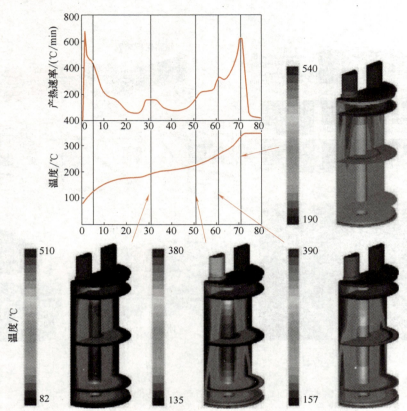

图 7-46　局部过热引发的放热反应传播模拟

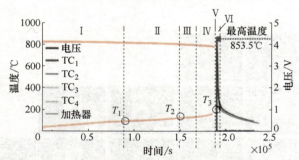

图 7-47　锂离子电池热失控温度电压曲线

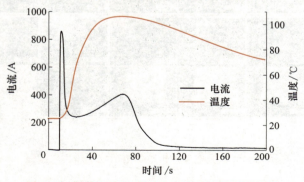

图 7-48　锂离子电池典型外短路电流和温度曲线

2. 建模研究

电池热失控过程内部会触发一系列化学反应，图 7-49 所示为以过充电为例的热失控过程中的链式放热反应。为了重现和模拟锂离子动力电池热失控过程、研究电池热失控机理，研究者们提出了一系列锂离子电池模型。例如反应动力学模型、热模型、力学失效模型、电化学模型、耦合模型以及热失控放热模型等。

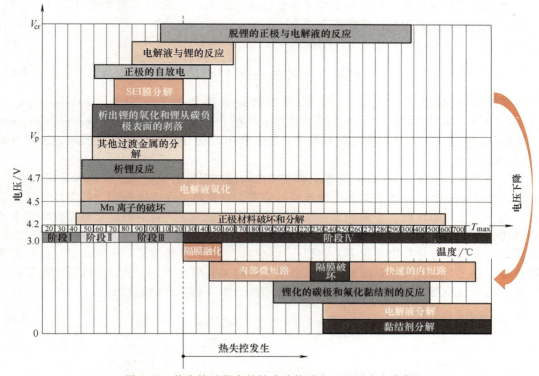

图 7-49 热失控过程中的链式放热反应（以过充电为例）

（1）反应动力学模型 锂离子动力电池热失控过程中会产生大量的热，这些热量会加速电池温度的上升，虽然电池是由具有不同热稳定性的材料构成，但是由于其热量释放非常集中，因此可将电池视为一个整体，将温度进行均衡。大多数的化学反应都会受到反应温度和反应物浓度的影响，电池热失控也是如此，温度升高时，热失控反应也会更加剧烈，这一过程可以应用阿伦尼乌斯公式（Arrhenius 公式）进行描述。Arrhenius 公式是研究与温度有关化学反应和反应动力学的基础，被广泛应用于动力电池热失控方面的研究。

Arrhenius 公式的基本表达式为

$$\kappa(T) = A\exp\left(-\frac{E_a}{R_0 T}\right) \tag{7-83}$$

$$\kappa(T) = \frac{dc}{dt} \tag{7-84}$$

式中 A——前向因子（也称频率因子）；

R_0——摩尔气体常数（或称为理想气体常数）；

E_a——表观化能。

式（7-83）和式（7-84）描述了化学反应浓度 c、反应温度 T 以及反应速率 κ 之间的关系。

在实际应用中，通常需要对其进行修正，修正后的 Arrhenius 公式为

$$\kappa(T) = A\exp\left(-\frac{E_a}{R_0 T}\right)f(c) \tag{7-85}$$

式中，$f(c) = c^m(1-c)^n[-\ln(1-c)]^p$，其中 m、n、p 为反应动力学公式中的参数，根据实际情况取值。

在热失控建模研究中，对于反应浓度修正公式中的 $f(c)$，通常不会考虑 $-\ln(1-c)$ 项。热失控反应动力学中常用的计算建模公式为

$$f(c) = c^m(1-c)^n \tag{7-86}$$

$$\kappa(T) = A\exp\left(-\frac{E_a}{R_0 T}\right)c^m(1-c)^n \tag{7-87}$$

为了更准确地描述反应动力学，需要准确地获得动力学三因子（Kinetic triplet）：$f(c)$、E_a 和 A。常用的获得动力学三因子的方法是基于 DSC 和热重分析（Thermal Gravimetric Analysis，TGA）实验来拟合这些参数。目前，常用的动力学解析 DSC 数据的方法是 Ozawa 法和 Kissinger 法。

（2）热模型 虽然 Arrhenius 公式能够准确地描述与温度有关的化学反应和反应动力学，但是其无法直观地展示电池表面和内部温度的分布，以及热量在电池内部、外部的传播和扩散等。此外，电池的性能、寿命和安全性受温度的影响很大，这就需要建立热模型来对电池进行热仿真和分析，以期优化电池设计、深入研究散热和加热方法，并提高其热安全性等。热模型的建立需要考虑的因素很多，包括：几何结构、电芯堆叠方式、电池间隙、散热方式和速率等。总之，动力电池热模型的建立必须考虑电池实际使用、安装以及运行工况等。

建立电池热模型首先要考虑的是电池内外的热平衡（包括产热和散热）：

$$\frac{d}{dt}Q_{AH} = \rho C_p \frac{\partial T}{\partial t} = \dot{Q}_{gen} - \dot{Q}_{dis} \tag{7-88}$$

式中 ρ——电池平均密度；

$\quad C_p$——平均热容量；

$\quad T$——电池温度；

$\quad Q_{AH}$——单位体积的热量累积；

$\quad Q_{gen}$——电池运行过程中的产热量；

$\quad Q_{dis}$——热量散失（包括：对流热、传导热和辐射热）。

电池运行过程中的产热主要由充、放电过程中的电荷转移和化学反应引起的。此外，还有一些无法预知或不期望的温度上升，例如温度过高所引起的异常副反应。因此电池产热可分为可逆热和不可逆热两个部分。可逆热是由于开路电压随温度变化引起的熵变化产生的，而不可逆热是由于过电位产热引起的，包括欧姆损耗、电荷转移过电位、物质传递的阻抗（受限），以及当电流施加或断开时，由浓度梯度的形成（或松弛）引起的混合热（The Heat of Mixing，Q_{mix}）。此外，熵变是不可逆热的另一个来源，它是由于锂离子在固相中的扩散所导致的材料相变（Phase Change，Q_{pc}）引起的。Bernardi 等基于热力学能量平衡原理建立了一个不包含集流体的完整电池热模型，其假设电池温度是恒定的，但是会随着事件发生变化，则产热速率可以由下式给出：

$$\dot{Q}_{gen} = -iV - \sum_j i_j T^2 \frac{d\dfrac{U_{j,avg}}{T}}{dT} + \dot{Q}_{mix} + \dot{Q}_{pc} \tag{7-89}$$

式中　i——单位体积的电流；

　　　iV——电功率；

第二项——对所有同时发生的反应求和的反应熵；

　　　$U_{j,\text{avg}}$——在平均组成下反应 j 的理论开路电位（Open Circuit Potential，OCP）。

热量的散失主要包括三部分：传导散热、对流散热和辐射散热，相关理论已经成熟，此处不再赘述。在电池内部，热量的散失只有热传导的方式，其控制方程可以写作：

$$\rho C_p \frac{\partial T}{\partial t} = \dot{Q}_{\text{gen}} + \nabla \cdot k(\nabla T) \tag{7-90}$$

在电池的每个边界上，关于对流和辐射热可由下式给出：

$$-k_n \frac{\partial T}{\partial n} = h_c(T_s - T_{\text{amb}}) + \varepsilon\sigma_{\text{SB}}(T_s^4 - T_{\text{amb}}^4) \tag{7-91}$$

式中　左侧项——在方向 n（$n = x$，y，z）上来自电池内部的热传导通量；

　　　h_c——对流换热系数；

　　　T_s——电池表面温度；

　　　T_{amb}——环境温度；

　　　ε——发射率；

　　　σ_{SB}——波尔赫兹常数。

目前，热模型通常以三维（Three-Dimensional，3D）的方式被呈现，因为其可以更加直观的展示电池的温度分布。基于计算流体动力学（Computational Fluid Dynamics，CFD）、有限体积（Finite Volume Method，FVM）和有限元（Finite Element Method，FEM）的3D热模型建模方法是目前常用的热模型建立方法。

（3）力学失效模型　力学模型的建立主要基于电池部件的力学性能，并结合相应的材料力学理论来实现。根据部件尺寸大小和成组关系，锂离子电池的机械模型可以分为电池组件的本构模型（Constitutive Models）、电池单体模型和电池系统模型。

电池的本构模型主要基于电池基本结构和组件材料的力学性能来建立，基本结构包括：集流体、隔膜、包覆材料和外包装（外壳）等，各组件材料及其力学性能见表7-7。在电池受到机械损伤时，引发电池内短路的内部结构如图7-50所示。

表 7-7　常用锂离子电池组件材料及其力学性能

组件	材料	材料力学特性
集流体	铝和铜	各向异性（Anisotropy） 应变硬化（加工硬化）（Strain Hardening） 韧性断裂（Ductile Fracture） 速率依赖性（Rate-Dependence）
包覆材料	石墨/活性颗粒和黏结剂的粉末	压力依赖性（Pressure Dependence）
隔膜	多孔聚合物（PE 和 PP 等）（有/无陶瓷涂层）	正交各向异性（Orthotropy） 弹-黏塑性（Elasto-Viscoplasticity） 温度依赖性（Temperature Dependent）
外壳	钢、铝，或铝塑膜（Pouch Cell）	各向异性（Anisotropy） 应变硬化（加工硬化）（Strain Hardening） 韧性断裂（Ductile Fracture）

对电池整体力学性能产生影响的主要是集流体、隔膜和电池外壳。电池在生产过程中，

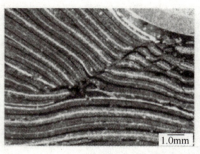
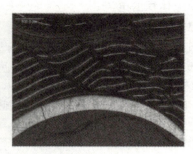

图 7-50　机械损伤引发电池内短路的内部结构图

要经历多次卷绕，这就导致一定程度的塑性各向异性（Plastic Anisotropy）被施加到电池材料中，在数学计算中，塑性各向异性可以使用简单、常用的 Hill48 模型来表示。

电池中各个夹层之间的紧密贴合都是由于黏结剂的作用，因此，集流体与正负极活性材料之间存在相互作用力。但是随着循环次数的增多或某些极端滥用情况（过充电），电池的体积将会增大、集流体间距将会发生改变，这将导致电池力学性能的变化，因此，机械建模过程必须考虑这些应力条件。此外，电极和隔膜之间的装配应力也不容忽视。

因此，与其他材料或结构相比，锂离子电池具有四种特殊的力学性能：①压力依赖性（拉伸和压缩的机械响应差别很大）；②致密化（当电池承受压缩载荷时，它开始致密化，且硬化速率增加很快）；③各向异性；④受到压缩载荷时容易形成剪切带和断裂。

电池单体建模主要分为详细模型、RVE（Representative Volume Element）模型和均匀模型。详细模型需要将电池各个部件都考虑在内，同时考虑各个部件之间的相互作用，而不是单纯的将其叠加在一起。由于隔膜、集流体都非常薄，因此，详细模型建模过程非常复杂，计算量很大。几种模型中，均匀模型是计算效率最高的。

（4）电化学模型　在热失控发生之前，锂离子电池内部的基本电化学过程还没有被破坏，为了精准预测离子扩散、电流分布、固液电位等重要参数，需要基于锂离子电池内部机理对其电化学过程进行描述，而锂离子电池的电化学模型可以很好地解决这一问题。

在电化学模型建模方法中，多孔电极的方法［即常用的 P2D 模型（Pseudo Two-Dimensional）］是最常见的，如图 7-51 所示。P2D 电化学模型基于第一性原理（First Principle）建立，其假设每个电极的固体材料包含相同的球形颗粒，并考虑电池中的各种物理过程，因此电化学模型精算精度较高。但是，电化学模型比较复杂，参数量多，计算量大，对计算资源的要求较高。目前，一些简化的 P2D 模型被提出，例如：①具有多项式近似的多孔电极

模型（PP 模型）；②单粒子模型（Single Particle Model，SPM）。这两种模型的计算速度都比 P2D 模型快，但是未充分考虑电池内部全部的物理过程，因此对于电池性能的预测有一定局限性。

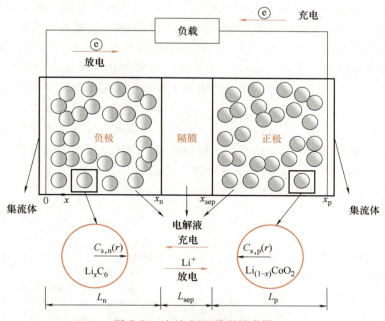

图 7-51　电池 P2D 模型示意图

（5）**耦合模型**　锂离子电池是单个系统中涵盖学科最广的动力和能量源之一，不仅包括传统的机械学、电学和热学，还包括化学反应动力学、电化学等。在电池内部各学科相互影响，相互作用，共同支配着整个电池系统的运行。在建模分析方面，单一的学科分析并不能精确描述电池内部的反应机理，也无法满足建模精度的要求，在这样的背景下，多场耦合分析和建模应运而生。

目前，大部分文献中的多物理场模型建模研究主要集中在电化学-热仿真模型的耦合和解耦，有时也会考虑电池的机械损伤和老化机制。由于电池中的物理、化学和电化学现象都会产生热量，因此，电池的热模型通常与电化学模型相联系，其中，一些与物质传递和动力学有关的参数都对温度具有依赖性，并遵循 Arrhenius 法则。

为了获得良好的预测精度和计算速度，科研人员提出了各种各样的多物理场模型开发框架和构想，并尝试将其应用到电池管理系统中。平均模型（0D）和多维参数化模型（Multi-dimensional Parameterization）已经被用于单尺度或多尺度建模领域，包括粒子、电极、单体电池、电池极耳、模组、电池包等。耦合的 P2D 模型或简化的 1D 电化学模型和 3D 模型成为研究电池内部温度不均性当前的研究趋势。对于大容量锂离子电池和电池组，有时也将耦合或解耦的子模型用于描述锂离子电池的电或热行为。

目前，在多场耦合建模研究中，研究最多的是可模拟各种工作条件下的电池热行为的 EC-T（电化学-热学耦合）模型，从而为电池系统的设计、管理，电池状态估计以及电学、热学参数估计等提供更好的指导。EC-T 模型已经被用于各种各样与电池有关的研究，主要包括估计可逆热与不可逆热，估计电池表面和内部的温度分布，研究冷却对于电池容量的影

响，活性物质微粒尺寸和电极厚度对于产热速率的影响，温度对于固相和液相 Li 离子浓度梯度的影响，老化对于不同温度条件下电池功率和容量损失的影响以及集流体数量、位置和尺寸对于电池寿命和性能的影响等。

（6）**热失控放热模型** 当热失控发生时，电池的产热方式不同于正常电池，主要是因为热失控发生过程中剧烈放热反应的存在。锂离子电池的热失控模型主要涉及单体级别的热失控和模组（系统）级别的热失控，其中，单体级别的热失控主要考虑电池单体的热特性、热稳定性以及化学反应热等方面，而模组（系统）级别的热失控模型主要关注热失控在单体电池和或模组之间的扩展。此外，热失控模型大都基于多场耦合模型来建立，考虑多场相互作用。

单体级别的热失控建模主要有两种方法，基于量热学的方法和基于化学反应的方法，相对应的是量热学模型和化学反应生热模型。量热学模型的建立需要对电池材料或单体电池进行热量测定，并基于 Arrhenius 公式对其热特性进行表征。

7.5.4 热失控在动力电池系统内的扩展

1. 热失控扩展的概念和特征

热失控在动力电池系统内扩展的特点与独立的单体电池不同，在动力电池系统中，热失控的情况会复杂得多（见图 7-52）。单体电池的热失控反应会波及相邻电池，通过热扩散、火烧甚至爆炸冲击的方式，可引发一系列周围电池发生热失控反应，造成热失控反应在电池系统中的扩展。在热失控扩展过程中，发生热失控的单体电池周围热扩散边界条件复杂、热扩

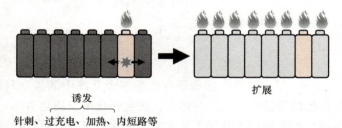

图 7-52 热失控诱发与扩展过程示意图

展路径及其模式复杂，热失控电池与相邻电池间的热、电等相互作用复杂，还需要充分考虑到动力电池系统物理边界的影响，散热系统的影响等因素。另外，动力电池的封装形式（钢壳、铝塑膜等）、几何形状（圆柱、方形等）、物理尺寸各异，成组连接方式（串联、并联）、固定连接结构、动力电池系统参数（容量、电压）等差距大，同时，动力电池系统的热失控受使用工况、环境等因素影响。

2. 热失控扩展的研究方法

热失控在动力电池系统内扩展的研究方法：当前研究主要从试验测试和模型建立两方面入手。试验方面，通过测试热失控触发时间、触发顺序、温度场分布、热量传播途径等，研究热失控过程中电池特性参数（如电压、温度、内阻等）的变化特性；另外也利用计算机断层扫描和 X 射线成像技术，观察热失控中电池材料、结构的变化形式。

模型方面，其目标是建立准确描述动力电池系统热失控的数学模型。对于物理场，常基于电化学模型和热模型构建热电耦合的动力电池热失控模型，或构建更多物理场耦合的数学模型，通过建立锂离子动力电池热失控二维、三维模型，实现对热失控过程的更全面描述。对于影响因素，常在复杂影响因素中选取一种或几种，对模型进行修正，但这也会造成模型

在不同研究对象和不同环境条件下的通用性稍差。

3. 热失控扩展的机理研究

热失控扩展机理随着电池种类、电连接方式、系统结构等的不同而具有一定的差异，关键要看首先热失控的电池对周围电池造成了前述机械滥用、电滥用、热滥用等几种热失控诱因中的哪一种或几种。其中热滥用是热失控扩展中最容易产生也是最重要的因素。

对于大容量的方壳电池，热失控电池对相邻电池的加热作用是导致热失控扩展发生的最重要的因素。由于方壳电池或软包电池组成模组时，相邻电池的接触面较大，某节电池热失控后温度剧烈升高，通过接触面向相邻电池传热，并且在被热加热的方向上电池的导热系数较小，致使相邻电池内部出现很大的温度不均匀性，电池内部最高温度在电池最前端面处，很容易达到热失控触发温度，热失控扩展发生时被扩展电池中心温度往往低于热失控触发温度。模型仿真得到的热失控扩展过程中的温度分布如图 7-53 所示。

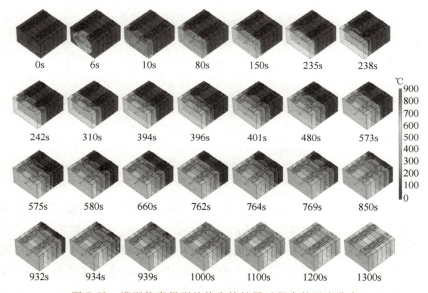

图 7-53　模型仿真得到的热失控扩展过程中的温度分布

电池之间的传热、并联模组的电流流动、热失控电池喷出的高温物质传热是会对电池模组的热失控扩展特性产生影响的重要因素。动力电池系统的热失控扩展表现也会随着电池的选型、电池系统成组设计的不同而不同。在热失控三大诱因中，关于机械诱因在热失控扩展中发挥的作用还未见专门的研究，这一因素可能体现为热失控电池膨胀对相邻电池的挤压作用。

热失控扩展模型是电池系统热安全设计的重要工具。简单来说热失控扩展模型就是在单体电池热失控模型的基础上，增加对电池之间能量传递过程的描述，以准确预测热失控的发生及扩展两个过程的模型。热失控扩展模型计算量大，需要考虑如何对模型进行合理的简化。简化可以从模型维度入手，也可以从对热失控生热、能量传递等过程的描述的简化入手。热失控扩展过程中的传热路径分析如图 7-54 所示，热失控扩展建模概述如图 7-55 所示。

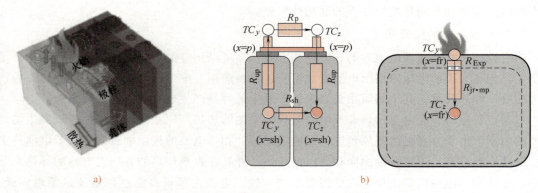

图 7-54　热失控扩展过程中的传热路径分析

a）传热路径分析　b）各个传热路径的热阻示意图

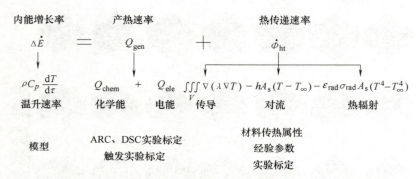

图 7-55　热失控扩展建模概述

当电池满足集总参数假设时，可以建立 0 维热失控扩展模型。当需要了解电池模组中更多温度分布信息时，可以建立二维或三维的热失控扩展模型。由于热失控扩展的影响因素多，热失控的扩展需要根据被扩展电池的最高温度来判定，因此三维模型相对于零维模型和二维模型具有一定的优势。三维模型需要采用有限元法或有限体积法进行计算，若直接采用单体电池热失控扩展模型中的反应动力学方法计算则会使计算量巨大，因此，模型中采用单体热失控生热数据直接查表插值计算生热功率是较为有效的简化计算方法。结合热失控扩展机理可以发现，目前的热失控扩展模型中，对电池之间的能量传递普遍仅考虑了电池之间直接传热的影响，而没有考虑并联电流的影响和热失控喷出高温物质的影响。同时，电池热失控后喷出大量物质，产生整体质量损失，引起电池的比热容、导热系数、密度等热参数的变化，并没有被上述模型加以考虑。

7.5.5　热失控预警

1. 基于参数数值变化

动力电池系统的安全运行需要软件的控制，监控、测量电池性能是保证系统安全的基础。但是，电动汽车动力电池系统在使用过程中会遇到各种故障，常见的故障有过电压、过温、连接松动、不一致性、内短路、过充电等。实际使用条件下，能够直观反映电池性能的参数很少，包括电池/电池组电压、温度、电流、SOC 等，但是这些参数在电池包和模组中

会有所不同。同时，虽然理论上电池包中各个电池的充放电过程相同，但是由于电池单体的不一致性，其容量和 SOC 会有所不同。随着使用时间的增加，这些不一致性就会导致一些不可预知的安全性事故。因此，在系统软件级别，就要求 BMS 能够有效地基于有限参数对电池组中单体电池的非正常运行状态进行预知和诊断，以实现安全性预警。

基于参数数值变化的模型主要从时间维度、单体维度、短时瞬变维度等方面对参数进行监测。根据车辆上传的实车数据可知，大多数故障最终发生时，电压、温度、绝缘内阻等参数会有所表征。如果监测到的参数数据呈现明显异常，可以采用直接判断的方式发出预警；如果特征参数变化表现难以直接评判，则可从多维度对电池状态进行评估并对其赋予不同权重，形成综合风险概率预警结果。如基于该思想形成的"值-率-模型"风险预警方案，即利用基于波动性检测故障诊断模型与熵值诊断模型衡量特征参数在时间维度的波动性，利用车型阈值表与单体阈值表数据分析模型衡量单体维度的一致性，利用压降一致性判断模型衡量短时瞬变性，其技术体系如图 7-56 所示。

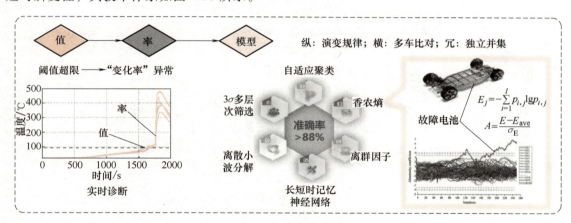

图 7-56　电动汽车安全预警技术体系

2. 基于模型

通过建立精确、可靠的电池模型，通过比较模型预测值与实测值的差异实现故障诊断。主要有以下方法：基于模型的动力电池主动故障诊断算法主要采用模糊聚类方法，该方法增加了动力电池系统的灵敏度和鲁棒性；利用改进的一阶 RC 模型，建立了实验平台，模拟锂电池在短路失效过程中的电化学行为，并采用动态邻域粒子群优化算法对模型参数进行重识别，可以在 5s 内完成针对动力电池的内短路故障问题的故障诊断；采用电-热耦合模型和李亚普诺夫观测器建立基于表面温度测量和电阻估计的故障诊断框架；搭建动力电池内短路电化学-热耦合模型，通过模型的电池内短路检测算法，实现动力电池内短路风险的准确预警（见图 7-57）。

3. 基于气体检测

当动力电池发生热失控时，电池的温度、电压、电流等参数以及产生的气体浓度会发生变化，故电池的性能参数以及气体成分和其浓度的改变可以作为电池热失控辨识参数，在此基础上进行动力电池热失控风险预警是当前动力电池风险预警的主要手段。

如法国原子能和替代能源委员会（CEA）的 Le Ripault 利用高分辨率的气体检测装置检

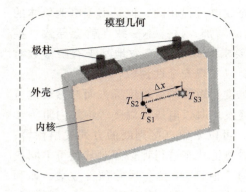

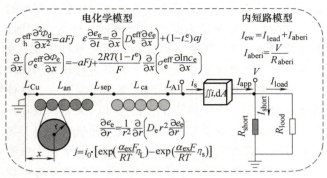

图 7-57 基于内短路模型的热失控预警架构

a）模型几何 b）电化学模型与内短路模型的耦合 c）3D 热模型 d）热模型与电化学模型的耦合

测热失控过程产生的气体，提出了一种基于气体检测装置的电池热失控早期预警技术，其检测装置如图 7-58 所示。

4. 基于运行大数据

目前，对于锂离子动力电池安全事故或故障，已经提出了大量的安全预警和故障诊断方法。针对连接件松动故障，基于跨电压测量和统计学分析，有研究者开发了一种新型的诊断串联锂离子动力电池连接故障的方法；基于熵的理论有研究提出一种动力电池连接故障的诊断方法，其具体方法是：首

图 7-58 通过气体传感器检测早期电池热失控

先在振动环境下模拟电池的充放电过程得到电压波动的数据；其次，在特定的电压下，采用离散余弦滤波方法对系统噪声进行分析；最后使用局部香农熵、全局香农熵和样本熵对滤波数据进行了分析。针对电压故障，将熵的理论应用于电动汽车系统电压故障的诊断方面，其电压数据来源于北京理工大学新能源汽车国家监测与管理平台中受监控的电动汽车，其数据更能反映电动汽车的真实运行情况（见图 7-59）。基于模型的内短路故障在线诊断方法将测

得的电压和温度转换为能够反映内短路特征的电化学状态（能量消耗和发热），而故障电池的特性会偏离平均值，从而捕获内短路故障，该方法同时考虑了电压和温度信号，提高了控制算法的鲁棒性。针对过充电和过放电故障，应用多模自适应滤波（MMAE）实现了动力电池系统过充电和过放电故障的快速、准确诊断。针对动力电池系统故障和缺陷，基于新能源汽车大数据，有研究利用机器学习算法和3σ多级筛选策略（3σ-MSS），实现系统故障和缺陷诊断方法。

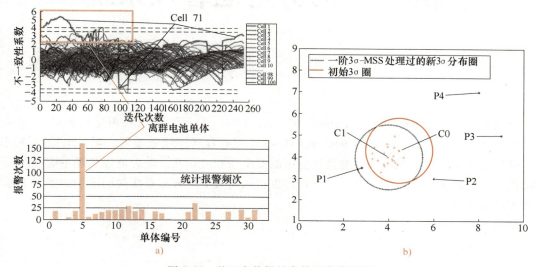

图 7-59　基于大数据的参数异常值诊断

习题

1. 简述动力电池一致性的概念、分类及机理。

2. 简述电池组一致性评价指标及其基本原理。

3. 动力电池容量随温度、充放电倍率性能变化的基本规律是什么？

4. 简述影响动力电池使用寿命的影响因素及各因素特点。

5. 动力电池 SOC、SOH 及 SOP 的基本概念与区别。

6. 简述动力电池状态估计的方法及其基本原理。

7. 列举常用的电池电化学模型和热模型并进行比较。

8. 简述提高电池一致性的措施。

9. 简述动力电池 SOH 估计的算法并简述其基本原理与优缺点。

10. 说明动力电池热失控的触发机理及其扩展机制是什么？

11. 动力电池热失控管控措施有哪些？

第8章 动力电池管理系统

电池管理系统（Battery Management System，BMS）是用来对电池组进行有效管理的装置。对于电动车辆而言，良好的 BMS 软硬件设计可有效增加续驶里程，延长电池组使用寿命，降低运行成本，并保证动力电池组应用的安全性和可靠性。动力电池管理系统已经成为电动汽车不可缺少的核心部件之一。本章将重点从动力电池管理系统的构成、功能和工作原理等方面开展介绍。

8.1 基本构成和功能

8.1.1 系统架构

典型的电池管理系统硬件部分主要包括电池管理单元（Battery Management Unit，BMU）、单体电池管理单元（Cell Management Unit，CMU）、传感器、线束等。在大规模动力电池系统的设计中，BMS 架构选择非常重要，将直接决定硬件单元间的连接方式和软件编写方法，并影响系统成本、可靠性、安装维护便捷性以及测量准确性。根据 BMS 中控制器之间的拓扑关系，大致可以将 BMS 分为集成式和分布式两大类。

1. 集成式 BMS

集成式 BMS 也称为一体式 BMS，是指将 BMS 核心控制器（BMU）和单体电池控制器（CMU）集中在一个控制器里，由核心控制器直接完成数据采集、处理与控制功能。集成式 BMS 拓扑结构如图 8-1 所示。

集成式 BMS 结构紧凑，抗干扰能力强，板内通信速度快，有利于保证数据同步采集，同时仅采用一步封装就能够完成 BMS 的全部工作，有利于降低成本。但是集成式 BMS 的连接器和线束复杂，当系统不同部分发生短路时难以保护电池系统，只适用于规模较小的电池模组，可扩展性和可维护性差。

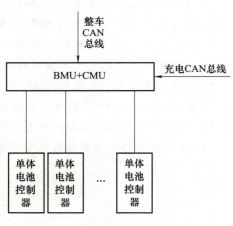

图 8-1　集成式 BMS 拓扑结构

2. 分布式 BMS

与集成式拓扑结构不同，分布式架构将 BMS 的功能划分到了主板 BMU 与多个从板 CMU 中。模块化的结构使得模组装配过程更加简单，采样线束排布设计得以优化，均匀的排布间距缓解了线束压降不一致的问题。缺点是成本较高，通信及管控设计复杂。根据分布式 BMS 连接方式的多样性，可以进一步分为星形连接（见图 8-2）、总线连接和菊花链连接三种方式。

（1）星形连接　星形连接从外观上看，主板 BMU 处于中央位置，而每一个 CMU 模块都通过线束直接跟 BMS 主板连接。星形连接便于点对点地进行控制，同时单个节点的 CMU 的故障不会对系统造成太大的影响。但随着模块数量增加，星形连接的通信线路复杂度呈指数上升，维护困难，可拓展性有限。受 BMS 主板端口的限制，不能够随意增加 CMU 模块，在大规模应用场景中比较少见。

（2）总线连接　基于总线的系统架构容易实现模块化的设计，如图 8-3 所示。通常将 BMS 划分为多个控制单元：BMU、CMU 和电池连接盒（Battery Join Box，BJB）。BMU、CMU 和 BJB 通过 CAN 或其他总线网络形成子网连接。其中 BMU 完成电池管理的核心算法功能；CMU 完成电芯电压采集、均衡和温度测量等功能；BJB 完成电池组高压电压采集、电流采集、温度采集、接触器驱动和诊断、绝缘检测等功能；isolation 为电气隔离，能够避免回流烧毁电路板以及限制干扰的幅度。

总线式架构的通信连接方式更为灵活，可扩展性强，极大地简化硬件架构的设计难度，实现了模块化，提高了系统的适用性和可移植性。其主要缺点就是成本相对较高。

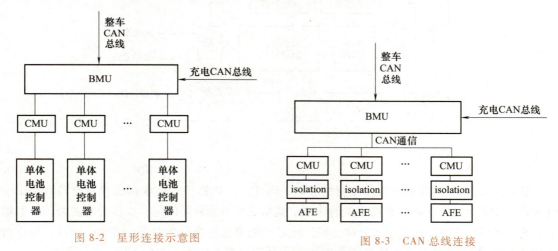

图 8-2　星形连接示意图

图 8-3　CAN 总线连接

注：isolation 为电气隔离，能够避免回流烧毁电路板以及限制干扰的幅度，AFE 即为模拟前端（Analong Front End）。

（3）菊花链连接　菊花链连接方式是近几年发展起来的一种新型连接方式，接口可以将高达 1Mb/s 的全双工 SPI 信号转换成差分信号，并通过双绞线和一个简单、低成本的变压器传送。例如凌力尔特的 AFE 器件（LTC6811）可以互连，构成一个 BMS。用小型、低价变压器取代了数据隔离器，在主控微处理器端，一个小型适配器 IC（LTC6820）提供主控制器接口。单向菊花链组网结构简单，但任意一个节点的故障都会影响整个系统的通信，因此有

了改良后的环形菊花链，如图 8-4 所示，并在 Tesla 等主要新能源汽车厂商的 BMS 产品中获得应用，相对于 CAN 总线连接，菊花链连接的成本低，体积较小，但是可扩展性较差，节点的最大数量受限制，难以处理大规模储能系统等更复杂场景下的电池管理问题。

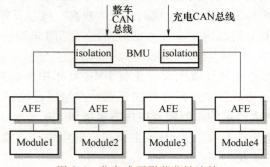

图 8-4　分布式环形菊花链连接

8.1.2　基本功能

通常来说 BMS 的基本功能包括：数据采集、电池状态估计、能量管理、安全管理、热管理、均衡控制、通信功能和人机接口。图 8-5 所示为电池管理系统功能框图。

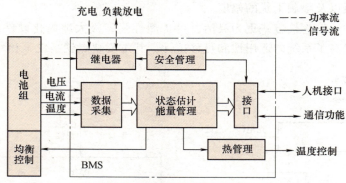

图 8-5　电池管理系统功能图

1. 数据采集

数据采集是 BMS 所有算法及控制的基础，因此，采样速率、精度和前置滤波特性是影响电池系统性能的重要指标。数据采集的速率依据场景和功能共同确定，以备份电源为例，数据采集速率可以低至每 10s 甚至每分钟一帧；而对于电流迅速变化的对象（例如车辆），至少每 1s 采集一次数据，其中少数涉及安全的数据采样频率甚至需要 100ms 或者 10ms 级别。

2. 电池状态估计

电池状态估计主要包括荷电状态（State of Charge，SOC）和健康状态（State of Health，SOH）两方面。SOC 用来表征电池组当前剩余电量，是估算电动汽车续驶里程的基础。SOH 是用来表示电池可用寿命等健康状态的参数。

3. 能量管理

能量管理用以确保电池的实时能量输出和输入不超出电池和系统的承载能力。现实情况

下，电池的充放电承载能力受温度、SOC、SOH 等共同影响，同时在系统级别需避免过热、线路熔断等可能的风险，因此，能量管理是主要以电流、电压、温度、SOC 和 SOH 等作为输入的全局控制过程。

4. 安全管理

监视电池电压、电流、温度等是否超过正常范围。现代 BMS 在对电池组进行整组监控的同时，已可以通过精细化管控对极端单体电池进行过充电、过放电、过温等安全状态管理。

5. 热管理

在电池工作温度超高时进行冷却，低于适宜工作温度下限时进行电池加热，使电池处于适宜的工作温度范围内，并在电池工作过程中保持电池单体间温度均衡。对于大功率放电和高温条件下使用的电池，电池的热管理尤为必要。

6. 均衡控制

电池的一致性差异可导致电池组整体性能下降甚至引发安全风险。在电池组各个电池之间设置均衡电路，实施均衡控制是为了使各单体电池充放电的工作情况尽量一致，以提高整体电池组的工作性能。

7. 通信功能

实现电池参数和信息与车载设备或非车载设备的通信，为充放电控制、整车控制提供数据依据都是电池管理系统的重要功能。根据应用需要，数据交换可采用不同的通信接口，如模拟信号、PWM 信号、CAN 总线或 I2C 串行接口等。

8. 人机接口

人机接口（Human Machine Interface）是人与机器交互（Human Machine Interaction）的中间界面。通过一定的适当的输入、输出设备，以有效的方式实现人与所操纵的机器进行对话与交互的技术。BMS 中的人机接口包括根据设计需要设置的显示信息以及控制按键、旋钮等。

8.2　数据采集方法

8.2.1　单体电压检测方法

电池单体电压采集模块是动力电池管理系统中的重要一环，其性能好坏或精度高低决定了系统对电池状态信息判断的准确程度，并进一步影响后续的控制策略能否有效实施。常用的单体电压检测方法有继电器阵列法、恒流源法、隔离运放采集法、压/频转换电路采集法和线性光耦合放大电路采集法。

1. 继电器阵列法

图 8-6 所示为基于继电器阵列法的电池电压采集电路原理框图，其由端电压传感器、继电器阵列、A-D（模-数）转换芯片、光耦及多路模拟开关等组成。如果需要测量 n 块串联成组电池的端电压，就需要将 $n+1$ 根导线引入电池组中各节点。当测量第 m 块电池的端电

压时，单片机发出相应的控制信号，通过多路模拟开关、光耦和继电器驱动电路选通相应的继电器，将第 m 和 $m+1$ 根导线引入 A-D 转换芯片。通常开关器件的电阻都比较小，配合分压电路之后由开关器件的电阻所引起的误差几乎可以忽略不算，而且整个电路结构简单，只有分压电阻和 A-D 转换芯片还有电压基准的精度能够影响最终结果的精度。通常电阻和芯片的误差都可以做得很小，因此，在所需要测量的电池单体电压较高且对精度要求也高的场合最适合使用继电器阵列法。

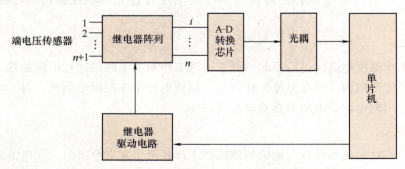

图 8-6 基于继电器阵列法的电池电压采集电路原理框图

2. 恒流源法

恒流源电路进行电池电压采集的基本原理：在不使用转换电阻的前提下，将电池端电压转化为与之呈线性变化关系的电流信号，以此提高系统的抗干扰能力。在串联电池组中，由于电池端电压也是电池组相邻两节点间的电压差，故要求恒流源电路具有很好的共模抑制能力，一般在设计过程中多选用集成运算放大器来达到此目的。出于设计思路和应用场合的不同，恒流源电路会有多种不同形式。

图 8-7 所示电路即为其中一种，它是由运算放大器和绝缘栅型场效应晶体管组合构成的减法运算恒流源电路。

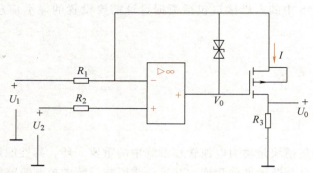

图 8-7 运算放大器和绝缘栅型场效应晶体管组合构成的减法运算恒流源电路

由运算放大器的结构可知，该电路是具有高开环放大倍数并带有深度负反馈的多级直接耦合放大电路，其输入级采用差动放大电路，并集成在同一硅片上，故两者的性能匹配非常好，且中间级具有很高的放大能力。由差动电路原理可知，这种电路具有很强的共模信号抑制能力，所以在用运算放大器对电池组的单体电压进行测量时，由于高的共模抑制性和放大能力，测量精度将会得到提高。绝缘栅型场效应晶体管是利用输入回路的电场效应来控制输

出回路电流的一种半导体器件，当其工作在可变电阻区时，输出量漏极电流 I 与输入量漏源电压 U_{ds} 呈线性关系，且管子的栅源间阻抗很高，造成的漏电流很小，而漏源间导通电阻很小，造成的导通压降很低。图8-7中采用了 P 沟道增强型场效应晶体管，并为了维持其具有恒定的栅源电压 U_{GS} 而接入一个稳压二极管，且运算放大器工作在线性区，如果选低导通阻值的场效应晶体管则导通压降可忽略不计，则有

$$U_2 = U_1 - \frac{U_1}{R_1 + R_3} R_1 \tag{8-1}$$

$$I = \frac{U_1}{R_1 + R_3} = \frac{U_0}{R_3} \tag{8-2}$$

可得

$$U_0 = (U_1 - U_2) \frac{R_3}{R_1} \tag{8-3}$$

以上各式中 U_1 和 U_2 的差即为电池端电压，U_0 即为恒流源电路输出电压。不难看出，运算放大器输出端连接场效应晶体管实现了电路的负反馈作用，使电路保持在平衡状态。$V_0 \uparrow \rightarrow |U_{GS}| \downarrow \rightarrow I \downarrow \rightarrow V_{R_1} \downarrow \rightarrow V_i \uparrow \rightarrow V_0 \downarrow$，其中，$V_0$ 是运算放大器的输出电压；V_{R_1} 是电阻 R_1 上的电压降；V_i 是运算放大器的输入差模电压，即 $V_i = U_- - U_+$，当电路处于平衡态时，$V_i = 0$。恒流源电路结构较简单，共模抑制能力强，采集精度高，具有很好的实用性。

3. 隔离运放采集法

隔离运算放大器是一种能够对模拟信号进行电气隔离的电子元件，广泛用作工业过程控制中的隔离器和各种电源设备中的隔离介质。一般由输入和输出两部分组成，二者单独供电，并以隔离层划分，信号经输入部分调制处理后经过隔离层，再由输出部分解调复现。隔离运算放大器非常适合应用于电池单体电压采集电路中，它能将输入的电池端电压信号与电路隔离，从而避免了外界干扰而使系统采集精度提高，可靠性增强。下面以一典型应用实例加以说明。

图8-8所示为隔离运算放大器在600V动力电池组管理系统中的应用，电池组中共有50块额定电压为12V的水平铅酸电池，其端电压被隔离运放电路逐一采集。ISO 122是美国BB公司采用滞回调制—解调技术设计的隔离放大器，采用精密电容耦合技术和常规的双列式DIP封装技术。ISO 122的输入和输出部分分别位于壳体两边，中间用两个匹配的1pF电容形成隔离层，其额定隔离电压大于1500V（交流60Hz连续），隔离阻抗大，并且具有高的增益精度和线性度，从而满足了实际应用要求。从图8-8中不难发现，ISO 122的输入部分电源就取自动力电池组中，输出部分电源则出自电路板上的供电模块，电池端电压经两个高精密电阻分压后输入运放，与之呈线性关系的输出信号经多路复用器后交单片机控制电路处理。需要说明的是在第50块电池的端电压采集电路中，一个反向器被加在隔离运放电路后用于将输出信号由负变为正。还应指出，隔离运放采集电路虽然性能优越，但是较高的成本影响了其广泛应用。

4. 压/频转换电路采集法

当利用压/频（V/F）转换电路实现电池单体电压采集功能时，V/F变换器的应用是关键，它是把电压信号转换为频率信号的元件，具有良好的精度、线性度和积分输入等特点。

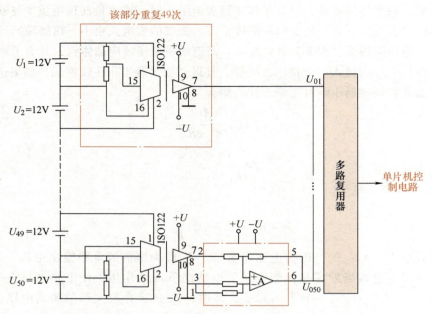

图 8-8　隔离运算放大器在 600V 动力电池组管理系统中的应用

图 8-9 所示为 V/F 变换器 LM331 用作高精度 V/F 转换的电路原理图，LM331 是美国 FS 公司生产的高性价比集成 V/F 芯片，它采用了新的温度补偿能隙基准电路，在整个工作温度范围内和电源电压低到 4.0V 时都有极高的精度。

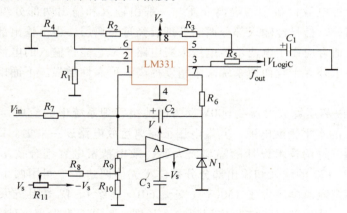

图 8-9　V/F 变换器 LM331 用作高精度 V/F 转换的电路原理图

该采集方法中，电压信号直接被转换为频率信号，随即就可以进入单片机的计数器端口进行处理，而不需 A-D 转换。此外，为了配合 V/F 转换电路在电池单体电压采集系统中的应用，相应的选择电路和运算放大电路也需加以设计，以实现多路采集的功能。这种方法所涉及的元件比较少，但是压控振荡器中含有电容器，而电容器的相对误差一般都比较大，而且电容越大相对误差也越大。

5. 线性光电耦合放大电路采集法

基于线性光电耦合器件的电池单体电压采集电路实现了信号采集端和处理端之间的隔

离，从而提高了电路的稳定性与抗干扰能力。图 8-10 中线性光耦合器件 TIL300 由一个利用红外 LED 照射而分叉配置的隔离反馈光二极管和一个输出光二极管组成，并采用特殊工艺技术来补偿 LED 时间和温度特性的非线性，使输出信号与 LED 发出的伺服光通量呈线性比例。TIL300 具有 3500V 的峰值隔离度，带宽大于 200kHz，适合直流与交流信号的隔离放大，并且输出增益稳定度为 ±0.05%/℃。从图中不难看出，电池单体电压值（即 U_1 与 U_2 之差）经运算放大器 A_1 后被转化为电流信号 I_{p1} 并流过线性光耦合器件 TIL300，经光电隔离后输出与 I_{p1} 呈线性关系的电流量 I_{p2}，再由运算放大器 A_2 转化为电压值得以进行 A-D 转换并完成采集。值得注意的是，线性光耦合器件两端需要使用不同的独立电源，在图中分别标示为 I+12 V 和 ±12V。可见，线性光电耦合放大电路不仅具有很强的隔离能力和抗干扰能力，还使模拟信号在传输过程中保持了较好的线性度，因此可以与继电器阵列或选通电路配合应用于多路采集系统中，但其电路相对较复杂，影响精度的因素较多。

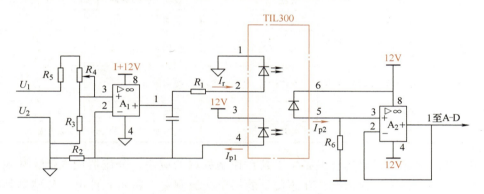

图 8-10　基于线性光耦合器件 TIL300 的电池单体电压采集电路原理图

8.2.2　温度采集方法

电池的工作温度不仅影响电池的性能，而且直接关系到电动汽车使用的安全问题，因此，准确采集温度参数显得尤为重要。采集温度并不难，关键是如何选择合适的温度传感器。目前，使用的温度传感器有很多，如热敏电阻、热电偶、热敏晶体管、集成温度传感器等。

1. 热敏电阻采集法

热敏电阻采集法的原理是利用热敏电阻的阻值随温度的变化而变化的特性，用一个定值电阻和热敏电阻串联起来构成一个分压器，从而把温度的高低转化为电压信号，再通过模数转换得到温度的数字信息。热敏电阻成本低，但线性度不好，而且制造误差一般也比较大。

2. 热电偶采集法

热电偶的作用原理是双金属体在不同温度下会产生不同的热电动势，通过采集这个电动势的值就可以通过查表得到温度的值。由于热电动势的值仅和材料有关，所以热电偶的准确度很高。但是由于热电动势都是毫伏等级的信号，所以需要放大，外部电路比较复杂。一般来说金属的熔点都比较高，所以热电偶一般都用于高温的测量。

3. 集成温度传感器采集法

由于温度的测量在日常生产生活中用得越来越多，所以半导体生产商们都推出了很多集

成温度传感器。这些温度传感器虽然很多都是基于热敏电阻式的，但都在生产的过程中进行了校正，所以精度可以媲美热电偶，而且可以直接输出数字量，很适合在数字系统中使用。

8.2.3 电流采集方法

常用的电流检测方式有分流器、互感器、霍尔元件电流传感器和光纤传感器等四种，各种方法的特点见表8-1。

表 8-1 各种电流检测方式的特点

项目	分流器	互感器	霍尔元件电流传感器	光纤传感器
插入损耗	有	无	无	无
布置形式	需插入主电路	开孔、导线传入	开孔、导线传入	—
测量对象	直流、交流、脉冲	交流	直流、交流、脉冲	直流、交流
电气隔离	无隔离	隔离	隔离	隔离
使用方便性	小信号放大、需隔离处理	使用较简单	使用简单	
适用场合	小电流、控制测量	交流测量、电网监控	控制测量	高压测量电力系统常用
价格	较低	低	较高	高
普及程度	普及	普及	较普及	未普及

其中，光纤传感器昂贵的价格影响了其在控制领域的应用；分流器成本低、频响应好，但使用麻烦，必须接入电流回路；互感器只能用于交流测量；霍尔元件电流传感器性能好，使用方便。目前在电动车辆动力电池管理系统电流采集与监测方面应用较多的是分流器和霍尔元件电流传感器。

8.2.4 烟雾采集方法

在车辆行驶过程中由于路况复杂及电池本身的工艺问题，可能由于过热、挤压和碰撞等原因而导致电池出现冒烟或着火等极端恶劣的事故，若不能及时发现并得到有效处理，势必会导致事故的进一步扩大，对周围电池、车辆以及车上人员构成威胁，严重影响到车辆运行的安全性。为防患于未然，近年来烟雾监测被引入电池管理系统的监测中，并越来越受到重视。

烟雾传感器种类繁多，从检测原理上可以分为三大类：①利用物理化学性质的烟雾传感器，如半导体烟雾传感器、接触燃烧烟雾传感器等；②利用物理性质的烟雾传感器，如热导烟雾传感器、光干涉烟雾传感器、红外传感器等；③利用电化学性质的烟雾传感器，如电流型烟雾传感器、电动势型气体传感器等。由于烟雾的种类繁多，一种类型的烟雾传感器不可能检测所有的气体，通常只能检测某一种或两种特定性质的烟雾。例如，氧化物半导体烟雾传感器主要检测各种还原性烟雾，如 CO、H_2、C_2H_5OH、CH_3OH 等；固体电解质烟雾传感器主要用于检测无机烟雾，O_2、CO_2、H_2、Cl_2、SO_2 等。

烟雾传感器在动力电池上应用时，需要在了解电池燃烧产生的烟雾构成的基础上进行传感器的选择。一般电池燃烧产生大量的 CO 和 CO_2，因此可以选择对这两种气体敏感的传感

器。在传感器的结构上需要适应于车辆长期使用的振动工况，防止由于路面灰尘、振动引起的传感器误动作。

动力电池管理系统中烟雾报警的报警装置应安装于驾驶控制台，在接收到报警信号时，迅速发出声光报警和故障定位，保证驾驶人能够及时发现、接收报警器发出的报警信号。

例如，以北京理工大学为主开发的奥运电动客车中应用的电池系统烟雾报警系统。报警传感器采用9V碱性或碳性电池供电，保证其24h都能正常工作。报警信号采用车上24V蓄电池电源，该路电源单独供应，保证了报警系统工作的独立性。分散的报警器通过内部的烟雾传感器检测烟尘浓度。当烟尘浓度未达到限量时，报警器内部控制器控制继电器输出为开路；当烟尘浓度超过限量时，报警器内部控制器控制继电器输出为短路，将+24V电源迅速引入显示板，与显示板上的−24V电源形成报警回路，发出声光报警信号。该系统结构如图8-11所示。

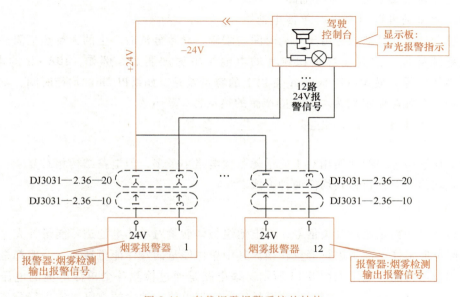

图 8-11　车载烟雾报警系统的结构

8.3　动力电池系统均衡管理

为了平衡电池组中单体电池的容量和能量差异，提高电池组的能量利用率，在电池组的充放电过程中需要使用均衡电路。根据均衡过程中电路对能量的消耗情况，可以分为能量耗散型和能量非耗散型两大类。能量耗散型是将多余的能量全部以热量的方式消耗，能量非耗散型是将多余的能量转移或者转换到其他电池中。

8.3.1　能量耗散型均衡管理

能量耗散型均衡电路是通过单体电池的并联电阻进行充电分流从而实现均衡，如图8-12所示。这种电路结构简单，均衡过程一般在充电过程中完成，对容量低的单体电池不能补充电量，存在能量浪费和增加热管理系统负荷的问题。能量耗散型电器一般有两类：一是恒定分流电阻均衡充电电路，每个电池单体上都始终并联一个分流电阻。这种方式的特点是可靠性高，分流电阻的值大，通过固定分流来减小由于自放电导致的单体电池差异。其缺点在于无论电池充电还是放电过程，分流电阻始终消耗功率，能量损失大，一般在能够及时补充能量的场合适用。二是开关控制分流电阻均衡充电电路，分流电阻通过开关控制，在充电过程中，当单体电池电压达到截止电压时，均衡装置能阻止其过充并将多余的能量转化成热能。这种均衡电路工作在充电期间，特点是可以对充电时单体电池电

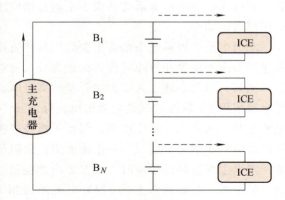

图 8-12 电阻分流式均衡原理图
（ICE 为单体电池均衡器）

压偏高者进行分流。其缺点是由于均衡时间的限制，导致分流时产生的大量热量需要及时通过热管理系统耗散，尤其在容量比较大的电池组中更加明显。例如，$10A \cdot h$ 的电池组，$100mV$ 的电压差异，最大可达 $500mA \cdot h$ 以上的容量差异，如果以 $2h$ 的均衡时间，则分流电流为 $250mA$，分流电阻值约为 14Ω，则产生的热量为 $2W \cdot h$ 左右。

8.3.2 非能量耗散型均衡管理

非能量耗散型电路的耗能相对于能量耗散型电路小很多，但电路结构相对复杂，可分为能量转换式均衡和能量转移式均衡两种方式。

1. 能量转换式均衡

能量转换式均衡是通过开关信号，将电池组整体能量对单体电池进行能量补充，或者将单体电池能量向整体电池组进行能量转换。其中单体能量向整体能量转换，一般都是在电池组充电过程中进行的，电路如图 8-13 所示。该电路是通过检测各个单体电池的电压值，当单体电池电压达到一定值时，均衡模块开始工作。把单体电池中的充电电流进行分流从而降低充电电压，分出的电流经模块转换把能量反馈回充电总线，达到均衡的目的。还有的能量转换式均衡可以通过续流电感，完成单体到电池组的能量转换。

电池组整体能量向单体转换，其电路如图 8-14 所示。这种方式也称为补充式均衡，即在充电过程中首先通过主充电模块对电池组进行充电，电压检测电路对每个单体电池进行监控。当任一单体电池的电压过高时，主充电电路就会关闭，然后补充式均衡充电模块开始对电池组充电。通过优化设计，均衡模块中充电电压经过一个独立的 DC/DC 变换器和一个同轴线圈变压器，给每个单体电池上增加相同的次绕组。这样，单体电压高的电池从辅助充电电路上得到的能量少，而单体电压低的电池从辅助充电器上得到的能量多，从而达到均衡的目的。此方式的问题在于次绕组的一致性难以控制，即使副边绕组匝数完全相同，考虑到变压器漏感以及副边绕组之间的互感，单体电池也不一定获得相同的充电电压。同时，同轴线圈也存在一定的能量耗散，并且这种方式的均衡只针对充电均衡，对于放电状态的不均衡无法起作用。

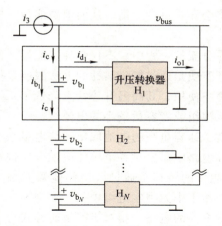

图 8-13　单体电压向整体电压转换方式

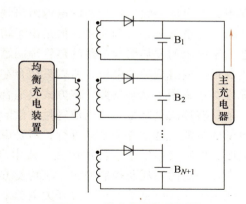

图 8-14　补充式均衡示意图

2. 能量转移式均衡

能量转移式均衡是利用电感或电容等储能元件，把电池组中容量高的单体电池的电量，通过储能元件转移到容量比较低的电池上，如图 8-15 所示。该电路是通过切换电容开关传递相邻电池间的能量，将电荷从电压高的电池传送到电压低的电池，从而达到均衡的目的。另外，也可以通过电感储能的方式，在相邻电池间进行双向传递。此电路的能量损耗很小，但是均衡过程中必须有多次传输，均衡时间长，不适于多串的电池组。改进的电容开关均衡方式，可通过选择最高电压单体与最低电压单体电池间进行能量转移，从而使均衡速度增快。能量转移式均衡中能量的判断以及开关电路的实现较困难。

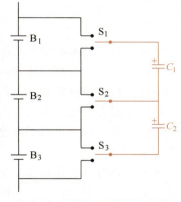

图 8-15　开关电容均衡示意图

除上述均衡方法外，在充电应用过程中，还可采用涓流充电的方式实现电池的均衡，这是最简单的方法，不需要外加任何辅助电路。其方法是对串联电池组持续用小电流充电。由于充电电流很小，这时的过充电对满充电池所带来的影响并不严重。由于已经充满的电池没办法将更多的电能转换成化学能，多余的能量将会转化成热量。而对于没有充满的电池，却能继续接收电能，直至到达满充点。这样，经过较长的周期，所有的电池都将达到满充状态，从而实现了容量均衡。但这种方法需要很长的均衡充电时间，且消耗相当大的能量来达到均衡。另外，在放电均衡管理上，这种方法是不能起任何作用的。

8.3.3　应用中存在的问题

现有的电池均衡方案中，基本上是以电池组的电压来判断电池的容量，是一种电压均衡方式。这样，要达到对电池组均衡的目的，首先，对电压检测的准确性和精度要求很高，而电压检测电路漏电流的大小，直接影响了电池组的一致性。因此，设计出简单、高效的电压检测电路是均衡电路需要解决的一个问题。

同时，电压不是电池容量的唯一量度，电池内阻及连接方式的接触电阻也会导致电池电

压的变化，因此，如果一味地按照电压进行均衡，将会导致过度均衡，从而浪费能量。极端情况下，有可能导致容量均衡的电池组出现不均衡。

能量耗散型电路结构简单，但是由于均衡电阻在分流的过程中，不仅消耗了能量，而且还会由于电阻的发热引起电路的热管理问题。由于其实质是通过能量消耗的办法限制单体电池出现过高或过低的端电压，所以只适合在静态均衡中使用，其高温升等特点降低了系统的可靠性，不适用于动态均衡。该方式仅适合于小型电池组或者容量较小的电池组。

能量转移式电路是一种电池容量补偿的方法，就是让容量高的电池取出一些电量来补偿容量低的电池。这个方法虽然可行，但是由于在实际电路中需要对各个单体电池电压进行检测判断，电路会很复杂，且体积大、成本高。另外能量的转移是通过一个储能媒介来实现的，存在一定的消耗及控制问题。该均衡方式一般应用于中大型电池组中。

能量转换式电路是一种通过开关电源来实现能量变换的电路。相对于能量转移式均衡电路来说，它的电路复杂程度降低了很多，成本也降低了。但对同轴线圈，由于绕组到各单体之间的导线长度和形状不同，变压比有差异，导致对每个单体电池均衡的不一致，有均衡误差。另外同轴线圈本身由于电磁泄漏等问题，也消耗了一定的能量。

8.4 热管理系统

电池热管理是根据温度对电池性能的影响，结合电池的电化学特性与产热机理，基于具体电池的最佳充放电温度区间，通过合理的设计，建立在材料学、电化学、传热学、分子动力学等多学科多领域基础之上，解决电池在温度过高或过低情况下工作而引起热散逸或热失控问题，以提升电池整体性能的技术。处于合理的工作温度区间是电池组保持良好性能的必要条件。因此，针对锂离子电池组设计合理的热管理方案对于电池系统整体性能的提升具有重要意义。

电池组热管理系统有如下 5 项主要功能：①电池温度的准确测量和监控；②电池组温度过高时的有效散热和通风；③低温条件下的快速加热；④有害气体产生时的有效通风；⑤保证电池组温度场的均匀分布。

8.4.1 电池组热管理系统设计流程

性能良好的电池组热管理系统需要采用系统化的设计方法。目前已经有许多关于热管理系统的设计方法。现在一般采用的是美国国家可再生能源实验室（NREL）设计的一种电池组热管理系统，其设计过程包括七个步骤：

1）确定热管理系统的目标和要求。根据电池的温度特性和适宜工作的温度范围，确定热管理系统的控制目标。例如，锂离子动力电池适宜的工作温度为 10~40℃，可工作的低温极限是 0℃，高温极限是 45℃。那么热管理系统的设计应在满足该电池工作的极限工作温度的前提下，尽量满足电池的适宜工作温度要求。

2）测量或估计模块生热及热容量。通过电池的充放电试验以及根据电池比热容，进行电池散热量或加热量的仿真计算，确定散热或加热功率。

3）热管理系统首轮评估，包括选定传热介质，设计散热结构等相关的工作。一般情况下，电池散热通过风冷或液冷。风冷系统结构相对简单，但效率低；液冷系统结构复杂但效

率高。加热方式也有循环热风加热、液流加热、热源直接热辐射加热等不同形式。

4）预测模块和电池组的热行为。根据电池组的应用工况，对于应用过程中的散热量和需要的加热量进行预测和评估。

5）初步设计热管理系统。根据确定的热介质和热行为评估结果进行热管理系统原理设计和工程设计。

6）设计热管理系统并进行试验。试制等比例或缩小比例电池系统和电池热管理系统，在试验台架上模拟实际工况进行热管理系统工作效果的检验。

7）热管理系统的优化。根据试验结果对热管理系统进行完善和优化。

8.4.2　热管理系统设计过程中的结构与参数选择

1. 电池热场计算及温度预测

电池不是热的良导体，仅掌握电池表面温度分布不能充分说明电池内部的热状态，通过数学模型计算电池内部的温度场，预测电池的热行为，对于设计电池组热管理系统是不可或缺的环节。现在主流的数学模型主要有二维模型、三维模型等，其中三维模型因为其优秀的准确性与适应性，已经在大量的电池热管理系统中进行应用。其模型如下：

$$\rho c_p \frac{\partial T}{\partial t} = \lambda_x \frac{\partial^2 T}{\partial x^2} + \lambda_y \frac{\partial^2 T}{\partial y^2} + \lambda_z \frac{\partial^2 T}{\partial z^2} + q \qquad (8\text{-}4)$$

式中　　　T——温度；

ρ——平均密度；

c_p——电池比热容；

λ_x、λ_y、λ_z——电池在 x、y、z 方向上的热导率；

q——单位体积生热速率。

2. 热管理系统散热结构的设计

电池箱内不同电池模块之间的温度差异，会加剧电池内阻和容量的不一致性，如果长时间积累，会造成部分电池过充电或者过放电，进而影响电池的寿命与性能，并造成安全隐患。电池箱内电池模块的温度差异与电池组布置有很大关系，一般情况下，中间位置的电池容易积累热量，边缘的电池散热条件要好些。所以，在进行电池组结构布置和散热设计时，要尽量保证电池组散热的均匀性。以空冷散热为例，一般有串行和并行两种通风方式来保证电池组散热的均匀性。在风道设计方面，需遵循流体力学和空气动力学的基本原理。

3. 风机与测温点的选择

在设计电池热管理系统时，需要选择的风机种类与功率、温度传感器的数量与测温点的位置要恰到好处。

以空冷散热方式为例，设计散热系统时，在保证一定散热效果的情况下，应尽量减小流动阻力，降低风机噪声和功率消耗，提高整个系统的效率。可以用试验、理论计算和流体力学（CFD）的方法通过估计压降、流量来估计风机的功率消耗。当流动阻力小时，可以考虑选用轴向流动风扇；当流动阻力大时，离心式风扇比较适合。当然也要考虑到风机占用空间的大小和成本的高低。寻找最优的风机控制策略也是热管理系统的功能之一。

电池箱内电池组的温度分布一般是不均匀的，因此需要知道不同条件下电池组的热场分布以确定危险的温度点。测温传感器数量越多，测温越全面，但会增加系统成本和复杂性。根据不同的实际工程背景，理论上利用有限元分析、试验中利用红外热成像或者实时的多点温度监控的方法可以分析和测量电池组、电池模块和电池单体的热场分布，决定测温点的个数，找到不同区域合适的测温点。一般的设计应保证温度传感器不被冷却风吹到，以提高温度测量的准确性和稳定性。在设计电池时，要考虑到预留测温传感器的空间，例如，可以在适当位置设计合适的孔穴。日本丰田公司混合动力电动汽车 Prius 的电池组有 228 个电池单体，温度的监测由 5 个温度传感器完成。北京理工大学设计的电动客车动力电池系统每箱采用 6 个温度测量点（见图 8-16a 中圈示部位），分别布置于电池箱的正负极柱和电池箱的动力线输出点，如图 8-16 所示。

a)   b)

图 8-16　电池箱的温度测量点示意图以及温度传感器

a）温度测量点　b）温度传感器

8.4.3　热管理系统设计实现

按照传热介质，可将电池组热管理系统的冷却分为空气冷却、液体冷却和相变材料冷却三种。考虑到材料的研发以及制造成本等问题，目前最有效且最常用的散热系统是采用空气作为散热介质。

按照散热风道结构，空气冷却系统又可分为串行通风方式和并行通风方式两种，分别如图 8-17 和图 8-18 所示。

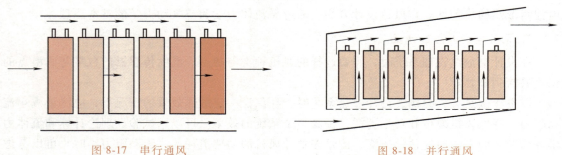

图 8-17　串行通风   图 8-18　并行通风

串行情况下一般是使空气从电池包一侧流往另外一侧，从而达到带走热量的效果。这时

气流会将先流过的地方的热量带到后流过的地方，从而导致两处温度不一致且温差较大。而并行情况下模块间空气都是直立上升气流，这样能够更均匀地分配气流，从而保证电池包中各处的散热一致性。

　　热管理系统按照是否有内部加热或制冷装置可分为被动式和主动式两种。被动系统成本较低，采取的设施相对简单；主动系统相对复杂，并且需要更大的附加功率，但效果较为理想。

　　图 8-19、图 8-20 和图 8-21 所示分别为空气加热与散热主、被动结构示意图。

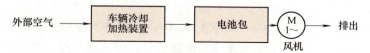

图 8-19　被动加热与散热—外部空气流通

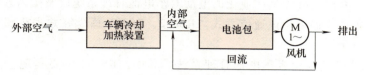

图 8-20　被动加热与散热—内部空气流通

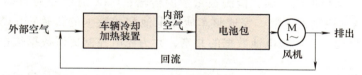

图 8-21　主动加热与散热—外部和内部空气流通

　　在图 8-19 和图 8-20 中，尽管空气是经过汽车空调或供暖系统已经冷却和加热的，但它仍然被认为是一种被动系统。运用这种被动系统，由于引入环境空气的温度的不一致性，环境空气必须在一定温度范围（10~35℃）内才能正常进行热管理，在环境极冷或极热条件下运行，电池包可能会产生更大的不均匀。

　　在加热系统中，除了采用将热空气引入电池包中的方式外，还可以采用其他方式，如图 8-22~图 8-25 所示（方形电池）。

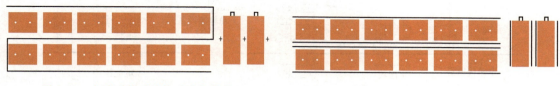

图 8-22　电池列前后缠绕硅胶加热线　　　　图 8-23　电池列间添加电热膜

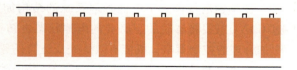

图 8-24　电池本体上包覆电热膜　　　　图 8-25　电池上、下添加加热板

8.5 数据通信系统

数据通信系统主要涉及电池管理系统内部主控板与检测板之间的通信、电池管理系统与车载主控制器、非车载充电机等设备间的通信，以及主控板与上位机间的通信等，是电池管理系统的重要功能模块之一。

8.5.1 CAN 总线通信

控制器局域网总线（CAN，Controller Area Network）是一种用于实时应用的串行通信协议总线，可使用双绞线、同轴电缆或光纤来传输信号，因其高性能、高可靠性和高实时性等特点，已经成为世界上应用最广泛的现场总线之一。CAN 通信方式是现阶段电池管理系统通信应用的主流，在国内外大量产业化的电动汽车电池管理系统以及国内外关于电池管理系统数据通信标准中均提倡采用该通信方式。RS232、RS485 总线等方式在部分电池管理系统内部通信中也有应用。

图 8-26 所示为某纯电动客车电池管理系统。其中，RS232 主要实现主控板与上位机或手持设备的通信，完成主控板、检测板各种参数的设定；RS485 主要实现主控板与检测板之间的通信，完成主从板电池数据、检测板参数的传输；CAN 通信分为 CAN1 和 CAN2 两路，CAN1 主要与车载主控制器通信，完成整车所需电池相关数据的传输；CAN2 主要与车载仪表、非车载充电机通信，实现电池数据的共享，并为充电控制提供数据依据。

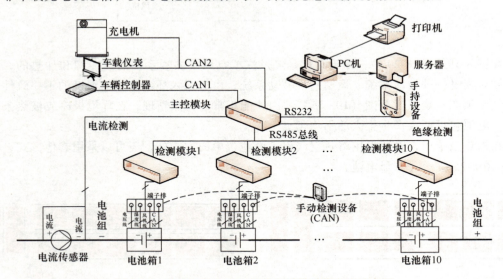

图 8-26　某纯电动客车电池管理系统通信方式示意图

在车辆运行模式下电池管理系统的结构如图 8-27 所示。电池管理系统中央控制模块通过 CAN1 总线将实时的、必要的电池状态告知整车控制器以及电机控制器等设备，以便采用更加合理的控制策略，既能有效地完成运营任务，又能延长电池使用寿命。同时，电池管理系统（中央控制模块）通过高速 CAN2 总线将电池组的详细信息告知车载监控系统，完成电池状态数据的显示和故障报警等功能，为电池的维护和更换提供依据。

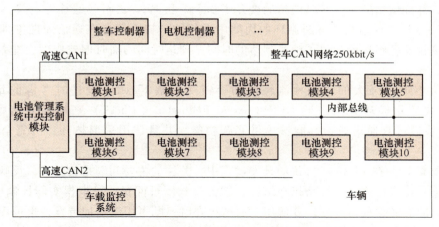

图 8-27　车辆运行模式下电池管理系统的结构

在应急充电模式下电池管理系统的结构如图 8-28 所示。充电机实现与电动汽车物理连接。此时的车载高速 CAN2 加入充电机节点，其余不变。充电机通过高速 CAN2 了解电池的实时状态，调整充电策略，实现安全充电。

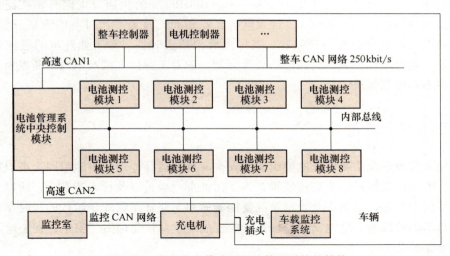

图 8-28　应急充电模式下电池管理系统的结构

8.5.2　FlexRay 通信

随着车辆电子技术的发展，传统的 CAN 解决方案已经不是解决汽车通信问题的最佳方案，2000 年 9 月，宝马和戴姆勒克莱斯勒联合飞利浦和摩托罗拉成立了 FlexRay 联盟，致力于新型通信协议的研发，并将其推广为高级动力总成、底盘、线控系统的标准协议。FlexRay 提供了传统车内通信协议不具备的大量特性，包括：

（1）高传输速率　FlexRay 的每个信道具有 10Mbit/s 带宽。不仅可以像 CAN 和 LIN 网络一样作为单信道系统运行，而且还可以作为一个双信道系统运行，因此可以达到 20Mbit/s 的最大传输速率，是当前 CAN 最高运行速率的 20 倍。

（2）同步时基　FlexRay 中使用的访问方法是基于同步时基的。该时基通过协议自动建立和同步，并提供给应用。时基的精确度介于 0.5μs 和 10μs 之间（通常为 1~2μs）。

（3）确定性 通信是在不断循环的周期中进行的，特定消息在通信周期中拥有固定位置，因此接收器已经提前知道了消息到达的时间。到达时间的临时偏差幅度会非常小，并能得到保证。

（4）高容错 强大的错误检测性能和容错功能是 FlexRay 设计时考虑的重要方面。FlexRay 总线使用循环冗余校验 CRC（Cyclic Redundancy Cheek）来检验通信中的差错。FlexRay 总线通过双通道通信，能够提供冗余功能，并且使用星形拓扑，可完全解决容错问题。

（5）灵活性 在 FlexRay 协议的开发过程中，关注的主要问题是灵活性，反映在如下几个方面：①支持多种方式的网络拓扑结构；②消息长度可配置：可根据实际控制应用需求，为其设定相应的数据载荷长度；③使用双通道拓扑时，既可用以增加带宽，也可用于传输冗余的消息；④周期内静态、动态消息传输部分的时间都可随具体应用而定。

8.5.3　工业以太网

工业以太网是全开放、全数字化的网络，遵照网络协议不同厂商的设备可以很容易实现互联；通信速率高，目前通信速率为 10Mbit/s、100Mbit/s 的快速以太网开始广泛应用，千兆以太网技术也逐渐成熟，10Gbit/s 以太网也正在研究，其速率比目前的现场总线快很多。但当前工业以太网也存在着一些问题，其中主要包括实时性、对工业环境的适应性与可靠性、适用于工业自动化控制的应用层协议等问题。随着工业以太网技术的不断发展，以上出现的问题将不断得到解决。

8.6　电池安全管理系统

电池安全管理系统主要保证电池组能够安全高效地运行，预防电池组因为高温起火或者低温失效。因为电池组是一个高压装置，为了保证车上乘员以及行人的安全，所以必须有一套高压绝缘保护装置。电池安全管理系统要能够做到在保证车辆安全运行的同时尽可能地发挥出电池与车辆的性能。电池安全管理系统的发展对于保证生命财产安全，促进电动汽车的发展具有重要的意义。

8.6.1　高压绝缘检测系统

电动汽车能量储存装置，比如动力电池组、燃料电池或者超级电容器，其工作电压都远远地超过了人体的安全电压范围，更有电动大客车的电池组工作电压达到 600V。汽车上的绝缘材料的绝缘性能会因为磨损等原因在使用过程中逐渐下降，并且湿度增加也会降低动力电池高压和底盘之间的绝缘性能；当电池正负极导线的绝缘层被磨穿，并且和汽车底盘接触在一起，这时就会产生漏电流回路，影响电机控制器的工作，也会影响其他低压电器，甚至危及乘客的安全。当电池组电路的多个点和底盘之间的绝缘性能发生老化的时候，电路自放电，能量堆积，在严重的情况下，可能会产生火灾。为了确保车辆的安全运行，必须设置一个绝缘性能检测装置，来实时监控高压系统和电底盘之间的绝缘电阻

现在常用的绝缘检测方法包括：

1. 漏电直测法

在直流系统中，这是一种最简单也是最实用的方法。将万用表换到电流档，串在电池组正极与设备壳（或者地）之间，可检测到电池组负极对壳体之间的漏电流，同样也可以串在负极与壳体之间检测电池组正极对壳体之间的漏电流。该方法简单易行，在现场故障检测、车辆例行检查中常用。

2. 电流传感法

霍尔式电流传感器是对高压直流系统检测的一种常见方法，将电池系统的正极和负极动力总线一起同方向穿过电流传感器，当没有漏电流时，从正极流出的电流等于返回到电源负极的电流，因此，穿过电流传感器的电流为零，电流传感器输出电压为零。当发生漏电现象时，电流传感器的输出电压不为零。根据该电压的正负可以进一步判断该漏电电流是来自于电源正极还是负极。但是应用这种检测方法的前提是待测动力电池组必须处于工作状态，要有工作电流的流入和流出，它无法在电源系统空载的情况下评价电池系统对地的绝缘性能。

3. 绝缘电阻表测量法

该方法是用绝缘电阻表测量绝缘电阻的阻值。绝缘电阻表俗称兆欧表，绝缘电阻表大多采用手摇发电机供电，故又称为摇表。它的刻度是以绝缘电阻为单位的，是电工常用的一种测量仪表，其工作原理图如图 8-29 所示。

该仪表的工作原理是通过一个电压激励被测装置或网络，然后测量激励所产生的电流，利用欧姆定律测量出电阻。绝缘电阻表主要由两大部分构成：一部分是手摇发电机，另一部分是磁电式比率表。通过摇动手柄，由手摇发电机产生交流高压，经二极管整流，提供测量用的直流高压，再用磁电式比率表测量电压线圈和电流线圈中的电流比值，用指针指示器指明电阻刻度。

上述三种方法均为采用专有设备进行的漏电流、绝缘电阻测试方法，与电池管理系统集成存在一定的困难。在电池管理系统中常用的是电路测量方法。常用的直流电压绝缘测量原理如图 8-30 所示。

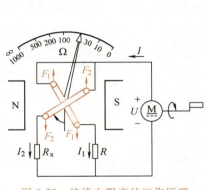

图 8-29　绝缘电阻表的工作原理

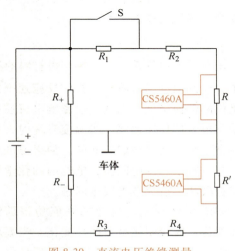

图 8-30　直流电压绝缘测量

在该原理框图中，R_1、R_2、R_3、R_4 分别是大阻值电阻（如达到 500kΩ 以上），这样的大电阻保证了在测量期间绝缘等级不会人为地下降；R_+ 和 R_- 分别是动力电池组正、负极对车体的绝缘电阻；R 和 R' 是分压电阻，阻值小（如 200Ω 左右），可以使 A-D 转换芯片在分压电阻上得到 mV 级的模拟信号。

当开关 S 为关断状态时，通过测量芯片，可以得到 R_+ 和 R_- 两端的电压值，这样就可以得到如下方程：

$$\frac{V_1}{R_+} + \frac{V_1}{R_1 + R_2 + R} = \frac{V_2}{R_-} + \frac{V_2}{R_3 + R_4 + R'} \tag{8-5}$$

式中　V_1、V_2——当开关 S 断开时，正、负母线对地电压。

同理，当开关 S 为闭合状态时，可以得到另一个方程：

$$\frac{V_1'}{R_+} + \frac{V_1'}{R_2 + R} = \frac{V_2'}{R_-} + \frac{V_2'}{R_3 + R_4 + R'} \tag{8-6}$$

式中　V_1'、V_2'——S 闭合时正、负母线对地电压。

由于串联电阻 R_1、R_2、R_3、R_4、R、R' 阻值已知，联立式（8-5）、式（8-6）构成的方程组就可以解出 R_+ 和 R_-。

电池管理系统中使用的绝缘电阻测量方法还有平衡电桥法、高频信号注入法和辅助电源法等。随着动力电池的电压越来越高，应用越来越普及，电动汽车的绝缘安全问题显得越发重要，各种绝缘监测的方法也不断地被研究人员设计、验证。

8.6.2　峰值功率

SOP 是电池组峰值功率状态，是在预定时间间隔内电池所能释放或吸收的最大功率。峰值功率可以用于评估动力电池在不同荷电状态下充放电的极限能力，对动力电池组和车辆动力性能之间的匹配优化以及发挥电机制动能量回收功能等具有重要的作用。同时对于合理使用电池，避免电池出现过充电或过放电现象，提高电池安全性能，延长电池使用寿命具有重要的理论意义和应用价值。但是电池的峰值功率会受到许许多多的安全限制，只有在安全限度内的峰值功率才具有实际使用意义，本节讨论了部分限制峰值功率的电池参数，探究了电池安全与峰值功率的关系。

1. 基于温度的约束

电解质的电导率、阳极和阴极材料的活性随温度的变化而变化，因此电池的充放电功率上限会受到温度的影响。电极的反应速率随温度的降低而降低。温度也会影响电解质中离子和电子的传输速率。当温度升高时，速率就会增加，反之亦然。此外，如果温度过高，超过规定的温度限值，电池内的化学平衡将被破坏，造成电池安全问题。

如图 8-31 所示，电池的峰值功率随温度而变化，曲线明显呈非线性变化。当温度降低时，峰值功率降低，在低温下变化缓

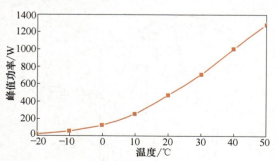

图 8-31　60%SOC 时温度与峰值功率的关系

慢。当温度升高时，峰值功率增加，但温度过高时，电池的散热将会很困难，不利于电池的使用安全与寿命。

2. 基于 SOC 的约束

SOC 对 SOP 的约束是为了防止动力电池在工作过程中发生过充电过放电，保证电池的安全性。在研究峰值功率与 SOC 之间的关系时，同时也要考虑到温度、充放电倍率等因素对于 SOC 的影响，提高 SOC 测量的精度。如图 8-32 所示，随着 SOC 的增加，放电功率增大，而充电功率能力减小。例如，在相同的 SOC 范围内，当 SOC 从 10% 增加到 90% 时，放电峰值功率从 222W 增加到 693W，而充电峰值功率从 675W 下降到 300W。对不同 SOC 条件下的峰值功率的研究可以估算出电池充放电能力，为其在电动汽车中的使用提供数据和技术支持。

3. 基于欧姆电阻的约束

如图 8-33 所示，电池的峰值功率与电池的欧姆内阻近似成反比。欧姆内阻越小，峰值功率越大越快；欧姆内阻越大，峰值功率越小越慢。

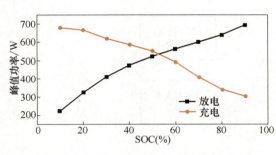

图 8-32　30℃时 SOC 与峰值功率的关系

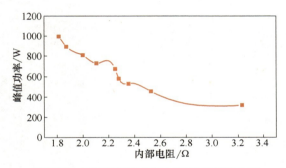

图 8-33　30℃时欧姆内阻与峰值功率的关系

电池的温度、SOC 以及欧姆内阻的大小都与电池的安全状态息息相关，所以电池的 SOP 需要满足这三种要素对其的限制条件，才能保证电池的安全运行，延长电池的使用寿命。

8.7　BMS 控制策略

BMS 主要通过对电池电压、温度、电流等信息的采集，实现高压安全管理、电池状态分析、能量管理、故障诊断管理、电池信息管理等功能，并通过 CAN 总线将电源系统关键参数与整车通信联系，从而实现对电池系统安全的有效管理。为了实现 BMS 的这些功能，需要系统的控制策略为 BMS 保驾护航。例如为确保电池安全并减少静态损耗，当电动汽车停车时，有必要切断电池包和转换电路的连接；当电动汽车运行时，必须闭合电池与供电线路的连接；当充电时，必须闭合电池与充电器的连接；当温度超过阈值时，必须通过控制相应的继电器，打开或闭合风扇或加热器来控制电池的温度。为了保障电动车辆在运行与充电过程中的安全，必须根据电池的状态判断电池的安全性。倘若电池组有安全问题，BMS 必须及时给控制器和显示器发送报警信息，以提醒整车控制器（VCU）和驾驶人采取必要的措施保证行车安全。

8.7.1 控制流程与逻辑

1. 功率控制

BMS 为低电压低功率系统，而主正继电器、主负继电器、预充电继电器和充电继电器需要高功率电流来驱动。为保证这些继电器稳定地工作，通常需要设计中间继电器。中间继电器通常不仅能够将 BMS 与高压系统隔离，使 BMS 工作更加平稳，还能满足上述继电器能够可靠开启所需的功率。图 8-34 所示为电动汽车高压继电器控制线路。

转换器不能通过转换电路直接与电池连接，必须在转换器的输入端连接滤波电容，否则，在连接的瞬间，它会产生一个大电流对电池造成伤害。因此，在电路中有必要串联一个合适的电阻构成预充电回路，防止电池在放电瞬间产生的瞬时高压对电气元件造成损害。

典型的控制流程如图 8-35 所示。

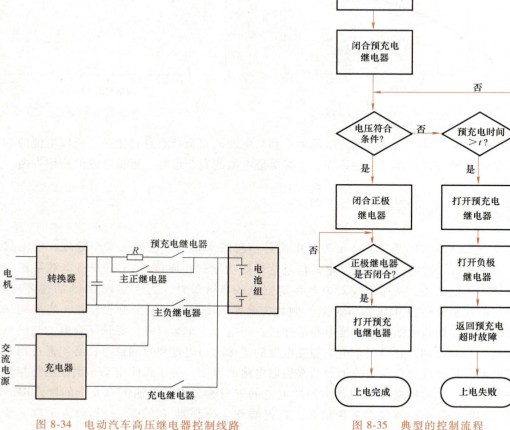

图 8-34　电动汽车高压继电器控制线路　　　　图 8-35　典型的控制流程

最小预充电电压由以下公式计算：

$$U_1 = U - Ir \qquad (8-7)$$

式中　r——电阻；

　　　I——最大允许的瞬时电流；

　　　U——总电压。

预充电时间为

$$t = RC\ln\frac{U_1}{U} \qquad (8-8)$$

式中　R——预充电电阻；

　　　C——电容。

2. 充电控制

常规充电过程主要分为三个阶段：充电前、充电中和充电结束阶段。图 8-36 所示为充电状态转换图。

图 8-36　充电状态转换图

（1）充电前阶段　主要进行充电各部件唤醒及检测工作，若无异常信号出现，则进入充电等待状态。

充电等待状态时，用户可设置充电目标电池剩余电荷量 SOC，可通过中控屏或远程控制端进行开始充电、停止充电或预约充电操作。BMS 判断电池是否处于充满状态。车载大屏系统根据用户设置和 BMS 状态，判断启动充电或停止充电。如果不需要充电，则不进行高压上电，电动系统处于充电等待状态。

（2）充电中阶段　如果车载大屏系统判断需要充电，则将充电请求信号发给 VCU，VCU 使能 BMS 开始充电。BMS 根据 CP 信号、电池状态，请求车载充电机输出电流和输出电压。车载充电机根据自身状态和 BMS 请求工作。如果电池充到目标 SOC 或者电池电压达到停止充电条件或者用户停止充电，则进入充电等待状态。

（3）充电结束阶段　充电结束拔枪后，如果满足主驾驶位置无人、四车门及前后两车盖关闭等条件时，整车下电；如果不满足，则保持上电状态。

常规充电的具体充电控制策略如图 8-37 所示。

3. 温度控制

考虑电池的温度特性和温度控制的滞后性，有必要设置温度控制阈值。不同结构的电池

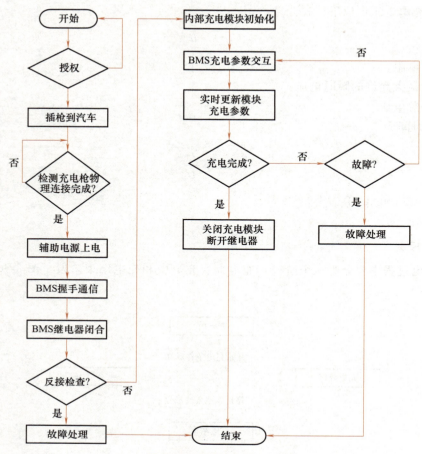

图 8-37　充电控制流程图

箱对温度测量有很大的影响，因此需要大量的测试或校正分析来定义这些阈值。一般情况下，设置四个温度阈值：高温 1 级和 2 级阈值，低温 1 级和 2 级阈值。如果温度超过了高温 1 级阈值，电池冷却程序开始执行，电池输出功率下降。如果温度超过了高温 2 级阈值，表示电池工作温度超过了极限值，必须停止电池功率输出以避免热失控导致发生危险事故。在实际应用中，重新起动时的温度低于停机时的温度，这种做法可以避免电池继电器的频繁切换。

4. 故障报警及控制

动力电池组的故障诊断主要是为了保证动力电池在车辆复杂运行环境下的可靠性以及安全性。当检测到报警信息时，BMS 应根据不同等级和类型来处理报警信息。例如，当 SOC 太低并达到 1 级报警状态时，驾驶人应当考虑就近及时充电。当 SOC 过低并达到 2 级警报状态时，驾驶人应当立即停车。

表 8-2 给出了电池 1、2 级故障报警情况。安全报警阈值的设置与电池性能、电池成组方法和车辆类型有关。该表列出了磷酸亚铁锂电池组的报警阈值，该电池组包括 120 串电池单体，电池容量为 210A·h，额定电压为 384V。

表 8-2 BMS 故障类型

序号	故障类型	1级故障标准	2级故障标准
1	设置温度均衡阈值	>10℃	—
2	设置电压均衡阈值	>0.3V	—
3	温度过高阈值	>50℃(T_{max})	>55℃(T_{max})
4	电池单体电压过高阈值	>3.65V	>3.75V
5	电池单体电压过低阈值	<3.0V	<2.8V
6	总电压过高阈值	>432V	>438V
7	总电压过低阈值	<366V	<360V
8	充电过电流故障阈值	>1℃(1min)	>1.5℃(10s)
9	放电过电流故障阈值	>1.5℃(3min)	>2℃(60s)
10	SOC 太高	>100%	>100%
11	SOC 太低	<30%	<10%
12	绝缘故障	<500Ω/V,但>100Ω/V	≤100Ω/V

8.7.2 BMS 精度的影响分析

电池组的状态估计是 BMS 的核心内容，也一直是业界难点。首先它是一个估算值，根据电池组电压、电流、放电倍率、温度等因素经过算法计算得出的值，这就要求系统先要采集得足够准、足够快才能保证最后的结果准确，同时又与主控芯片的处理速度、AFE 的精度、采集电流的方案选择、温度传感器的精度以及系统整体考量的采样频率的大小等诸多因素有关。选用高处理速度、高精度的芯片势必会增加成本，采样频率越快系统负荷也越大，所以目前技术条件下一般参考具体项目来权衡各方面因素。电池组状态估计如图 8-38 所示。

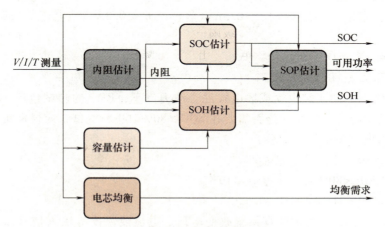

图 8-38 电池组状态估计

动力电池 SOC 值测算得准确与否对续驶里程有着很重要的影响。在行驶时，假如 SOC 估算过高就会使电池出现过放电，导致电池容量提前衰减，使用寿命缩短；假如 SOC 估算过低，那么就会出现还有较高电量的情况下电池停止放电。这两种情况都会使电池容量出现

偏差，不利于续驶里程的延长。国标 QC/T 897 规定电池组 SOC 的估计精度不能超过 10%，同时对电池组状态参数的测量精度要求见表 8-3。

表 8-3　状态参数测量精度要求

参数	总电压值	*电流值	温度值	单体(模块)电压值
精度要求	≤±2% FS	≤±3% FS	≤±2℃	≤±0.5% FS

* 应用在具有可外接充电功能的电动汽车上时，电流值精度同时应满足小于或等于±1.0A（当电流值小于 30A 时）。

8.7.3　BMS 可靠性设计

电动汽车的工作环境总是处于变化中，这导致电池管理系统的工作环境比较恶劣。因此，对 BMS 进行稳定性测试是必要的，包括以下测试内容。

（1）绝缘电阻测试　在 BMS 带电部分与壳体之间施加 500V 电压，通过测量带电部分和壳体之间的电流，利用欧姆定律推算出电阻。一般情况下，绝缘电阻应不小于 2MΩ。

（2）绝缘耐压性能测试　在电压采样回路中施加 50~60Hz 的正弦波交流电，测试电压为（2U+1000）V，U 是标称电压，且持续 1min，在试验过程中不出现断裂或闪络等放电现象。

（3）BMS 监测功能测试

1）根据工作环境正确安装或连接 BMS，或为 BMS 提供一个适宜的电气和温度环境并通过仿真系统进行检测。在打开 BMS 前，安装电压、电流以及温度传感器。

2）比较 BMS 从设备中测量的数据并确定误差。电池单体或模组电压数据采集通道应不少于 5 点，电流采集点应不低于 2 个，温度采集通道应不少于 2 点，并且合理分配采集点的安装位置。

一般来说，BMS 监控的参数有如下要求：

① 总电压值≤±1% FSR（满刻度、满量程电压）。

② 电流值：当电流 I≤30A 时，-0.3A≤监控误差≤0.3A，当电流 I>30A 时，-1%≤监控误差≤1%。

③ 温度值≤±2℃。

④ 模组电压值≤±0.5% FSR。

（4）SOC 估算　对于纯电动或插电式混合动力汽车，BMS 的测试包括 SOC≥80% 的情况。对于其他类型的电动汽车，是否需要在 SOC≥80% 时进行测试，应根据实际情况进行。

SOC 估计精度应满足如下要求：

① 当 SOC≥80% 时，误差应≤6%。

② 当 30%<SOC<80% 时，误差应≤10%。

③ 当 SOC≤30% 时，误差应≤6%。

（5）电池故障诊断　通过仿真系统改变电压、电流或温度等输入信号以满足产生故障所需的条件。监测 BMS 通信接口的反馈信息，并记录故障项目和产生故障所需的条件。

（6）在高温下工作（高温工况）　将 BMS 放入高温柜（设置初始温度为正常工作温度），开机运行。当温度达到（65±2）℃时，保持工作 2h。记录测试过程中 BMS 所测量的数据，并进行误差分析。在测试过程中以及测试结束后，电池应能够正常工作，并符合要求。

（7）在较低的温度下工作（低温工况）　将 BMS 放入低温柜（设置初始温度为正常工作温度），开机运行。当温度达到（-25±2）℃时，保持工作 2h。记录测试过程中 BMS 所测量的数据，并进行误差分析。在测试过程中以及测试结束后，电池应能够正常工作，并符合要求。

（8）耐高温　将 BMS 放入高温柜（设置初始温度为正常工作温度），当温度达到（85±2）℃时，持续工作 4h。记录测试过程中 BMS 所测量的数据，并进行误差分析。在测试过程中以及测试结束后，电池应能够正常工作，并符合要求。

（9）耐低温　将 BMS 放入低温柜（设置初始温度为正常工作温度），当温度达到（-40±2）℃时，持续工作 4h。记录测试过程中 BMS 所测量的数据，并进行误差分析。在测试过程中以及测试结束后，电池应能够正常工作，并符合要求。

（10）耐盐雾性　试验应根据 GB/T 2423.17—2008 给出的电工电子产品环境试验盐雾试验方法进行。将 BMS 安装在与实际安装状态相符或者相似的测试箱内，连接器处于正常状态。测试时间为 16h，使 BMS 在 1～2h 内从正常温度直接达到这个温度，并进行误差分析。BMS 测试后应能正常工作，并符合要求。

（11）耐振动　测试应根据 QC/T 413—2002《汽车电气设备基本技术条件》进行。BMS 应能经受 x、y、z 三个方向的扫频振动试验，每个试验持续 8h。BMS 通常在不工作及正常安装状态下经受试验。振动试验机的振动应为正弦波，加速度波的失真应小于 25%。

扫频测试条件如下：

1）扫频范围为 10～500Hz。

2）振幅或加速度。当频率为 10～25Hz 时，振幅为 0.35mm；当频率为 25～500Hz 时，加速度为 $30m/s^2$。

3）扫频率为 1oct/min。

经过测试，分析 BMS 所测量的电池系统参数的误差。测试后 BMS 应能够正常工作，并符合要求。

（12）耐电源极性反接性能　将 BMS 与电源连接，反向输入电压并保持 1min。测试结束后，保持 BMS 的电源供应处于正常状态，检查 BMS 能否正常工作。试验后，BMS 应能正常工作，并符合要求。

（13）抗电磁辐射　该项测试依据 GB/T 17619—1998《机动车电子电器组件的电磁辐射抗扰性限值和测量方法》进行。测试频率为 400～1000MHz，分析 BMS 测量的各项参数的误差。测试后，电池应能够正常工作并符合要求。

8.8　典型设计流程

BMS 是一套复杂系统，同时涉及了包含多种算法与逻辑控制等功能的软件开发以及相应的硬件模块开发工作。传统的 BMS 产品开发大多采用模块分工和手写代码集成的方式，使得 BMS 产品的开发周期和成本极高。现代电池管理系统开发可基于半自动模型设计，例如美国迈斯沃克公司（MathWorks，MATLAB 软件的开发商）提出的一种基于模型的复杂系统设计方式（Model Based Design，MBD），其核心在于依照模型对产品开发周期进行严谨管理。本章节以工业常用的 V 模型为例，阐述基于 Simulink 的典型 BMS 设计流程。

8.8.1 V 模型与开发工具

V 模型（V-model）是一种用图像表示系统发展生命周期的模型，列出了产品开发所需的各个阶段以及各个阶段对应的产出。在一般的传统工业设计中，如图 8-39 所示，V 模型的左侧是需求分解，右侧是需求整合和确认。

根据 V 模型，BMS 的设计研发从产品需求的定义开始，具有较强的场景针对性，需将具体场景需求拆分成具体模块化设计需求，并与硬件能力相结合，以进行架构设计和核心硬件选型。在架构和电池模型等确定后，基于 Simulink 等工具搭建包含状态估计、动态管控等的算法和控制策略。然后利用仿真软件模型进行模拟和测试（SIL，MIL），以

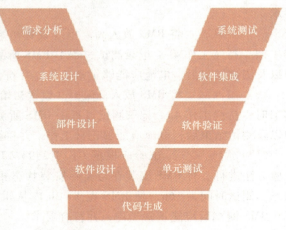

图 8-39　基于模型的设计流程

消除与软件设计相关的 bug。最后，利用 RTW 工具将 Simulink 模型转换成 C 代码，利用嵌入式 MCU 厂家提供的 IDE 将其烧录到单片机中，并通过硬件模块逐步替换软件仿真模块的方式，最终实现完整的硬件设计。整个过程是交互式的，内容可以根据需求改变，大大缩短了 BMS 的开发周期。整体设计过程如图 8-40 所示。

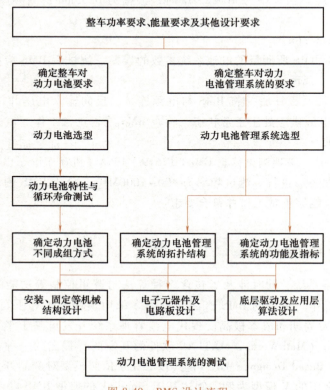

图 8-40　BMS 设计流程

8.8.2 BMS 功能需求分析

从图 8-40 中可见,无论是动力电池的开发还是动力电池管理系统的开发,都是从整车的功率要求、能量要求以及其他设计要求出发,再进一步确定整车对动力申池及管理系统的具体要求。在动力电池的开发方面,首先需要对动力电池进行选型,并开展系列的动力电池单体特性测试以及循环寿命测试,获取所选动力电池的性能特性,进而确定动力电池的成组方式,包括动力电池单体串并联的数量以及具体的布置形式。

在 BMS 开发方面,首先需要进行选型,确定系统的拓扑架构,主要是在集成式和分布式 BMS 架构中进行选择。再确定需要满足的基本功能和指标(包括防水、防尘、抗振等)。例如商用车的电池组规模较大,特种车辆运行环境更加恶劣,在设计 BMS 的过程中,需要考虑上述因素,确保设计出的 BMS 与使用对象的适配性。在确定动力电池成组方式、BMS 拓扑结构以及基本功能和指标后,可以有针对性地开展系统的安装固定等机械结构设计、电子元器件/电路板设计以及底层驱动和应用层算法设计。在完成系统开发之前,还需要对 BMS 进行不同类型的测试,以确保系统设计的完整性和安全性。

8.8.3 基于 Simulink 的模型软件开发与软件在环测试

本章节以 Simulink 为例,对软件在环测试进行介绍。顾名思义,软件在环(Software-In-the-Loop, SIL)测试主要在模型层面上开展,主要作用为低成本的算法验证和模型级别的集成测试。

软件在环测试是指将控制器的模型自动生成代码,并将代码编译后打包成 S-Function 模块,与物理对象模型在 Simulink 环境下形成闭环进行仿真测试。常见的做法是使用同样的测试用例,同时对控制器模型和其对应的代码(S-Function)模块进行一致性测试,即 MIL 和 SIL 同时执行,验证和比较模型和代码的一致性。当然在模型仿真设计中也可以用来集成原有手写代码,经过确认的代码,或者不会变更的代码。

一般来说,SIL 也是运行在 Simulink 环境下的非实时仿真过程,控制器的 C 代码和物理对象模型都在 PC 机上运行,模型之间也通过虚拟通信完成。另外,如果模型很大,导致仿真速度下降,可以通过 SIL 方式来提高仿真速度。软件在环测试(SIL)流程如图 8-41 所示。

在 BMS 架构确定后,拆分核心功能,并在 Simulink 等工业软件中分模块实现。以状态估计模块为例,在模块内对 SOC/SOH 等算法进行编程实现,同时明确模块输入输出。例如 SOC/SOH 需要电压、电流、温度等测量数据,以及上一时刻 SOC/SOH 等作为输入,计算结果输出到充电管理、安全管理等模块作为电池系统实时运行与管控的重要依据。

各个功能模块功能的软件开发完成,并实现模块间协同开发后,BMS 可以进入 SIL 测试。在开发阶段,SIL 可作为所设计硬件系统的完整仿真,为设计人员和工程师提供一个实用的虚拟环境来对复杂系统进行详细的控制策略开发和测试,可在原型初始化之前进行软件测试,有利于加速开发过程。在产品原型完成后的测试阶段,SIL 可降低后期因元件数量和复杂性带来的故障排查成本,帮助复现故障场景,有利于高效的软件开发。

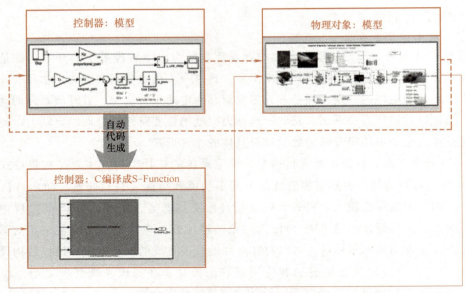

图 8-41　软件在环测试（SIL）流程

8.8.4　BMS 硬件在环测试

硬件在环（Hardware-In-the-Loop，HIL）仿真是实时系统仿真。HIL 仿真测试在控制系统的研发过程中是非常重要的步骤，HIL 测试技术支持把 BMS 控制器的真实信号连接到一个可以模拟现实的系统上，让 BMS 像安装在实车测试环境一样，开发者可以在模拟系统上实现成千上万的测试工况，进而可以快速高效地对 BMS 的采集精度、状态估计、均衡策略、CAN 通信和故障诊断等功能进行全覆盖测试验证，而无须在搭建真实的车辆测试环境及设备上花费大量的时间和金钱成本，减少后期实车路试次数，大大提高 BMS 开发测试效率。

图 8-42 所示为测试设备与虚拟被控对象 HIL 仿真器的关系。简单来说可以认为 MIL

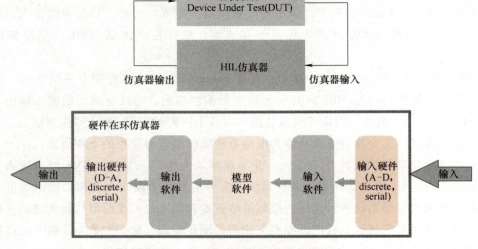

图 8-42　HIL 仿真器与测试设备的关系

（Model-In-the-Loop）是基于虚拟 ECU 和虚拟被控对象的测试，HIL 是基于真实 ECU 和虚拟对象的测试，而系统台架测试是基于真实 ECU 和真实被控对象的测试。所以搭建 HIL 平台的关键在于如何有效构建出虚拟的被控对象、真实 ECU 以及与应用环境的交互关系。

建议首先进行配套硬件设施的替换，主要包括电池模拟器、可编程负载、实时信号辅助设备等。开发过程中，该步骤相对简单，可理解为 HIL 测试环境的搭建，是系统由纯粹软件模拟转向软硬件系统架构的第一步。

第二步进行 BMS 核心算法烧录及相应的输入输出信号对接等工作。该步骤主要实现 BMS 核心算法的集成，包括电池状态估计、充电管理、热管理，以及一系列逻辑管控和辅助功能，应覆盖实车应用条件下所需的全部功能模块。在此基础上，开展初步功能性测试，确保功能模块的基本功能及控制器与其他硬件间通信畅通。通过该步骤测试的 BMS 应具备为正常行驶工况下的新能源车辆提供电池管理的能力。

最后一步为极端工况下的测试验证。在前两步 HIL 测试以及 SIL 测试的基础上，该步骤验证极端工况下系统的健壮性等特征，如多次连续急加速急减速工况下的热管理能力、低温条件下电池状态估计准确性与电池保护功能等。

通过全部 SIL、HIL 测试的产品将投入原型机生产阶段，并可少量交付客户进行测试应用。测试应用环节中暴露的问题可通过用户反馈后，结合系统嵌入的数据记录模块，通过 HIL 测试进行故障场景复现。同时通过 MIL，快速进行大量测试，确定故障边界及触发条件，作为 HIL 的补充，定位故障成因并进行相应的修改。

8.9 电池管理系统发展趋势

随着新型电动车的发展，以及用户对于新能源车辆安全、性能等方面的要求越来越高，对电池管理系统的性能也提出了更加严格的要求，电池管理系统在近几年的发展出现了以下几方面的趋势。

8.9.1 域控制器

软件定义汽车的趋势，要求整车控制器高度集成及高度安全可靠。未来以域为单位的域控制器集成化架构是最佳的解决方案。

域控制器技术将汽车各部分功能划分成几个功能，例如：动力域、传动域、传统车身电子域、智能及辅助驾驶域、安全域等，利用域内 CPU/GPU 芯片，对控制域内原本归属各个 ECU 的大部分功能进行综合监控。

BMS 可以集成到整体控制器（VCU）中，形成 VBCU 的架构，示意如图 8-43 所示。BMU 的功能集成到域控制器中。电池包内的 AFE 完成电芯电压采集、均衡和温度测量等功能；BJB 完成电池组高压电压采集、电流采集、温度采集、接触器驱动和诊断、绝缘检测等功能；AFE 与 BJB 通过总线与域控制器进行通信。

8.9.2 高压功能集成

BMS 中的高压盒，与电动车高压网络中的其他元件，如电机控制器、DC/DC 变换器、车载充电机等，存在分立设计、难以布局、部件间连接点较多、电流较大、EMI 源分散、设

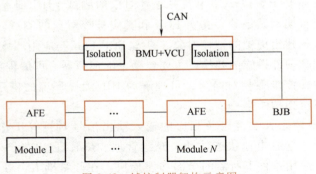

图 8-43　域控制器架构示意图

计和使用复杂程度较高等问题。将这些部件集成在一起，不仅可提高零部件的利用率和安全性，还可降低整车的质量和电磁干扰，具有较好的应用前景。典型案例为特斯拉电动汽车中的高压电池服务盒（High Voltage Battery Service Panel），它将 BMU、AC/DC 变换器、DC/DC 变换器、控制器控制、高压分线等功能集成在一些。这种集成显著降低了布置空间，方便后续的维修。"高压集成四合一"控制系统框图如图 8-44 所示。

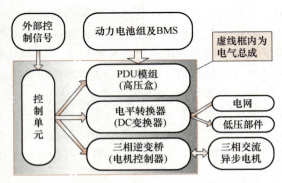

图 8-44　"高压集成四合一"控制系统框图

8.9.3　云 BMS

现有的电动汽车电池管理系统的 SOC 估计策略由于受到控制器硬件计算能力、数据存储能力及成本的限制，往往只能利用有限时间的历史数据进行 SOC 估计。随着云计算技术及 5G 无线通信技术的发展，利用车载计算和云端计算相结合的方式，可以实现车辆、云端以及用户三者之间的数据交互，解决计算量和存储量不足的问题。

云 BMS 基本工作模式如下：车载 BMS 采集电池系统的基础信息，通过车联网上传到云端服务器；云端服务器将数据进行存储，并按一定的模型进行分析和计算；然后将关键数据，如最大放电容量、内阻、健康状态（SOH）等定时下传到对应的车载 BMS；车载 BMS 根据这些数据重新对 SOC 进行计算或标定。云 BMS 架构图如图 8-45 所示。

8.9.4　电池包内无线通信

无线通信方式采用无线收发器件，将数据从 CMU 传输到 BMU。无线通信方式的主要特点是将有线方案中的电缆替换为无线收发器。采用无线通信方式可以简化电池管理系统的布置，并且在后期电池存储、维护和回收等环节可以节省成本，具有较大优势。

典型的无线通信方法有多种，包括使用 CC2642R-Q1 无线传输数据、基于 ZigBee 的无线通信，以及基于无线模块 NRF24L01 的无线通信等。无线通信架构如图 8-46 所示。

8.9.5　爆炸熔断器

在传统的电池管理系统中，一般采用具有主动保护功能的继电器和被动保护功能的熔断

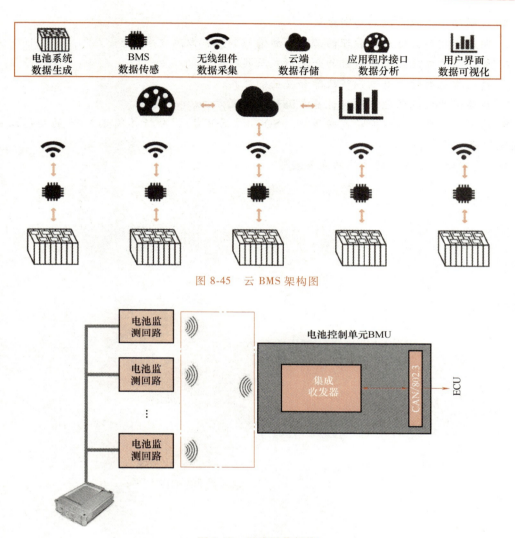

图 8-45 云 BMS 架构图

图 8-46 无线通信架构

器组合的方式来保护电池系统。随着电动汽车的额定电流不断增大，被动熔断器的体积越来越大，成本越来越高。由于被动熔断器是通过发热来熔断的，因此从发生过流到实际熔断有一个时间差。

在特斯拉电动汽车中已经采用爆炸熔断器来取代传统的熔断器。爆炸熔断器在电池包发生过流、车辆发生激烈碰撞等情况时，会被驱动电路引爆，从而切断高压电路。爆炸熔断器在成本、响应速度等方面都优于传统的熔断器，具有较好的应用前景。

习题

1. 简述电动汽车动力电池管理系统主要功能。
2. 电池管理系统主要监测数据有哪些？各自有什么作用？
3. 简述电池容量与能量概念的区别及影响因素。

4. 说明动力电池系统的均衡方法。

5. 简述车用动力电池热管理的必要性和常用加热、散热方式。

6. 简述动力电池热管理系统的介质形式及其特点。

7. 简述常见的动力电池系统故障和安全管理措施。

8. 论述动力电池管理系统设计基本流程和研究方法。

9. 给出动力电池系统充放电曲线图（SOC-U、SOC-I），分析并阐述 BMS 的功能以及硬件实现途径。

10. 简述动力电池管理系统的发展趋势。

第9章 动力电池系统设计及使用

9.1 电动车辆能耗经济性评价参数

　　动力电池组是电动车辆的重要能量来源，是纯电动车辆的唯一能量来源，为整车性能的重要组成部分。其中，能耗经济性是车辆设计使用中最关注的指标之一，可以定义为车辆在一定的使用工况下，以最小能量消耗完成单位运输工作的能力。在内燃机汽车上称为燃料经济性，在电动汽车上以电能消耗量为指标。车辆能耗经济性常用的评价参数都是以一定的车速或循环行驶工况为基础，以车辆行驶一定里程的能量消耗量或一定能量可使车辆行驶的里程来衡量。为了使电动汽车能耗经济性评价指标具有普遍性，可以适用于不同类型的电动汽车，其评价指标应满足以下三个条件：①可比性，即可以对不同类型的电动汽车经济性进行比较；②独立性，即指标参数数值与整车储存能量总量无关；③直观性，即可以直接从参数指标进行能耗经济性判断。本小节将对电动车辆能耗经济性评价参数进行具体分析。

9.1.1 续驶里程

　　续驶里程是纯电动汽车动力电池组充满电后可连续行驶的里程，可分为等速续驶里程和循环工况续驶里程。等速通常采用 40km/h 或 60km/h 作为标准。循环工况则根据车辆的使用环境进行选择，常用的包括欧洲 15 工况、日本 10 工况、中国客车 6 工况等。此项指标对于综合评价电动汽车的动力电池组、电机、传动系统效率及电动汽车实用性具有积极意义。但由于此项指标同电动汽车电池组装车容量及电压水平有关，因此在不同车型和装配不同容量电池组的同种车型间不具有可比性。即使装配相同容量同种电池的同一车型，续驶里程也受到电池组状态、天气、环境因素等使用条件的影响而有一定幅度的波动。续驶里程还可以分为理论续驶里程、有效续驶里程和经济续驶里程。理论续驶里程是根据电池组能量存储理论值和车辆单位里程能量消耗理论值计算所得的续驶里程；有效续驶里程是电池组在保证经济性和实用性的同时，能够可靠稳定工作前提下的续驶里程；经济续驶里程是最大限度保证电池组使用经济性和使用寿命，在电池组最佳工作状态下的续驶里程。三种续驶里程定义可用放电深度来表示。理论续驶里程为充放电深度均为 100% 情况下电动汽车可行驶的里程；有效续驶里程为放电深度为 70%~80% 时车辆的可行驶里程，经济续驶里程为充电至 SOC 为

90%，放电深度不超过70%时的车辆可行驶里程，在此种充放电机制下，可以最大限度地保证电池组稳定可靠工作，减少电池组不一致性对整个电池组系统工作的影响，提高电池组寿命，并且在此机制下，电池的充放电效率最高，电动汽车运行的总体能耗经济性最好。

9.1.2　单位里程容量消耗

电池及电池组以容量作为能量存储能力的标准之一。以电池组作为唯一动力源的纯电动汽车单位里程的容量消耗定义为车辆行驶单位里程消耗的电池组容量，单位为 A·h/km。电池组单位里程容量消耗计算方法为

$$Q_{s} = \frac{\int_{t_1}^{t_2} I(t)\,\mathrm{d}t}{S} \tag{9-1}$$

式中　Q_{s}——电池组单位里程容量消耗（A·h/km）；

　　　I——电池组放电电流（A），是电池放电时间 t 的函数；

　　　S——车辆行驶距离（km）；

　t_1、t_2——车辆行驶起止时间。

在电池组不同的放电深度，总电压有明显的变化，因此在相同放电功率下电池组放电电流有相应的变化。由单位里程容耗的计算式（9-1）可知，在不同的电池组放电深度，相同车辆使用条件下，单位里程消耗的电池组容量不同。单位里程容耗作为经济性评价参数存在一定的误差。因此单位里程容量消耗指标参数值的获得必须以多次不同条件下的行驶试验为基础，取试验结果的平均值。基于上述特点，此项指标在不同的使用条件下，不同的车型间不具有可比性，仅适用于电压等级相同，车型相似情况下能耗经济性的比较或同一车型能耗水平随电池组寿命变化的历程分析。

9.1.3　单位里程能量消耗

单位里程能量消耗又可以分为单位里程电网交流电量消耗和单位里程电池组直流电量消耗。其中，交流电量消耗受到不同类型充电设备效率的影响，有一定的误差，并且充电设备是独立于电动汽车的服务性设备，不应作为电动汽车效率的一部分。在不同的充电设备情况下，电动汽车的经济性在一定程度上不具有可比性。单位里程电池组直流电消耗量，仅以车载电池组的能量状态作为标准，脱离了充电机的影响，所以可以直接、可靠地反映电动汽车的实际经济性能。

9.1.4　单位容量消耗行驶里程和单位能量消耗行驶里程

这两种电动汽车能耗经济性的评价指标分别是单位里程容量消耗和单位里程能量消耗的倒数，单位分别为 km/（A·h），km/（kW·h）。

9.1.5　等速能耗经济特性

汽车等速能耗经济性是指汽车在额定载荷下，在最高档、水平良好路面上以等速行驶单位里程的能耗或单位能量行驶的里程。通常可以测出每 5km/h 或 10km/h 速度间隔的等速行驶能耗量，然后在速度-能耗曲线图上连成曲线，称为等速能耗经济特性（见图 9-1）。此曲

线可以确定汽车的经济车速。但这种评价方法不能反映汽车实际行驶中受工况变化的影响，特别是市区行驶中频繁加减速、怠速及停车的行驶工况。

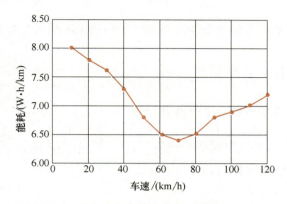

图 9-1　纯电动汽车等速能耗经济特性曲线

9.1.6　比能耗

电动汽车不同车型的总质量相差很大，跨度从几百千克到十余吨，因此单位里程能量消耗也有很大差别。为了进行不同车型间能耗水平的分析和比较，引入直流比能耗的概念，即单位质量在单位里程上的能量消耗，单位为 $kW \cdot h/(km \cdot t)$。此参数可以体现不同车型间传动系统匹配优化程度和能量利用效果。以直流比能耗作为电动汽车能耗经济性的评价标准，可以直观地评价各种不同车型的能耗水平，可比性强。现在主流汽车企业研制的电动汽车直流比能耗为 $40 \sim 80 W \cdot h/(km \cdot t)$。在电压等级相同的情况下，与比能耗指标评价类似，可以引入比容耗的概念，即单位质量在单位里程的容量消耗，单位为 $A \cdot h/(km \cdot t)$。

纯电动汽车能耗经济性评价的各个参数之间存在相互转换的计算关系，如图 9-2 所示。电池组可放出的有效能量、有效容量、单位里程能耗及单位里程容耗是电动汽车续驶里程的决定性因素。车辆的整备质量把单位里程能耗、容耗与比能耗、比容耗联系起来。单位里程能耗（容耗）与单位能量（容量）行驶里程之间的倒数关系说明这两个参数只是同一概念的两种不同表达方式。单位里程容耗和能耗区别在于计算中是否考虑电池组电压变化的影响。

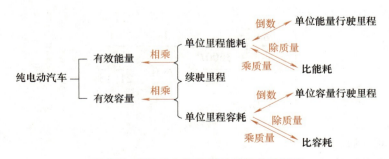

图 9-2　纯电动汽车能耗参数关系示意图

9.2 电池系统与整车的匹配方法

电池系统与电动车辆的匹配主要涉及功率匹配和能量匹配两个方面，分别满足车辆动力性和续驶里程的要求。

9.2.1 车辆行驶动力学功率平衡方程

根据车辆动力学，车辆行驶功率平衡方程为

$$P_t = \left(mg\cos\alpha f + mg\sin\alpha + \frac{C_D A}{21.15}v^2 + \delta m\frac{\mathrm{d}v}{3.6\mathrm{d}t} \right)\frac{v}{3600}\frac{1}{\eta_T} \tag{9-2}$$

式中　P_t——车辆行驶功率（kW）；

$\quad\quad m$——整车质量（kg）；

$\quad\quad f$——滚动阻力系数；

$\quad\quad \alpha$——坡道角；

$\quad\quad C_D$——空气阻力系数；

$\quad\quad A$——迎风面积（m^2）；

$\quad\quad g$——重力加速度；

$\quad\quad \delta$——旋转质量换算系数；

$\quad\quad \eta_T$——传动效率（%）；

$\quad\quad v$——行驶速度（km/h）。

电动车辆驱动电机的理想特性曲线如图 9-3 所示，图中 v_{rm} 为车辆以恒驱动力特性输出和以恒驱动功率特性输出的分界车速，P_p 为动力生成装置功率。

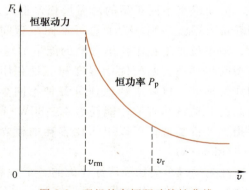

图 9-3　理想的车辆驱动特性曲线

忽略车辆传动效率损失，按照图 9-3，车辆起步加速时间计算方法为

$$\begin{cases} t = \dfrac{\delta m}{3.6}\displaystyle\int_0^{v_{rm}} \dfrac{\mathrm{d}v}{\dfrac{3600P_p}{v_{rm}} - mgf - \dfrac{C_D Av^2}{21.15}} + \dfrac{\delta m}{3.6}\displaystyle\int_{v_{rm}}^{v_r} \dfrac{\mathrm{d}v}{\dfrac{3600P_p}{v} - mgf - \dfrac{C_D Av^2}{21.15}} \\[4mm] v_r \geqslant v_{rm} \end{cases} \tag{9-3}$$

$$\begin{cases} t = \dfrac{\delta m}{3.6}\displaystyle\int_0^{v_r} \dfrac{\mathrm{d}v}{\dfrac{3600P_p}{v_{rm}} - mgf - \dfrac{C_D Av^2}{21.15}} \\[4mm] v_r < v_{rm} \end{cases} \tag{9-4}$$

$$t \leqslant t_a \tag{9-5}$$

式中　t——时间（s）；

$\quad\quad t_a$——加速时间的设计目标最大允许值。

把式（9-5）代入式（9-3）或式（9-4）中，得

$$P_p \geqslant f(v_{rm}, t_a) \tag{9-6}$$

另外，要满足车辆爬坡性能要求，有

$$P_p \geqslant \left(mg\cos\alpha_{max}f + mg\sin\alpha_{max} + \frac{C_D A}{21.15}v_{min}^2 \right) \frac{v_{min}}{3600} \frac{1}{\eta_T} \tag{9-7}$$

要满足车辆最高车速匀速行驶，有

$$P_p \geqslant \left(mgf + \frac{C_D A}{21.15}v_{max}^2 \right) \frac{v_{max}}{3600} \frac{1}{\eta_T} \tag{9-8}$$

满足车辆续驶里程要求，车载电池组的总能量设计为

$$E_B = \frac{S_s m e_0}{1000} \tag{9-9}$$

式中　S_s——车辆续驶里程设计值（km）；

　　　e_0——电动车辆比能耗 [kW·h/(km·t)]；

　　　E_B——电动车辆车载电池组总能量（kW·h）。

电动车辆动力生成装置（对于纯电动车辆为动力电池组，对于混合动力车辆为动力电池与发动机等的组合）的功率参数设计应同时满足式（9-6）、式（9-7）和式（9-8），纯电动续驶里程设计应满足式（9-9）。对于纯电动车辆，由于电机可获得较为理想的工作特性，而且具有过载能力，功率参数的选择可适当减小，即连续功率输出满足式（9-9），而车辆的加速性能和爬坡性能可通过电机短时间过载工作满足；串联混合动力车辆动力装置的参数设计同纯电动车辆，而并联混合动力车辆动力装置的参数设计涉及并联混合比的设计，即按照设计目标要求的不同以及拟订的控制策略，优化动力生成装置的动力输出并达到合理匹配。

9.2.2　纯电动车辆电池组匹配方法

续驶里程是反映纯电动车辆经济性的一个重要指标，设电池的额定电压和容量分别为 U_e、Q_m，则额定总能量可表示为 $W_0 = U_e Q_m$，实际携带的总能量与放电电流有关，表达为 $E_b = W_0 (I_m/L)^{k-1}$。电动车辆续驶里程的计算公式为

$$S = \frac{E_b}{m e_0} = \frac{W_0 (I_m/I)^{k-1}}{(m_a + m_b) e_0} \tag{9-10}$$

式中　I_m——电池组 $0.3C$ 放电电流（A）；

　　　k——Peukert 常数，锂离子电池 k 取 1.04，铅酸电池 k 取 1.3；

　　　m_a——整车质量（不包括电池）（kg）；

　　　m_b——电池质量（kg）；

　　　e_0——车辆比能耗 [W·h/(km·kg)]。

对于纯电动车辆，电池组是车辆唯一的动力生成装置，电池组容量的选择一方面影响了车辆行驶的续驶里程，另一方面也影响到车辆的整车重量和行驶动力性，为了更加直观地反映这种影响程度，定义车辆动力性影响因子 ξ_D 和续驶里程影响因子 ξ_S，即

$$\xi_D = \frac{v_{max}}{v_{max0}} \quad \text{或} \quad \xi_D = \frac{t_0}{t_a} \quad \text{或} \quad \xi_D = \frac{i_{max}}{i_{max0}} \tag{9-11}$$

$$\xi_S = \frac{S}{S_s} \tag{9-12}$$

式中　v_{max0}——设计目标中要求的车辆行驶最高车速；

$\quad\quad\quad t_a$——最大允许的加速时间；

$\quad\quad\quad i_{max0}$——最大爬坡度；

$\quad\quad\quad S_s$——续驶里程。

在电池组容量和能量选择方面应同时满足

$$\xi_S \geqslant 1, \quad \xi_D \geqslant 1 \tag{9-13}$$

例如，某电动大客车动力性指标：最高车速为 90km/h，0 到 60km/h 的加速时间为 48s，最大爬坡度为 20%，续驶里程为 240km，电池比能耗与车速的关系如图 9-4 所示，续驶里程与车速的关系如图 9-5 所示，由图可知车辆在 40km/h 附近比能耗最小，续驶里程最长，主要是由于驱动电机在此点工作效率最高所致。

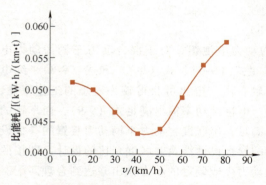

图 9-4　电池比能耗与车速的关系曲线

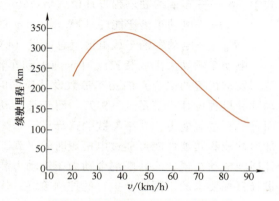

图 9-5　续驶里程与车速的关系曲线

按经济车速来设计车辆续驶里程，结合电动大客车动力性指标对铅酸电池和锂离子电池进行比较，其质量及容量与 ξ_D、ξ_S 的关系曲线如图 9-6 所示。可知，对于锂离子电池，ξ_D、ξ_S 都要比铅酸电池的大，这是因为选用的锂离子电池的比能量和比功率都要比铅酸电池高，并且可以看出铅酸电池不能同时满足 $\xi_D > 1$ 和 $\xi_S > 1$。根据设计目标，锂离子电池质量和容量的设计范围分别为 $1400kg < m_b < 4000kg$，$420A \cdot h < C < 1300A \cdot h$。

9.2.3　混合动力车辆电池组匹配方法

混合动力车辆具有两套车载能源系统，即发动机-发电机组（APU）和电池组，混合比设计与车辆实际的控制目标和要求密切相关。控制目标反映了混合动力车辆的用途和使用特征，主要有：①续驶里程延长型，装用较小功率的 APU，补充电池组电量的不足，减缓电池组能量的消耗和电量状态的衰减；②连续行驶模式，APU 以连续模式工作，电池组作为功率均衡装置，输出峰值功率和接受再生制动能量；③间断行驶模式，在闹市区或受限制区域，车辆以纯电动方式行驶，APU 应及时对车载电池组进行补充充电，同时电池组容量应足以满足车辆纯电动行驶里程的要求。

由车辆行驶功率平衡方程式（9-2），分别得到车辆巡航功率 $P_{cruising}$ 和行驶峰值功率 P_{peak} 为

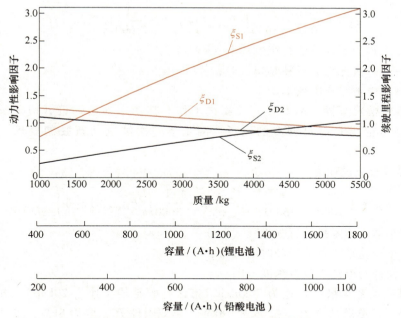

图 9-6　电池质量 m_b 与 ξ_D、ξ_S 的关系曲线

$$P_{\text{cruising}} = \left(mgf + \frac{C_D A v^2}{21.15} \right) \frac{v}{3600 \eta_T} \qquad (9\text{-}14)$$

$$P_{\text{peak}} = \left[mgf(\cos\alpha - 1) + mg\sin\alpha + \delta m \frac{dv}{dt} \right] \frac{v}{3600 \eta_T}$$

$$\approx \left(mg\sin\alpha + \delta m \frac{dv}{dt} \right) \frac{v}{3600 \eta_T} \qquad (9\text{-}15)$$

对续驶里程延长型和连续行驶模式车辆，若 APU 连续工作，其功率输出设计为

$$P_{\text{APU}} = \frac{P_{\text{crusing}}}{\eta_p} + \frac{P_{\text{aux}}}{\eta_{\text{aux}}} + P_{\text{charging}} \qquad (9\text{-}16)$$

式中　P_{APU}——APU 输出功率（kW）；

　　　η_p——电池组效率（%）；

　　　P_{aux}——车载附件，如动力转向、制动气泵、油泵、空调等的功率消耗（kW）；

　　　η_{aux}——车载附件总效率（%）；

　　P_{charging}——APU 给电池组补充充电的功率（kW），对续驶里程延长型车辆，$P_{\text{charging}} = 0$，对连续行驶模式车辆，P_{charging} 的取值应维持电池组在行驶始末具有充足电量或达到电池组能量的平衡。

对续驶里程延长型和连续行驶模式车辆，电池组需能输出车辆行驶峰值功率，功率参数设计为

$$P_B = \max\left(\frac{P_{\text{peak}}}{\eta_p} \right) \qquad (9\text{-}17)$$

式中　P_B——电池组功率（kW）。

对续驶里程延长型车辆，电池组能量参数设计应满足车辆的最低续驶里程要求，即

$$E_{\rm B} \geq \frac{Sme_0}{1000} - \frac{1}{3600}\int_0^T P_{\rm regen}(t)\,\eta_{\rm B}\,{\rm d}t - \frac{1}{3600}\int_0^T P_{\rm APU}(t)\,{\rm d}t \tag{9-18}$$

式中　$P_{\rm regen}$——再生制动电池组充电功率（kW）；

　　　T——一次充电总行驶时间（s）；

　　　$\eta_{\rm B}$——电池组充电效率。

对间断行驶模式车辆，APU 以开关模式工作，其功率参数的设计应能够在要求的时间内及时维持电池组具有足够多的电量，满足下一次纯电动行驶的要求，设计计算同式（9-16）。

电池组容量参数设计为

$$E_{\rm B} \geq \left(\frac{s_0 e_0 m}{1000} + \frac{1}{3600}\int_0^{T_0} \frac{P_{\rm aux}}{\eta_{\rm aux}\eta_{\rm B}}\,{\rm d}t - \frac{1}{3600}\int_0^{T_0} P_{\rm regen}(t)\,\eta_{\rm B}\,{\rm d}t \right) \frac{1}{\Delta DOD} \tag{9-19}$$

式中　s_0——车辆连续零排放行驶里程（km）；

　　　T_0——车辆连续零排放行驶时间（s）；

　　ΔDOD——允许的电池组放电深度范围。

例如，某电动客车最高车速为 70km/h，市区行驶平均车速为 20km/h，车辆峰值功率 $P_{\rm peak}$ 取为 90kW，巡航功率 $P_{\rm cruising}$ 取为 18kW，车载附件 $P_{\rm aux}$ 取为 8kW，发动机-发电机组（APU）具有富裕功率为电池组补充充电，$P_{\rm charging}$ 取为 8kW，按照式（9-16），APU 参数设计为

$$P_{\rm APU} = \left(\frac{18+8}{0.85} + 8 \right) {\rm kW} = 38.59{\rm kW} \tag{9-20}$$

即 APU 中发电机的功率设计值为 38.59kW，发动机的功率为

$$P_{\rm e} = \frac{P_{\rm APU}}{\eta_{\rm g}} = \frac{38.59}{0.85}{\rm kW} = 45.40{\rm kW} \tag{9-21}$$

式中　$P_{\rm e}$——发动机功率（kW）；

　　　$\eta_{\rm g}$——APU 中发电机的效率（%）。

考虑车辆以连续零排放模式工作，每次行驶里程 20km，按照式（9-19），不考虑车辆再生制动，电池组能量为

$$E_{\rm B} = \left(20 \times 0.065 \times \frac{15610}{1000} + \frac{8}{0.8 \times 0.85} \times 1 \right) \times \frac{1}{0.6}{\rm kW \cdot h} = 53.44{\rm kW \cdot h} \tag{9-22}$$

选用比能量、比功率较高的锂离子电池，锂离子电池比能量为 108W·h/kg。满足能量要求的电池组质量参数为

$$m_{\rm B} \geq \frac{E_{\rm B}}{W_{\rm e}} = \frac{53.44 \times 1000}{108}{\rm kg} = 494.8{\rm kg} \tag{9-23}$$

式中　$W_{\rm e}$——电池组比能量（W·h/kg）。

电机额定工作电压为 384V，电池组容量参数为

$$C_{\rm B} \geq \frac{E_{\rm B}}{U_{\rm n}} = \frac{53.44 \times 1000}{384}{\rm A \cdot h} = 139.2{\rm A \cdot h} \tag{9-24}$$

式中　$U_{\rm n}$——车载电池组额定工作电压（V）；

　　　$C_{\rm B}$——电池组总容量（A·h）。

另外，在电池系统与车辆的匹配中还包括电压匹配。当前电机控制的电压已经实现了标准化，144V、288V、336V、384V、544V 是电动车辆电机系统常用的输入电压，对应电机系统电压值可确定电池系统的额定电压值。

9.3 电池包结构与设计

9.3.1 电池包的结构设计

根据内部电池的种类可以分为锂离子电池包、镍氢电池包等；根据是否可以快速装卸，可以分为快换式电池包和不可快换式电池包；根据电池包的外形是否为规则几何形状，可以分为矩形电池包、异形电池包。根据整车要求的不同，电池包的结构形式多种多样。下面以一款电动客车可更换式电池包的设计为例进行电池包的结构介绍。

电池包总体分为内、外箱体两部分，外箱体固定在车架上，内箱体通过外箱体内部滚轮支撑，电磁锁锁止固定在外箱体上。采用双层结构面板设计，中间层布置电池管理系统、快熔丝、手动检测机构、通风风扇、快换系统吸盘等部件，实现了电池模块化封装，电池箱及其组件的集成，便于布线、安装和维护，并且支持快速更换。电池箱总体技术方案如图9-7所示。

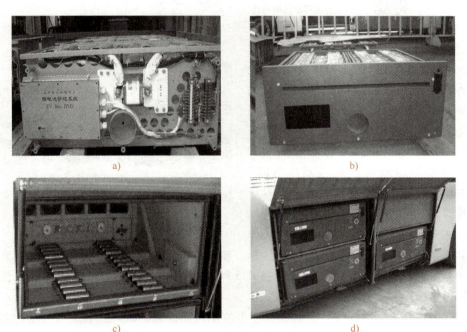

图 9-7 电池箱总体技术方案
a) 电池箱安全防护和管理系统 b) 电池外箱体 c) 电池内箱体 d) 电池箱在车上安装布置

外箱体整体结构采用钢板冲压成形，外部作喷塑处理，内部喷涂防火绝缘漆，为电池安装提供一个防水、防火、通风的空间。内箱体供电池单体安装、固定，并作为电池管理系统、高压防护系统、通风系统及快速更换接口等的安装空间。内箱体作为电池的直接载体可

实现电池在车体上和存储平台之间的快速更换和插接。动力线和通信线的插头和插孔分别安装在电池外箱和内箱上。

适应于自动快速更换的需要，电池内、外箱采用了多级渐进定位方式的结构（见图9-8）。在电池箱进入外箱时，通过内箱底部凸缘与外箱滚轮凹槽滑道配合，实现一次电池箱定位导向，并通过单侧滑道防止电池箱错位或倒置，定位精度为2mm。内箱推入至外箱纵深9/10深度后，外箱定位销与内箱定位孔进入配合状态，实现二次定位，定位精度为0.5mm。动力线连接件及通信线连接件采用浮动定位方式，浮动范围为2mm，可以消除装配过程累计误差，并在车辆运行过程中，消除振动造成的内、外箱相对误差。

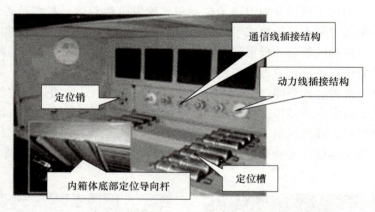

图9-8　电池包内、外箱的配合定位方式

比亚迪推出了"刀片电池"新型电池结构（见图9-9）。刀片电池的正极材料仍然是磷酸铁锂，改变的只是电芯的形状。即将电芯做得更长、更薄，像刀片一样。原来的多个电池组组成的电池包是由一个个块状体或圆柱体电池组成的，而"刀片电池"是由薄如刀片的电芯组合在一起的。"刀片电池"通过结构创新，在成组时可以跳过"模组"，大幅提高了体积利用率，最终达

图9-9　刀片电池结构设计

成在同样的空间内装入更多电芯的设计目标。相较传统电池包，"刀片电池"的体积利用率提升了50%以上，也就是说续驶里程可提升50%以上，达到了高能量密度的三元锂电池的同等水平。

不仅如此，刀片电池还改善了磷酸铁锂电池耐低温性差的缺点。其更为科学的热管理系统，让换热效率维持在较高水平，即使放在-20℃的严寒环境下，刀片电池的放电能力至少是常温时的90%，在低温环境下仍能保持电池性能的稳定，从而较好地改善了磷酸铁锂电池低温续航衰减难题。

但刀片电池也并不完美，它在被碰撞后的修复十分困难。由于其电芯薄如刀片，又利用每个电芯自身作为支架，失去了支撑结构的保护屏障，因此在外力冲击下难以保证电芯的完整性。

针对动力电池系统热失控防护的结构设计，长城汽车针对高能量密度的三元锂离子电池的不稳定性和易于起火爆炸等问题，提出了"大禹电池"这一综合性解决方案（见图 9-10）。"大禹电池"对电芯以及模组进行了多层级防护，其中在电芯之间采用了双层复合材料以隔离热源和耐火焰冲击。双层复合材料在电芯之间还保留了间隙，有效解决了电芯膨胀对空间需求的问题；若出现热失控起火，电池包内的双向换流系统能有效引导热源按预定轨迹流动，减少对相邻模

图 9-10 搭载长城汽车大禹电池技术的电池模组

组的热冲击，避免热失控扩展。此外，定向排爆出口处设置了多层不对称蜂窝状结构，以实现火焰的快速抑制和冷却。

9.3.2 电池包的安全结构

1. 密封结构

电池系统需具备一定的防护等级，以防止泄漏及水、氧气、二氧化碳等带来的污染。图 9-11 所示为一种电池包密封结构。

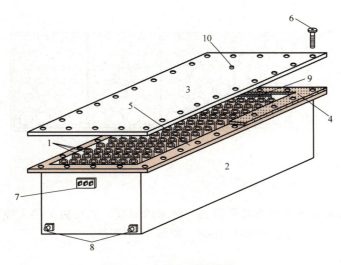

图 9-11 电池包密封结构

1—多个单体 2—下部壳体部件 3—上部壳体部件 4—不可压缩、不透水密封件 5—下部壳体凸缘部分
6—螺栓 7—电气连接器 8—冷却管路连接器 9—干燥剂 10—二通安全阀

2. 冷却结构

当使用液体作为冷却介质时，一种电池系统的冷却结构如图 9-12 所示。该冷却结构由一个空心的外壳组成，冷却液通过该壳体的入口和出口流入或流出；同时，用冷却液隔离墙将壳体内的电池划分为若干组，以使各组电池能够均匀冷却。

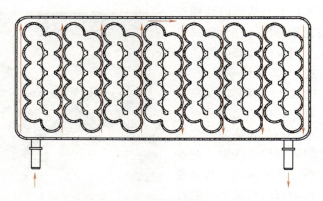

图 9-12　冷却水套结构

3. 热失控防护结构

当动力电池发生热失控后，可在短时间内释放大量热量，这些热量若不能及时散出，将对乘员带来致命的伤害，所以必须采取措施阻止或抑制热失控的蔓延。一方面可在电池模块之间、电池系统与乘员舱之间设置热屏障，防止热失控蔓延；另一方面，所设计的电池系统结构还应能够及时将产生的高温可燃气体排放出去，以免造成进一步危害。

在电池模块之间，可用高强度、耐高温材料制成的隔板将各个模块分隔开，既可防止热失控的蔓延，还可提高电池系统的结构强度，如图 9-13 所示。

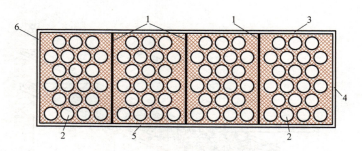

图 9-13　电池模块热隔离结构
1—分区隔板　2—动力电池　3、4、5、6—电池箱外壳

在电池系统和乘员舱之间可设置阻燃、防水的隔板，既可防止热失控发生后危害乘员安全，也可进一步提升电池系统的防护等级，如图 9-14 所示。

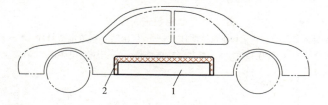

图 9-14　电池系统与乘员舱之间的热隔离结构
1—动力电池箱　2—电池箱与乘员舱间隔板

为将热失控产生的高温可燃气体尽快排到车外，可在每个电池模块内均设计热失控排气装置，如图 9-15 所示。发生热失控时，高温易燃气体可破坏失效端口，并由此排出，降低热失控的危害。

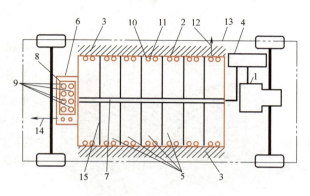

图 9-15　热失控排气装置示意图

1—驱动链　2—电池模块　3—车辆底盘　4—电机控制器　5—电池隔间　6—前部电池隔间　7—中央部件
8—电池模块　9—电池单体　10—排气口　11—压力平衡阀　12—排气路径　13—车辆外廓
14—定向排气路径　15—电池模块隔板

9.4　动力电池系统安全防护

9.4.1　电气安全防护

电动汽车安全与传统燃油汽车最大的不同之处在于其电危害的存在。目前，电动汽车所使用的电压达到 300～600V（DC），甚至更高，电流也达到几百安培。而在电压达到 30V（DC），或电流达到 50mA（DC）时，就会对人的生命造成危害。与此同时，高电压、大电流的工作环境也会对电气部件带来损害，并进一步引发安全事故。因此，无论是在正常使用中还是发生碰撞时（后），对电危害的防护尤为重要。

电气安全设计主要是围绕防护人员和设备免遭电危害而进行。对于电危害，可以采取隔离危害元素、降低危害程度、监控并阻止触发机制等方法。具体地讲，可以采取以下措施：①将电动汽车上的高压带电体隔绝（如绝缘防护），或阻止人与其接触（如外壳防护）；②将电压或电流降低到安全范围以内；③对高压电路进行监控，在电危害触发机制发生时，阻断其进一步扩展（如短路保护、自动切断高压、等电位设计等）。

1. 接触防护

当人体接触带电体并有电流通过人体时，就称为人体触电。按照人体触电的原因可分为直接触电和间接触电。直接触电是指人体直接触及带电体，如触及电池高压导线金属部分导致的触电；间接触电是指人体触及正常情况下不带电但故障情况下带电的金属导体，如触及绝缘失效电池系统的外壳导致的触电现象。直接接触防护与间接接触防护的区别在于直接接触防护是防止人员或工具直接接触到高压部分，间接接触防护是防止人员或工具即使触碰到了漏电部件也不能在人体上形成电流回路而导致人员发生触电危害。

根据触电原因的不同，对其采取的防护措施也不同，可分为直接接触防护和间接接触防护。直接接触防护在设计上一般可采用绝缘、防护罩、遮拦等措施；间接接触防护在设计上一般可采用等电位（保护接地）、保护切断、漏电保护等措施。模组绝缘设计实例如图9-16所示。

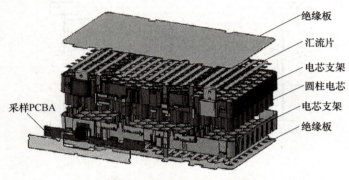

图 9-16　模组绝缘设计实例

2. 外短路防护

在电动汽车生产装配、售后维护或使用过程中，因车上高压电子电气部件多且使用环境复杂，高压电气设备可能出现故障，导致电池发生外短路，动力电池组形成几千安培的电流，将瞬间产生巨大的能量释放，会带来起火、爆炸的危险，严重危及人员和车辆的安全。为了保证车载用电设备和人员的安全，防止电池短路及过载现象的发生，需在电池系统高压回路中选用高压熔断器进行保护，熔断器被有意设计成回路中最薄弱的环节，在正常工作下，熔断器不会熔断，当回路中发生短路或严重过载时，熔断器中的熔丝或熔片会立即熔断，以保护电路及电气设备（见图9-17）。QC/T 420—2004中这样定义熔断器：接于电路中，当电流超过规定值和规定的时间时，使电路断开的熔断式电气保护器件，英文名称是Fuse-link，俗称保险丝。

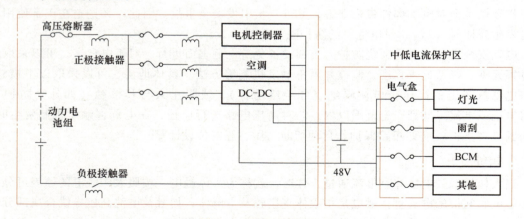

图 9-17　电动汽车拓扑图

3. 高压回路主动监控与防护

动力电池系统是一个车载高压电气系统，为电动车提供电能的吸收、存储和供应，在启

动、运行、停止的过程中都有可能发生各种各样的安全问题，为保证动力电池系统安全运行，需要对动力电池系统进行实时监控与故障诊断。针对动力电池系统的特性和危害分析，动力电池系统应具备如下几个主要的安全功能：

（1）过电流保护 动力电池系统在复杂的使用环境中，并不是任何的电气短路故障都会形成几千安培的电流，当出现长时间的异常大电流时，使整个动力电源回路形成一定的热量积累，也会导致起火、爆炸的危险。动力电池系统的过电流保护系统示例如图 9-18 所示。

图 9-18　动力电池系统的过电流保护系统示例

（2）高压互锁检测 高压互锁（HVIL），也叫危险电压互锁回路（High Voltage Interlock System and Control Strategy），是指通过使用低压信号来检查电动汽车上所有与高压母线相连的各分路，包括整个电池系统、导线、连接器、DC/DC、电机控制器、高压盒及保护盖等系统回路的电气连接完整性（连续性）。当整个动力系统高压回路连接断开或者完整性受到破坏的时候，就需要启动安全措施，如报警或断开高压回路等。由于电动车动力系统是由多个子系统组成的，它们两两之间都是靠高压连接器相互连接，同时运行的环境十分恶劣，大多数工况处在振动与冲击条件下，因此高压互锁设计是确保人员安全和车辆设备安全运行的关键设计。高压互锁原理框图如图 9-19 所示。

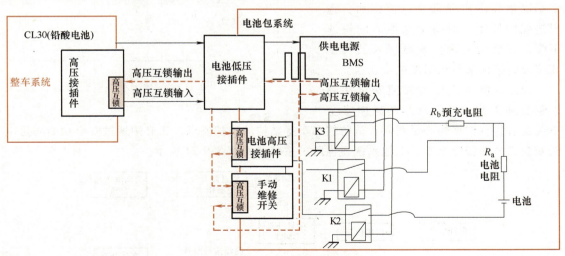

图 9-19　高压互锁原理框图

（3）继电器状态检测 动力电池系统作为电动汽车的能量源，其能量输出由一系列高压开关器件的通断来实现。所有高压开关器件的工作状态，特别是动力电池系统供给整车的高压正极和负极，以及充电机正极和负极的高压开关器件是否正常通断，对保证动力电池系

统能量输出控制十分必要。

现阶段大多数动力电池系统都是通过高压继电器实现高压回路的通断功能。BMS 作为动力电池系统能量输出的控制单元，必须检测动力电池系统高压继电器的工作状态。目前大多数的动力电池系统是无法判断具体哪个高压继电器出故障，导致无法完成高压上电/下电流程，或者完成了高压上电/下电流程，却无法识别高压继电器的故障情况。这些高压继电器在工作不正常的情况下，为车辆使用和维护带来不安全因素，所以对高压继电器的执行状态进行有效的监控，对电动汽车安全、可靠运行具有十分重要的意义。

（4）**绝缘监控**　电动汽车的动力系统是一个高电压、大电流的电路，在正常情况下，高压动力系统是一个独立的系统，对车辆壳体是完全绝缘的，但不排除由于长时间高压，电缆老化或受潮等问题带来的绝缘性能降低导致车身带电，且电动汽车工作环境复杂，如振动、温度和湿度急剧变化、酸碱气体的腐蚀等都会引起绝缘层的损伤，使绝缘性能下降。动力电池系统正极或负极引线通过绝缘层和底盘构成漏电回路，使底盘电位上升，危害驾乘人员的人身安全。当车辆高压动力系统和底盘之间出现多点绝缘性能下降时，会形成短路回路，产生热量积聚效应，严重时会引起电气火灾。因此，准确、实时地检测高压电气系统对车辆底盘的绝缘性能，对保证驾乘人员人身安全和车辆安全运行具有重要意义。电动汽车绝缘电阻测量原理如图 9-20 所示。

（5）**碰撞防护**　电动汽车相比于传统汽车在碰撞中的特殊性体现在两方面：一是高能量、大质量的动力电池系统，高压用电器等在碰撞中与车身固定件之间受到挤压损伤，可能会造成高压回路短路引起起火、爆炸；二是高电压的电驱动系统碰撞后，造成潜在的脱落、瞬间绝缘性能的快速下降，可能会与乘员或救援人员发生直接或间接接触从而引发电击伤害。

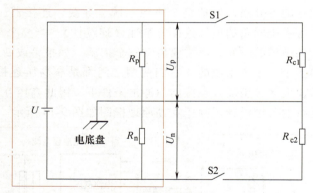

图 9-20　电动汽车绝缘电阻测量原理

因此，电动汽车的碰撞安全性越来越受到关注。电动汽车的碰撞安全不仅要通过机械结构满足驾乘人员防护和车身结构的防护要求，还必须通过安全功能满足电气安全方面的特殊要求。电池系统碰撞防护系统示例如图 9-21 所示。

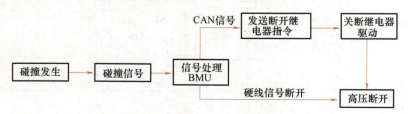

图 9-21　电池系统碰撞防护系统示例

（6）**上电防瞬态冲击**（与充电保护）　在电动汽车动力电源回路中，高压上电需确保供电、负载及动力电池系统主正/负继电器安全运行。由于动力电源回路在整车端存在大量的

容性负载，如果直接闭合动力电池系统的主正/负继电器，就会因为外部容性负载形成大电流瞬态冲击，出现回路烧毁的危险情况。因此在高电压上电过程中需对整个动力电源回路进行上电防瞬态冲击保护，即预充电保护。

9.4.2　机械安全防护

机械安全防护设计的总体目标是使机械电子产品在其整个寿命期，即从制造、运输、安装、调试、设定、运行、清理、查找故障、维修、停止使用、拆卸及处理各个阶段内都是充分安全的。

为此，在产品设计中，需要系统性地从设计、生产和使用等多方面采取安全措施。为确保机械结构达到本质安全效果，从一般原则来讲，可以通过设计解决的安全措施，绝不能留给生产人员、客户去解决。而当设计确实无法解决时，则需要通过书面信息的方式将风险告知和警示用户；除了对机器在正常使用情况下采取安全措施外，还需要考虑及预见到各种误用情况下的安全性；另外，所采取的安全措施均不能妨碍机器执行其正常使用功能。

在设计动力电池系统的时候，机械安全设计主要从两方面来考虑：常规情况、非常规情况。常规情况，主要考虑的是正常使用；而非常规情况主要考虑误用情况下的一种极端状态。非常规情况，从使用来看，其实是常规情况的一种恶化，对产品的要求更加苛刻。

针对这两种情况，分别从人员（人）、产品（机）和使用工况（环）三维度来说明，这三维度在设计动力电池系统的时候又可分解为：接触式受力防护、非接触式受力防护、IP防护、防腐蚀和阻燃。

1. 接触式受力防护

接触式受力防护主要表征为：在挤压、跌落、碰撞和底部冲击等情况下，防护结构对产品进行防护，使产品能满足功能要求且能通过相应的测试验证。它主要防护的是直接接触情况下的非常规情况，一旦发生这种情况，防护结构会有相应的变形，甚至破裂。为达成防护目的，动力电池系统的防护结构通常需包括箱体、支架、模组框架、冷却系统、箱体内部固定结构（固定模组、电气件、高低压线束、连接器、冷却系统等结构）。

为确保防护结构发挥有效的防护作用，对这些防护结构进行设计时，就需要把它们设计成有足够的机械强度。而足够的机械强度是一个定性的指标，如何能在实际设计中将其转化为一个定量的设计参数，需要进一步深入研究。动力电池系统防护结构如图9-22所示。

2. 非接触式受力防护

非接触式受力防护结构和接触式受力防护结构，其实是一体两面的相同结构，但在设计中，有一些参数跟接触式受力防护结构有所区别。非接触式受力防护主要表征为防护在振动、冲击、翻转和碰撞等工况下，间接力传导对防护结构造成影响，甚至破坏。非接触式受力防护也要使产品能满足功能要求且通过相应的测试验证，它主要防护的是间接接触情况下的常规和非常规情况。

3. IP防护

IP防护是动力电池系统全天候长周期运行的先决条件，在条件允许的情况下，IP等级越高，对产品越有利，产品的安全性能就越好。

根据电动汽车运行工况及低压电器保护要求，电池系统应满足防水、防尘要求，以避免

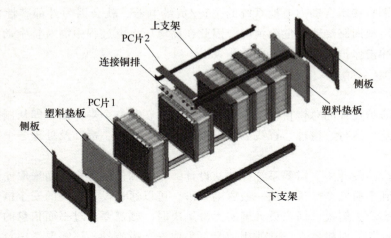

图 9-22　动力电池系统防护结构

水、固体颗粒物进入引起电池系统的腐蚀、绝缘失效甚至短路事故。

当前动力电池系统绝大部分密封方式为机械密封，它是靠弹性元件对动、静端面密封的副预紧，再通过介质压力与弹性元件压力的预紧来达到端面密封。

在动力电池系统设计中，IP67 一直是市场追求的目标。产品要做到 IP67，那电池系统的下箱体、上盖、下箱体和上盖的连接界面、高低压连接器和外露的电器件，还有高低压连接器和外露电器件与箱体的安装界面，都需要满足 IP67。

下箱体的 IP67 可以通过焊接来实现，上盖的 IP67 可以通过焊接或者是一体成形来实现，而高低压连接器和外露的电器件，可以直接选用市场上已有的一些满足 IP67 的产品。

下箱体和上盖的连接界面、高低压连接器和外露电器件与箱体的安装界面密封是一个设计难点。

另外，如果动力电池系统是 IP67 防护等级，在温度冲击、海拔变化的情况下，会出现内外压力差较大的情况，过大的压差有可能会破坏密封面，那么电池系统就需要一个气压平衡部件来确保电池系统在长期使用中 IP67 一直有效。

4. 防火、阻燃和防腐蚀

动力电池系统是一个长期、频繁使用的产品，它应用的环境比较多样，并且应用场合的人员也比较集中，因此在防火、阻燃和防腐蚀设计方面需要重点关注。

不同的温度、湿度等环境因素，对产品的功能有比较大的影响。例如防护等级为 IP67 的产品，环境因素的影响主要是针对外壳体，外壳体一旦出现问题，会进一步导致防护失效、机械强度降低等问题。对于防护等级不足 IP67 的，环境因素影响的范围会更大，除外壳体，还会涉及系统内部结构件、电子元器件和电气连接部位等，进一步引发强度降低、电气安全等问题。

在人员比较集中的场所，一旦发生极端情况（起火、爆炸），如果没有相应的保护措施，将对社会造成很大的危害。因此，在防火、阻燃和防腐蚀上，需要对动力电池系统做针对性的设计。

9.5 电池系统的布置

由于现阶段电池比能量的问题，为了达到满足车辆用户需求的续驶里程，电池系统占整车的质量比例较高，在 10% ~ 20% 之间。因此电池包在整车上的布置位置对电动车辆的性能和布置结构有很大的影响。

按照轴荷分配质量的布置位置，可分为前轴前、后轴后和两轴之间三个位置。一般情况下，纯电动汽车电池包采用多个位置布置以满足轴荷平衡需要的较多。图 9-23 所示为电动客车骨架图，电池分别置于两轴间以及后轴后的位置。混合动力电动汽车由于电池比较少，采用单一位置进行电池布置，如图 9-24 所示的 Prius 混合动力电动汽车电池包位置示意图。

电池布置位置

图 9-23　电动客车骨架图

也有部分电动车辆的电池布置于车轴上方，如图 9-25 所示的电动游览车，部分电池置于前、后轴上，座位下方。

电池布置位置

电池布置位置

电池布置位置

图 9-24　Prius 混合动力电动汽车电池包位置示意图　　　图 9-25　轴上布置电池示意图

近年来很多乘用车采用底盘均布的方式布置动力电池系统，不仅可以提高电池系统的安全性，还可以降低车辆重心，增强车辆的操纵稳定性和安全性。具体来说，布置方式又可分为底盘上部布置、一体化布置等，分别如图 9-26、图 9-27 所示。

图 9-26 电池系统底盘上部布置

a）比亚迪 E6 b）荣威 E50 c）日产 Leaf d）雷诺 ZOE e）大众 e-Up f）大众 e-Golf g）启辰晨风 h）三菱 MiEV

采用底盘上部布置方式的电池系统一般安装在车辆座椅下、底盘上部，图9-26所示的车型电池系统均采用这种布置方式。

一体化布置是将电池系统与底盘结构融为一体，这样可提高电池系统、车辆的结构强度，增强电池系统的碰撞安全性，采用这种电池系统设计方式的车型如图9-27所示。

图 9-27　电池系统一体化布置
a）特斯拉 Model S　b）宝马 i3

9.6　动力电池系统设计的发展趋势

9.6.1　电池系统的放置位置由行李舱到底盘均布

电池系统放置于行李舱会减小或完全占用行李舱的使用空间，并且不利于轴荷分配，在降低车辆使用性能的同时，降低了车辆的稳定性和被动安全性。将电池系统放置在车辆底部，恢复了行李舱的功能，并可以降低车辆重心，均衡前后轴载荷分布，有利于汽车的操纵稳定性和安全性，同时可以提高电池系统的安全性。例如宝马公司在电动汽车开发初期阶段，采用传统内燃机汽车车型 MINI 实施电动化改装，将动力电池系统安装于行李舱中，如图9-28所示；而在2014年上市的全新开发车型 i3 上，则将电池系统布置于底盘。近年来，电动汽车开始逐步实现了批量生产和商业化销售，针对电动汽车特点的全新设计车型越来越多，在这些车型中均采用了动力电池底盘布置形式。

9.6.2　电池系统与底盘骨架一体化设计

为了承载动力电池，需要通过增强车身骨架的强度和刚度，从而提高车身的承载能力。在单纯增加原有底盘承载件的承载能力不足以承受电池系统重量增加的情况下，需要增加新的承载部件，从而增加了系统复杂程度和车身重量。将电池系统承载件与车身底盘承载件一体化设计，在满足承载要求的情况下，简化了车身结构并实现了轻量化设计，是电动车辆电池系统设计的发展趋势之一。

如图9-27a所示，特斯拉 Model S 即将电池系统与底盘骨架进行一体化设计，电池系统设计成为底盘的一部分，从而具有承载能力。

9.6.3　动力电池系统安全性成为设计的重点

作为能量的载体，动力电池系统存在能量急速释放带来的安全性风险，在设计理念上，

a)

b)

图 9-28　MINI 车型

设计者已经从原来的强调单体电池安全发展到注重系统安全，关注在极端情况下，如何做好防护，将安全事故损失降到最低。在该理念下，电池系统安全防护的理念已经从单纯的电池单体滥用安全拓展到系统安全和事故的预估及分级安全管理。动力电池系统电安全、电化学安全、滥用安全、结构安全等安全防护理念和技术逐步成熟，成为动力电池系统设计的重点内容之一。

9.6.4　热管理系统趋于完善

就目前的技术水平而言，动力电池适用的温度范围有限，温度过高时存在安全隐患，温度过低时也将影响动力电池的性能。在这种情况下，动力电池系统的热管理显得尤为重要。目前，常用的热管理系统主要采用空气或液体为介质，实现热管理。相变材料在文献中有介绍，但未见实用性的产品报道。同时，作为发展趋势之一，电池系统热管理逐步有与整车热管理融合的趋势，随着整车能量管理精细化，该趋势将成为发展的主流。即利用电池系统、电机系统、空调系统等整车热源的温度和热量需求差异，系统化管理整车热量，实施整车热管理一体化控制。同时，随动力电池温度适应性的提升，也出现了部分采用高温自然通风冷却，低温以保温防护为主的动力电池热管理系统。在该类系统中，可以做到电池系统高 IP 防护等级防尘防水（如日产 Leaf）。

9.6.5　电池管理系统智能化发展

电池管理系统作为电池参数测量、存储、状态估计、预报警以及对外通信的核心，在电池系统设计中具有不可替代性。随着高精度 SOC 估计算法、高准确性 SOH 估计方法的出现，电池管理系统已经成为整车状态数据的重要来源，为整车安全、可靠应用提供了重要的信息来源。在车联网、智能交通高速发展的今天，电池管理系统数据信息与整车、电网信息实现互联，又成了智能网络的重要组成部分。同时，智能化充电管理、车网互动（Vehicle to Grid，V2G）管理均以动力电池管理系统数据信息为基础，因此电池管理系统已经成为电动汽车智能化的重要组成部分，其智能化程度的提升，对于电动汽车产业及其相关产业的发展均具有重要意义。

 习题 ●

1. 说明电池包、电池箱、电池系统的区别与联系。各部分与整车有什么联系？
2. 电动汽车的能耗经济性评价参数有哪些？它们之间有哪些联系？
3. 充电参数控制策略如何设计？
4. 电动汽车对动力电池系统的性能、功能要求以及系统间的主要匹配原则？
5. 动力电池系统与车辆的匹配计算方法？
6. 简述动力电池系统安全的防护方法。
7. 简述动力电池系统的布置原则。
8. 结合电池充电特性，分析纯电动汽车在高速公路与市区道路行驶的能耗差异及原因。

第10章 动力电池的回收利用

10.1 动力电池回收利用体系

目前，基于动力电池回收利用政策法规体系和全生命周期溯源体系构建，在各相关产业链的积极布局下，我国已初步形成了以电动汽车生产企业为回收责任主体的动力电池全生命周期回收利用体系，如图10-1所示。体系中涵盖动力电池的生产端、使用端、回收端及再利用端，基本实现了动力电池从生产到回收利用的闭环管理，为我国动力电池的可持续健康发展提供了良好的保障基础。体系中涉及的重要主体包括：

1）动力电池生产企业。

2）电动汽车生产企业。

3）车辆经销商。

4）消费者/车辆运营单位/电池租赁企业。

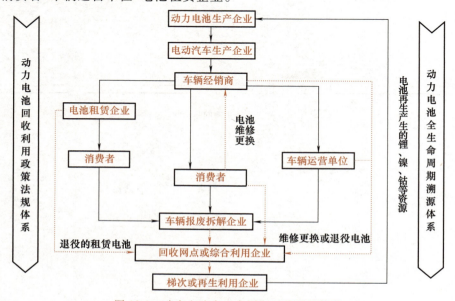

图 10-1 动力电池全生命周期回收利用体系

　　5）车辆报废拆解企业。

　　6）回收服务网点。

　　7）梯次利用/再生利用企业等。

10.1.1　政策法规体系

　　目前，我国动力电池回收利用政策法规体系已初步构建，面向电池生产企业、汽车生产企业、回收拆解企业、梯次利用企业及再生利用企业，在顶层制度、溯源管理、行业规范及试点方案等方面取得重要进展，如图 10-2 所示。

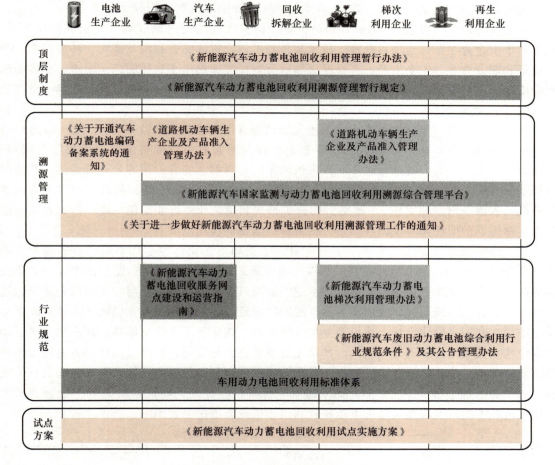

图 10-2　我国动力电池回收利用管理政策体系

　　在顶层制度设计方面，2018 年 2 月 26 日，工业和信息化部等七部委联合印发《新能源汽车动力蓄电池回收利用管理暂行办法》，提出"落实生产者责任延伸制度，汽车生产企业承担动力蓄电池回收的主体责任，相关企业在动力蓄电池回收利用各环节履行相应责任，保障动力蓄电池的有效利用和环保处置。坚持产品全生命周期理念，遵循环境效益、社会效益和经济效益有机统一的原则，充分发挥市场作用"。2018 年 7 月 3 日，工业和信息化部发布《新能源汽车动力蓄电池回收利用溯源管理暂行规定》，自 2018 年 8 月 1 日起施行，对新获

得《道路机动车辆生产企业及产品公告》的新能源汽车产品和新取得强制性产品认证的进口新能源汽车实施溯源管理，提出对梯次利用电池产品实施溯源管理，对各责任主体上传溯源信息的内容、时间节点及程序等提出明确要求。2020年11月2日，国务院办公厅印发《新能源汽车产业发展规划（2021—2035年）》，提出"加快推动动力电池回收利用立法""完善动力电池回收、梯级利用和再资源化的循环利用体系，鼓励共建共用回收渠道。建立健全动力电池运输仓储、维修保养、安全检验、退役退出、回收利用等环节管理制度，加强全生命周期监管。"

在行业规范落实方面，2020年1月2日，工业和信息化部发布《新能源汽车废旧动力蓄电池综合利用行业规范条件（2019年本）》和《新能源汽车废旧动力蓄电池综合利用行业规范公告管理暂行办法（2019年本）》，旨在促进废旧动力电池绿色、安全、循环发展。政策对申报企业在布局与项目选址、技术装备和工艺、资源综合利用及能耗、环境保护、产品质量和职业教育、安全生产、人身健康和社会责任方面提出了具体的门槛要求。新能源汽车废旧动力蓄电池综合利用企业按自愿原则进行申请，进入名单的企业应在每年第一季度结束前提交年度发展报告，省级工信部门将对其进行不定期抽查。2019年11月7日，工业和信息化部正式发布《新能源汽车动力蓄电池回收服务网点建设和运营指南》。该《指南》明确说明"新能源汽车生产及梯次利用等企业应按照国家有关管理要求建立回收服务网点，新能源汽车生产、动力蓄电池生产、报废机动车回收拆解、综合利用等企业可共建、共用回收服务网点"⊖。这意味着梯次利用企业与新能源汽车生产企业一样，都具有回收动力电池和建设回收服务网点的责任，《指南》明确了梯次利用企业的行业定位，进一步完善动力电池全生命周期的质保体系及回收渠道，促进梯次电池的应用发展。

在试点示范运行方面，2018年3月2日，工业和信息化部等七部委联合发布通知，印发《新能源汽车动力蓄电池回收利用试点实施方案》，试点内容包括：充分落实生产者责任延伸制度，由汽车生产企业、电池生产企业、报废汽车回收拆解企业与综合利用企业等通过多种形式，合作共建、共用废旧动力蓄电池回收渠道。探索多样化商业模式，推动形成动力蓄电池梯次利用规模化市场。建设商业化服务平台，构建第三方评估体系，探索线上线下动力蓄电池残值交易等新型商业模式。推动先进技术创新与应用，开展废旧动力蓄电池余能检测、残值评估、快速分选和重组利用、安全管理等梯次利用关键共性技术研究，以及有价元素（镍、钴、锂、锰、铜、铝等）高效提取、材料性能修复、残余物质无害化处置等再生利用先进技术的研发攻关。动力电池回收利用相关政策清单见表10-1。

表 10-1　动力电池回收利用相关政策清单

时间	发布机构	政策名称	主要内容
2017 年	工业和信息化部	《新能源汽车生产企业及产品准入管理规定》	新能源汽车生产企业应当在产品全生命周期内，为每一辆新能源汽车产品建立档案，跟踪记录汽车使用、维护、维修情况，实施新能源汽车动力电池溯源信息管理，跟踪记录动力电池回收利用情况

⊖　郭艳. 动力蓄电池回收利用新《指南》出台规范回收服务网点建设运营势在必行［J］. 资源再生，2019（11）：31-33.

（续）

时间	发布机构	政策名称	主要内容
2018年	工业和信息化部、科学技术部、环境保护部、交通运输部等	《新能源汽车动力蓄电池回收利用管理暂行办法》	落实生产者责任延伸制度，汽车生产企业承担动力蓄电池回收的主体责任，相关企业在动力蓄电池回收利用各环节履行相应责任，保障动力蓄电池的有效利用和环保处置
2018年	工业和信息化部	《新能源汽车动力蓄电池回收利用溯源管理暂行规定》	自规定施行之日起，对新获得《道路机动车辆生产企业及产品公告》的新能源汽车产品和新取得强制性产品认证的进口新能源汽车实施溯源管理
2018年	国家发展改革委	《汽车产业投资管理规定（征求意见稿）》	支持社会资本和具有较强技术能力的企业投资新能源汽车、智能汽车、节能汽车及关键零部件、先进制造装备、动力电池回收利用技术及装备研发和产业化领域
2018年	工业和信息化部、科学技术部、生态环境部、交通运输部、商务部、国家市场监督管理总局、国家能源局	《关于做好新能源汽车动力蓄电池回收利用试点工作的通知》	要加强政府引导，推动汽车生产等相关企业落实动力蓄电池回收利用责任，构建回收利用体系和全生命周期监管机制。加强与试点地区和企业的经验交流与合作，促进形成跨区域、跨行业的协作机制，确保动力蓄电池高效回收利用和无害化处置
2018年	工业和信息化部、科学技术部、环境保护部、交通运输部、商务部、质检总局、国家能源局	《新能源汽车动力蓄电池回收利用试点实施方案》	到2020年，建立完善动力蓄电池回收利用体系，探索形成动力蓄电池回收利用创新商业合作模式。建设若干再生利用示范生产线，建设一批退役动力蓄电池高效回收、高值利用的先进示范项目，培育一批动力蓄电池回收利用标杆企业
2019年	工业和信息化部	《新能源汽车废旧动力蓄电池综合利用行业规范公告管理暂行办法（2019年本）》	进入公告名单的企业要按照《规范条件》的要求组织生产经营活动，且应在每年第一季度结束前通过省级工业和信息化主管部门向工业和信息化部提交《新能源汽车废旧动力蓄电池综合利用行业规范条件执行情况和企业发展年度报告》
2019年	工业和信息化部	《新能源汽车废旧动力蓄电池综合利用行业规范条件》	规范条件对动力电池回收利用企业布局与项目选址，技术、装备和工艺，资源综合利用及能耗，环境保护要求，产品质量和职业教育，安全生产、人身健康和社会责任等做出了明确的要求
2019年	工业和信息化部	《新能源汽车动力蓄电池回收服务网点建设和运营指南》	提出了新能源汽车废旧动力蓄电池以及报废的梯次利用电池回收服务网点建设、作业以及安全环保要求
2020年	国务院办公厅	《新能源汽车产业发展规划（2021—2035年）》	鼓励企业提高锂、镍、钴、铂等关键资源保障能力。建立健全动力电池模块化标准体系，加快突破关键制造装备，提高工艺水平和生产效率。完善动力电池回收、梯级利用和再资源化的循环利用体系，鼓励共建共用回收渠道。建立健全动力电池运输仓储、维修保养、安全检验、退役退出、回收利用等环节管理制度，加强全生命周期监管。加快推动动力电池回收利用立法

（续）

时间	发布机构	政策名称	主要内容
2020 年	商务部、国家发展改革委、工业和信息化部、公安部、生态环境部、交通运输部、市场监管总局	《报废机动车回收管理办法实施细则》	回收拆解企业拆卸的动力蓄电池应当交售给新能源汽车生产企业建立的动力蓄电池回收服务网点，或者符合国家对动力蓄电池梯次利用管理有关要求的梯次利用企业，或者从事废旧动力蓄电池综合利用的企业
2021 年	工业和信息化部、科学技术部、生态环境部、商务部、国家市场监督管理总局	《新能源汽车动力蓄电池梯次利用管理办法》	鼓励梯次利用企业与新能源汽车生产、动力蓄电池生产及报废机动车回收拆解等企业协议合作，加强信息共享，利用已有回收渠道，高效回收废旧动力蓄电池用于梯次利用
2021 年	工业和信息化部、科技部、财政部、商务部	《汽车产品生产者责任延伸试点实施方案》	汽车生产企业应加强对关键零部件的追溯管理，按有关规定履行动力蓄电池回收利用溯源管理主体责任，强化信息公开意识，依托信息化与网络化手段建立汽车行业生产者责任履行信息公开与共享机制
2021 年	国家发展改革委	《"十四五"循环经济发展规划》	加强新能源汽车动力电池溯源管理平台建设，完善新能源汽车动力电池回收利用溯源管理体系。推动新能源汽车生产企业和废旧动力电池梯次利用企业通过自建、共建、授权等方式，建设规范化回收服务网点。推进动力电池规范化梯次利用，提高余能检测、残值评估、重组利用、安全管理等技术水平。加强废旧动力电池再生利用与梯次利用成套化先进技术装备推广应用。完善动力电池回收利用标准体系。培育废旧动力电池综合利用骨干企业，促进废旧动力电池循环利用产业发展
2021 年	国家能源局	《新型储能项目管理规范（暂行）》	新建动力电池梯次利用储能项目，必须遵循全生命周期理念，建立电池一致性管理和溯源系统，梯次利用电池均要取得相应资质机构出具的安全评估报告。已建和新建的动力电池梯次利用储能项目须建立在线监控平台，实时监测电池性能参数，定期进行维护和安全评估，做好应急预案
2021 年	工业和信息化部	《"十四五"工业绿色发展规划》	完善动力电池回收利用法规制度，探索推广"互联网+回收"等新型商业模式，强化溯源管理，鼓励产业链上下游企业共建共用回收渠道，建设一批集中型回收服务网点。推动废旧动力电池在储能、备电、充换电等领域的规模化梯次应用，建设一批梯次利用和再生利用项目。到 2025 年，建成较为完善的动力电池回收利用体系
2022 年	工业和信息化部、国家发展改革委、科学技术部、财政部、自然资源部、生态环境部、商务部、国家税务总局	《关于加快推动工业资源综合利用的实施方案》	完善管理制度，强化新能源汽车动力电池全生命周期溯源管理。推动产业链上下游合作共建回收渠道，构建跨区域回收利用体系。推进废旧动力电池在备电、充换电等领域安全梯次应用。在京津冀、长三角、粤港澳大湾区等重点区域建设一批梯次和再生利用示范工程。培育一批梯次和再生利用骨干企业，加大动力电池无损检测、自动化拆解、有价金属高效提取等技术的研发推广力度

10.1.2 电池溯源体系

2018年，工业和信息化部委托北京理工大学牵头启动"新能源汽车国家监测与动力蓄电池回收利用溯源综合管理平台"（以下简称"国家溯源管理平台"）建设。同年8月1日，国家溯源管理平台正式上线运行，标志着我国新能源汽车动力电池回收行业向规范化发展迈出重要的一步，为动力蓄电池回收利用溯源管理的有效实施提供了重要保障。

国家溯源管理平台（见图10-3）依据新能源汽车动力蓄电池生产、销售、使用、报废、回收、利用等环节而设计，共收集全生命周期溯源信息159项数据（表10-2），可对各环节主体履行回收利用责任情况实施监测。国家溯源管理平台属一级构架，由"新能源汽车车载管理模块""电池回收利用管理模块"及"地方溯源履责监管模块"三部分组成。

图 10-3 国家溯源管理平台官网

表 10-2 国家溯源平台收录数据项

车载管理模块采集信息字段一览（87项）			
车辆生产信息 （12项）	车辆销售信息 （10项）	二手车销售信息 （10项）	车辆维修信息 （8项）
VIN 码	VIN 码	VIN 码	VIN 码
电池包编码	车辆用途	车辆用途	维修更换日期
电池模块编码	销售日期	销售日期	状态（更换包/更换模块）
电池单体编码	销售地区	销售地区	原电池编码
车辆类型	号牌	号牌	原电池去向企业名称
车辆名称	所有人姓名	所有人姓名	原电池去向企业统一社会信用代码或 DUNS 编码
车辆品牌	所有人身份证号	所有人身份证号	
车辆型号	企业全称	企业全称	新电池编码
公告通用名称	企业统一社会信用代码	企业统一社会信用代码	新编码所含电池清单
公告批次号	企业地址	企业地址	
车辆制造日期			
厂商名称			

（续）

换电入库信息 （5项）	换电记录 （6项）	换电出库信息 （7项）	换电退役信息 （7项）
入库电池包编码 入库电池包所含电池清单 入库时间 所属换电企业 所属换电企业统一社会信用代码或 DUNS 编码	VIN 码 换电企业名称 换电企业统一社会信用代码或 DUNS 编码 换电日期（年月日-时分秒） 原电池包编码 换电电池包编码	出库电池包编码 出库电池包所含电池清单 换电企业名称 换电企业统一社会信用代码或 DUNS 编码 出库去向单位 出库去向单位统一社会信用代码或 DUNS 编码 出库日期	退役电池包编码 退役电池包所含电池清单 换电企业 退役电池质量（kg） 电池类型 退役去向单位 退役日期
回收网点入库信息 （5项）	回收网点退役信息 （8项）	电池厂退役信息 （9项）	—
回收服务网点名称 回收服务网点统一社会信用代码 电池产品类型（包/模块/单体） 电池编码 入库日期	退役厂商 退役厂商统一社会信用代码 退役日期 退役类型（包/模块/单体） 电池类型（镍氢/磷酸铁锂/锰酸锂/钴酸锂/三元/钛酸锂/其他） 退役电池质量（kg） 退役去向企业名称 退役去向企业统一社会信用代码或 DUNS 编码	退役厂商 退役厂商统一社会信用代码 退役类型（包/模块/单体） 电池类型（镍氢/磷酸铁锂/锰酸锂/钴酸锂/三元/钛酸锂/其他） 退役电池编码 退役电池质量（kg） 去向企业名称 去向企业统一社会信用代码或 DUNS 编码 退役日期	—

电池回收利用管理模块采集信息字段一览（72项）			
整车报废电池信息 （5项）	整车报废电池出库信息 （6项）	梯次包生产信息 （11项）	梯次模块生产信息 （11项）
车辆识别码（VIN） 报废日期 电池包编码集 电池是否随车报废 电池未随车报废原因	出库电池是否有编码 电池包编码 无编码电池对应车辆 VIN 电池包去向企业名称 电池包去向企业统一社会信用代码/DUNS 编码 出库日期	梯次包编码 梯次应用领域 其他领域内容 梯次包去向企业名称 梯次包去向企业统一社会信用代码/DUNS 编码 销售地区 构成方式 去向个人姓名 去向个人身份证号 电池包数据集 是否是电池成品	梯次模块编码 梯次应用领域 其他领域内容 梯次模块去向企业名称 梯次模块去向企业统一社会信用代码/DUNS 编码 销售地区 去向个人姓名 去向个人身份证号 构成方式 电池模块数据集 是否是电池成品

（续）

梯次单体生产信息 （9项）	编码报废信息 （5项）	质量报废信息 （5项）	编码入库信息 （7项）
梯次单体编码 梯次应用领域 其他领域内容 梯次单体去向企业名称 梯次单体去向企业统一 社会信用代码/DUNS编码 销售地区 去向个人姓名 去向个人身份证号 是否是电池成品	电池产品类型 电池编码 出库时间 电池去向企业名称 电池去向企业统一社会 信用代码/DUNS编码	电池产品类型 出库质量（kg） 出库时间 电池去向企业名称 电池去向企业统一社会 信用代码/DUNS编码	电池产品类型 电池编码 入库时间 电池质量（kg） 电池类型 DUNS编码或统一社会信 用代码 备注
质量入库信息 （7项）	回收资源信息 （6项）	—	—
入库日期 电池产品类型 电池数量 旧电池来源 DUNS编码或统一社会 信用代码 电池类型 备注	再生日期 处理质量 废弃物去向 电池编码数据集 元素利用率数据集 电池个数	—	—

"新能源汽车车载管理模块"主要由汽车生产企业进行数据上报，能够对动力蓄电池服役阶段的信息数据进行整体管理与监控，是国家溯源平台数据收录管理的起点，全国范围内实施溯源管理的新能源车辆及动力蓄电池均由车辆管理模块开始进行信息的上报。因此，该部分是国家溯源平台数据量最大、信息最全、功能性最强的模块。

"电池回收利用管理模块"主要负责退役电池的回收、梯次利用、再生利用等后端信息的追溯与管理，主要由回收利用企业进行信息上报。两个模块接口互通、数据共享、适时校验，协作完成电池生产、车辆生产、车辆销售、电池维修更换、车辆报废回收及电池综合利用等相关溯源信息的采集。可实现动力蓄电池服役期间信息追溯，达到动力蓄电池产品来源可查、去向可追、节点可控、责任可究的目的。

10.1.3 产业布局情况分析

1. 回收利用企业布局

截至2021年底，国家溯源管理平台电池回收利用模块已累计注册600余家后端企业，如图10-4所示。其中，回收拆解企业370余家，综合利用企业240余家，部分后端企业可同时具备拆解、梯次和再生能力。总体来看，当前回收拆解企业主要分布于湖南省、云南省、广东省、黑龙江省和江西省等省市；回收利用企业主要分布于广东省、江苏省、湖南省、浙江省和上海市等省市。

按照《新能源汽车动力蓄电池回收利用管理暂行办法》要求，依据《新能源汽车废旧

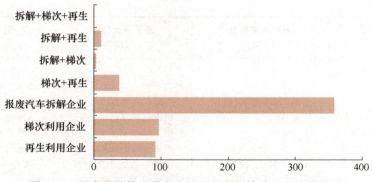

图 10-4　国家溯源管理平台电池回收利用模块企业注册情况

动力蓄电池综合利用行业规范条件》，工业和信息化部分别于 2018 年 9 月、2021 年 1 月和 2021 年 12 月，在企业自愿申报基础上，经过专家评议、现场审查后，遴选发布三批、共 45 家符合《新能源汽车废旧动力蓄电池综合利用行业规范条件》企业名单，其中，第一批名单见表 10-3。根据政策要求，满足条件的企业要具备先进的生产设施设备及元素提取工艺，回收规模要符合相应条件规定，这有助于加强废旧动力电池产业的规范化循环利用。

表 10-3　《新能源汽车废旧动力蓄电池综合利用行业规范条件》企业名单（第一批）

序号	所属地区	企业名称
1	浙江省	衢州华友钴新材料有限公司
2	江西省	赣州市豪鹏科技有限公司
3	湖北省	荆门市格林美新材料有限公司
4	湖南省	湖南邦普循环科技有限公司
5	广东省	广东光华科技股份有限公司

2. 回收服务网点布局

回收服务网点建设形式呈现多样化发展，汽车生产企业依托其售后服务机构通过升级改造的方式建设回收服务网点的形式依然占据多数，合作共建比例逐步增多，是未来回收服务网点建设的主流模式，可实现资源整合，并有效回收废旧动力蓄电池。

截至 2021 年底，全国范围内共建设回收服务网点 10120 余个，网点分布在 31 个省、市及自治区。其中，京、津、冀地区的回收网点 970 余个，广东省的回收网点数量排名首位，共 1050 余个。全国前十省市回收网点总量 6030 余个，约占全国总量的 60%。

10.2　动力电池预处理技术

10.2.1　动力电池预处理概述

废旧动力电池成分多样且材料性质差异巨大，在回收利用过程中，需要将电池进行预处理，对各个组成部分进行拆解并归类，然后采用不同技术回收提纯有价金属。预处理流程主要包括整包拆解（模组拆解）、深度放电、破碎和物理分选等环节，如图 10-5 所示。

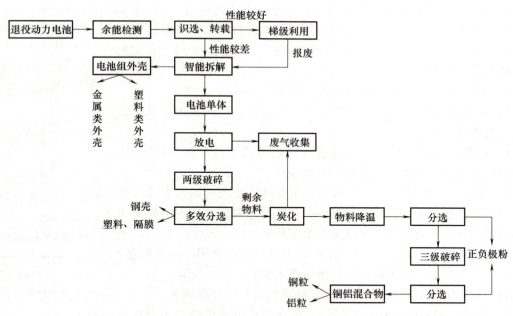

图 10-5　工业化的退役动力电池智能拆解、破碎与物料归集技术流程图

根据 GB/T 33598—2017《车用动力电池回收利用　拆解规范》的定义，废旧动力蓄电池的预处理流程主要包含 5 个环节：

1）采集废旧动力蓄电池的型号、制造商、电压、标称容量、尺寸及质量等信息。

2）对液冷动力蓄电池应采用专用油排系统排空冷却液，并使用专用容器对其进行收集。

3）对废旧动力蓄电池包（组）应进行绝缘检测，并进行放电或绝缘等处理，以确保拆解安全。

4）拆除废旧动力蓄电池外接导线及脱落的附属件。

5）粘贴回收追溯码，将预处理信息录入回收追溯管理系统。

10.2.2　拆解技术

根据 GB/T 33598—2017《车用动力电池回收利用　拆解规范》的定义，动力（蓄）电池的拆解是指将废旧动力蓄电池包（组）、模块进行解体的作业。废旧动力蓄电池拆解的作业程序严格遵循安全、环保和资源利用三原则，主要作业程序如图 10-6 所示，对于不包含动力蓄电池模块（模组）的，可省略"动力蓄电池模块拆解"程序。

1. 动力电池组拆解流程

根据 GB/T 33598—2017《车用动力电池回收利用　拆解规范》的定义，废旧动力蓄电池包（组）的拆解流程主要包含 6 个环节：

1）采用专业起吊工具和起吊设备将动力蓄电池包（组）起吊至专用拆解工作台。

2）拆除动力蓄电池包（组）外壳，根据组合方式，拆解方式如下：

① 对外壳为螺栓式组合连接的动力蓄电池包（组），应根据螺栓的类型及规格，采用相应的工具或设备进行拆解。

② 对外壳为金属焊接或塑封式连接的动力蓄电池包（组），应采用专业的切割设备拆解，并精确控制切割位置及切入深度。

③ 对外壳为嵌入式连接的动力蓄电池包（组），宜采用专业的机械化切割设备拆解。

3）外壳拆除后，应先拆除托架、隔板等辅助固定部件。

4）应使用绝缘工具拆除高压线束、线路板、电池管理系统、高压安全盒等功能部件。

5）根据动力蓄电池模块的位置和固定方式，拆除相关固定件、冷却系统等部件，采用专用取模器移除模块。

6）动力蓄电池包（组）拆解过程中要注意避免拆除的螺栓等金属件与高低压连接触头位置的接触，以免造成短路起火，同时要备用专用磁吸工具用于将脱落在缝隙中的金属件的取出。

而根据 GB/T 33598—2017《车用动力电池回收利用 拆解规范》的定义，废旧动力蓄电池模块的拆解流程主要包含 5 个环节：

1）宜采用专用模块拆解设备对模块进行安全、环保拆解。

2）采用专用起吊工具及起吊设备将动力蓄电池模块起吊至拆解工装台或模块拆解设备进料口。

图 10-6　废旧动力蓄电池拆解主要作业程序

3）拆除蓄电池模块外壳，根据组合方式，拆解方法如下：

① 对外壳为螺栓式组合连接的动力蓄电池模块，应根据螺栓的类型及规格，在专用模组工装夹具的辅助下定位，采用相应的工具进行拆解。

② 对外壳为金属焊接或塑封式连接的动力蓄电池模块，应根据焊位或封装口角度，宜采用专用模块拆解设备在封闭空间中拆解，并精确控制焊位分离尺寸及刀口切入深度，防止短路起火。

③ 对外壳为嵌入式连接的动力蓄电池模块，应采用机械化拆解设备进行拆解。

4）外壳拆除后，应采用绝缘工具拆除导线、连接片等连接部件，分离出蓄电池单体。

5）动力蓄电池模块拆解过程中要注意模块的成组类型与连接方式，拆解过程做好绝缘防护，对高低压连接插件的接口应用绝缘材料及时封堵，不应徒手拆解模块。

废旧动力蓄电池包与电池模组拆解流程如图 10-7 所示。

2. 动力电池组拆解技术

常见的废旧动力蓄电池拆解技术包括人工拆解、半自动拆解、智能化拆解等。由于目前动力蓄电池型号较多、尺寸各异，因此国内主要采用半自动化拆解工艺并以人工辅助。智能化、自动化的废动力电池包（模组）拆解系统可以提高电池模组拆解的工作效率，极大地提升拆解效率。智能化拆解是未来动力蓄电池拆解工艺的先进发展方向和趋势，但目前由于设备成本等因素，目前尚未在行业中完全普及。

（1）人工拆解 人工拆解（见图 10-8）主要用于分解外壳、隔膜、极片等部分，然后再分类收集处理。手工拆解效率较低，且安全问题突出，在拆解过程中电解液易挥发，影响人身健康并造成环境污染，不适宜用于大规模工业化生产。目前，我国仍有部分企业采用全人工拆解的方式，这种拆解方式不仅危险性大，而且噪声大、流程长、效率低，可能在拆解

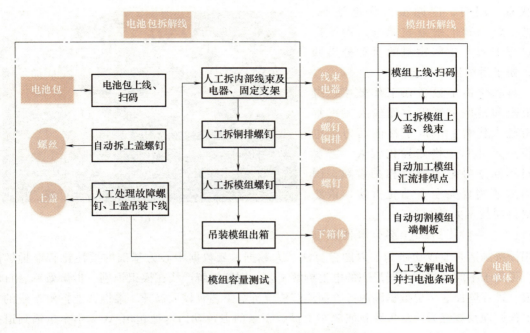

图 10-7　废旧动力蓄电池包与电池模组拆解流程

过程中出现隐患，同时拆解工人的不规范操作可能会导致废旧电池损坏并导致安全隐患。

为消除人工拆解所带来的安全隐患，动力电池回收企业开始研发并使用智能化的动力电池组拆解技术，来降低安全隐患并提升拆解效率。

（2）自动化拆解　动力蓄电池自动化拆解设备主要完成电池头切割、电芯与外壳分离、电解液收集等工作。动力蓄电池自动化拆解设备一般由自动化拆解一体机、辅助上料装置和检测系统组

图 10-8　人工拆解电池产线

成，其中自动化拆解一体机主要由机械手臂、移动平台、定位机构、切割机构、取芯机构以及视觉系统组成，可以实现电池的上料、装夹、电池头切割、外壳分离等一系列自动化工艺流程，如图 10-9 所示。

自动切割设备中的切割装置位于切割定位设备的正上方，送料设备中采用可编程的机器人或机械手，通过对电池包（模组）的成像，并根据废旧动力电池包（模组）的尺寸，调整切割装置，从而可实现切割的准确定位。送料机器人或机械手可实现电池包（模组）的翻转、旋转。

考虑到动力蓄电池在拆解过程中可能会产生噪声、粉尘等，部分自动化拆解设备还配备防护罩、粉尘收集仓等，并在外部设有观察窗，便于工作人员的日常维护和观察设备内部运

行状态。同时，应同步设计电池头、电芯、外壳和电解液收集仓，用于拆解过程中所产生的物料的自动分类回收，便于后续回收工艺。

自动化拆解设备在工作效率、过程安全和精度控制等方面较人工拆解均有较大优势，但由于目前动力蓄电池模块尺寸和规格差异化较大，需要针对不同型号电池调整相关参数，因此尚未能实现完全自动化拆解，依然需要协同技术人员配合。

图 10-9　自动化拆解电池产线

（3）**柔性化拆解**　部分电池回收利用设备制造企业成功研制了以图像算法、大数据、云数据中心为基础的柔性化智能拆解产线，可用于不同类型、不同形态的电池拆解工艺。智能拆解产线在模组识别、拆解效率、自动换模、过程监控、历史数据溯源等方面均较传统拆解工艺有较大提升。柔性智能拆解产线的主要工作原理及流程为：从报废新能源车上拆解下来的退役动力电池包由 AGV 小车运输到退役动力电池柔性智能拆解产线。在拆解产线上，动力电池在拆解过程中通过 CCD 图像传感器采集大量的过程数据与实施监控，如拆解、检测过程中的电压、电流数据。拆解过程的再现与过程可追溯、CCD 图像传感器运用实现，互联网与云计算等信息技术对生产过程中涉及各个方面的具体参数、数据结果进行整理与运算，建立起庞大的拆解生产数据。基于已有的拆解生产数据库，各拆解工作站可实现自动换模功能，实现拆解流水线柔性化拆解需求。

拆解过程执行系统 MES 可以存储拆解过程中产生的大量数据以监控拆解过程，同时可以根据具体不同型号的退役动力电池模组，引导产线的运动控制系统，结合大数据库实现高效、准确的拆解作业过程，提高生产效率，减少运行成本；在整个拆解流程中，所有过程信息都将记录并上传至云数据中心，并可以根据需要，作为共享的开放数据平台服务于社会。柔性电池拆解产线如图 10-10 所示。

图 10-10　柔性电池拆解产线

10. 2. 3 物理破碎分选流程

1. 电池放电

动力蓄电池一般带电量较大，进行回收后仍携带部分电量，因此一般对电池进行充分放电后再进行后续处理。废旧动力蓄电池的放电过程，一是可以保证电池负极活性材料上的锂元素回到正极活性材料，以提高锂元素的回收率，二是可以消除废旧动力蓄电池中的能量，最大限度减少回收利用过程中的安全隐患。

目前主流的放电方法有溶液放电、放电柜（见图 10-11）放电、放电介质放电等。出于成本考虑，目前主要采用溶液浸泡法，即将电池放置在一定浓度的导电溶液中进行短路放电，常用的导电物质有氯化钠。放电过程对于整个废旧动力蓄电池的回收与利用过程具有重要意义，该过程不仅会影响到锂元素的回收率，同时也会对整个回收过程的安全性及其他工艺流程产生一定的影响。传统的放电方法存在放电时间长、放电过程污染严重等缺点，因此未来需要开发出高效的放电方法以利于废旧动力蓄电池回收利用的工业化生产。

图 10-11 放电柜

2. 破碎分选

为了更好地回收动力电池中的各类材料和金属，通常对电池包（模组）进行破碎和分选处理，以利于提高整个回收流程的资源利用率。在工业化电池回收流程中通常采用物理破碎法，利用电池不同组分的密度、磁性等物理性质的不同，采取破碎、筛分等手段将电池材料粗筛分类，实现不同有用金属的初步分离与回收。由于锂离子电池的活性材料和集流体黏合紧密，不易解体和破碎，在筛分和磁选时易存在机械夹带损失，因此较难实现金属的完全分离回收。

废旧电池的分选就是将废旧电池中各种可回收利用的废物与不利于后续处理的废物组分采用适当技术分离出来的过程，其流程如图 10-12 所示。将废旧电池粉碎以后，需要进行夹杂物的分离，分离的程度直接影响到电池粉杂质的含量，杂质含量的高低直接影响后续湿法回收工艺处理的难易程度。分选的主要流程为，将已剥离外部壳体的电池进行机械粉碎，再通过分选装置对破碎后的混合物进行初步筛分。分选装置一般由磁选系统和比重风选系统等组成，磁选系统主要用于分选破碎材料中的磁性物质；而风选系统则主要是反选破碎材料中的粉料和较轻的塑料隔膜等材料，同时将黏附在物料上的部分挥发性电解质随风抽出。

废旧电池的破碎分选是对传统化学除杂工艺的改进，一方面减少了碱液和酸液的用量，另一方面也减少了处理过程中废水、废气、废渣的排放量，对于环境保护具有重要意义。

3. 热解处理

锂离子电池破碎后碎料中存在的有机物主要为电解液、黏结剂，以及隔膜等无回收价值的组分。为了提高经济价值较高的电池材料的回收率，要对破碎后物料中有机物进行低温热解处理，并且保证低温热解过程高效、安全、环保。清洁化的热解系统主要包括热解系统和烟气的清洁化处理系统。

热解系统的主体设备为低温热解炉，并配备天然气燃烧系统。破碎后的物料经过密封式

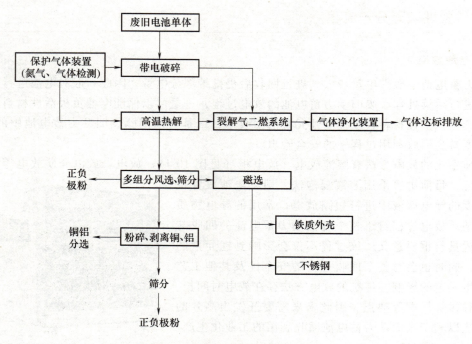

图 10-12　废旧电池单体破碎分选流程

输送器，被输送至低温热解炉内进行处理。在低温热解炉的前端设有燃烧室，主要用于天然气的燃烧。

电池智能化解离系统主要由上料、破碎、炭化、分选、输送、电气控制及监控、水循环、烟气净化几部分组成，如图 10-13 所示。

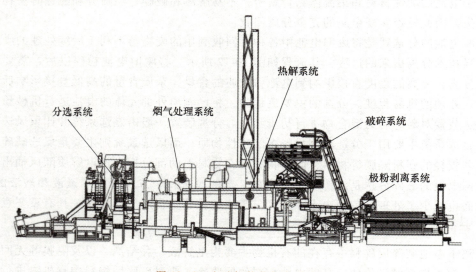

图 10-13　电池智能化解离系统

破碎系统由进料装置、破碎装置和出料装置组成。通常在破碎机进料口上端设有二级箱体，二级箱体用于破碎机进料口和输送带之间的连接。在破碎的过程中，为保证工作的安

全，整个破碎过程中需不断地通入氮气，避免电池破碎过程中的起火现象。破碎后的物料经过筛网漏出，其中小于筛网孔直径的直接漏出，大于筛网孔直径的再次进行破碎，直至破碎后碎料可直接漏出为止。

多效分选系统包含筛分子系统、钢壳分选子系统以及隔膜分选子系统。筛分子系统主要由密封输送器和振荡筛组成，该子系统能将碎料中的黑粉筛选出来并输送至储料仓；其余物料则在筛网上方输送至出口进入钢壳分选子系统以及隔膜分选子系统，分别分选出碎料中的钢壳和隔膜。

热解系统主要由炭化炉及PLC控制系统组成。热解系统主要用于去除碎料中的残留有机物（有机物包含电解液、黏结剂、隔膜等）。炭化炉主体主要含转筒、窑头、窑尾、轮带、托轮、挡轮、密封件、支撑件，齿轮传动等构成。PLC控制系统，主要对加料、炭化温度以及燃烧器进行监控记录。

炉后分选系统主要由筛分机和铜铝分选机构成，主要用于分选电池粉末（黑粉），剩余的铜铝混合物进入铜铝分选机，将铜铝分离。

输送系统包含电池输送、破碎后碎料输送以及分选出的各组分的输送。电池输送采用带输送机、破碎后碎料采用气力输送机、分选出的物料（见图10-14）采用螺旋输送机。输送系统需要保证设备的密封性，防止粉尘泄漏。

隔膜　　　　正负极粉　　　　铜箔

铝箔　　　　桩头、外壳　　　　氟化钙

图10-14　分选后得到材料

10.3　动力电池梯次利用技术

10.3.1　动力电池梯次利用概述

动力电池梯次利用是指当动力电池不能满足现有电动车辆的功率和能量需求时，继续将其转移应用到对动力电池能量密度、功率密度要求低一个等级的其他领域，达到充分发挥其剩余价值的目的。动力电池的梯次应用，简单地讲，即通过电池在不同性能要求的领域的传递使用，达到充分利用电池性能，实现动力电池在动态应用中报废，以降低电池使用成本的目标。

例如，考虑城市电动公交客车、市政电动特种用途车以及遍布全国各地的风景旅游区用电动观光车对于整车续驶性能、加速性能、最高车速等性能要求的差异，不同车辆在动力电池组配备上对储能容量、功率需求呈现递减梯度。在前一种应用形态下，动力电池经过一定的充放电循环后，电池容量衰退到本梯次应用的最小容忍值，可转移应用至下一梯次电动汽车作至动力源。以100A·h锂离子动力电池单体为例，可将应用梯次依据容量划分为四个梯次，见表10-4。

表 10-4 电动汽车梯次划分（按电池使用容量）

梯次项目	1	2	3	4
电池容量/A·h	80~100	60~80	40~60	<40
适用车型	大型公交客车、高速电动汽车	城市特殊用途用车、市政用车等	低速电动微型车、旅游观光车	电站 UPS 储能

　　在此规划中，城市道路用车对电池的比能量和比高功率要求最高，在第一梯队；城市中应用的市政特种用车由于不需要高速行驶划分为第二梯队；在城乡接合部应用的低速电动车、旅游观光车现阶段应用以铅酸电池为主，应用容量衰退到原有容量 50% 左右的锂离子电池，能量密度仍大于铅酸电池，可以获得比原有铅酸电池更好的性能，因此可以应用；在该阶段应用后，可将电池应用于电力储能，在这个阶段与常用的储能用铅酸电池能量密度相当。

　　动力电池梯次利用的主要流程包括检验检测、分类、拆分、修复、重组等，具体流程如图 10-15 所示。

图 10-15　动力电池梯次利用流程图

　　退役电池本身虽然不再适用于新能源汽车，但在其他储能应用领域具有相当高的价值，例如可用于储能、低速电动车、通信基站、输配电网调峰调幅等领域，所以梯次利用电池不仅不缺乏市场，甚至有望带动储能这个新兴市场的形成。然而，在动力电池梯次利用的实现上，仍然有不少问题值得探讨。

10.3.2　检测分选技术

　　电动汽车动力电池经过长期车载使用后，其能量特性及功率特性会发生衰减，且电池单体间性能参数差异变大，可能具有安全隐患。为实现不同性能表现电池应用价值的最大化，保证电池再次应用时的可靠性和安全性，必须对电池进行检测筛选，实现电池的分级梯次应用。

　　在对退役汽车电池进行梯次利用之初，必须对其进行分类，即分为有利用价值的和不具有利用价值的电池两类。退役汽车电池是否具有梯次利用价值应从如下两个方面进行评判：①梯次利用电池的安全性，梯次利用电池的安全可靠使用是其具备梯次利用价值的基本，具有安全性的退役汽车电池才具备梯次利用价值；②梯次利用电池的经济性，退役汽车电池要实现梯次使用，也需要具备一定的经济性，梯次利用电池的剩余容量及剩余使用寿命等将主要决定梯次利用的利用价值，具备一定的梯次利用经济性的电池才能被二次利用。

　　针对退役电动汽车动力电池的梯次利用流程，可采用电池初检、关键电性能检测及分组

抽样性能测试这3步电池分类试验评估方法：

1）电池性状初检：对所有退役汽车电池进行全检，目视电池外观，用电压表测试电池电压、用内阻测试仪检测电池内阻，淘汰部件不完整、外壳严重变形、漏液、外观不良、内阻过高、胀气、低（零）电压等电池。上述初检手段的目的是要对电池梯次利用的安全性、经济性做出基本的判断。

2）关键电性能全检：检测所有梯次利用电池的容量、能量、内阻与自放电性能。根据各梯次利用需求，有针对性地为上述指标设定分类阈值，淘汰容量过低、内阻过高、自放电率过高的电池，从而保证梯次利用的经济性，再基于一定的一致性判据对电池进行分组。

3）分组抽检：对各分组电池进行抽样，淘汰循环寿命低、工况适应性差、安全试验不合格及内特性检验中具有明显安全隐患的各电池分组。

此类方法不但实现了电池分类，也对电池的基本电性能有了初步的了解，试验检测的电池性能状态数据可用于分析梯次利用电池适合的应用工况。

在整个过程中需要强调的是，梯次利用电池检测分选的基本原则应遵守以下两个方面：

1）技术性方面：电池的筛选是为了在不同应用工况下实现电池的分级梯次利用，不同应用工况对电池的技术要求不尽相同，针对不同应用工况来筛选电池时，筛选方法也不相同。筛选所用的参数应尽量少，参数测试方法应简单可靠。

2）经济性方面：检测应成本低、速度快，筛选应尽可能提高退役汽车电池的二次利用率，电池应尽可能分选到利用价值高的应用场合，从而提高退役汽车动力电池梯次利用的经济性。需要指出，电池分类、筛选的对象可能是单体或者是模组，上述分类、筛选方法大多基于单体被提出，并且认为同样可以应用于模组之中。

10.3.3 基于大数据的残值评估技术

退役电池目前面临的最主要的难点是电池性能检测技术难度较大且线下拆解检测成本较高，无法快速了解电池性能，从而增加了回收成本。北京理工大学电动车辆国家工程实验室借助新能源汽车国家监测与动力蓄电池回收利用溯源综合管理平台，利用相关数据，提出了基于大数据的电池性能评估方法，具体流程如图10-16所示。

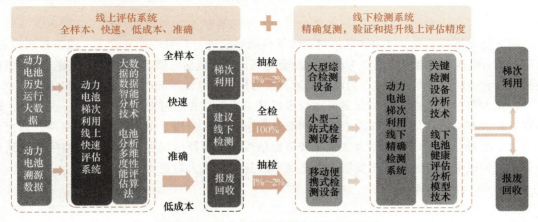

图 10-16　基于大数据的电池残值评估技术

大数据驱动的电池性能评估方案为：线上评估系统+线下检测系统。首先，线上评估系统获取平台实时上传的动力电池和车辆运行数据，通过电池多维度性能评估算法和大数据智能分析技术，快速准确地完成线上评估部分，并输出评估结果给线下检测系统。90%的电池包可以直接通过线上评估的方式判断是梯次利用还是报废回收，这样就可以直接减少相当于传统检测手段90%的时间成本和费用投入。对于另外大约10%的电池包，将进行线下检测。线下检测系统通过检测设备获取电池数据，对于获取的关键数据，使用线下电池健康分析模型，对电池进行更加精准的健康度分析，给出梯次利用或报废回收的检测结果。线下检测的优势在于高达99%的精度，并且可以定位到问题模组或单体。线上评估系统+线下检测系统的全新模式可以在保证高检测精度的同时，达到大规模、快速、低成本的（多快好省）检测目标。

基于大数据的残值评估技术主要包括三大评估算法：电池健康度评估、电池安全性评估以及容量衰减度评估。从整个线上评估模块来看，只需要提交电池编码，即可通过读取新能源汽车国家监测平台和动力电池溯源国家平台关于电池运行的历史数据，使用大数据智能分析技术、健康度分析评估技术、容量衰减监测评估技术以及电池安全性能分析评估技术，快速地对整批电池进行评估。电池线上评估系统的具体流程如图10-17所示。

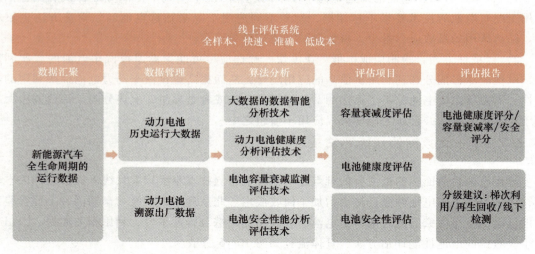

图 10-17　电池线上评估系统流程图

线下抽检是基于线上评估结果，利用线下检测系统进行针对性抽样检测。线下检测设备，是基于动力电池容量增量分析法为核心的配套测试设备，包括电器连接，绝缘检测、电压电流检测、电池一致性检测、容量、内阻、电池异常的检验和电池系统产品一致性检测等。

依托大数据电池性能评估方案可实现多场景应用。首先通过对电池健康度、安全性，以及容量衰退方面的评估，可以衍生为车辆安全健康评分，应用于车主驾驶安全预警；其次可应用为新能源二手车评估，助力二手车残值评估输出电池评估报告；最后还可应用于电池交易平台，加速退役电池市场化发展，为电池回收标准提供大数据支撑。

10.3.4　重组集成技术

考虑到退役动力电池的电池包、电池模组、电池单体等多级系统结构，在实现其梯次利

用时，首先面临的问题即以何种级别的动力电池进行重组，这也是梯次利用电池技术难度和相关成本的主要决定因素。一方面，不同车型所用动力电池差异较大，应基于不同车型采取不同的梯次利用重组策略，如乘用车动力电池包要求足够的空间利用率，而大客车动力电池包标准化程度高。另一方面，动力电池包直接梯次利用难度稍大，而电池模组或电池单体级别的梯次利用则相对较易，在保证一致性的前提下，可采取电池模组或单体级别的梯次利用。

退役动力电池拆解利用最合理的级别是电池模组级，而非拆解为电池单体，因为不同单体之间通常采用激光焊接或电磁焊接等其他刚性工艺，要保证无损拆解，难度极大，考虑成本和收益，得不偿失。若来自不同厂家的电池模组甚至是不同型号的动力电池模组在同一系统中混用，就必须着重考虑系统集成解决方案。组串分布式是梯次利用电池储能的核心，将几个电动汽车退役动力电池模组进行串联，配上一个储能变流器进行串联，再加上监控单元，形成一个储能系统，可以最大限度保证成组后电池的一致性。

在系统集成方面，小功率、多分支结构成为梯次利用电池储能系统的优选集成方案。为避免并联电池之间充放电对系统效率产生影响，动力电池组之间采用彼此串联的策略构建储能系统。将退役电动汽车动力电池做成低压模组，避免大规模串并联，由此确保不同寿命状态、不同类型、不同批次的梯次电池协同运行于系统之中，实现各个电池模组存储电量和释放电量完全受控。此种系统集成方案可以在保证电流总方向不变的前提下，对每个电池模组的电流方向、选择流入流出动力电池进行控制，当选择电流不经过动力电池时，电池的衰减将不再瞬间崩塌，而是一个逐渐衰减的过程。

汽车动力电池经过回收、筛选之后，需要对电池的内阻、端电压、绝缘、压差、温差、温升等众多量进行统一测试和标定。用作电力储能时，根据电池 SOH 和电池间一致性，通常有 3 种处理方法：①对电池包进行整包利用，选取同一批次、同一型号、运行工况相近的电池包进行串并联使用；②将电池包拆解到模组，对每个模组进行检测、管理，以模组为单位进行串并联使用；③拆解到电芯，或者原本就是梯次电芯，分选后组合成电池模组，再进行串并联成系统使用。

10.3.5　梯次利用电池均衡控制技术

电池均衡控制是电池能量管理的另一个核心技术，同时也是解决对电池组安全威胁较大的不一致性问题、实现电池组长寿命安全运行的关键。为了获得需要的电压和功率，储能电池组的锂电池大多采用多并多串的方式，容量更大、串数更多，且安全管理难度亦更大，该问题在梯次利用退役锂动力电池中会更加明显，其电压、内阻、容量离散性更大，因此对电池均衡的要求也更高。电池均衡技术主要分为 3 种类型，分别是电阻耗能式均衡、充电均衡和能量转移式均衡。其中，电阻耗能式均衡是典型的被动均衡，另外 2 种均衡技术为主动均衡。

电阻耗能式均衡控制策略简单，但能量利用率低，同时电阻产生的热量会影响电池的安全运行，目前很少采用此种均衡方式。充电均衡是一种过渡电池均衡技术，主要是用来解决电阻耗能式均衡的均衡电流小、发热严重的问题。能量转移式均衡利用储能元件或变换电路将能量从高电量电池转移到低电量电池，虽然成本较高、电路复杂，但能量利用率高、电池均衡效果好、均衡速度快，是电池均衡技术未来的发展方向。

10.4 动力电池再生利用技术

10.4.1 动力电池再生利用概述

动力电池的再生利用是指将动力电池中的有价元素以资源化利用为目的，对其进行处理的过程。在梯次利用储能电池的最后阶段，部分电池容量低，已不具备使用价值，要对其进行单体拆解，回收其中的锂、锰、钴等稀有原材料。由于电池正极材料主要包括三元锂、钴酸锂、磷酸铁锂等，成本占总体成本的1/3以上，而负极大多采用石墨等碳材料，因此目前电池回收主要是对电池正极材料的回收。在动力电池的再生利用过程中，不当的回收操作极易造成电池内部短路、起火、电解质泄漏等问题，因此采取科学的回收方法十分重要。目前，动力电池再生利用的回收方法主要有化学法和生物法。化学法利用化学反应对电池进行处理，包括火法回收和湿法回收。

10.4.2 火法冶金再生技术

传统火法冶金回收技术是指在高温或高温-还原性气氛焙烧条件下，物料经历氧化、还原、分解、挥发等一系列的物理化学变化，从而得到目标产物的一种手段。在废弃锂离子动力电池的回收中，火法冶金回收技术主要用于有价金属富集的正极材料的回收处理，利用正极材料在高温或高温-还原性气氛焙烧环境中晶体结构的不稳定性，将高价态难溶于酸或水的过渡金属元素氧化物转化为低价态易溶于酸或水的氧化物，甚至可将其转化为金属单质或合金，进而将有价金属富集回收。废旧锂离子动力电池火法回收流程如图 10-18 所示。

从焙烧的反应物料角度出发，火法冶金回收常用的技术包括高温裂解法、熔盐焙烧法及有还原性物质存在的高温还原焙烧法等；基于焙烧环境气压的不同，可以分为常压冶金回收和真空冶金回收，常压冶金回收在大气中进行，真空冶金回收在低于标准大气压的密闭环境中进行。

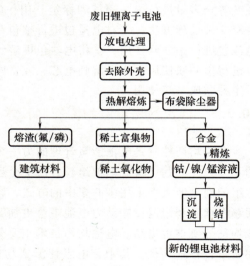

图 10-18 废旧锂离子动力
电池火法回收流程图

利用传统火法冶金在处理废弃锂离子动力电池时，由于正极材料中的锂沸点相对较低，容易气化，在高温焙烧过程中可能以气态的形式逸出，造成有价金属的流失；负极材料中的锂和石墨，也会在高温作用下挥发或分解，造成资源的浪费；电解液中的有机溶剂在高温作用下，会挥发或燃烧分解为水和二氧化碳等气体排放，电解质在空气中加热会迅速分解，生成含氟烟气和烟尘向外排放。所以针对不同物化性质的正极材料、负极材料及电解液，有不同的回收技术及处理步骤。

火法冶金回收技术可以高效率、短流程地运用于工业化处理，但同时也带来了耗能大、

生成污染性气体和废渣等缺点，而且经过高温冶金处理的正极材料，其有价金属可能会存在于炉灰等物质中，造成资源的浪费。更为重要的是，火法处理后的正极材料一般是以合金或氧化物的形式回收，需要对其进行进一步湿法处理，以提高整体回收工艺的经济效益。因此，火法回收技术逐渐被淘汰。

10.4.3 湿法冶金再生技术

湿法冶金回收技术是指将矿石、经选矿富集的精矿、电池废料或其他原料经与液相反应体系相接触，通过化学反应将原料中所含的有价金属从固相转入液相，然后利用化学沉淀、萃取等方式将溶解于液相中的有价金属富集分离，最后以金属盐化合物的形式加以回收利用的技术。目前废旧锂离子动力电池种类较多，由于正极材料物理性质和化学性质的差异，所以针对不同的动力电池的正极材料有着不同的回收方法和处理手段。针对多元的动力电池正极材料，湿法冶金回收技术在废旧锂离子动力电池回收、金属元素提取及材料工业中具有日益重要的地位，也是目前我国废旧锂离子动力电池工业化回收的主要技术路线。废旧锂离子电池湿法回收的主要流程如图 10-19 所示。

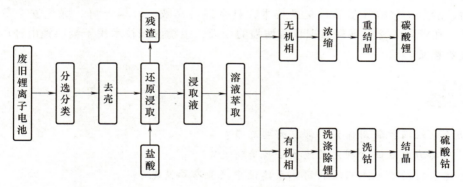

图 10-19　废旧锂离子电池湿法回收流程图

从废旧锂离子动力电池正极材料的湿法回收技术路线来说，具体操作流程可分为浸出过程、富集过程、分离过程、重新合成制备等步骤。其中浸出过程包括酸浸出和碱浸出。分离过程又包括萃取剂分离、化学沉淀分离、电沉积等分离方法。分离后将回收得到的化合物，经过水热合成或固相烧结法得到新的电极材料或其他附加值高的产物，从而形成由废弃二次资源到新材料合成的闭环回收利用体系。废旧锂离子动力电池的负极材料湿法回收与正极材料不同的是，负极材料中的有价金属锂通过简单的酸浸出，就可以实现有价金属的提取，而不用添加还原剂等手段，且将有价金属锂提取后，不溶性的石墨经过简单过滤或热处理就可以将其回收。

10.4.4 生物淋滤回收技术

生物淋滤是一种既古老而又年轻的工艺技术。在细菌被发现之前，生物浸矿提铝已经进行了许多个世纪，当时人们并不知道细菌和生物浸出的存在，仅凭经验进行生物提铝。《山海经》中有"石脆之山，其阴多铜，灌水出焉，北流注于禹，其中多流赤者"的记载。人类对细菌浸出的真正认识是在 20 世纪 50 年代，比电子计算技术还要晚，因而它又是相对年

轻的技术。20 世纪中期，西方国家率先开展生物淋滤溶出及回收难浸提矿石中有价金属的研究。所谓生物淋滤浸提矿石，是指利用微生物的自然代谢过程，将矿石中的有价元素选择性浸出，直接高效制取高纯度金属的方法，主要应用于传统技术无法处理的低品位矿、废石、多金属共生矿等。1983 年第五届细菌浸出国际会议上将其正式命名为生物冶金。

废旧锂离子动力电池的生物淋滤过程，通常使用无机化能嗜酸菌作为淋滤的菌种，这种类型的微生物以培养基中的亚铁离子和硫为营养质，产生硫酸和三价铁离子等代谢产物，并以此将废旧锂离子动力电池中的金属溶释出来。无机化能嗜酸菌的优点是不用有机碳源，能耐受高浓度的重金属，特别是嗜酸氧化硫硫杆菌、氧化亚铁硫杆菌、嗜铁钩端螺旋菌，是目前在废旧锂离子动力电池生物淋滤处理的研究中应用最广泛的微生物。其中氧化亚铁硫杆菌和氧化硫硫杆菌可以氧化 Fe^{2+} 和 S 分别生成三价铁和硫酸，这些代谢产物可以攻击废旧锂离子动力电池中的金属氧化物和金属掺杂氧化物，并促进目标金属的溶解。

由于人们对废旧锂离子动力电池回收再生的研究起步较晚，一直没有出现高效、经济、环保的回收处理技术。火法能耗高，易引起大气污染，后续过程仍需一系列净化除杂步骤。湿法工艺流程长、复杂，对设备要求高、成本高，也不能完全实现无害化。而生物淋滤技术作为生物、冶金、化学等多学科交叉技术，具有经济高效、环境友好、绿色安全等明显优势，所以，在资源匮乏及环保意识日益增强的今天，生物淋滤技术用于废旧锂电池的回收再生具有重要意义。

习题

1. 动力电池回收利用体系中涉及哪些环节？
2. 我国动力电池回收利用的政策法规有哪些？
3. 简述当前动力电池回收利用体系建设中产业布局情况。
4. 动力电池预处理技术包括哪些环节？
5. 简述动力电池预处理的关键技术及其流程。
6. 简述动力电池梯次利用技术特点及其流程。
7. 简述动力电池再生利用技术特点及其流程。
8. 分析动力电池回收利用的意义和发展前景。

第11章 动力电池充电方法与基础设施

电动汽车在行驶过程中，电能被不断消耗，当动力电池的 SOC 低于某一值时，就需要对动力电池进行电能的补充，因此，对动力电池进行充电就成为电动汽车使用过程中一个必不可少的环节。电池充电通常应完成三个功能：

1）尽快使电池恢复到额定容量，即在恢复电池容量的前提下，充电时间越短越好。

2）消除电池在放电使用过程中引起的不良后果，即修复由于深度放电、极化等导致的电池性能破坏。

3）对电池补充充电，克服电池自放电引起的不良影响。

对于动力电池来说，不同的充电方法对其性能影响很大，合理的充电方法可延长锂电池的寿命、提高充电效率。充电基础设施与动力电池的应用直接相关，是动力电池作为车载电源应用的重要保障。动力电池的能量补给形式除了直接充电，还可以采用机械式更换与充电相结合的方式。本章重点介绍用于动力电池的多种充电方法、充电技术和充电基础设备，以及换电技术和充换电站的布局与建设形式。

11.1 动力电池充、放电方法

11.1.1 常规充电方法

1. 恒流充电法

恒流充电方法是通过调整充电装置输出电压或改变与蓄电池串联电阻的方式使充电电流保持不变的充电方法。该方法控制简单，但由于电池的可接受电流能力是随着充电过程的进行而逐渐下降的，到充电后期，充电电流多用于电解水，产生气体，此时电能不能有效转化为化学能，多变为热能消耗掉了。因此，恒流充电法常常作为阶段充电中的一个环节。图 11-1 所示为恒流充电曲线。

按照其充电电流的大小，恒流充电法可以分为涓流充电、标准恒流充电和分段恒流充电。

涓流充电主要是指采用充电倍率 $I<0.1C$ 的恒流充电模式，该方法对电池的损伤比较小，对电池内部材料具有一定的修复和激活的功能，可以使活性物质分布逐渐均匀，常作为

均衡器中主要的均衡电流模式，但是充电时间比较长，$t>10h$。

标准恒流充电模式与涓流充电模式相同，只是充电倍率比较大，一般都在 $0.2C \sim 1C$ 之间，功率型的电池会更高一些，该充电方式耗时比较少，操作简单，容易实现，但是随着电池 SOC 的增加，电池可接受的充电能力逐渐降低，如图 11-2 所示。在充电末期，可接受的充电倍率很小，如果此时仍采用恒流高倍率的充电，会致使电池负极出现锂的结晶和极板上活性物质的脱落，造成不可恢复的损伤。

有学者提出了分段恒流充电模式，将电流设定为两个或者多个数值，当电压达到截止条件后，电流就跳转到下一个设定值处。现分别分析了 2 阶段、3 阶段、4 阶段和 6 阶段的充放电模式下的充电时间、效率和寿命变化特性，见表 11-1。

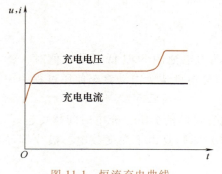

图 11-1　恒流充电曲线　　　　图 11-2　电池可接受充电倍率曲线

表 11-1　不同分段下的电池充电时间、充电效率和电池寿命变化特性

阶段	电流	时间/min	效率（%）	寿命/次循环
2	30A+3A	428	75.3	299
2	42A+3A	454	77.3	260
3	30A+12A+3A	304	76	363
3	60A+12A+3A	279	76.9	360
4	30A+12A+6A+3A	295	75	407
6	30A+18A+12A+9A+6A+3A	281	75	432

从表 11-1 可以看出，对于 2 阶段充电模式，电池在第 1 阶段的充电倍率的大小对电池性能的影响比较大，电流过大，电池内部的损伤就比较明显，容量下降快；在第 2 阶段电流过小，充电时间没有得到明显的改善，所以通过实验对比，确定出第 1 阶段最佳的工况电流倍率为 $0.5C$。对于 3 阶段充电模式，第 1 阶段的工作电流只要不超出电池可接受的范围值，不使电池内部产生气体，该模式对电池的损伤差别就不太明显。表中设定为 30A 和 60A，电池寿命分别为 363 次和 360 次。而对于高阶段充电模式，主要针对表中 4 阶段充电模式和 6 阶段充电模式，该模式下电池寿命分别为 407 次和 432 次，相差不大。

恒流充电简单易操作，小电流可以对电池容量进行修补和对活性材料进行激活，但是该方法需要建立在精确的 SOC 预测基础上。目前各种预测方法都存在一定的误差累计现象，所以容易导致电池发生过充电或者未充满现象。针对多阶段恒流充电模式，起初对电池充电

速率的提升具有很好的作用，但是随着电池技术的研究，动力电池的性能都在不断地改善，很多种类的电池例如磷酸铁锂电池在自身可接受的充电倍率下，恒流充电量能达到95%以上，因此分段恒流充电的意义就不太大了。

2. 恒压充电法

由于恒流充电在充电末期对电池的损伤比较大，极易造成电池容量不可逆的损伤，所以提出了一种基于电压恒定的充电模式，即恒压充电方法，主要是指在整个充电过程中，将恒定的电压值保持不变地施加到电池两端，随着充电过程的进行，端电压保持不变，电流逐渐减小，最终减小到设定的电流值，标志着充电过程的结束。通过这种方式，可以避免电池在充电末期出现电流过大的现象，小的充电电流可以对电池内部的离子浓度进行均衡，减缓对电极材料的损伤，达到提高电池使用寿命的目的。但是在充电初期，电池的容量比较小，采用恒定的电压充电会造成电流值过大，容易使得电池极柱内部的晶格坍塌和极柱材料的破裂与分化。

公式如下

$$I = \frac{U - E}{R} \tag{11-1}$$

式中　U——电池的端电压；

E——电池电动势；

I——充电电流；

R——充电电路中内阻。

由式（11-1）可知，充电开始时，电动势小，所以充电电流很大，对蓄电池寿命造成很大影响，且容易使蓄电池极板弯曲，造成电池报废；充电中期和后期由于电池极化作用的影响，正极电位变得更高，负极电位变得更低，所以电动势增大，充电电流过小，形成长期充电不足，影响电池的使用寿命。

上面总结了电池在恒流充电和恒压充电模式下的不同表现形式，主要从电池容量变化和所需的充电时间两方面对恒流充电和恒压充电模式下电池的不同表现形式进行了比对，比对结果表明电池采用恒压充电可以有效地减少充电时间，提高电池的充电速率，尤其对于新电池更加明显，但是容量衰退比较快。电池在 SOC = 0 时，充电电流过大，超出了电池可接受的电流范围，大量离子从正极活性材料中瞬间迁移出来，运动到电池的负极，并与负极材料发生化学反应，将离子嵌入晶格当中，由于离子流过大，容易造成电极晶格框架的塌陷、活性物质的脱落和分化，使得离子通过的途径和可用的活性物质减少，对外表现出内阻的增加、温度的陡升和可用容量的衰退；SOC = 0.1 时，充电电流呈现出线性变化，随着充电时间的增加而减小；SOC = 0.9 时，充电电流的曲线变化很缓慢，而且充入的容量很少。

恒压充电速率比较高，主要是因为在 SOC 从15%到80%的区间内，施加的平均电流比较大，而且随着电池容量的增长，工作的电流不断减小，变化趋势与图11-2所示的可接受充电倍率相一致。但由于恒压充电初始的电流过大，电池内部材料很难达到所需的要求，所以一般都是对初期的电流进行限制，然后转为恒压充电。鉴于这种缺点，恒压充电法很少使用，只有在充电电源电压低、电流大时才采用。例如，汽车运行过程中，蓄电池就是以恒压充电法充电的。图 11-3 所示为恒压充电法曲线图。

3. 阶段充电法

该充电方法包含多种充电方法的组合，如先恒流后恒压法、多段恒流充电法、先恒流再恒压最后恒流充电法等。常用的为先恒流再恒压的充电方式，例如铅酸电池、锂离子电池常采用该种充电方法。下面举例对该种充电方法进行介绍。

某额定容量为 150A·h 的铅酸电池，其参数见表 11-2。

此电池组充电采用 2 阶段恒流。第 1 阶段恒流 60A，第 2 阶段恒流 14A。图 11-4 中曲线为该铅酸电池充电参数变化情况。第 1 阶段充电结束，充电至终止电压随温度调整按式（11-2）进行。此公式为电池厂家推荐使用。

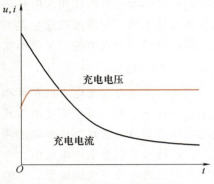

图 11-3　恒压充电法曲线图

$$V = 14.7 - 0.03(T - T_r) \tag{11-2}$$

式中　V——单电池电压；

　　　T——环境温度；

　　　T_r——室温，一般采用 20℃。

表 11-2　铅酸电池参数表

额定电压/V		12	额定容量/A·h		150
最大放电电流/A		$4C$	最佳充电电流/A		$0.4C$
外形尺寸/mm		503×180×257	质量/kg		49.0±1.0

第 2 阶段终止采用时间和电池电压两方面独立控制：①单电池电压超过 17.0V；②阶段充电时间超过 6h。从图 11-4 电池组中单电池充电曲线可以看出，在第一阶段，电池电压逐步升高，在充电转入第二阶段时，电池电压有所下降，但之后随充电过程的进行，电池电压再次开始上升，并在充电后期升高到 15.5V 以上。

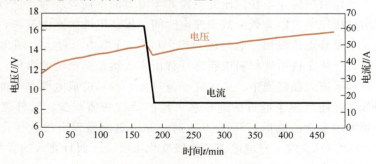

图 11-4　单体电池充电曲线

阶段充电法吸取了恒流充电法和恒压充电法的优点，安全而且容易操作，是当今社会电动汽车的主要充电模式。然而，随着电池循环次数的增加，电池容量不断地衰退，电极材料内部形状也会发生变化，使得极化现象比较明显。随着老化程度加大，该方法中恒流阶段的充电比例逐渐缩小，表现出以恒压模式充电为主的趋势，耗费时间逐渐延长，不能满足目前紧凑的生活方式。

11.1.2 快速充电方法

为了能够最大限度地加快蓄电池的化学反应速度，缩短蓄电池达到充满电状态的时间，同时尽量减少或减轻蓄电池正负极板的极化现象，提高蓄电池使用效率，快速充电技术近年来得到了迅速发展。下面介绍几种常用的快速充电方法。这些方法都是围绕着最佳充电曲线进行设计的，目的就是使实际充电曲线尽可能地逼近最佳充电曲线。

1. 脉冲式充电法

脉冲充电法首先是用脉冲电流对电池充电，然后让电池停充一段时间，再用脉冲电流对电池充电，如此循环，如图 11-5 所示。充电脉冲使蓄电池充满电量，而间歇期使蓄电池经化学反应产生的氧气和氢气有时间重新化合而被吸收掉，使浓差极化和欧姆极化自然而然地得到消除，从而减小了蓄电池的内压，使下一轮的恒流充电能够更加顺利地进行，使蓄电池可以吸收更多的电量。间歇脉冲使蓄电池有较充分的反应时间，减少了析气量，提高了蓄电池的充电电流接受率。

脉冲充电可以提高电池的充放电效率，节省充电时间，同时延长电池的使用寿命，但是需要满足一定的条件。由于锂离子电池在充放电工作过程中，主要是依靠锂离子在阴极、阳极和电解液中的往复运动，想要达到节省充电时间提高充电效率的目的就必须提高离子的运动速率和扩散系数。充电倍率的大小或者分布如果不合适，不但不会达到预想的目标，反而会加速电池的老化。如图 11-2 所示，电池的充电倍率越高，可充入的容量就越小。通过电化学特性分析，锂离子电池充电倍率的大小主要受限于锂离子的扩散速率和正负极材料的特性，利用式（11-3），可以建立锂离子的扩散方程。

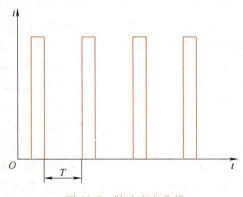

图 11-5 脉冲充电曲线

$$\frac{\partial C_{Li}(x,t)}{\partial t} = D_{Li}\frac{\partial^2 C_{Li}(x,t)}{\partial^2 x} \tag{11-3}$$

式中 C_{Li}——锂离子的浓度；

$\quad\ x$——扩散距离；

$\quad\ t$——扩散时间；

$\quad D_{Li}$——锂离子扩散系数。

研究表明，锂离子电池在循环测试中出现两个快速老化的时期：

1）SEI 膜（Solid Electrolyte Interphase，固体电解质界面膜）的形成期，这个过程消耗掉一部分可用的锂离子用来形成电极表面的 SEI 膜。

2）电池每次循环的充电末期，电池内部锂离子在液相迁移阻力比较小，而在固相中的扩散系数较小，所以在充电末期，如果充电电流过大，锂离子就会大量集中在电极表面，易造成锂金属的形成，使得锂离子的含量减少。

SEI 膜的形成对电池的寿命影响很大，如果不能产生良好的 SEI 膜，虽然电池在起初的充放电中会具有较高的充放电效率和可用的充放电容量，但是随着循环次数的增加，容量会急剧下降，特别是对于电流较小的脉冲充电模式来说，显得尤为重要，所以第 1 阶段的锂离子损失是不可避免的。但是脉冲充电过程中的电流也不宜过大，如果电流过大，就会造成 SEI 膜形成不均匀，而且 SEI 膜增厚很快，阻值也会大幅度增大，可用的离子数量减少，导致容量损失。

脉冲式充电法主要是利用充电搁置或者反向放电来消除充电过程中的极化现象，而极化现象与电池的种类、制造工艺、材料属性等密切相关，变化比较复杂。随着电池技术的不断改进，极化现象也得到了很好的控制，所以常规脉冲充电模式的优势就表现得不够明显，需要结合电池相关的特征参数，实时进行监控，然后来调节脉冲充电的幅值和作用周期，使电池始终处于最佳的工作状态，即后述中的智能充电模式。

2. ReflexTM 快速充电法

ReflexTM 快速充电法是美国的一项专利技术，最早主要面对的充电对象是镍镉电池。这种充电方法缓解了镍镉电池的记忆效应问题，因此，大大降低了蓄电池的快速充电的时间。与脉冲式充电法相比，ReflexTM 快速充电法最大的特点是加入了负脉冲的思想。其机理是利用负脉冲所提供的电池的"打嗝"作用，消除反应过程中电极表面产生的气泡，使电池充电过程的温升和内部阻抗的增加量减少，使电能尽可能充分地转化为蓄电池内部的化学能，有利于消除由于扩散速度较慢引起的浓度极化，提高电池内部活性材料的利用率，从而达到增加电池充放电次数的目的。

如图 11-6 所示，ReflexTM 快速充电法的一个工作周期包括正向充电脉冲、反向瞬间放电脉冲和停充维持三个阶段。正向充电脉冲的作用还是提供幅值为正的脉冲电流给电池充电；反向瞬间放电脉冲的作用是使电解质离子扩散得更加均匀以延缓电池内部的极化反应，从而提高电池的充电效率和增加电池的使用寿命；停充阶段的作用是使电解质离子扩散的更加均匀，缓和极化现象，从而提高电池的充电效率，延长电池的使用寿命。

3. 变电流间歇充电法

变电流间歇充电法建立在恒流充电和脉冲充电的基础上，如图 11-7 所示。其特点是将恒流充电段改为限压变电流间歇充电段。充电前期的各段采用变电流间歇充电的方法，保证加大充电电流，获得绝大部分充电量。充电后期采用定电压充电段，获得过充电量，将电池

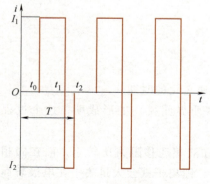

图 11-6　ReflexTM 快速充电曲线

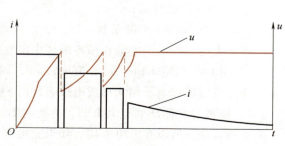

图 11-7　变电流间歇充电曲线

恢复至完全充电状态。通过间歇停充，使蓄电池经化学反应产生的氧气和氢气有时间重新化合而被吸收掉，使浓差极化和欧姆极化自然而然地得到消除，从而减轻了蓄电池的内压，使下一轮的恒流充电能够更加顺利地进行，使蓄电池可以吸收更多的电量。

4. 变电压间歇充电法

在变电流间歇充电法的基础上又有人提出了变电压间歇充电法，如图 11-8 所示。变电压间歇充电法与变电流间歇充电法不同之处在于第 1 阶段不是间歇恒流，而是间歇恒压。

比较图 11-7 和图 11-8 可以看出，图 11-8 更加符合最佳充电的充电曲线。在每个恒电压充电阶段，由于是恒压充电，充电电流自然按照指数规律下降，符合电池电流可接受率随着充电过程逐渐下降的特点。

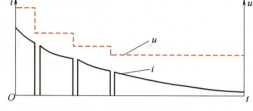

图 11-8 变电压间歇充电曲线

5. 变电压、变电流波浪式间歇正负零脉冲快速充电法

综合脉冲充电法、ReflexTM 快速充电法、变电流间歇充电法及变电压间歇充电法的优点，变电压、变电流波浪式正负零脉冲间歇快速充电法得到发展应用。脉冲充电法充电电路的控制一般有两种：

1）脉冲电流的幅值可变，而 PWM（驱动充放电开关管）信号的频率是固定的。

2）脉冲电流幅值固定不变，PWM 信号的频率可调。

图 11-9 采用了一种不同于这两者的控制模式，脉冲电流幅值和 PWM 信号的频率均固定，PWM 占空比可调，在此基础上加入间歇停充阶段，能够在较短的时间内充进更多的电量，提高蓄电池的充电接受能力。

6. 智能充电法

每一种充电模式都有各自的优点和使用的范围，但是随着电动汽车的广泛应用，人们对充电速率的要求越来越高，智能充电随之产生。智能充电法主要是用来在短时间内将电池充满或者达到设定的容量，即随着电池 SOC 和老化程度 SOH 来调节电流值的大小，使得该方法

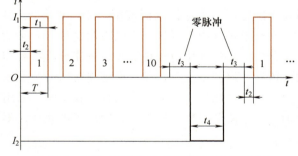

图 11-9 波浪式间歇正负零脉冲快速充电曲线

的充电时间可以与传统车辆的加油时间相接近。

智能充电法在当今引起了广泛的关注，世界各国研究人员都集中大量的资源来研究充电控制策略，以期在有效保证电池使用寿命的前提下，提高电池的充电速率，这样有利于提高电动车的实用性和社会认可度。

11.1.3 充电优化方法

1. 模型仿真充电优化

（1）等效电路模型 使用电阻、电容、恒压源等电路元件组成电路网络以模拟电池的

动态特性。这类模型是集中参数模型，通常含有相对较少的参数，并且容易推导出状态空间方程，因此适用于系统层面的仿真分析和实时控制。

（2）**黑箱电池模型**　对系统内部机理不关心或者不太了解时，通常可以利用黑箱模型去描述系统的外部特性。黑箱建模方法往往在模型结构确定和参数化上具有较好的灵活性。在电池系统的建模中也经常使用这类方法。黑箱电池模型本质上是一种描述电池外特性（通常为电压响应特性）的线性或非线性的映射函数。

（3）**电化学模型**　电池的内部本质是锂离子在电池正负两电极之间的往返运动，其中包括离子在电解液中的扩散、离子在固相和液相之间的迁入和迁出以及离子在固相之间的扩散。电化学模型旨在描述电池内部的关键表现，其不但能够预测电池电压，还可以反映电池内部的电解液浓度、电动势、电流等的分布情况。因此这类模型通常可以为电池的优化设计提供参考。

基于电化学模型的充电方法主要通过建立电池的电化学模型方程来对电池内部离子状态进行详细描述。根据电池内部特性，利用电化学工作站测量出电池在交流正弦波电压干扰影响下，给出的回馈信号，得到电池内部的离子扩散系数，同时还可以利用不同的等效电路元件来表示电池的交流阻抗谱图，建立起相关的等效电路模型。

电化学模型能够比较准确地描述电池内部各离子的运动状态，从而反应电池真实状态，但是在构建模型时需要考虑的材料参数比较多，例如各个电极材料的质量分数、体积分数、扩散系数、颗粒的半径、活性物质的比例等，并且不同种类的电池之间又存在较大的差异，所以模型的建立比较困难。

2. 电流分段充电优化

电流分段优化，通常是按递减趋势将整个充电过程分成若干段（一般为 4~5 段），对每段充电的电流给出预设取值范围。通过设定优化目标，选取优化方法，确定每段电流的取值。在充电过程中，当达到充电限制电压（一般为 4.2V）时，电流跳转至下一阶段。

分段电流的优化前提是要预设电流分段数目和初始电流取值范围，虽然摆脱了对电池模型的依赖，但初始值的预设、模糊规则库的产生仍要一定的专业知识作为先决条件，人为主观因素增多。此外，当电流分段数目较多时，采用该类优化技术易导致计算资源或实验成本增加；当电流分段数目较少时，锂离子电池往往不能完全被充满。

3. CC-CV⊖改进充电优化

CC-CV 改进充电优化，通常是在传统的 CC-CV 两段式充电技术的基础上，利用优化方法，对 CC 段、CV 段和 CC-CV 过程进行改进，以优化充电。

CC-CV 改进充电优化，对充电速度有一定的提升。在对 CC、CV 或 CC-CV 过程进行改进时，因为基本的两段式充电思想没有发生根本性变化，并不能解决充电极化效应，同时存在过充电的隐患，所以会对锂离子电池寿命造成一定的影响。

11.1.4　放电方法

（1）**工况放电**　模拟实际运行时的负荷，用相应的负载进行放电的过程。在对电动车

⊖　CC（Constant Current，恒流充电），CV（Constant Voltage，恒压充电）。

辆进行工况模拟时使用的标准工况有美国的城市驱动工况、日本的 10-15 驱动工况及欧洲行驶工况等。

（2）**恒流放电** 动力电池以一个受控的恒定电流进行放电。

（3）**恒功率放电** 动力电池以一个受控的恒定功率进行放电。恒功率放电时放电电流随电池电压的降低而增大。图 11-10 所示为镍镉电池在不同功率水平下的放电特性曲线。功率水平以 E 率为基准。E 率数值上是额定瓦时容量的倍数。例如，对于 $E/2$ 率水平，标称容量为 $780mW \cdot h$ 的电池功率为 $390mW$。

（4）**倍率放电** 动力电池以额定电流倍数值进行放电。

电池放电倍率越大，电池组中电池电压的一致性越差。电池的最高温度与放电倍率有关，正极处的温度最高，负极温度与正极的温度差随着放电倍率的增大而增大，电池的能量、容量与内阻也会受到放电倍率的影响。以锂离子电池为例，不同放电倍率下放电，电池的容量和能量随放电倍率的增加而降低，如图 11-11 所示。在 $1C$ 放电倍率下放电时，相当于 $\frac{1}{3}C$ 电倍率下放电时的95%的负荷特性；在 $2C$ 放电倍率下放电时，相当于 $\frac{1}{3}C$ 放电倍率下放电时的88%的负荷特性；在 $3C$ 放电倍率下放电时，相当于 $\frac{1}{3}C$ 放电倍率下放电时的70%的负荷特性。电池的内阻随放电倍率的增加而增加。

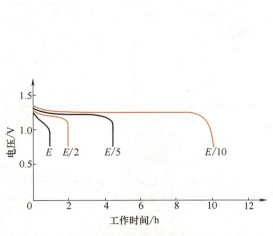

图 11-10 镍镉电池在不同功率水平下的放电特性曲线

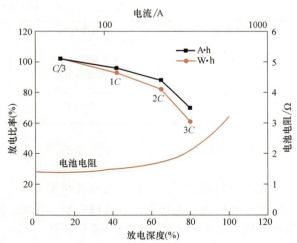

图 11-11 锂离子电池不同放电倍率下的放电曲线

11.2 动力电池系统充电方法

11.2.1 动力电池系统充电控制策略

大规模的动力电池成组集中应用，除考虑动力电池自身的化学和物理特性外，还需要考虑电池存储方式、存储环境、充电设备条件、集中存储和充电的安全问题以及对电网的影响

等。在诸多影响因素中，应首先保证和考虑的是动力电池的充电安全问题，即根据不同的动力电池种类，制订个性化的动力电池控制参数优先级序列，在充电过程中进行监控和控制。在现在的动力电池管理系统和充电技术水平下，充电过程检测到电池系统单体电池参数已经成为可能。因此，为保证充电安全，应尽可能地监测到电池单体的参数。

在充电控制策略上，成组电池与单体电池存在较大差异。现多采用电池管理系统与充电机通信的方式实现根据电池组中电池单体的典型参数进行充电控制。其基本控制思想是在保证电池组安全的前提下，提高电池组的可利用能量。电池单体参数对于保证充电安全极为重要，因此，充电参数控制策略常采用基于极端单体进行充电参数调整的方法，即根据不同的电池类型，关注电池系统中极端单体电池的参数。电动车辆常用动力电池系统充电遵循表 11-3 给出的优先级原则，进行总体充电参数调整，将电池组中极端参数控制在限定值范围内。以锰酸锂锂离子电池为例，用限流恒压方法进行充电，在充电过程中，首先关注检测电池组电池单体电压，如发现有电池单体超过设定的最高允许电压（如 4.25V），应降低总体充电限制电压，以控制单体电池电压上升。同时间隔一定时间检测电池温度，如发现有电池单体温度超过电池组平均温度 5℃，应降低充电限制电流，限制电池温度上升率。在精细化管理和控制的情况下，对于电压上限的调整还可根据电池的充电温度变化进行。例如电池温度在较低范围内时，提高充电电压上限以提高电池组的可充电容量，电池温度在较高的范围内时，降低充电电压上限以保证电池的安全。

表 11-3　电池组充电参数控制策略优先级

优先级	锂离子电池	镍氢电池	铅酸电池
高 ↓ 低	单体最高端电压 单体最高温度 电池组端电压 充电电流	单体最大温度上升率 单体最高温度 单体最高端电压 电池组端电压 充电电流	单体最高端电压 单体最高温度 电池组端电压 充电电流

11.2.2　动力电池系统充电管理模式

充电策略的实现，需要电池系统与充电机间实现有效的数据传输和参数实时判断。电池管理系统完成电池系统中参数的采集工作，同时在现有的智能充电过程中，通过实现与充电机的通信，保证充电安全性，实现充电过程的有效控制。

充电管理模式的基本系统结构如图 11-12 所示。

BMS 的作用是实现对电池状态的在线监测（电池的温度、单体电池电压、工作电流、电池和电池箱之间的绝缘）、SOC 估算、状态分析（SOC 是否过高、电池温度是否过高/低、单体电池电压是否超高/低、电池的温升

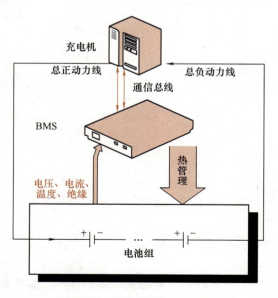

图 11-12　充电系统结构示意图

是否过快、绝缘是否故障、是否过电流、电池的一致性分析、电池组是否存在故障以及是否通信故障等）以及实施必要的热管理。充电机的主要任务是电源变换、输出电压和电流的闭环控制、必要的保护以及与 BMS 通信，实现对电池状态的全面了解和对输出电流的动态调节。当电池组需要充电时，除了充电机的输出总正和总负动力线需要与电池组相连以外，BMS 和充电机之间还增加了用于实现数据共享的通信线。

该充电模式通过电池管理系统和充电机系统之间建立的通信链路，实现了数据共享，使得在整个充电过程中电池的电压、温度以及绝缘性能等与安全性相关的参数都能参与电池的充电控制和管理，使得充电机能充分地了解电池的状态和信息，并据此改变充电电流，有效地防止了电池组中所有电池发生过充电和温度过高情况，提高了串联成组电池充电的安全性。另外，该充电模式既完善了 BMS 的管理和控制功能，提高了充电的安全性和智能化水平，还简化了充电工作人员设置充电参数等烦琐的工作，使得充电机具有了更好的适应性。通过这一模式，充电机不需要区分电池的类型，只需要得到 BMS 提供的电流指令就能实现安全充电。

11.2.3　动力电池系统充电方式

根据运营方式的不同，电动车辆动力电池组充电可分为地面充电和车载充电两种充电方式。

1. 地面充电方式

当车辆进行补充充电时，将需要充电的电池从车辆上卸下，安装上已充满电的电池，车辆即离开继续运营或应用，对卸载下的电池利用地面充电系统进行补充充电。采取地面充电方式有利于电池维护，提高电池使用寿命和车辆使用效率，但对车辆及电池更换设备提出了更高的要求。地面充电又有分箱充电和整组充电。

（1）分箱充电　分箱充电时，每台充电机对电池组中一箱电池充电，并和该箱的电池管理单元通信，完成充电控制。采用这种方式，有利于提高电池组的均衡性，延长电池组使用寿命，但充电机数量多，电池组与充电机间的连线多，监控网络复杂，成本较高。其结构如图 11-13 所示。

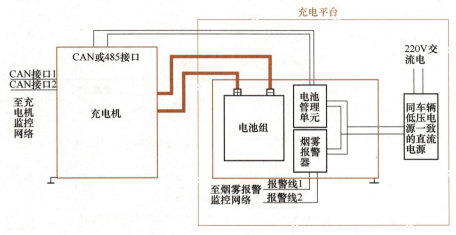

图 11-13　地面分箱充电结构图

其中，充电平台包括与车辆低压电源一致的直流电源、电池存储架、充电机通信接口连接器、充电机输出连接器、烟雾传感器。当单箱电池放置在充电平台上时，低压电源为电池管理单元提供供电电源，充电机和电池管理单元通信实现充电控制，能量通过充电机输出连接器从充电机传输到电池。烟雾传感器、温度传感器等实现在充电过程中的现场监视。

当采用分箱充电时，需要电池调度系统对所有的电池实时进行数量、质量和状态的监控和管理，完成电池存储、更换、重新配组和电池组均衡、实际容量测试及电池故障的应急处理等功能。

（2）**整组充电** 采用整组充电，则将从电动车辆上卸下的各箱电池按照车辆上的应用方式连接，通过一台充电机给整组电池进行充电，所有的电池管理单元通过电池管理主机与充电机进行通信，完成充电控制。采用这种方式，充电机数量较少，监控网络简单，但是相对分箱充电方式而言，电池组的均衡性较差，使用寿命较低。其结构如图 11-14 所示。

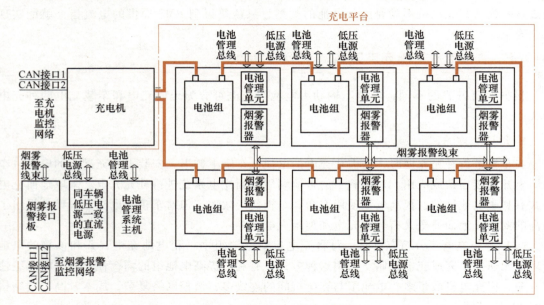

图 11-14 地面整组充电结构图

两种充电方式的比较见表 11-4。

表 11-4 两种充电方式的比较

序号	整组充电	分箱充电
1	充电电压高、安全性差	充电电压低、安全性好
2	单台充电设备功率大，技术不成熟，设备成本高	充电设备单机功率小，技术成熟，总体成本低
3	一致性差异增加快	减缓一致性差异增加
4	谐波相对较大	谐波相对较小
5	不适于更换模式下电池对称布置	适于更换模式下电池对称布置
6	电池使用寿命短	兼顾一致性，有效提高了电池使用寿命

2. 车载充电方式

当车辆进行补充充电时，充电机与充电车辆通过充电插头进行连接，电池无须从车辆上卸下即可直接进行充电，如图 11-15 所示。其优点是充电操作过程简单，不涉及电池存储、电池更换等过程。但车辆充电时间占用了车辆的运营或应用时间，车辆利用率较低，不利于保持电池组的均衡性以及延长电池组的使用寿命。

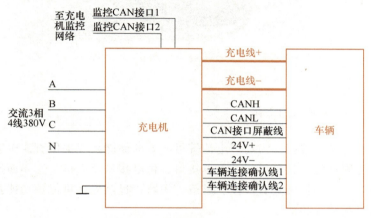

图 11-15　车载充电方式充电机和车辆连接图

车载充电方式通过充电插头上的 CAN 网络连接线与电动汽车内部 CAN 网络进行连接，与车载电池管理主机进行通信，完成充电控制。车载充电通信网络结构如图 11-16 所示。

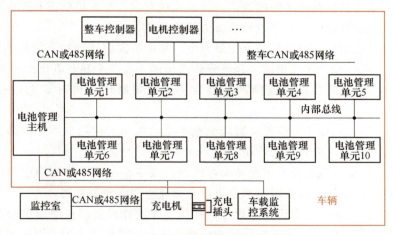

图 11-16　车载充电通信网络结构图

车载充电采用的充电机有两种形式，一种是随车安装携带的车载充电机，一般功率较小，对于电动轿车多数在 5kW 以下，充电电流小，充电时间长。适于晚间充电、白天应用的电动车辆工况。另一种是非车载快速充电机，一般保证车辆充电在 30min 以内，可以充入保证车辆行驶超过 50km 的电量。已经产品化的电动轿车为了满足这两种充电机的应用，需要在车辆上设置车载充电机接口和快速充电接口。图 11-17 所示为日产公司 Leaf 电动汽车的充电接口，即为两个接口并列的形式。

图 11-17　日产公司 Leaf 电动汽车的充电接口

11.3　充电技术与充电设备

充电机是与交流电网连接，为动力电池等可充电的储能系统提供直流电能的设备。一般可由功率单元、控制单元、计量单元、充电接口、供电接口及人机交互界面等部分组成。实现充电、计量等功能，并扩展具有反接、过载、短路、过热等多重保护功能及延时起动、软起动、断电记忆自起动等功能。

充电机技术主要涉及两个方面：①充电机的集成和控制技术，主要是通过研究充电过程对电池使用寿命、温度、安全性等方面的影响，选取合理的拓扑结构，采取合适的充电方式，实现充电过程的动态优化及智能化控制，从而实现最优充电；②充电监控技术，主要是规范充电机和充电站监控系统之间的通信协议，实现对多台充电机状态和充电过程的实时监控，并达到和其他监控系统、运营收费系统通信的功能。

为实现安全、可靠、高效的动力电池组充电，充电机需要达到如下的基本性能要求：

1）安全性。在电动汽车充电时，保证操作人员的人身安全和蓄电池组的充电安全。

2）易用性。充电机要具有较高的智能性，不需要操作人员对充电过程进行过多的干预。

3）经济性。充电机成本的降低，对降低整个电动汽车的使用成本，提高运行效益，促进电动汽车的商业化推广有重要的作用。

4）高效性。保证充电机在充电全功率范围内高效率，在长期的使用中可以节约大量的电能。提高充电机能量转换效率对电动汽车全寿命经济性有重要作用。

5）对电网的低污染性。由于充电机是一种高度非线性设备，在使用中会产生对电网及其他用电设备有害的谐波污染，需要采用相应的滤波措施降低充电过程对电网的污染。

11.3.1　充电机的类型

电动车辆充电机根据不同的分类标准，可分成多种类型，见表 11-5。

表 11-5　电动车辆充电机的类型

分类标准	充电机类型	
安装位置	车载充电机	地面充电机
输入电源	单相充电机	三相充电机

（续）

分类标准	充电机类型	
连接方式	传导式充电机	感应式充电机
功能	普通充电机	多功能充电机
能量流向	单向充电机	双向充电机

（1）**车载充电机**　车载充电机安装于电动车辆上，通过插头和电缆与交流插座连接。车载充电机的优点是在蓄电池需要充电的任何时候，只要有可用的供电插座，就可以进行充电。图 11-18 所示为 6.6kW 车载充电机。图 11-19 所示为常用车载充电机。

图 11-18　水冷式 6.6kW 车载充电机

a)　　　　　　　　　　　　　　　b)

c)　　　　　　　　　　　　　　　d)

图 11-19　常用车载充电机

a）3.3kW 车载充电机　b）6.6kW 车载充电机　c）11kW 车载充电机　d）22kW 车载充电机

（2）**地面充电机**　地面充电机一般安装于固定的地点，与交流输入电源连接，直流输出端与需要充电的电动汽车充电接口相连接。地面充电机可以提供大功率电流输出，不受车辆安装空间的限制，可以满足电动车辆大功率快速充电的要求。

（3）传导式充电机和感应式充电机　传导式充电机的输出在充电时，电能通过导线直接连接输送到电动汽车上，两者之间存在实际的物理连接，电动汽车上不装备电力电子电路。

如图11-20所示，感应式充电机利用了电磁能量传递原理，以电磁感应耦合方式向电动汽车传输电能，供电部分和受电部分之间没有直接的机械连接，二者的能量传递只是依靠电磁能量的转换，这种充电方式结构设计比较复杂，受电部分安装在电动汽车上，受到车辆安装空间的限制，因此功率受到一定的限制，但由于不需要充电人员直接接触高压部件，其安全性高。

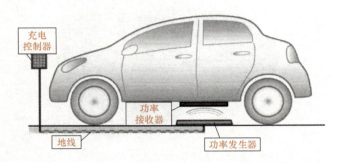

图 11-20　感应式充电机的工作示意图

（4）普通充电机和多功能充电机　普通充电机只提供对动力电池的充电功能，当前实际运用的充电机基本上以交流电源作为输入电源，所以充电机的功率转换单元本质上是一个 AC/DC 变换器。而多功能充电机除了提供对动力电池的充电功能以外，还能够提供诸如对动力电池进行容量测试、对电网进行谐波抑制、无功功率补偿和负载平衡等功能。

大功率地面充电机以传导式大功率充电机为主，基本上是采用三相交流电作为输入电源，经过二极管整流桥和 LC 滤波环节获得直流母线电压，再采用隔离型全桥式 DC/DC 变换器进行电压变换。可用的隔离型全桥式 DC/DC 变换器拓扑包括硬开关 PWM 变换器、串联/并联谐振变换器、双有源桥式变换器、移相式全桥变换器等。其中，硬开关 PWM 变换器的主电路结构和控制方法最为简单，磁性器件（包括隔离变压器、输出滤波电感等）的设计和制作也最简单，从而成为技术最成熟、应用最多的大功率充电机拓扑。但它也存在着开关频率低、噪声大、体积大等缺点。更为先进的大功率充电机正在不断出现，并投入到了实际的应用中。

（5）双向充电机　双向充电机采用双向型拓扑，可以向车载电池进行恒流、恒压模式充电，同时可以向电网馈电，输出有功功率，实现对电网有功负荷的削峰填谷。可以通过向外输出相位超前或滞后于电网电压的电流进行容性或感性无功补偿。作为连接上层控制系统与电动汽车的媒介，可结合电网调度中心和电池管理系统的指令进行充电和馈电操作。

随着动力电池技术的成熟以及电动汽车智能化技术的完善，电动汽车保有量不断增加，充电场站的数量和功率在不断提高，充电场站对电网的冲击也在逐步凸显出来。同时，电动汽车放电功能的完善，以及储能直流微网技术的成熟为充电场站减轻电网冲击、进行削峰填

谷提供了可行性解决方案。另外随着太阳能发电成本的降低，在充电场站布置光伏发电就地消纳也成为减轻电网冲击的最佳选择。充电模块在 V2G（Vehicle to Grid）、V2V（Vehicle to Vehicle）、光伏优化器领域形成了新需求。V2G 指的是电动汽车与电网之间进行能量与信息双向传递的技术。在 V2G 模块方面，对于传统的 AC/DC 模块提出了反向放电的需求，如何宽范围输出、实时双向切换、全范围高效率输出成为充电模块的新挑战。在直流微网、V2V 和光伏就地消纳应用中要求 DC/DC 模块既满足直流充电同时具有反向放电能力和光伏最大功率跟踪的能力。新的双向变换需求为充电模块技术发展注入了新的活力，成为未来技术创新的方向。

11.3.2　充电机充电原理

本节通过分别举例单向充电机、双向充电机电路的拓扑结构以说明充电机充电原理。

1. 单向充电拓扑结构

充电机通过电力电子器件实现交流和直流之间的变换。电力电子器件同时还会不可避免地带来无功功率，较多的无功功率将会导致电网电压波动，供电质量降低，线路损耗增大。电路中有功功率与视在功率的比值定义为功率因数，为抑制用电端给电网带来过大的无功功率，民用乃至工业用电中对功率因数都有严格限制，通常不低于 $0.8\sim0.9$。其中一种方法便是采用 PFC（Power Factor Correction）功率因数校正技术，其可消除电力电子器件的谐波污染，提高输入功率因数。

单级全桥 PFC 技术具有结构简单、效率高、高频变压器双端励磁等优点，适用于中大功率场所。基于全桥结构的单级 PFC 变换器如图 11-21 所示，在工作时存在上下桥臂直通和对臂导通两种工作状态，在上下桥臂直通时输入电感中的电流升高，在对臂导通时输入电感中的电流下降，通过控制系统中输入电感的充放电周期内上下桥臂直通所占的比例（占空比），调整输入电感中的电流大小，使输入电流为正弦波且与输入电压同相，最终消除高次电流谐波，实现功率因数校正。

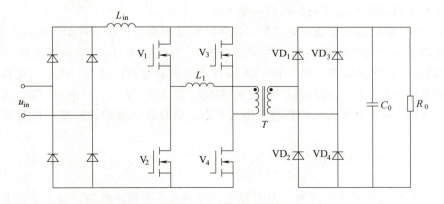

图 11-21　基于全桥结构的单级 PFC 变换器

分析能量流动过程可知，在上下桥臂直通时，高频变压器两端的电压为 0，此时由输出滤波电容为负载提供能量；在对臂导通过程中，由高频变压器将输入电感中存储的能量及输

入电源提供的能量传递到变压器二次侧，经过高频整流滤波后为负载提供能量。通过调节系统占空比能够改变输出电压，使输出电压为额定值。在一个工作周期内输入电感完成两次充放电，高频变压器进行两次励磁，并且两次励磁方向相反，磁心双端励磁，提高了变压器的磁心利用率。

2. 双向充电拓扑结构

图 11-22 所示为双向充电机充放电主电路的拓扑结构，包含三相半桥电压型 PWM 整流器和双向 DC/DC 变换器。

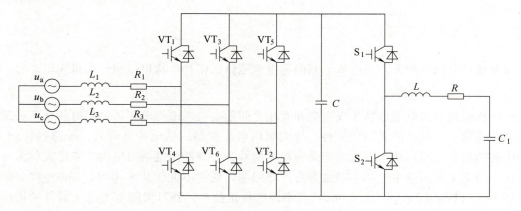

图 11-22　基于 V2G 技术的电动汽车充电桩的主电路的拓扑结构

三相交流电通常应用在工业中高电压、大功率的场合，双向即指能量的流动既可以通过电网侧流向车载蓄电池侧，又可由蓄电池侧流向电网侧。图中三相半桥电压型 PWM 整流器即为一种双向 PWM 整流器，具有可以实现能量双向流动、动态响应快、稳态性能好等优点。当其工作在整流状态时，能量由电网侧流出，电流为正弦，其相位与电网电压的相位相同；当其工作在有源逆变状态时，此时电动汽车蓄电池中储存的能量回馈到电网中，这时电网侧的电压和电流波形均为正弦，相位相差 180°。

双向 DC/DC 变换器具有动态响应快、能量转换效率高、功率器件少等优点。如图 11-22 所示，当充电桩对电动汽车蓄电池充电时，开关 S_1 导通，而开关 S_2 始终关闭，因而双向 PWM 整流器工作在整流状态，双向 DC/DC 变换器这时处在降压时刻，能量由电网侧流向蓄电池侧；当蓄电池进行放电的时候，开关 S_1 关闭，开关 S_2 导通，双向 DC/DC 变换器处于升压时刻，双向 PWM 整流器工作在有源逆变状态，储存在电池中的能量经过整流器回馈到电网。

11.3.3　充电技术发展趋势

由于电动汽车技术的不断发展，对于充电系统的要求也越来越高，为了适应电动汽车的快速发展，充电系统需要尽量向以下目标靠近：

（1）快速化　在目前动力电池比能量不能大幅度提高、续驶里程有限的情况下，提高充电速度，从某种意义上可以缓解电动汽车续驶里程短导致的使用不方便的问题。

（2）通用性　电动汽车应用的动力电池具有多样性，在同种类电池中由于材料、加工

工艺的差异也存在各自的特点。为了节约充电设备投入，增加设备应用的方便性，就需要充电机具有充电适用的广泛性和通用性，能够针对不同种类的动力电池组进行充电。

（3）智能化　充电系统应该能够自动识别电池类型、充电方式、电池故障等信息，以降低充电人员的工作强度，提高充电安全性和充电工作效率。

（4）集成化　目前电动汽车充电系统是作为一个独立的辅助子系统而存在的，但是随着电动汽车技术的不断成熟，本着子系统小型化和多功能化的要求，充电系统将会和电动汽车能量管理系统以及其他子系统集成为一个整体，从而为电动汽车其余部件节约出布置空间并降低电动汽车的生产成本。

（5）网联化　对于一些公共场合，如大型市场的停车场、公交车总站等，为了达到数量巨大的电动汽车的充电要求，就必须配备相当数量的充电器，如何对这些充电器进行有效的协调管理是一个不可忽视的问题。基于网络化的管理体制可以使用中央控制主机来监控分散的充电器，从而实现集中管理，统一标准，降低使用和管理成本的目的。

11.4　换电技术与换电站

目前，车载动力电池系统能量密度仍然较低，导致电动汽车单次充电续驶里程较短，同时动力电池单次充电时间较长，使得电动汽车的使用和推广受到严重制约。传统的电动汽车充电模式包括常规充电与快速充电，其中，常规充电一般需要 3～10h 方可将电池电量充满。如此长的充电时间难以满足用户持续驾驶需求。而目前快速充电技术水平虽可以将充电时间减少至十五分钟左右，但这种充电方式对电池寿命有着很大的影响。针对上述充电技术的弊端，换电技术可以给用户带来更加方便的服务：当用户发现车辆电量不足时，直接驶入就近的换电站即可实现对低电量电池的更换，被换下来的低电量电池会被充电和保存。换电方式将大大节省用户时间，是一种便捷、快速的电池电能补充方式。因此，动力电池快速更换技术也成为新能源领域的研究热点之一。

11.4.1　动力电池自动更换技术

1. 自动更换系统总体方案设计

自动更换系统总体方案设计的主导思想是：实现动力电池快速、高效、安全、可靠、便捷的更换，合理使用能源，增加电动车辆的使用效率。

通常情况下，采用更换机器人自动快换的方式进行电动车辆动力电池的更换，需要安排额外的更换机器人作为备用，以便在运行过程中出现设备故障的情况时持续换电功能。

自动更换过程可以通过调度或现场操作人员通过无线通信来遥控指挥电池的装卸，通过多种定位技术集成来提高更换机器人对车辆的定位精度。

机械臂在工作时，需要接受来自电动车辆的信号，用于确认电池箱的送装或者拉取是否到位，动力线、信号线及低压电源线插接是否正常。机械臂采用中央控制的方式，各传感器取样采集的信号经过中央处理器处理后，发出相关指令进行操作。

同时还应该设计手动更换方案，作为换电站停电或者其他意外情况下的备用更换方式。

2. 自动更换系统组成及工作原理

自动更换方式是动力电池快速更换的主要方式，由更换机械装置和控制系统共同构成的

更换机器人来完成。更换机器人由底盘、垂直举升装置、托盘、充电架、电磁吸取装置，以及液压传动系统等组成。电池更换机器人实物如图11-23所示，动力电池自动更换系统总体结构如图11-24所示。

图11-23　电池更换机器人

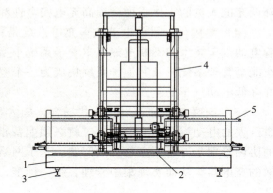

图11-24　动力电池自动更换系统总体结构

（1）底盘　如图11-24所示，底盘部分包括平行移动平台1和旋转平台2两部分，可实现直线运动和回转运动。更换设备整体是一个可独立行走的水平移动轨道车，在移动的同时实现设备沿电动客车车身方向对电池系统的定位。其中，直线移动方式采用钢轨、槽轮组成的轨道3定位方式，并采用伺服电机驱动，保证了平移的稳定性和定位的准确性。旋转平台可以实现车上电池与存储架电池的更换，并且可以通过回转角度的调节来调整更换设备和车的平行度。该平台采用了回转支撑与伺服电机配套驱动方式，可以利用回转轴承高精度、低间隙以及伺服电机的恒转矩等特性，来保证旋转平台的水平回转及定位的准确性。

（2）垂直升举装置（升降臂）　垂直升举装置（图11-24中部件4）可以实现电池组垂直方向的运输和定位调整，并且具备在电池更换过程中，随着车辆悬架刚度变化来随动调整电池搁置平台高度的功能。该装置采用了内外门架以及滑架组合套嵌的方式，在保证举升行程的前提下，降低了设备自身的重心高度，从而提高了稳定性。同时在各个部件之间设置轴承滚轮和间隙调整装置，保证了各部件运动的灵活性，提高了运动精度。

（3）电池托盘与充电架　电池托盘（如图11-24中的部件5）用于存放电池，通过与门架的连接可以保证其拥有足够的刚度。采用直线导轨的连接方式，可以保证托盘伸缩的灵活性、方向性和稳定性。直线导轨通过液压驱动的方式来实现更换机械在水平方向靠近电动客车或电池存储平台，保证了更换过程中车与设备的无缝连接。电池架安装在电池托盘上，可以随托盘的伸缩而运动。

（4）电磁吸取装置　电磁吸取装置可以实现电池箱在存储平台和车辆电池舱的推入和拉出。如图11-25所示，电磁吸取装置6包括：电磁吸盘61和电动缸62。电磁吸盘通过电动缸，在电池托盘5上前后移动。当移动到电池托盘前端时，通过行程开关控制系统7向电磁吸盘供电，将电池箱吸附在电磁吸盘上，然后电动缸驱动电磁吸盘向后移动，将电池箱从电池架上或车辆电池舱内拉至电池托盘上。

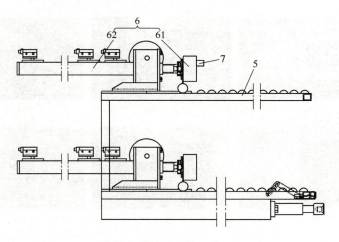

图 11-25　电磁吸取装置

3. 更换动作的基本准则和过程

为了能够使用换电技术来实现纯电动客车电池箱的快速更换，通常采用车身两侧对称式电池舱布局。由于电池位于车身两侧，换电设备可以从两侧同时进行电池更换。这种方式提高了电池更换的总体效率，各个单元在更换过程中均采用独立控制。为了兼顾效率和设备复杂度，将电池进行分箱组合，以箱体为单位进行整车电池的更换。更换时可以沿车身方向按照从前往后的顺序进行。换电设备需要在电池存储架上吸取电池时，在保证电池处于充满电的情况下，应该优先取用位于存储架上端的电池进行更换（下端电池一般为手动更换备用）。

在满足上述换电动作基本准则的情况下可以采取以下的换电流程：

当电动车辆进站停到指定区域（由车辆定位系统完成）后，通过手动或机械自动打开电池舱门。更换机器人自动循迹找到车体一侧电池箱的位置，同时平衡式机械臂的两个伸缩臂也分别对正车体上的电池箱吊架和充电架上的电池舱架。伸缩臂通过在托架上伸出的一段距离使得其上的搭桥柱分别插入吊架、舱架的搭桥柱孔上，使伸缩臂上的滚轮平面分别和吊架及舱架上的滚轮平面保持一致。然后伸缩臂上的推拉装置将电池箱拉至伸缩臂上，此时举升臂将根据拉伸电池箱时车体高度的变化来调整托架的高度，使伸缩臂滚轮平面始终与吊架上滚轮平面保持一致，保持电池箱拖出过程的平稳性。

拉出电池箱后，伸缩臂和电池箱一同回到伸缩臂所在托架的原始位置上。此时另一侧的伸缩臂以同样的方式从充电架上取出已充好电的电池箱。通过回转平台进行 180°旋转使充电架上充好的电池箱与车上取下的电池箱换位。完成新旧电池箱换位后就可以按照电池箱拖出过程的逆过程来进行电池箱的安装动作，即伸出伸缩臂，将搭桥柱插入搭桥柱座上，再将电池箱推入车辆电池舱内。另一侧伸缩臂也同时将更换下来的电池箱放入充电架上。最后伸缩臂缩回到托架上的原始位置从而完成了整个换电的过程。整个换电过程用时通常可以控制在 6min 以内。

以电动客车为例，整个更换过程的大致示意图如图 11-26 所示，整个换电过程的关键动作见表 11-6。

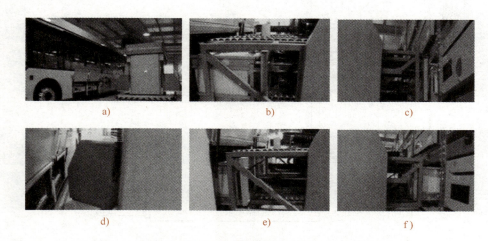

图 11-26 更换过程示意图

a）停车定位 b）取车上电池 c）取架上电池 d）回转换位 e）推入车上电池 f）推入架上电池

表 11-6 自动换电过程的关键动作

序 号	工 作 内 容
1	抽取电动车辆前部电池
2	移动并旋转
3	安装电动车辆前部电池
4	将电池输送并放置到充电架
5	取充电架上充满电的电池
6	取电动车辆上后部电池
7	移动并旋转
8	安装电动车辆后部电池

4. 更换系统其他关键技术

（1）定位机构 更换设备对电池箱的多种自动精确定位可以让其快速地找到车辆电池箱的具体存储位置，保证车辆与更换设备的无缝连接以及更换动作的准确度，是完成后续一切更换动作的前提和保障。

更换设备对电动车辆动力电池系统的定位通常采用了多种定位技术集成、多重多层次定位的方案来保证精度。定位系统一般包括：接近开关定位系统、红外定位控制系统、搭桥柱定位系统、霍尔开关定位系统、电池箱到位控制系统。各个定位系统及其作用见表 11-7。

表 11-7 定位系统及其作用

定位系统	作 用
接近开关定位系统	保证更换机器人在轨道上前后移动过程中对电池充电架或车辆电池舱的初定位
红外定位控制系统	保证机械臂与电池充电架或车辆电池舱部分的精确定位
搭桥柱定位系统	修正机械误差，将机械臂与被取电池的承载部件连在一起，从而保证更换过程中电池箱的平稳移动

（续）

定位系统	作　用
霍尔开关定位系统	实现旋转部分的定位，保证旋转角度的精确性
电池箱到位控制系统	准确传达电池箱在车上、存储平台以及存储架的到位信息

（2）锁止机构　更换设备对电池箱的锁定和解锁操作可以完成电池箱在车上的固定与分离，使得电池的换电过程更加简便快速。

电池箱的锁止是依靠电磁锁结构来完成的，锁止和解锁过程是通过机械式触点来传递电池箱的位置信息，并提供解锁和锁止信号。整个结构具有简单、安全、可靠等优点。

如图 11-27 中，A 部分为电池箱锁止结构，电磁锁由整车低压供电，在解锁结构 B 触电接触后，电磁锁供电处于打开状态，依靠电磁吸取装置的电动缸推力来解除锁止预紧力，从而实现电池箱的顺利解锁。

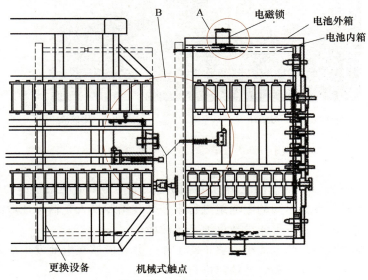

图 11-27　电池箱锁止机构

为保证应急工况下或非快速更换工况下电磁锁能够顺利打开，锁止结构应该还需具备其他的开锁方式，例如：

1）电池手动更换时，通过手动解锁装置打开。

2）非正常情况下，手动控制机构供电，使电磁锁打开。

3）非正常情况下，使用专用工具在电池箱侧面拨开电磁锁。

（3）电池箱快速定位技术　为了适应动力电池自动快速更换的需要，可以采用电池箱多级渐进定位方式和结构来保证电池内箱与电池外箱的迅速准确定位，如图 11-28 所示。

1）一次定位：在电池内箱进入外箱时，通过内箱底部凸缘与外箱滚轮凹槽滑道配合，可以实现一次电池箱定位导向，并可以通过单侧滑道来防止电池箱的错箱或倒置，这种方式的定位精度为 2mm。

2）二次定位：内箱推入至外箱纵深 9/10 的深度后，外箱上的定位销与内箱的定位孔之间进入相互配合状态，可以实现内外箱体的二次定位，这种方式的定位精度为 0.5mm。

3）浮动定位：动力线连接件及通信线连接件均采用浮动定位的方式，其浮动误差范围为 2mm，通过这种方式可以消除装配过程中的累计误差，并且可以在车辆运行的过程中，消除由于振动所造成的内外箱体之间的相对误差。

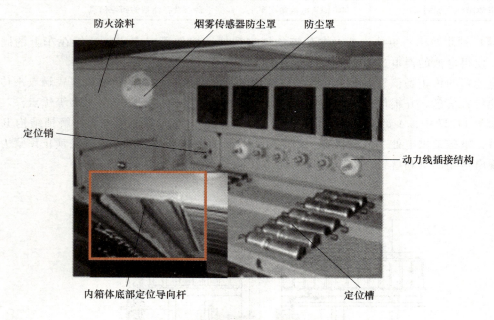

图 11-28　电池箱内外箱体间定位结构

（4）电池箱编码方法　由于换电站内存储的电池中，每个电池组整体的容量、SOC、内阻等参数都有所不同。参数不同的电池组进行串并联装箱并换入车辆电池舱组成电池系统之后，会出现不一致问题并且有可能导致电池系统故障。

为了保证重新成组装车的电池组能够正常工作，并且能够在电池发生故障时实现快速定位，可以将检测模块、电池箱和电池箱门进行统一编号。

通过这种编码方式，当电池箱重新成组装车后，控制系统就可以根据从检测模块那里获取的编号信息来判断电池箱编号是否发生冲突。当发生冲突时，控制系统能够指出存在冲突的电池箱编号，从而方便重新成组。

当不存在编号冲突后，为了避免将容量、SOC 和内阻不一致的电池箱混用，需要判断成组装车后各个电池箱性能是否匹配。电池组重新装车后，车载电池管理系统可以通过内部总线来获取各个电池箱检测模块估算得到的电池容量、SOC 和内阻信息，通过与预先设定的差异阈值进行比较，从而可以判断成组的电池是否匹配。

11.4.2　换电模式应用与分析

换电模式有利于电池的监控、维护和迭代，在当下市场整体存在车载电池容量、功率密度低的情况下，换电站作为配备高能量密度电池的超高续驶里程电动汽车诞生前的过渡产物应运而生，虽仍存在难以统一电池规格、盈利模式有待完善等问题，但因其较高的便捷性在全球范围内掀起了一波热潮。下面将以国外的以色列 BetterPlace 公司换电模式、美国特斯拉

公司换电模式以及国内一些典型换电站换电模式为例简单介绍换电模式的应用与案例分析。

1. 国外换电模式应用

（1）以色列 BetterPlace 公司换电模式　以色列 BetterPlace 公司是一家致力于开发电动汽车充（换）电相关技术及服务体系并投资电动汽车发展所需基础设施的跨国企业，该公司研制开发的换电机器人曾在世界多个城市为电动计程车提供快速换电服务。

需要换电的电动车驶入换电站后，会由一个平台托起，车上的动力电池被卸下，安装上充满电的电池，电动车再被平台放回地面，驶出车道。整个过程不超过 5min，可以在 BetterPlace 公司研发的车载 OSCAR 系统上看到整个换电的动画过程以及电量的变化。BetterPlace 公司采用剪式升降机构的平台对将要更换的电池进行托举，使得更换电池的总时间可以缩短至 1min。图 11-29 所示为位于以色列的 BetterPlace 换电站。

a)　　　　　　　　　　　　　　　　　　b)

图 11-29　BetterPlace 换电站

由于管理层频繁变动，资金需求庞大，未找到现实的盈利模式，以及业务发展进度远低于预期等原因，2013 年 5 月 26 日，该公司宣告停止运营。

（2）美国特斯拉公司换电模式　2013 年 6 月，特斯拉也发布了电池更换技术，其换电系统可以将换电时间缩短至 90s 左右，图 11-30 所示为特斯拉换电站电池的快速更换方式。

特斯拉推出换电模式的目的是为了初步了解用户对于换电模式和超级充电桩倾向性，2015 年的特斯拉股东大会上，CEO 马斯克表示消费者更加倾向于快速充电站。目前，特斯拉只在加州的 Coalinga 开放了一个换电站，并且需要用户提前预约。

2. 国内换电模式应用

当前国内以充电为主的补能体系建设无法满足新能源车的长足发展，国内换电模式的应用以及换电站的建设势在必行。

国内换电站模式的出现是在 2008 年北

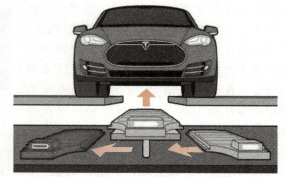

图 11-30　特斯拉换电站电池的快速更换方式

京奥运会期间，为了实现服务奥运的电动客车 24 小时不间断地运行，设计采用了租赁模式结合集中充电、快速更换的模式和机制。经过了奥运会的实践检验，快速更换电池系统得到了有效的应用，确保了奥运期间电动客车长时间的运营，为奥运服务提供了保障，也推动了

国内换电模式的发展。

2011 年 7 月，由国家电网投资建设的青岛薛家岛电动汽车智能充换储放一体化示范电站正式投入运营。薛家岛充换电站集中体现了国家电网公司"换电为主、插充为辅、集中充电、统一配送"的建设运营模式。与单纯的充电站充电桩充电不同，薛家岛站是以"换电为主、充电为辅"。其他的换电站一般需要经过专业培训的人员进行换电操作，而薛家岛换电站只需要一名普通的驾驶员即可顺利完成换电所需要的所有步骤。薛家岛站的自动多箱快换设备采用了高速机械视觉技术定位，能够自动跟踪车辆，当公交驾驶员开车进入换电车道时，多组电池箱更换可以同步完成，每车次换电时间约 6~8min，实现了安全可靠、实用高效的电池更换。而换下的电池则由充电站自动进行充电以备下次更换使用，图 11-31 所示为薛家岛充换电站。

图 11-31 薛家岛充换电站

2016 年 10 月 29 日，由北汽新能源联手奥动新能源、上海电巴以及中石化等机构打造的首批 10 座充换电站在北京正式交付使用，覆盖了北京中心城区、怀柔、顺义等 8 个地区，如图 11-32 所示。

目前，北汽集团所建设的换电站仅仅用于市内出租车换电。截至 2017 年上半年，北汽新能源已经在北京、厦门、兰州三座城市投放了超过 2400 辆可供换电的出租车，其中北京市的投放量已经超过 1200 辆，车型全部为北汽新能源 EU220。同时在北京市总共建成配套换电站 68 座，每座换电站的建设成本接近 1000 万元。每座换电站按照标准至少需要储备替换电池 28 块，每块电池的成本标价为 11.5 万元，电池储备的总成本达 322 万元。

图 11-32 北汽新能源出租车换电站

在换电技术方面，北汽新能源最新一代采用奥动集装箱撬装式换电站，如图 11-33 所示。这种新式换电站占地面积更小，建设周期更短，建设的成本也更低。北汽新能源未来计划在国内一二线大城市继续推进出租车集中换电项目，成为全球第一个实现规模化换电运营的汽车厂商。

自 2014 年 11 月成立以来，蔚来汽车公司致力于推出换电政策和打造换电站（见图 11-34）。截至 2021 年 7 月，蔚来已在全国范围内建成 301 座换电站、204 座超充站和 382

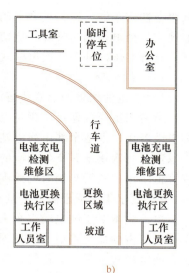

a)   b)

图 11-33　奥动集装箱撬装式换电站

a）外观图　b）布局简图

图 11-34　蔚来全国首座换电站

座目的地充电站，累计为用户提供了超 290 万次换电服务和超 60 万次一键加电服务。蔚来发布的 NIOPower2025 换电站布局计划，从 2022 年到 2025 年，在中国市场每年新增 600 座换电站；至 2025 年底，蔚来换电站全球总数超 4000 座，其中中国以外市场的换电站约 1000 座。NIOPower 是基于移动互联网的加电解决方案，拥有广泛布局的充电设施网络，依托蔚来能源云技术，搭建了"可充可换可升级"的能源服务体系，通过蔚来移动充电车、充电桩、换电站和道路服务团队，为车主提供全场景化的加电服务。

3. 国内外换电模式分析

国外以 BetterPlace 公司和特斯拉公司为典型的换电模式在经历市场投放检验后纷纷以失败告终。高昂的投资建设成本和用户使用成本、单一的换电客户群体、不断提升的快速充电效率等因素使得个体电动汽车换电模式无法在竞争中生存。

然而对于目前国内的大多数换电站，其主要的服务对象为公交车、出租车、物流车等公

共服务性质车辆。这种类型车辆的品牌与技术标准相对统一，行驶规律相对明确，能够比较好地进行换电预测与管理。这使得公共电动车辆换电模式能够持续地在市场里生存下去。

结合对国内外企业换电模式的分析，可以大致总结出换电模式的优势与劣势如下：

（1）换电模式的优势

1）以电池租赁的形式代替电池购买，可以降低用户的初始购置成本。

电池租赁模式即将车辆与电池进行分开销售。用户在购买电动车辆时无须支付高额比例的电池费用，电池全部由换电站统一进行匹配供应，相当于换电站将电池租给用户使用，用户只需在每次换电时支付相应的租金即可。因此，用户无须再对电池的损耗、折旧负责，不仅降低了用户购置车辆时的成本，而且也可让用户更加省心。

2）便于集中管理电池，延长电池的使用寿命。

电池成本对于纯电动汽车来说占据着较大的比例，其中对于电池容量较大的纯电动公交车来说所占的比例将更大。同时车辆长时间的运营也会对电池循环使用寿命造成较大的损害。换电模式的另一大优势是可以对换下的电池进行集中充电与管理。换电站可以采用更加科学的充电方式对动力电池进行规范化充电，并且可以采取适度浅充浅放等方式来减小电池间的不一致性与恢复电池的使用寿命，通过一系列的规范化电池管理与保养延长电池的使用寿命。

3）服务效率高，换电时间相比于充电站的充电时间短。

目前，完成一个换电过程最快可以在2min内完成，而采用最快的特斯拉120kW超级快充给电动汽车充满电也需要超过1h的时间。虽然快充的速度正在逐步提升，但是换电的整体效率仍具有较大优势。

特别是对于纯电动公交车和纯电动出租车而言，一次充电的续驶里程无法满足全天线上运营的需求，而中途停车充电则会影响运营，损害用户的经济效益。采用换电方式后，公交车和出租车驾驶员只需较短时间即可迅速完成电池的更换。例如，对于公交车，可在始发站或者终点站附近的换电站内迅速完成电池的更换，不会因为充电而耽误发车时间；对于出租车，驾驶员在运营过程中路过换电站即可在站内进行短时间换电，不会耽误日常运营。

4）可以与电网形成互动，联合可再生能源进行削峰填谷。

换电站通常采取将电池集中进行充电与维护的运营模式，利用站内的大批量电池可以配合电网利用可再生能源（如风能、太阳能等）进行削峰填谷，提高了能源的利用率。但是，换电站要实现这种功能需要储备足够数量的电池，通常可以采用多个换电站之间共享电池储备的方式来降低电池储备的成本。

（2）换电模式的劣势

1）前期投资建设成本过大，收益回报较慢。

在美国，一个附带6个超级充电桩的充电站的建设成本大约为15万美元，另外每年需要支付约15万美元的税费、土地使用费以及电费。但是建造一个换电站，仅仅建设的成本就高达约50万美元，而且每次只能为一辆电动汽车换电。如果算上大批量动力电池的储备费用、电池的充电与维护费用、土地费用、税费等，总体的投资与运营金额将是充电站的数倍。如果要实现像充电桩那样在整个国家或者地区范围内构成换电站网络，其难度和成本是难以估量的。因此，BetterPlace公司即使在得到8.5亿美元融资的情况下也无法持续填补换电设施建设的这个"无底洞"。

　　同时，换电站的收益回报也比较慢，大多数换电站能够进行换电的车型都非常少。例如 BetterPlace 公司所面向的换电群体非常单一，只有雷诺汽车与其合作密切。早在 BetterPlace 成立之初，就曾获得雷诺汽车的投资，用以开发电动汽车换电技术，BetterPlace 因此需向雷诺购买 10 万辆的 FluenceZE 电动车。BetterPlace 也曾经计划在 2016 年前在以色列和丹麦两个国家销售这 10 万辆 FluenceZE 电动车，但是最终这款车的销量不及计划销量的 1%，给 BetterPlace 带来 5.6 亿美元的亏损。除此之外，雷诺生产的 Leaf 电动车并未采取换电方式，使得 BetterPlace 失去了一大批潜在用户。国内的诸多公共换电站也只能对指定车型的公交车与出租车进行换电服务。虽然说换电设施是最基本的投资，但是得到的收益远远赶不上资金的付出，最终导致许多经营换电模式的企业陷入资金危机而宣告破产。

　　2）模糊的安全性与责任鉴定。

　　由于换电模式中，电池作为一个流动对象，在用户与换电站之间不停地进行空间切换，一旦电池在用户使用的过程中损坏，甚至是发生着火、爆炸事故，难以理清各方的责任。

　　换电模式下电池系统损坏存在着多种可能性：人为的破坏、长时间在某个恶劣的工况或环境下行驶或停放、发生意外交通事故、换电站在充电、维护、更换过程中出现失误、电池本身存在设计与匹配的问题等。其中涉及用户、换电站、汽车厂商这三者之间的责任归属变得模糊不清，无法保障各方的合法利益。

　　3）行业竞争、电池标准不统一等原因导致换电站运营商与汽车生产商之间的合作难以进行。

　　BetterPlace 最初创业的理念是扮演类似电信运营商的角色，和电网一同直接控制对电动汽车电池的运营以获得电池方面的利润。但是对于全球各大车企而言，电池的续航能力与耐久性都是其核心竞争力，不希望未来在电池领域被第三方束缚。此外，各个企业的电动汽车技术标准不同，电池标准也千差万别，导致整车企业的技术标准不统一。

　　4）快充技术的不断提升使得换电方式的优势不再突出。

　　以特斯拉换电模式为例，虽然其换电站可以实现 90s 自动换电，即使使用手动换电，5 个人 10min 内也能完成电池的更换，但是目前特斯拉二代超级充电桩（见图 11-35）120kW 的充电功率基本可以满足大多数用户日常的充电需求。

　　如图 11-36 所示，在美国特斯拉二代超级充电桩是采用 480V 的交流电压为 Model S 充电，仅需要 40min 就可以充至 80% 的电量，完全充满也只需 75min。

图 11-35　特斯拉二代 120kW 超级充电桩

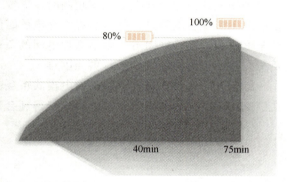

图 11-36　特斯拉二代超级充电桩充电速率图

注：数据基于 90kW·h Model S

充电 30min 可让特斯拉 Model S 汽车续驶 270km，足以满足用户的日常市内行驶需求。在美国，由于超级充电桩大致覆盖了各个州际沿线（见图 11-37），对于需要长途行驶的用户来说也非常方便。在国内，大多数用户主要是在城市范围内驾驶，基本上可以实现三天充一次电。

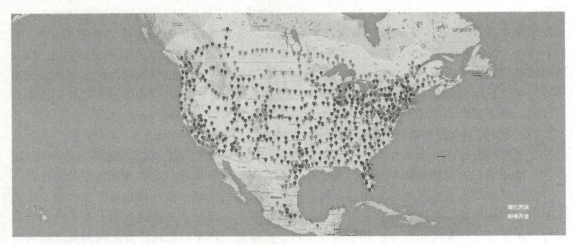

图 11-37　特斯拉超级充电桩在北美的分布情况

特斯拉预计推出第三代超级充电桩，充电功率将超过 350kW。届时，充电时间将缩短至十几分钟，用户的充电体验将和传统加油站加油相似。

2017 年 3 月初，在荷兰举行的电动汽车大功率充电国际标准第一次会议上，对充电功率提出了 350kW 至 500kW 的新要求。早在 2016 年底，大众、宝马、奔驰、福特、奥迪和保时捷联合宣布将在全欧洲范围内联手建设超级充电站，其充电功率将达到 350kW。一旦大功率充电桩全线铺开建设，将极大地缩小换电方式的时间优势。

5）换电方式费用相比于常规充电方式费用较高，用户使用成本较大。

用户在选择充电方式时不仅要考虑便捷性，充电费用也是主要考虑因素。同样以特斯拉公司的换电站与充电站为例，进行对比分析说明。

在 2016 年 11 月份，特斯拉开始实行新的充电收费政策。自 2017 年 1 月 1 日起，特斯拉汽车每年在超级充电站免费充电 400kW·h 后，会对超出的部分进行收费。

6）大规模的集中充电使得电网的负荷较大，电网匹配较为困难。

当换电站内用户换电的频率较高时，需要马上对大批量换下来的电池进行充电。此时，换电站无法配合电网进行削峰填谷，充电的时间节点也是无序的。如果集中充电的时间正好处于电网用电高峰期附近，则会增加电网的负荷峰值，使得峰谷差加大，从而加剧了电网的负荷，也使得电网的配电变得更加困难。

综合来看，目前电动车辆的换电模式市场条件尚未成熟，但是对于公共领域电动车辆，在国家相关政策的支持下，换电模式仍得到合理应用。

11.5　充电站

充电站（Charge Station）主要是指快速高效、经济安全地为各种电动车辆提供运行中所需电能的服务性基础设施。为提高车辆的使用率和使用方便性，除采用动力电池车载充电以外，还可采取电动汽车动力电池系统与备用电池系统更换的方案使电动汽车获得行驶必需的电能。

11.5.1　主要功能与布局

充电站作为电动汽车电能快速补给的服务性基础设施，应配备足够数量的整车常规充电机、应急快速充电机及相应的停车位。其中，常规充电站的本质是一个配有一定数量充电机的停车场，这类充电站一般分布在居民区或工作场所附近，是为带车载充电机的电动汽车而设计的，在这些场所采用常规充电电流充电，电动汽车一般要停放 5~8h，电动汽车驾驶人只需将车辆停放在充电站指定的位置，接上电线即可开始充电。快速充电站是为电动汽车提供快速充电设施的场所，需要在短时间内给电动汽车补给高能量，一般应输出大于 50kW 甚至更高的功率，保证电动汽车在 20min 内达到行驶 50km 的能量需求，由于快速充电的功率和电流额定值都较大，快速充电站应配备监测站或服务中心。此外，除了整车充电站外，还有提供换电服务的充电站，即在动力电池电量耗尽时，用充满电的电池组更换电量过低的电池组，从而实现快速补给。

充电站的主要功能决定其总体布局。一般来说，一个功能完备的充电站由配电区、充电区、更换电池区、电池维护区和监控区五个基本部分组成，如图 11-38 所示。根据充电站的规模和服务功能差异，在功能区设置上存在一定的差异。例如，不需要对电池进行更换的充电站将不需要设置更换区以及配备电池更换设备和大量电池的存储设备。

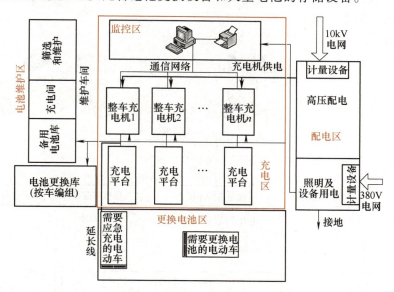

图 11-38　充电站总体结构

（1）**配电区**　为充电站提供所需的电源，不仅给充电机提供电能，而且要满足照明、控制设备的需要，内部建有变配电所有设备、配电监控系统，相关的控制和补偿设备也需要加以考虑。配电室是整个充电站正常运行的基础。根据配电功率的需要，一般采用充电用负荷、监控和办公负荷分开供电的形式。

（2）**充电区**　完成动力电池组电能的补给，是整个充电站的核心部分，配备各种形式

的充电机，建设充电平台以及充电站监控系统网络接口，满足多种形式的充电需求，提供方便、安全和快捷的全方位充电服务。

（3）**更换电池区** 更换电池区是车辆更换电池和电池调度的场所，需要配备电池更换设备，同时应建设电池存储区域用于存放备用动力电池组。

电池组快速更换充电，是通过直接更换电动汽车的动力电池包来达到为其机械充电的目的。由于电池组质量大，更换电池的专业化要求强，需配备专业人员借助专业机械来快速完成电池的更换、充电和维护。

换电模式的电动汽车的用户可应用充满电的动力电池包，更换已经耗尽的动力电池包，有利于提高车辆使用效率，也提高了用户使用的方便性和快捷性；对更换下来的动力电池包可以利用低谷时段进行充电，降低了充电成本，提高了车辆运行经济性；在机制上解决了电动汽车充电时间长，使用不方便的难题；同时，可以在充电过程中及时发现电池包中单电池的问题，进行维修工作，对于电池的维护工作将具有积极意义。

（4）**电池维护区** 对所有的电池实时进行数量、质量和状态管理，开展电池重新配组、电池组均衡、电池组实际容量测试、电池故障的应急处理和日常维护等工作。

（5）**监控区** 用于监控整个充电站的运行情况，包括充电参数监控、烟雾监控、配电监控等，并可以扩展具备车辆运行参数监控、场站安保监控等功能，以及完成管理情况的报表打印等。各监控子系统可通过局域网和 TCP/IP 协议与中央监控室以及上一级的监控中心进行连接，实现数据汇总、统计、故障显示以及监控功能。充电站监控系统架构如图 11-39 所示；一般采用分级并行结构。

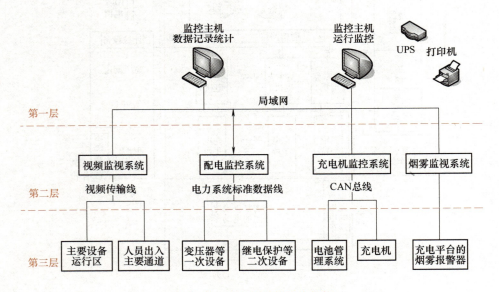

图 11-39　充电站监控系统架构

配电监控系统要通过现场总线实现配电站供电系统信息的交换和管理，除实现常规的二次设备继电保护、安全自动装置、测量仪表、操作控制、信号系统等功能之外，该系统需要和监控系统实现通信，保证当充电系统出现故障时，配电系统能够采取适当的措施进行处理。

烟雾监视系统主要监视充电平台上的电池状态，当电池发生冒烟、燃烧等危险情况时发出警报。该系统独立于电池管理系统，是电池安全措施的一部分。

充电机监控系统完成充电过程的监控，充电机数据以及电池数据通过通信传输到监控计算机，监控计算机完成数据分析以及报表打印等。监控计算机也可以通过通信对充电机的起停以及输出电流、电压实现控制。

视频监视系统对整个充电站的主要设备运转以及人员进行安全监视。

11.5.2 充电站建设形式

由于电动汽车可以采用整车充电和更换电池的方式来进行电能补充，故充电站的建设形式较加油站有很大的灵活性。按建设和结构形式来划分，充电站可分为：一体式充换电站、子母式电池更换站、停车式整车充电站。

1. 一体式充换电站

一体式充换电站根据作业车间布局的相对位置可分为：地面一体式充换电站、地下一体式充换电站以及立体式充换电站等，如图11-40、图11-41和图11-42所示。该类充换电站以采用电池更换设备提供电池更换服务为主，也可提供少量整车应急充电服务。更换下的动力

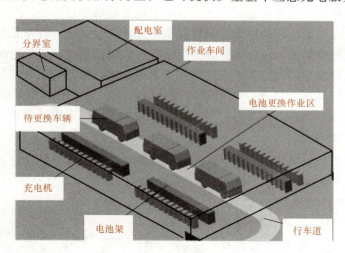

图 11-40　地面一体式充换电站示意图

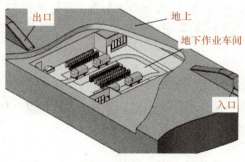

图 11-41　地下一体式充换电站示意图

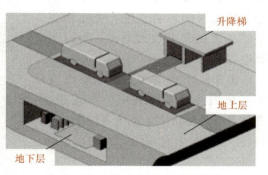

图 11-42　立体式充换电站示意图

电池在站内实现电能补充。具有电动车辆能量补给速度快（一般在 5min 内即可完成电池更换服务）、服务能力强、自动化和专业化程度高、对电池性能要求较低、有利于增加电池寿命等优点，但也存在建站灵活性较低、备用电池和充电设备的购置造成建设成本高、成本回收周期长、配电容量较大等缺点。

2. 子母式电池更换站

子母式电池更换站（见图 11-43）是指动力电池在母站集中充电，电池的更换作业在母站和各子站进行，通过配送体系将母站充满电的电池配送到各子站并将更换下的电池运送回母站集中充电，母站和子站也可提供少量应急充电服务的充电站。

子母式电池更换站由一个母站和若干子站构成，母站主要建立在城市中土地资源充裕、交通便利、离大型配电站近的地区，主要进行规模

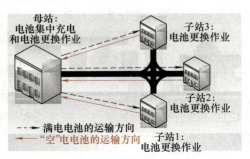

图 11-43　子母式电池更换站示意图

大、专业化程度高的集中充电作业；子站建立在城市中交通流量较大、电动车辆充电和电池更换需求旺盛、土地资源紧张的地区，主要提供电池更换服务。

子母站形式的充电站所用的电池是大规模集中充电，专业化、自动化程度高，有利于更好地监控电池的性能并做出专业化的处理，充分发挥电池的潜能，延长电池寿命，提高电池的充电安全性，也增强了辐射服务范围，缓解了充电站用地紧张的问题。但这种形式的充电站需要建立专用的配送服务体系，使系统的复杂性增加，电池的利用率也有一定程度的降低。母站作为高能储存场所，配电容量巨大，需要更加严格的措施来保证母站的安全性。

3. 停车式整车充电站

停车式整车充电站（见图 11-44）是指为车辆提供整车常规充电和应急快速充电的充电站，其本质就是一个配有一定数量充电机的停车场。

这种充电站依托现有的飞机场、火车站、酒店、医院、学校、购物商场、超市、会议中心、旅游胜地和社区等的停车场，在停车位附近设置常规充电机或快速充电机，利用车辆的停车间隙时间或者夜晚，为车辆提供小电流常规充电或大电流、短时快速充电服务。

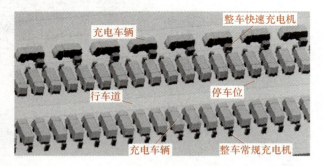

图 11-44　停车式整车充电站示意图

由于停车式整车充电站对已有停车场影响小，可以利用的场地很多，因此具有灵活性大，配电容量小，对城市规划布局或现有设施影响小，服务范围广等优点。

11.5.3　充电站智能运维

整个充电网是一个典型的分布式、数字化的工业互联网应用，链接着千万级的智能充电

设施、电动汽车以及用户，系统的支撑能力、并发能力、稳定性及运维保障能力至关重要，这是一个巨大的技术挑战。与此同时，整个充电网实现了用户、电动汽车、电池和能源的实时在线、高黏性、高强度交互，形成了基于用户、车、电池的海量用户行为大数据、工业大数据和能源大数据。对这些数据的采集、分析、处理、价值挖掘，可以全面提升整个充电网的数据价值和智能化水平。在这种背景下，构建一个数字化的充电网平台，深度融合应用云计算、大数据和人工智能技术，全面支撑整个充电网的大规模应用和商业模式创新，是一个具有广泛共识的技术发展方向。

1. 充电站智能运行技术

（1）用于实现充电网设备实时监控的小微传感器技术　充电网具有海量分散部署的设备，对充电网设备运行状态的判断离不开有效的监测手段。充电网设备上全面集成了具备测量、控制和通信功能的小微传感器，除了采集传统的电气信息外，还能够采集温、湿度等环境信息以及开关状态等状态信息。海量嵌入式微传感器具备自供电、自组网和自诊断能力，广泛分布于充电网中，形成微型传感网络。

基于小微传感器采集的海量数据，经边缘计算后传输至平台进行分类、分层、分维度处理和深度挖掘，准确诊断设备的健康状态，在最终发生故障前给出预防性维护策略。微型传感器的应用将给运维方式带来颠覆式的变化，感知能力的成倍增强也让充电网更加透明。

同时，大数据处理还可结合因果关系的建模和人工智能算法，反演出传感数据背后所代表的设备和系统运行状态，形成数字孪生模型。基于此模型可从实时状态检测和基于历史数据的预测，对充电网设备的健康状态进行诊断和故障预警，可自动生成运维工单，同时提供相关的资料和知识，帮助普通运维人员完成复杂的运维任务，提高运维效率。

（2）用于实现充电网设备的全生命周期管理的数字信息化技术　智能运维的应用可以有效提升充电网设备管理系统的管理能力，实现充电网设备和核心部件的全生命周期管理。智能运维系统架构图如图 11-45 所示。

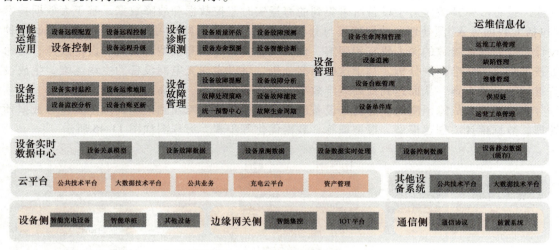

图 11-45　智能运维系统架构图

实现充电网设备全生命周期的管理，有以下条件：

首先，需要有完善的设备台账管理模块。准确、完善、更新及时的台账是用好、修好、

管好设备的基础。设备台账管理用于输入、分类、整理设备信息，从而使设备维护管理系统用户（运维人员、设备管理人员等）能快速地查阅并输出设备台账资料。通过设备智能运维与设备台账管理的集成应用，当设备发生变化时（新增、更换、移除设备等），系统自动采集、上报最新的设备信息，并根据设备的实际数据结构，自动更新设备台账，从而确保设备台账"账实相符"，提升了设备信息的准确性；同时，系统也将设备变化的历史予以记录，从而可以追溯每个场站以及每个设备的历史变化情况。

其次，需要通过数字化和信息化的系统集成技术，对涉及充电网设备的各种信息系统进行有效集成，按每个设备单件号构建其完整的生命周期记录。从设备最开始的研发、生产、制造、质检、试验、入库，到流通环节的出库、配送，使用环节的安装、使用、报修、维修，以及最终的报废、销毁，都进行完整的记录和管理。

最后，需要通过大数据分析技术，提供设备追溯功能，以方便地追溯充电网设备和关键元器件的当前状态及其历史生命周期记录，做到对充电网设备的全面掌控。

2. 充电站的维护与安全管理技术

（1）充电网设备的预测性主动运维关键技术 充电网因其智能化、数字化、物联化的特点，运维工作也有别于传统电力行业，基于人工智能技术和大数据分析技术的智能运维必不可少，是实现预测性主动运维的关键，也是提升运维效率，降低运维成本的有效途径。

（2）用于实现充电网设备故障预测和主动运维的大数据分析技术 充电网设备智能运维系统以海量智能小微传感器集成为基础，通过高并发通信与处理架构的物联网数据桥接器，结合云平台流式处理与远程监控、大数据分析与预测技术，实现面向工业互联网设备远程运维的全维度数据监测、采集、上报、存储、处理、分析；并通过与设备台账管理、设备监控管理、运维工单管理等应用功能的集成，从而实现从故障触发、实时监控、通知运维、运维处理、处理反馈的设备故障全生命周期的追踪和闭环管理。

为提高运维工作效率和及时性，结合大数据、人工智能等技术，可以实现设备故障预测功能。设备故障预测是对于设备所采集到的海量实时监控数据和故障数据，基于大数据技术（包括大数据导入/预处理、数据建模与分析、数据挖掘、机器学习等），结合对设备的各种设计参数和技术参数的深入研究和理解，建立设备的多种预测模型，实现对设备故障、寿命等技术指标的精准预测分析。基于这些预测分析，可以实现充电网设备的主动运维，生成设备维护的最优方案，从而达到提高运维效率、节省运维成本、提高客户满意度等目的。

充电网设备故障预测的核心就是设备故障预测模型。故障预测模型训练主要包含数据预处理、数据统计、创建模型、模型训练、数据优化等步骤，流程图如图 11-46 所示。

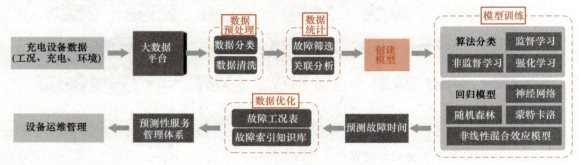

图 11-46 故障预测模型处理过程

数据采集主要是通过边缘计算节点采集的各类智能终端和小微传感器上的数据，这类数据具有数据采集频率高，数据信息量大的特点。

数据预处理需要将采集到的数据进行格式和标准的统一、非结构化数据的存储和建模等。因此需要对相关采集数据进行降噪并恢复丢失数据，这一过程又称为数据清洗。

大数据包含的属性数和记录数巨大，导致处理算法的执行效率低下，通过降维度和特征选择来降低数据处理难度，进而进行故障分类与关联分析。

通过发布的训练模型进行实时线上预测，对预测结果进行校验对比分析，持续进行优化调整，形成一套完善的预测体系。

同样利用大数据特性，结合设备故障发生和修复特性，下发修复策略给设备，设备收到修复策略后，对于一些能够自己修复的策略，通过自身的控制逻辑和部件等执行修复策略，在故障发生前或者故障时修复故障；对于一些自身无法修复的故障，给出报警信息，通过短信、网络等方式通知运维人员修复策略，由运维工程师按照修复策略进行修复。

（3）用于实现充电网设备远程维护的新一代控制技术　基于新一代的通信技术和控制技术，充电网智能运维系统可以实现设备的远程监视、远程控制和远程升级，以维持充电网的可靠性、稳定性、先进性和适用性。充电网智能运维系统基于安全可信的信息通信技术，可以对充电网设备高实时性在线监视、在线控制，具备对充电设施的远程复位、远程配置、远程诊断。设备各环节交互报文可远程获取，结合大数据技术，实现充电异常故障时系统自动保存实时断面，故障远程消除等远程控制功能，极大地提高了问题消除效率。现场设备和云端密切自动配合，报文按需自动记录、实时监测充电过程、智能监测和诊断异常、自动上报各类数据、精准通知、提供智能分析，通过自下而上云边协同的方式，自动、精准、实时地记录各类异常场景和当时数据，实时或者准时地通知研发和运维人员在什么时间、什么场站哪个终端发生了什么异常，原因可能是什么，当时的报文交互过程有哪些，处理建议等。

充电网智能运维系统可以实现对充电网设施进行远程升级，对设备版本进行群管群控，解决设备种类多，数量大，分布广的情况下，运维人员升级维护充电设备困难、版本杂乱等问题。实现设备范围全覆盖，支持标准版、定制版升级全覆盖，通过自动升级、半自动升级、手动升级等多种灵活的方式，实现整个升级过程无须运维人员干预，全部后台自动完成，并且自动识别设备状态，闲时升级，做到用户无感升级，并且整个升级过程可追溯。

（4）用于实现充电网设备运维策略制定的机器仿生技术　鉴于充电网设备海量分散部署的特点，为了控制设备运维成本，最大化运维效能，需要根据设备的运行环境、使用频次等情况制定针对性的运维策略，定期进行设备巡视和预防性试验。运维策略的制定非常复杂，且对人员要求极高。依靠智能运维大数据平台机器仿生技术，即大数据平台模仿、学习运维策略人工设定的逻辑，从而自动生成更加合理的运维策略，可以有效地解决这个问题。

基于大数据平台强大的监视、控制、管理和数据分析能力，智能运维系统可以掌握充电网设备运行的所有信息，包括场站信息、设备信息、参数信息、环境信息、使用信息、故障信息、维护信息、更换信息、寿命信息和人员信息等，通过人工设定的规则，可以轻松匹配和确认设备运维策略。

运维策略确认后，智能运维系统除了辅助和监控运维策略的执行，还会进行自主学习，学习制定运维策略的逻辑，并在运行过程中不断改善。随着运行数据的不断累积，智能运维系统通过机器仿生技术，不仅可以校正人工设定的运维策略，还能自动确认可以动态调整的运维策略。

（5）**充电网设备的"社会化"运维生态**　在充电网设备的运维成本分析统计中，人力成本和交通成本占据绝大部分。因此，要结合物联网技术充分考虑整合社会专业资源建立运维生态，降低运维成本、提高工作效率。

充电设备内的小微传感器形成了基础的泛在感知层，通过边缘计算汇总处理后，经网络通信层传递至大数据处理的平台层，在平台全景反演出充电网设备的数字孪生模型。同时对模型进行运维状态分析，处理其中的异常时和社会的各项资源体系打通，实现充电网设备的"社会化"运维生态。

（6）**基于充电站的车网互动技术**　随着基于V2G模式的充电站与充电式电动汽车停车场越来越多，这些充电站和停车场作为大负荷储能型电源，会受到不同的接入方案对配电网运行经济性的显著影响。良好的V2G行为可以显著改善电力系统的负荷峰谷分布，延缓电源建设和电网建设投入，缓解电网短时过电流，并改善供电电压水平。车网互动技术实现方式一般为：通过建立电动汽车的V2G充放电策略模型，以改善馈线网损和沿线电压水平为目标，建立考虑V2G行为的充电桩负荷接入配电馈线规划模型，采用典型配电馈线算例的优化，得到充电型电动汽车停车场负荷应优先接入负荷曲线峰谷时段与全网分时电价峰谷时段一致的配电馈线，并最终结合馈线状况和需求合理选择目标，归纳不同优化目标对应的选址原则。

11.5.4　典型电动汽车充电站

在我国目前建设的大型电动汽车充电站中，2008年北京建设的奥运电动客车充电站是国际上第一个具有电池自动快速更换功能的充电站，2010年上海建设的世博电动客车充电站是目前国际上规模最大的充电站。这两个充电站功能完善，充换电兼容，在设计和功能实现上具有典型性。下面以奥运电动客车充电站为例，进行充电站设计的介绍。

奥运电动客车充电站总占地面积为$5000m^2$，建设面积约为$2600m^2$。在奥运期间为50辆电动客车提供24h充电、动力电池更换服务以及相应的整车和电池维护保养服务。电动汽车充电站建设充分考虑了功能性、技术要求、经济效益和社会效益等多方面因素。充电站主体为一个封闭式充电间，主要组成部分有配电站、充电车间、停车区、办公区、车辆调度区，布置方式如图11-47所示。中央通道是需更换电池车辆通道，沿车道中心线对称布置电池自动更换设备，自动更换设备后是对称布置的电池存储平台，由这三部分共同构成完整的电池更换工作链，实现车上电量耗尽电池与充完电电池的更换操作。车辆在快速更换区域通过自动更换机械实施电池分箱组合式快速更换，10min内可以完成一辆车的电池更换工作。

电池更换设备的具体更换过程如图11-26所示。电动车辆进站停到指定位置后，手动或机械自动打开电池舱门，更换设备通过激光定位，自动循迹找到电池箱位置，通过液力驱动直线导轨将电池搁置平台伸出与车体实现搭桥连接，电磁吸取装置动作实现电池箱解锁并拖出到电池搁置平台。电池拖出过程中，升降臂将根据车体刚度变化调整搁置平台高度，保持电池箱拖出过程平稳。另一侧更换设备从电池存储架上取电池的过程与从车上取电池类似。之后回转平台旋转180°，实现电池换位。再次调整定位后，按照拖出电池过程的逆过程将电池分别推入电动客车电池舱和电池存储架，完成一组电池的更换工作。

电池存储平台再向外对称拓展为充电机，通过电力电缆和通信电缆实现与电池存储平台上的电池连接，对电池存储平台上待充电电池在单体电压、温度等极端单体参数监测条件下实施电池分箱充电。充电数据通过充电监控系统传输并记录在监控终端。

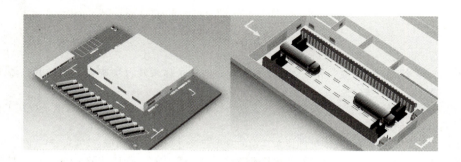

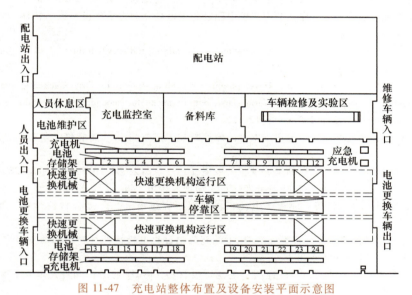

图 11-47 充电站整体布置及设备安装平面示意图

其他配电区、监控区、电池维护区等独立区域根据功能要求和安全要求进行统一布局。为保证电动客车在不同线路高效、有序运行，综合集成通信、计算机网络、GPS、GIS 等多项技术，根据电动汽车的特点和奥运应用工况需要，在充电站监控系统中集成了电动客车远程监控与调度系统，在充电站设置了电动汽车调度监控中心，进行车辆运行状态全方位控制和管理。

习题

1. 论述浅充浅放和快充对动力电池组寿命的影响。
2. 简述充电截止电压对电池容量、寿命和安全性的影响。
3. 举例说明常见的动力电池快速充电方法。
4. 说明动力电池系统充电控制策略中的优先级。
5. 动力电池系统的充电方式有哪些？
6. 简述电动汽车充电站的拓扑结构，各分区的主要功能以及各分区间的逻辑关系。
7. 简述充电设备的分类和主要应用方式。
8. 简述移动方舱式充电站的关键技术。
9. 简述动力电池更换技术的关键步骤并结合应用场景分析其发展前景。

参 考 文 献

[1] 陈杰军, 奚巍民, 朱婵霞, 等. 电动汽车发展态势评价体系及方法研究 [J]. 电力需求侧管理, 2023, 25 (1): 74-79.

[2] 张顺, 姚月惠, 郭春飞, 等. 新能源汽车及动力锂电池发展分析 [J]. 机械与电子控制工程, 2023, 5 (7): 160-163.

[3] 王小燕. 叉车安全与绿色发展标准体系建设的意见建议 [J]. 工程机械, 2023, 54 (2): 93-97.

[4] 岳凯, 聂敏, 马培国. 电力机车智能化技术探讨 [J]. 智慧轨道交通, 2023, 60 (3): 22-29.

[5] 刘越, 席军强, 田真, 等. 轮式装甲车辆电驱动轮机电耦合动力学建模与振动特性 [J]. 兵工学报, 2021, 42 (10): 2260-2267.

[6] LEONIDA C. Battery-electric vehicles: brightening the mining industry's future [J]. Engineering and Mining Journal, 2020, 221 (1): 32-37.

[7] GARG A, YUN L, GAO L, et al. Development of recycling strategy for large stacked systems: Experimental and machine learning approach to form reuse battery packs for secondary applications [J]. Journal of Cleaner Production, 2020, 275 (2): 124152.

[8] 苏伟, 钟国彬, 沈佳妮, 等. 锂离子电池故障诊断技术进展 [J]. 储能科学与技术, 2019, 8 (2): 225-236.

[9] 王鹏博, 郑俊超. 锂离子电池的发展现状及展望 [J]. 自然杂志, 2017, 39 (4): 283-289.

[10] 索鎏敏, 李泓. 锂离子电池过往与未来 [J]. 物理, 2020, 49 (1): 17-23.

[11] 李仲明, 李斌, 冯东, 等. 锂离子电池正极材料研究进展 [J]. 复合材料学报, 2022, 39 (2): 513-527.

[12] 李佳, 杨传铮, 张建, 等. 石墨/$LiCoO_2$ 电池充放电过程电极活性材料结构演变研究 [J]. 化学学报, 2010, 68 (7): 646-652.

[13] 顾惠敏, 翟玉春, 田彦文, 等. 锂离子电池正极材料 $LiNiO_2$ 的结构和性能 [J]. 材料研究学报, 2007, 21 (1): 97-101.

[14] 梁英, 饶睦敏, 蔡宗平, 等. 锂离子电池正极材料 $LiMn_2O_4$ 改性研究进展 [J]. 电池工业, 2009, 14 (1): 69-72.

[15] 张克宇, 姚耀春. 锂离子电池磷酸铁锂正极材料的研究进展 [J]. 化工进展, 2015, 34 (1): 166-172.

[16] 赖春艳, 雷轶轲, 蒋宏雨, 等. 锂离子电池 NCM 三元正极材料的研究进展 [J]. 上海电力学院学报, 2020 (1): 11-16.

[17] 刘琦, 郝思雨, 冯东, 等. 锂离子电池负极材料研究进展 [J]. 复合材料学报, 2022, 39 (4): 1446-1456.

[18] YANG Y, WANG Z R, JIANG J C, et al. Effects of different charging and discharging modes on thermal behavior of lithium ion batteries [J]. Fire and Materials, 2020, 44 (1): 90-99.

[19] GE S H, LENG Y J, LIU T, et al. A new approach to both high safety and high performance of lithium-ion batteries [J]. Science advances, 2020, 6 (9): eaay7633.

[20] WEI L C, LU Z, CAO F Z, et al. A comprehensive study on thermal conductivity of the lithium-ion battery [J]. International Journal of Energy Research, 2020, 44 (12): 9466-9478.

[21] 窦鹏, 刘鹏程, 曾立腾, 等. 基于不同工况下的锂离子电池可用容量预测模型 [J]. 储能科学与技术, 2023, 12 (10): 3214-3220.

[22] 丁徐强, 陶琦, 罗鹰. 锂离子电池在新能源汽车中的设计及应用 [J]. 储能科学与技术, 2023, 12 (5): 1751-1752.

[23] 李伟, 胡勇. 动力铅酸电池的发展现状及其使用寿命的研究进展 [J]. 中国制造业信息化(学术

版），2011，40（7）：70-72.

[24] 侯宏英. 碱性固体燃料电池碱性聚合物电解质膜的最新研究进展 [J]. 物理化学学报，2014，30（8）：1393-1407.

[25] 王聪聪，吴昊，裴春兴，等. CRH380B 型动车组镍镉电池健康状态分析 [J]. 蓄电池，2022（1）：1-6；12.

[26] 赵亮，朱建新，储爱华，等. 混合动力汽车镍氢电池热管理策略研究 [J]. 机械设计与制造，2020（9）：301-304.

[27] 黄洋洋，方淳，黄云辉. 高性能低成本钠离子电池电极材料研究进展 [J]. 硅酸盐学报，2021，49（2）：256-271.

[28] 滕浩天，王文涛，韩晓峰，等. 柔性锌-空气电池进展与展望 [J]. 物理化学学报，2023，39（1）：13-28.

[29] 阙奕鹏，齐敏杰，史鹏飞. 铝空气电池研究进展 [J]. 电池工业，2019（3）：147-150.

[30] 胡英瑛，吴相伟，温兆银. 储能钠硫电池的工程化研究进展与展望—提高电池安全性的材料与结构设计 [J]. 储能科学与技术，2021，10（3）：781-799.

[31] 徐宪龙，张艺凡，孙浩程，等. 飞轮储能技术及其耦合发电机组研究进展 [J]. 南方能源建设，2022，9（3）：119-126.

[32] ZHAO Y, MA F, GAO F, et al. Research progress in large-area perovskite solar cells [J]. Photonics Research, 2020, 8（7）：A1-A15.

[33] 肖谧，宿玉鹏，杜伯学. 超级电容器研究进展 [J]. 电子元件与材料，2019，38（9）：1-12.

[34] 郭土，孙兆松，张伟. 固体氧化物燃料电池产业发展现状及前景分析 [J]. 现代化工，2023，43（8）：26-30.

[35] 何洪文，余晓江，孙逢春，等. 电动汽车电机驱动系统动力特性分析 [J]. 中国电机工程学报，2006（6）：136-140.

[36] 周飞鲲. 纯电动汽车动力系统参数匹配及整车控制策略研究 [D]. 长春：吉林大学，2013.

[37] 杨续来，袁帅帅，杨文静，等. 锂离子动力电池能量密度特性研究进展 [J]. 机械工程学报，2023，59（6）：239-254.

[38] 孙丙香，高科，姜久春，等. 基于 ANFIS 和减法聚类的动力电池放电峰值功率预测 [J]. 电工技术学报，2015，30（4）：272-280.

[39] 王震坡，王秋诗，刘鹏，等. 大数据驱动的动力电池健康状态估计方法综述 [J]. 机械工程学报，2023，59（2）：151-168.

[40] 宗磊，陈龙，朱峰，等. 多场景下动力电池安全特征参数的阈值测试与分析 [J]. 储能科学与技术，2023，12（7）：2271-2281.

[41] 程志勇，程志平，郭明鹏. 废旧动力电池回收政策和技术现状分析 [J]. 电力工程技术创新，2023，5（2）：69-71.

[42] 孙逢春，孟祥峰，林程，等. 电动汽车动力电池动态测试工况研究 [J]. 北京理工大学学报，2010，30（3）：297-301.

[43] 王芳，林春景，刘磊，等. 动力电池安全性的测试与评价 [J]. 储能科学与技术，2018，7（6）：967-971.

[44] 杨瑞鑫，熊瑞，孙逢春. 锂离子动力电池外部短路测试平台开发与试验分析 [J]. 电气工程学报，2021，16（1）：103-118.

[45] ZHANG C P, JIANG Y, JIANG J C, et al. Study on battery pack consistency evolutions and equilibrium diagnosis for serial-connected lithium-ion batteries [J]. Applied Energy, 2017, 207（1）：510-519.

[46] 柳杨，张彩萍，姜久春，等. 锂离子电池组容量差异辨识方法研究 [J]. 中国电机工程学报，2021，41（4）：1422-1430.

[47] ZHANG C P, CHENG G, JU Q, et al. Study on battery pack consistency evolutions during electric vehicle

operation with statistical method [J]. Energy Procedia, 2017, 105: 3551-3556.

[48] WANG X Y, FANG Q H, DAI H F, et al. Investigation on cell performance and inconsistency evolution of series and parallel lithium-Ion battery modules [J]. Energy Technology, 2021, 9 (7): 2100072.

[49] SONG L J, LIANG T Y, Lu L G, et al. Lithium-ion battery pack equalization based on charging voltage curves [J]. International Journal of Electrical Power & Energy Systems, 2020, 115: 105516.

[50] 邹大中, 陈浩舟, 李勋, 等. 基于云端充电数据的锂电池组一致性评价方法 [J]. 电网技术, 2022, 46 (3): 1049-1062.

[51] 李纪伟, 刘睿涵, 吕桃林, 等. 基于局部离群点检测和标准差方法的锂离子电池组早期故障诊断 [J]. 储能科学与技术, 2023, 12 (9): 2917-2926.

[52] CARNOVALE A, LI X G. A modeling and experimental study of capacity fade for lithium-ion batteries [J]. Energy and AI, 2020, 2: 74-82.

[53] EDGE J S, O' KANE S, PROSSER R, et al. Lithium ion battery degradation: what you need to know [J]. Physical Chemistry Chemical Physics, 2021, 23 (14): 8200-8221.

[54] UDDIN K, PERERA S, WIDANAGE W D, et al. Characterising lithium-ion battery degradation through the identification and tracking of electrochemical battery model parameters [J]. Batteries, 2016, 2 (2): 13.

[55] ZHANG S L, ZHAO K J, ZHU T, et al. Electrochemomechanical degradation of high-capacity battery electrode materials [J]. Progress in Materials Science, 2017, 89 (8): 479-521.

[56] 李翔, 张慧, 张江萍, 等. 锂离子电池循环寿命影响因素分析 [J]. 电源技术, 2015, 39 (12): 2772-2774.

[57] 王震坡, 孙逢春, 林程. 不一致性对动力电池组使用寿命影响的分析 [J]. 北京理工大学学报, 2006, 26 (7): 577-580.

[58] 吕杰, 陈永珍, 宋文吉, 等. 锂离子电池成组及一致性管理研究现状与展望 [J]. 新能源进展, 2019, 7 (4): 379-384.

[59] 杨杰, 王婷, 杜春雨, 等. 锂离子电池模型研究综述 [J]. 储能科学与技术, 2019, 8 (1): 58-64.

[60] 熊瑞. 动力电池管理系统核心算法 [M]. 北京: 机械工业出版社, 2019.

[61] 贾玉健, 解大, 顾羽洁, 等. 电动汽车电池等效电路模型的分类和特点 [J]. 电力与能源, 2011, 32 (6): 516-521.

[62] 谢奕展, 程夕明. 锂离子电池状态估计机器学习方法综述 [J]. 汽车工程, 2021, 43 (11): 1720-1729.

[63] 谭必蓉, 杜建华, 叶祥虎, 等. 基于模型的锂离子电池 SOC 估计方法综述 [J]. 储能科学与技术, 2023, 12 (6): 1995-2010.

[64] 潘思源, 张伟. 基于改进 LSTM 算法的锂电池 SOC 估计 [J]. 计算机与现代化, 2023 (8): 25-30.

[65] 段林超, 张旭刚, 张华, 等. 基于二阶近似扩展卡尔曼滤波的锂离子电池 SOC 估计 [J]. 中国机械工程, 2023, 34 (15): 1797-1804.

[66] 骆凡, 黄海宏, 王海欣. 基于电化学阻抗谱的退役动力电池荷电状态和健康状态快速预测 [J]. 仪器仪表学报, 2023 (9): 172-180.

[67] 张金龙, 佟微, 孙叶宁, 等. 锂电池健康状态估算方法综述 [J]. 电源学报, 2017, 15 (2): 128-134.

[68] 高仁璟, 吕治强, 赵帅, 等. 基于电化学模型的锂离子电池健康状态估算 [J]. 北京理工大学学报自然版, 2022, 42 (8): 791-797.

[69] 彭思敏, 徐璐, 张伟峰, 等. 锂离子电池功率状态预测方法综述 [J]. 机械工程学报, 2022, 58 (20): 361-378.

[70] 田刚领, 刘皓, 杨凯, 等. 锂离子电池组结构热仿真 [J]. 储能科学与技术, 2020, 9 (1): 266-270.

[71] FENG X，ZHENG S Q，REN D S，et al. Investigating the thermal runaway mechanisms of lithium-ion batteries based on thermal analysis database [J]. Applied Energy，2019，246 (15)：53-64.

[72] 陈天雨，高尚，冯旭宁，等. 锂离子电池热失控蔓延研究进展 [J]. 储能科学与技术，2018，7 (6)：1030-1039.

[73] 匡柯，孙跃东，任东生，等. 车用锂离子电池电化学-热耦合高效建模方法 [J]. 机械工程学报，2021，57 (14)：10-22.

[74] 江发潮，章方树，徐成善，等. 车用锂离子电池系统热蔓延试验与机理研究 [J]. 机械工程学报，2021，57 (14)：23-31.

[75] 刘同宇，李师，付卫东，等. 大容量磷酸铁锂动力电池热失控预警策略研究 [J]. 中国安全科学学报，2021，31 (11)：120-126.

[76] 吴静云，郭鹏宇，张淼，等. 基于气体检测的锂电池热失控预警研究进展 [J]. 消防科学与技术，2022，41 (2)：161-164.

[77] 左腾，潘建乔，徐亮，等. 车载动力电池数据采集系统硬件设计 [J]. 电源技术，2019，43 (7)：1197-1200.

[78] 华旸，周思达，何瑢，等. 车用锂离子动力电池组均衡管理系统研究进展 [J]. 机械工程学报，2019，55 (20)：73-84.

[79] 李军求，吴朴恩，张承宁. 电动汽车动力电池热管理技术的研究与实现 [J]. 汽车工程，2016，38 (1)：22-27.

[80] 陈杨，刘曙生，龙志强. 基于 CAN 总线的数据通信系统研究 [J]. 测控技术，2000，19 (10)：53-55.

[81] 赵睿，秦贵和，范铁虎. FlexRay 通信协议的总线周期优化 [J]. 计算机应用研究，2010 (10)：3847-3850.

[82] 李铿，张宇，黄勇，等. 面向智能制造的工业互联网基础设施概述 [J]. 光通信研究，2023，49 (3)：1-5；52.

[83] 程海进，魏万均，杜彦斌. 动力电池系统高压安全分析及标准解读 [J]. 重庆理工大学学报（自然科学），2017，31 (8)：22-27.

[84] 蔡雪，张彩萍，张琳静，等. 基于等效电路模型的锂离子电池峰值功率估计的对比研究 [J]. 机械工程学报，2021，57 (14)：64-76.

[85] 祁星鑫. 电池管理系统控制策略的开发 [J]. 汽车实用技术，2012 (9)：80-83.

[86] 南金瑞，孙逢春，王建群. 纯电动汽车电池管理系统的设计及应用 [J]. 清华大学学报（自然科学版），2007 (z2)：1831-1834.

[87] 刘永祥，李绪勇，王洪亮. 动力电池管理系统的设计与仿真研究 [J]. 计算机测量与控制，2019，27 (2)：197-201.

[88] 谭泽富，孙荣利，杨芮，等. 电池管理系统发展综述 [J]. 重庆理工大学学报（自然科学），2019，33 (9)：40-45.

[89] 王震坡，姚利民，孙逢春. 纯电动汽车能耗经济性评价体系初步探讨 [J]. 北京理工大学学报，2005，25 (6)：479-482.

[90] 林鑫焱，葛如海，王斌，等. 纯电动汽车动力系统参数匹配与仿真研究 [J]. 机械制造，2014，52 (8)：6-10.

[91] 兰凤崇，黄培鑫，陈吉清，等. 车用电池包结构动力学建模及分析方法研究 [J]. 机械工程学报，2018，54 (8)：157-164.

[92] 刘建全，任杰，黄军，等. 新能源汽车电池包箱体结构的研究现状 [J]. 机械与电子控制工程，2023，5 (11)：34-36.

[93] 王超，成艾国，张承霖，等. 面向刮底安全的电池包防护结构轻量化设计 [J]. 中国机械工程，2023，34 (19)：2343-2352.

[94] 石劲松，朱锐. 基于拓扑优化技术新能源电动汽车电池包液冷板散热流道分析 [J]. 建模与仿真，2023，12（3）：2060-2066.

[95] 陈恩辉，鞠环宇，娄峰. 动力电池内部线束布置及设计分析 [J]. 汽车实用技术，2018（7）：3-5.

[96] 于会群，胡哲豪，彭道刚，等. 退役动力电池回收及其在储能系统中梯次利用关键技术 [J]. 储能科学与技术，2023，12（5）：1675-1685.

[97] 段晓影，张静雅，卓晓军，等. 退役动力电池梯次利用技术及产业专利分析 [J]. 矿冶工程，2023，43（4）：182-185.

[98] 董喜乐，张彩萍，姜久春. 一种新型大规模梯次利用电池组建模仿真方法 [J]. 全球能源互联网，2018，1（3）：369-374.

[99] 于惠，王榆彬，廖折军，等. 废旧三元锂离子动力电池循环再生利用工艺概述 [J]. 无机盐工业，2023，55（7）：32-37.

[100] 康飞，孙峙，卢雄辉. 面向分选的退役锂电池拆解设备与工艺研究 [J]. 有色金属（选矿部分），2023（2）：124-132.

[101] 赵光金，李博文，胡玉霞，等. 退役动力电池梯次利用技术及工程应用概述 [J]. 储能科学与技术，2023，12（7）：2319-2332.

[102] 刘征宇，郭乐凯，孟辉，等. 基于改进 DBSCAN 的退役动力电池分选方法 [J]. 电工技术学报，2023，38（11）：3073-3083.

[103] 雷旭，张春玲，于明加，等. 退役电池快速检测分类方法研究 [J]. 电子测量与仪器学报，2023，37（4）：213-222.

[104] 佘承其，张照生，刘鹏，等. 大数据分析技术在新能源汽车行业的应用综述——基于新能源汽车运行大数据 [J]. 机械工程学报，2020，55（20）：3-16.

[105] 李建林，王哲，许德智，等. 退役动力电池梯次利用相关政策对比分析 [J]. 现代电力，2021，38（3）：316-324.

[106] HUA Y，LIU X H，ZHOU S D，et al. Toward sustainable reuse of retired lithium-ion batteries from electric vehicles [J]. Resources，Conservation and Recycling，2021，168（1）：105249.

[107] CHEN H P，ZHANG T S，GAO Q H，et al. Assessment and management of health status in full life cycle of echelon utilization for retired power lithium batteries [J]. Journal of Cleaner Production，2022（1）：134583.

[108] 赵光金，唐国鹏. 主被动均衡技术及其在电池梯次利用中的应用 [J]. 电源技术，2018，42（7）：983-986；1075.

[109] 马泽宇，姜久春，文锋，等. 用于储能系统的梯次利用锂电池组均衡策略设计 [J]. 电力系统自动化，2014，38（3）：106-111；117.

[110] 伍发元，吴三毛，裴锋，等. 梯次利用车用磷酸铁锂电池成组与管理技术研究 [J]. 电气应用，2016，35（2）：64-68.

[111] 王琛璞. 新能源汽车动力电池回收利用潜力及生命周期评价 [D]. 北京：清华大学，2018.

[112] 刘东旭，蔡牧洈，陈翔，等. 废旧锂离子电池负极材料再生和利用进展 [J]. 化学工业与工程，2021，38（6）：2-12.

[113] 杜璞欣，周吉奎，宋卫锋，等. 废旧锂电池正极材料回收技术研究进展 [J]. 有色金属工程，2020，10（4）：57-64.

[114] 牛飞，徐文彬，谭杰，等. 废旧磷酸铁锂电池再生及湿法回收技术研究进展 [J]. 矿冶工程，2022，42（6）：146-152.

[115] 王皓逸，邹昱凌，孟奇，等. 退役三元锂离子电池正极材料高效清洁回收技术研究进展 [J]. 人工晶体学报，2021，50（6）：1158-1169.

[116] 张笑笑，王莺莺，刘媛，等. 废旧锂离子电池回收处理技术与资源化再生技术进展 [J]. 化工进展，2016，35（12）：4026-4032.

［117］ 李红林，孙逢春，张承宁. 动力电池充放电效率测试分析［J］. 电源技术，2005，29（1）：49-51.

［118］ 邓林旺，冯天宇，舒时伟，等. 锂离子电池快充策略技术研究进展［J］. 储能科学与技术，2022，11（9）：2879-2890.

［119］ 吴晓刚，崔智昊，孙一钊，等. 电动汽车大功率充电过程动力电池充电策略与热管理技术综述［J］. 储能科学与技术，2021，10（6）：2218-2234.

［120］ 晏裕康，刘嘉，彭连兵，等. 电动汽车锂离子动力电池优化充电策略研究［J］. 机电技术，2021（6）：68-72.

［121］ 姚雷. 电动车辆动力电池充电特性与控制基础问题研究［D］. 北京：北京理工大学，2016.

［122］ 刘广才，刘晓波，李志明，等. V2G 模式下电动汽车充放电控制策略研究［J］. 理论数学，2023，13（10）：2764-2774.

［123］ 孙丙香，李凯鑫，荆龙，等. 锂离子电池不同工况下充电效果对比及用户充电方法选择研究［J］. 电工技术学报，2023，38（20）：5634-5644.

［124］ 彭文才. 新能源车载充电机自动化测试系统设计［J］. 机械与电子控制工程，2023，5（7）：185-187.

［125］ 汪学松. 纯电矿车驱动与充电一体式主电路设计［J］. 工程机械，2023，54（10）：83-88.

［126］ 高龙. 新能源电动汽车充电技术研究［J］. 水利电力技术与应用，2023，5（6）：17-19.

［127］ 华光辉，夏俊荣，廖家齐，等. 新能源汽车充换电及车网互动［J］. 现代电力，2023，40（5）：779-787.

［128］ 徐鹏，陈祺伟，连湛伟，等. 一种电动公交车充换电站动力电池全自动更换技术方案［J］. 电力系统保护与控制，2015，43（3）：150-154.

［129］ 王妍，吴传申，高山. 基于电动汽车行驶数据快速聚类的充电站选址优化［J］. 电力需求侧管理，2021，23（3）：8-12.

［130］ 杨玉博，卢达，白静芬，等. 基于区块链技术的充电桩运维系统研究［J］. 电力系统保护与控制，2020（22）：135-141.

［131］ 王东方，郭伟，于全成，等. 电动汽车快充站智能运维管理解决方案［J］. 电气技术，2018，19（11）：91-94.